Die Verbrennungskraftmaschine

Herausgegeben von

Hans List und Anton Pischinger

Neue Folge

Band 3

Theorie der Triebwerksschwingungen der Verbrennungskraftmaschine

K. E. Hafner/H. Maass

Springer-Verlag
Wien New York

Dr.-Ing. Karl Ernst Hafner
Klöckner-Humboldt-Deutz AG, Köln, Bundesrepublik Deutschland

Prof. Dr.-Ing. habil. Harald Maass
Direktor, Klöckner-Humboldt-Deutz AG, Köln
apl. Professor, RWTH Aachen

Mit 142 Abbildungen

CIP-Kurztitelaufnahme der Deutschen Bibliothek

Die Verbrennungskraftmaschine / hrsg. von Hans List u. Anton Pischinger. - Wien; New York: Springer
NE: List, Hans [Hrsg.]
N.F., Bd. 3 – Hafner, Karl E.: Theorie der Triebwerksschwingungen der Verbrennungskraftmaschine

Hafner, Karl E.:
Theorie der Triebwerksschwingungen der Verbrennungskraftmaschine / K. E. Hafner; H. Maass. - Wien; New York: Springer, 1984.
(Die Verbrennungskraftmaschine; N.F., Bd. 3)
ISBN-13: 978-3-7091-7014-4 e-ISBN-13: 978-3-7091-7013-7
DOI: 10.1007/978-3-7091-7013-7
NE: Maass, Harald:

Softcover reprint of the hardcover 1st edition 1984

Vorwort

Es ist schon lange bekannt, daß Kurbelwellenbrüche der Verbrennungskraftmaschine in der Regel Dauerbrüche sind, sofern sie nicht als Folgen von Lagerschäden auftreten. Die Dauerbrüche werden durch Biege- und Torsionswechselbeanspruchungen hervorgerufen, die zu einer Überschreitung der vom Material dauernd ertragbaren Beanspruchung führen. Deshalb sind die Ermittlung und die Begrenzung der dynamischen Beanspruchung des Motortriebwerks ein schwingungstechnisches Problem von permanenter Aktualität, das bei jeder Entwicklung eines neuen Motors immer wieder gelöst werden muß. Mit der Lösung dieses Problems beschäftigen sich Ingenieure schon seit mehr als 60 Jahren, und neue Impulse, sich mit der Dynamik des Motortriebwerks zu beschäftigen, lösen in letzter Zeit die gesetzlichen Forderungen nach dem umweltfreundlichen und geräuscharmen Motor aus. Sowohl die Festigkeitsprobleme als auch das Problem, die Körper- und Luftschallemission des Motors zu reduzieren, sind ohne Grundkenntnisse der Schwingungslehre nicht lösbar.

Der vorliegende Band 3 in der Neuen Folge der von H. LIST und A. PISCHINGER herausgegebenen Buchreihe „Die Verbrennungskraftmaschine" befaßt sich mit den Grundlagen der mechanischen Schwingungen, deren Kenntnisse erforderlich sind, um das Entstehen und die Wirkungsweise der Triebwerksschwingungen verstehen zu können. Die Torsionsschwingungen der Kurbelwelle, das bedeutendste Schwingungsproblem des Motortriebwerks, werden im Band 4 dieser Buchreihe behandelt. Ein Großteil der dort verwendeten Bewegungsgleichungen, Algorithmen und FORTRAN-Programme wird bereits in diesem Band entwickelt. Trotz dieser speziellen Thematik kann der Band 3 auch als Einführung in die Schwingungsprobleme des Maschinenbaus verwendet werden. Die Bände 3 und 4 sind aus der Aufgabenstellung entstanden, den 1942 in der gleichen Buchreihe erschienenen Band „Die Dynamik der Verbrennungskraftmaschine" von H. SCHROEN zu überarbeiten und dem heutigen Wissensstand anzupassen. Der erhebliche Fortschritt, der auf dem Gebiet der Triebwerksschwingungen seit 1942 - nicht zuletzt durch die Verwendung elektronischer Rechenmaschinen - erzielt wurde, erforderte jedoch eine vollständig neue Behandlung des Themas.

Die Themen dieses Bandes wenden sich sowohl an den studierenden als auch an den praktizierenden Ingenieur, der entweder bei seinem Studium oder in der Praxis mit Schwingungsproblemen konfrontiert wird. In der Einführung werden die Entstehung, die Auswirkungen und die Maßnahmen zur Begrenzung der Schwingungen des Motortriebwerks beschrieben, anschließend werden die wichtigsten Berechnungsmodelle der Schwingungstechnik behandelt. Die folgenden Kapitel enthalten eine Einführung in die technische Schwingungslehre, bei der die erzwungenen harmonischen und die erzwungenen periodischen Schwingungen wegen ihrer großen Bedeutung für die Schwingungen des Motortriebwerks stark betont sind. In diesem Zusammenhang werden auch die Auslegung und die Optimierung von Schwingungsdämpfern am Beispiel eines einfachen Schwingungssystems ausführlich untersucht. Als Beispiele für nichtperiodische Schwingungen werden die Auswirkung eines Kurzschlusses bei einem Drehstromgenerator auf die Torsionsschwingungen des Antriebssystems und das bekannte Problem „Durchfahren von kritischen Drehzahlen" behandelt. Es folgt eine Untersuchung über die von Kolbenmaschinen erregten Biegeschwingungen der Kurbelwelle, die sich besonders bei fliegend gelagerten Schwungrädern bemerkbar machen. Zum Schluß werden die im Band 4 verwendeten Torsionsschwingungssysteme der Kurbelwelle und des gesamten Antriebssystems beschrieben.

Das Buch enthält die Listen von 20 FORTRAN-Unterprogrammen, durch die wesentliche Algorithmen der Schwingungstechnik, wie z.B. schnelle harmonische Analyse und Synthese oder die Berechnung der erzwungenen gedämpften harmonischen Schwingungen von Schwingungsketten, definiert werden. Bei der Erstellung dieser Unterprogramme wurde auf Maschinenunabhängigkeit und auf leichte Handhabung Wert gelegt.

Beide Autoren befassen sich seit vielen Jahren mit den praktischen und theoretischen Problemen der Triebwerksschwingungen und haben dabei versucht, durch eigene Arbeiten einen Beitrag zum technischen Fortschritt auf diesem Gebiet zu leisten. Da nur derjenige das Wesentliche an einem Problem erfassen und anderen erläutern kann, der selbst an seiner Lösung mitgearbeitet hat, hoffen die Autoren, mit diesem Buch sowohl dem studierenden als auch dem praktizierenden Ingenieur den Einstieg in das nicht ganz einfache Gebiet der mechanischen Schwingungen erleichtern zu können. Obgleich dieser Band von Dr. HAFNER geschrieben wurde und der Beitrag von Professor MAASS in einer beratenden Funktion bestand, fühlen sich beide Autoren gleichermaßen für seinen Inhalt verantwortlich. Zur Vermeidung von Fehlern bei Programmen und Formeln wurde ein großer Aufwand betrieben. Sollten sich trotzdem noch Fehler eingeschlichen haben - wie die Praxis der Fachliteratur zeigt, ist dies beinahe unvermeidlich -, dann bitten die Autoren um Mitteilung.

Die Autoren danken den Herausgebern für die sorgfältige Durchsicht des Manuskripts und für die wertvollen Anregungen. Sie sind dem Verlag und den Herausgebern besonders dankbar für die Erstellung der Camera-ready-Vorlage, da es ihnen aus Zeitmangel nicht möglich war, wie bei den Bänden 1 und 2 die Vorlagen selbst druckreif schreiben zu lassen. Frau RUTH MAKOWSKI hat in bewährter Art die Textvorlagen geschrieben, und Frau BARBARA HAFNER hat mit großer Geduld die Korrektur dieses schwierigen Stoffs gelesen. Die Formeln und Bilder wurden von Frau Ing. ROSWITHA ANDREE mit Sorgfalt und Präzision angefertigt. Die Autoren danken allen Genannten für die bei der Erstellung der Textvorlage erwiesene Hilfeleistung. Ferner bedanken sich die Autoren beim Vorstand der KLÖCKNER-HUMBOLDT-DEUTZ AG für das ihnen durch die Genehmigung, dieses Buch zu schreiben, entgegengebrachte Vertrauen.

Wenn dem Leser durch das Studium dieses Buches nicht nur Grundkenntnisse der technischen Schwingungslehre übermittelt wurden, sondern wenn er beim Studium auch die fundamentale Bedeutung des behandelten Fachgebiets für die Verbrennungskraftmaschinenindustrie und deren Nutzer erkannt hat, dann hat sich die aufgewandte Mühe gelohnt.

Köln, im Sommer 1984 Karl Ernst Hafner Harald Maass

Inhaltsverzeichnis

1 Einführung

1.1 Schwingungsprobleme des Motortriebwerks

Die Verbrennungskraftmaschine in ihrer derzeitigen Form ist das Produkt einer mehr als hundertjährigen Entwicklung. Ein bedeutendes Teilergebnis dieser langen Entwicklung ist die heute als selbstverständlich empfundene Zuverlässigkeit und lange Lebensdauer der modernen Verbrennungskraftmaschine, deren hohe Leistung durch große Zylinderzahl und durch Aufladung erreicht wird. Dieses Ergebnis konnte nur durch eine mehr als 60 Jahre dauernde Weiterentwicklung der theoretischen und der praktischen Kenntnisse über die dynamische Beanspruchung der Bauteile des Motortriebwerks erzielt werden. Ausgelöst wurde diese Entwicklung durch die ersten Kurbelwellenbrüche an 6-Zylinder-Reihenmotoren, die Anfang dieses Jahrhunderts zum Antrieb von Marinefahrzeugen verwendet und zur Erzielung hoher Leistungen mit extrem hoher Kolbengeschwindigkeit betrieben wurden. Die Erkenntnis, daß diese Torsionsbrüche keine Gewaltbrüche, sondern Ermüdungsbrüche waren, die durch Überschreitung der von WÖHLER erkannten Dauerwechselfestigkeit verursacht wurden, führte zu der Entdeckung der Torsionsschwingungen der Kurbelwelle als Ursache von Dauerbrüchen. Diese Entdeckung war der Anlaß für eine intensive Forschungstätigkeit über die dynamische Beanspruchung von Kurbelwellen, deren Ergebnisse in den Lehrbüchern von H. HOLZER [1], M. TOLLE [2], H. WYDLER [3] und J. GEIGER [4] niedergelegt sind. Diese zwischen 1921 und 1927 erschienenen Bücher enthalten die Grundlagen der Theorie und Praxis der mechanischen Schwingungen der Verbrennungskraftmaschine und sind die ersten Lehrbücher der Maschinendynamik der Brennkraftmaschine eines neuentstandenen Fachgebiets, das heute zum Lehrstoff jeder technischen Universität gehört. Das bedeutendste Problem dieses Fachgebiets sind jedoch die durch die Brennkraftmaschine erzwungenen Torsionsschwingungen der Kurbelwelle, deren Berechnung und Begrenzung das alleinige Thema des 4. Bandes dieser Buchreihe sind.

Im 9. Kapitel dieses Bandes werden die Biegeschwingungsprobleme der Kurbelwelle behandelt. Der experimentelle Nachweis der Biegeschwingungen fliegend gelagerter schwerer Schwungräder von Hubkolbenmotoren und die theoretische Begründung ihres Erregungsmechanismus wurden von W. BENZ [5], [6] erbracht. Im Gegensatz zu den Turbomaschinen liegen die fliehkrafterregten kritischen Drehzahlen der Kurbelwelle infolge der relativ kleinen Abstände der Grundlager weit oberhalb der Betriebsdrehzahl und sind deshalb ohne Bedeutung. Zu beachten sind jedoch die durch Gas- und Massenkräfte erzwungenen Resonanzzustände. Diese machen sich vor allem durch eine Taumelbewegung des Schwungrades bemerkbar, die als „Schwungradflattern" bezeichnet wird. Das Schwungradflattern verursacht eine zusätzliche Biegewechselbeanspruchung der Kurbelwelle, die sich hauptsächlich auf die dem Schwungrad benachbarte Kröpfung auswirkt und die zu einem Biegedauerbruch führen kann.

Im Gegensatz zu den Turbomaschinen sind die Biege- und Torsionsschwingungen der Kurbelwelle infolge ihrer anisotropen elastischen Eigenschaften nicht entkoppelt. Deshalb können auch durch die Torsion der Kurbelwelle Biegeschwingungen erregt werden, was von W. BENZ [7] experimentell und theoretisch nachgewiesen wurde.

Auch die Beanspruchung von Pleuelstangen ist ein dynamisches Problem. Die tatsächlich zu übertragenden Kräfte sind größer als die aus statischen Gleichgewichtsbedingungen berechneten. Infolge der Dämpfung durch die Ölverdrängung in den Gleitlagern und infolge der relativ hohen Eigenfrequenzen des schwingenden Systems ist die Zusatzbeanspruchung jedoch verhältnismäßig gering und dürfte in der Regel nicht höher als 10% der statischen Beanspruchung sein.

Aus dieser kurzen Aufzählung erkennt man, daß die Festigkeitsprobleme der Motorbauteile nicht allein mit den Methoden der Statik gelöst werden können. In vielen Fällen treten zusätzliche dynamische Beanspruchungen auf, die nur erklärbar sind, wenn man die Bauteile als schwingungsfähige Gebilde betrachtet, die durch die bekannten Feder-Masse-Modelle der Schwingungstechnik ersetzt werden können. Diese Modelle sind geeignet, um die dynamische Beanspruchung der Bauteile des Motortriebwerks und der Motoranbauteile zur Vermeidung von Schwingungsbrüchen vorauszuberechnen. Die Bedeutung dieser Berechnungen für den Hersteller und Nutzer der Brennkraftmaschine ist unumstritten, wenn man an die katastrophalen Folgen denkt, die z.B. der Kurbelwellenbruch des Hauptantriebs eines Hochseeschiffs oder der Bruch der Propellerwelle verursachen können. Aber auch weniger spektakuläre Brüche können lange Reparatur- und Ausfallszeiten und damit hohe Kosten erzeugen.

Ein wirksames Mittel zur Begrenzung der Schwingungsbeanspruchung des Motortriebwerks sind die sogenannten Schwingungstilger und Schwingungsdämpfer. Diese Bauteile verlagern oder begrenzen stark erregte Resonanzdrehzahlen, die im oberen Drehzahlbereich des Motors liegen, und ermöglichen erst die heute üblichen hohen Leistungen der Brennkraftmaschine. Ein bedeutendes Problem der Maschinendynamik ist die Festlegung der Hauptabmessungen dieser Schwingungstilger und Dämpfer. Dabei müssen sowohl die optimale Wirksamkeit als auch die Dauerhaltbarkeit dieser Bauteile berücksichtigt werden. Letzteres ist besonders wichtig, weil die meisten Torsionsschwingungsbrüche der Kurbelwellen durch ein Versagen der Schwingungsdämpfer verursacht werden.

1.2 Schwingungserregung des Hubkolbenmotors

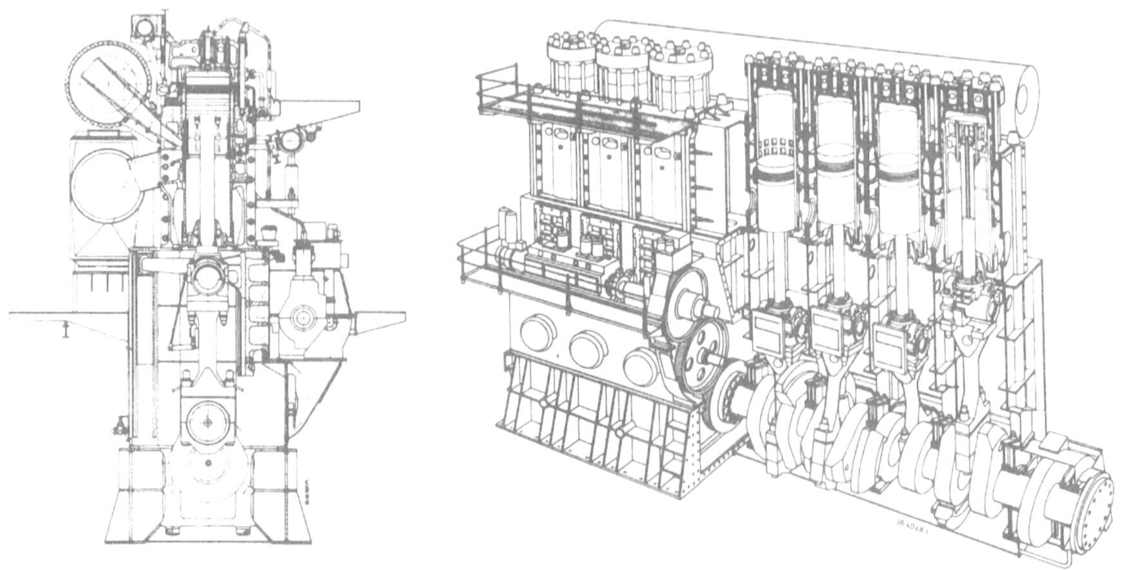

Abb. 1.1. Querschnitt und perspektivisches Schnittbild eines Kreuzkopfmotors

Das aus Kurbelwelle und Kurbelgetriebe bestehende Triebwerk des Hubkolbenmotors bildet zusammen mit den durch den Motor angetriebenen Arbeitsmaschinen und den Hilfsaggregaten des Motors ein kompliziertes schwingungsfähiges System (Abb. 1.1). Die auf die Kolben wirkenden extrem ungleichförmigen Gaskräfte erzeugen zusammen mit den aus den Beschleunigungen und Verzögerungen der oszillierenden Kolben- und Pleuelmasse entstehenden Massenkräften in dem aus Kurbelwelle und Kurbelgetriebe zusammengesetzten Motortriebwerk eine wechselnde Beanspruchung. Bei konstanter Motordrehzahl sind die Massenkräfte exakt periodische und die Gaskräfte näherungsweise periodische Funktionen der Zeit oder des Kurbelwellendrehwinkels.

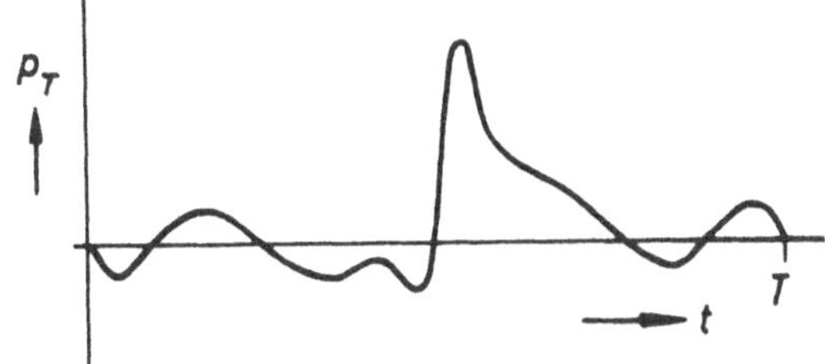

Abb. 1.2. Tangentialdruckverlauf mit Massenkrafteinfluß

Die Gas- und Massenkräfte eines Kurbelgetriebes können in eine radial und eine tangential zur Motorkröpfung gerichtete Komponente zerlegt werden. Die radiale Komponente erregt nur die Biegeschwingungen der Kurbelwelle. Die tangentiale Komponente erregt die Torsionsschwingungen der Kurbelwelle und hat außerdem Einfluß auf die Erregung der Biegeschwingungen. In Abb. 1.2 ist z.B. die auf die Kolbenfläche bezogene Tangentialkraft - der sogenannte Tangentialdruck - über der Zeit aufgetragen. Er ist dem Drehmoment proportional und wiederholt sich bei einem Motor mit in der Hubfolge gleichbleibendem Verbrennungsablauf periodisch mit der Periodendauer T des Kreisprozesses. Durch harmonische Analyse läßt sich der periodische Tangentialdruckverlauf in Sinusschwingungen zerlegen, deren Frequenzen proportional mit der Motordrehzahl anwachsen. In Abb. 1.3 ist das Ergebnis einer harmonischen Analyse eines nur durch die Gaskräfte verursachten Tangentialdruckverlaufs dargestellt. Die Amplituden der Sinusschwingungen nehmen mit wachsender Frequenz ab. Bei praktischen Schwingungsberechnungen müssen noch wesentlich höherfrequente Harmonische berücksichtigt werden als die in Abb. 1.3 dargestellten.

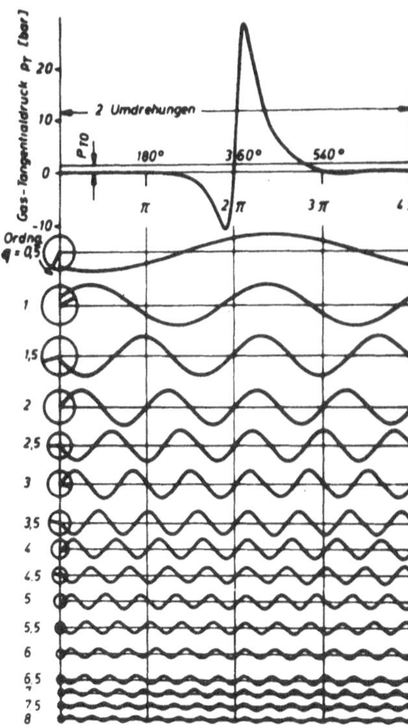

Abb. 1.3. Harmonische Analyse eines Gas-Tangentialdruckverlaufs

1.3 Resonanz

Das komplizierte Motortriebwerk nach Abb. 1.1 besitzt mehrere Eigenfrequenzen und Eigenschwingungsformen. Wenn eine dieser Eigenfrequenzen, z.B. die niedrigste Torsionseigenfrequenz der Kurbelwelle, mit einer Erregerfrequenz der in Abb. 1.3 skizzierten Sinusschwingungen übereinstimmt, bezeichnet man die diesem Zustand entsprechende Motordrehzahl als Resonanzdrehzahl oder kritische Drehzahl. Die letztgenannte Bezeichnung trifft jedoch nur bei schwach gedämpften oder stark erregten Schwingungssystemen zu. In dem nur theoretisch existierenden Grenzfall des ungedämpften Systems wachsen die Schwingungsamplituden unter Resonanzbedingung unbegrenzt an, wie aus dem linken Diagramm der Abb. 1.4 hervorgeht. Der Bruch des Bauteils wäre die zwangsläufige Folge dieses Schwingungsvorgangs. Bei einem gedämpften System, dessen Einschwingvorgang im rechten Diagramm aufgezeichnet ist, erreichen die Schwingungsamplituden jedoch unter der gleichen Resonanzbedingung einen endlichen Grenzwert, der um so kleiner ist, je höher die Dämpfung ist, und der proportional mit der Stärke der Schwingungserregung anwächst.

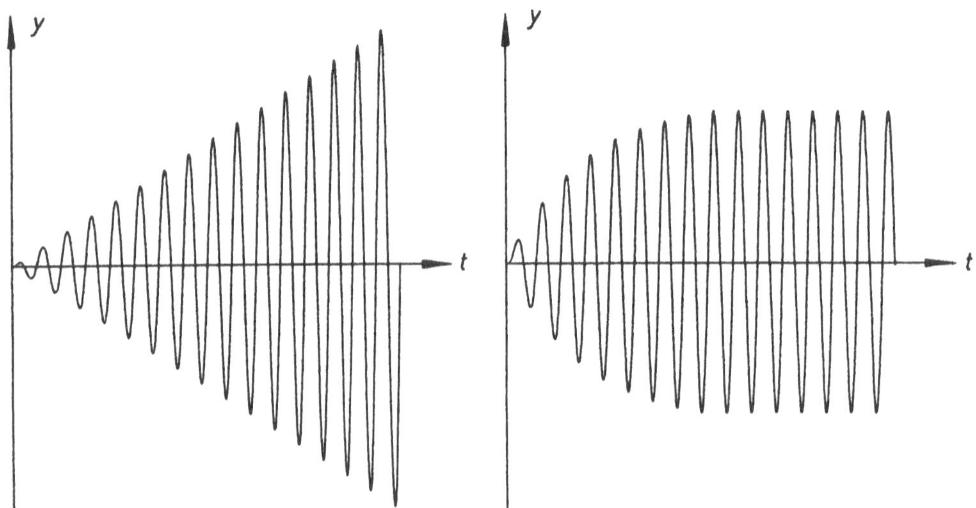

Abb. 1.4. Amplitudenverlauf der erzwungenen Schwingungen in Resonanz bei einem ungedämpften und einem gedämpften Schwingungssystem

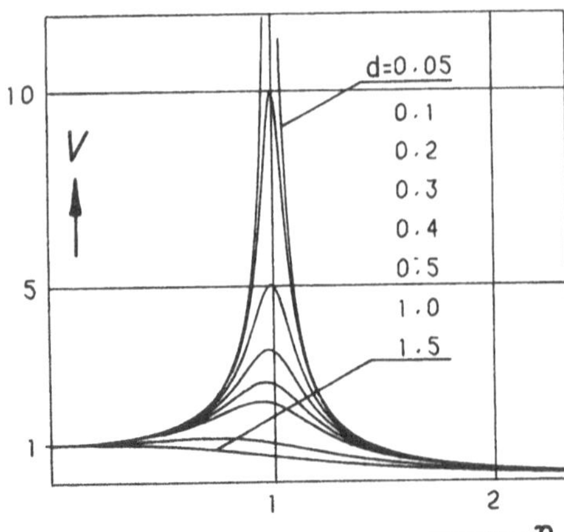

Abb. 1.5. Resonanzkurven

Auch außerhalb der Resonanz ist die Bauteilbeanspruchung größer als die aus statischen Bedingungen berechnete Beanspruchung. Dies geht aus den sogenannten Resonanzkurven der Abb. 1.5 hervor. Dort ist der Vergrößerungsfaktor V der dynamischen Beanspruchung gegenüber der statischen Beanspruchung über dem Quotienten η aus Erregerfrequenz und Eigenfrequenz für verschiedene Dämpfungskoeffizienten d aufgetragen. $\eta = 0$ entspricht der statischen Beanspruchung. $\eta = 1$ kennzeichnet den Resonanzfall, der bei schwach gedämpften Systemen zur höchsten Beanspruchung führt. Die kleinsten Beanspruchungen treten im sogenannten überkritischen Bereich bei hohen Werten von η auf.

Wie aus Abb. 1.4 hervorgeht, wird der Endwert der stationären Schwingungsamplitude, der in den Resonanzkurven dargestellt wird, erst nach endlicher Zeit erreicht. Bei einer raschen Änderung der Erregerfrequenz existiert der Resonanzzustand nur kurzzeitig. Deshalb ist die beim Durchfahren von kritischen Drehzahlen auftretende Amplitude kleiner als die aus der Resonanzkurve bei $\eta = 1$ entnommene. Dieser Effekt reduziert z.B. die Torsionsbeanspruchung hochdrehelastischer Kupplungen, wenn die Resonanzdrehzahlen unterhalb der niedrigsten Motordrehzahl liegen.

1.4 Erzwungene Torsionsschwingungen

Wie aus Abb. 1.4 hervorgeht, ist die „Antwort" eines gedämpften Schwingungssystems auf eine sinusförmige Erregung nach Abklingen des Einschwingvorgangs auch unter Resonanzbedingung sinusförmig. Die Berechnung dieser sinusförmigen Antwort ist bei jeder Erregerfrequenz ohne Kenntnis des zeitlichen Verlaufs des Einschwingvorgangs möglich und ist die wichtigste Aufgabe der Dynamik des Kolbenmotors überhaupt. Durch phasengerechte Addition der sinusförmigen Systemantworten aller wesentlichen Erregerfrequenzen, der sogenannten harmonischen Synthese, erhält man die periodische Systemantwort, aus der die Wechselbeanspruchung des Motortriebwerks ermittelt werden kann. Die Menge der Frequenzen des Erregerfrequenzspektrums eines Hubkolbenmotors hat zur Folge, daß e i n e Eigenfrequenz des Schwingungssystems innerhalb des Betriebsdrehzahlbereichs des Motors m e h r f a c h in Resonanz erregt werden kann. Die zugehörigen Resonanzdrehzahlen sind die Schnittpunkte der in Abb. 1.6 eingezeichneten Parallelen zur

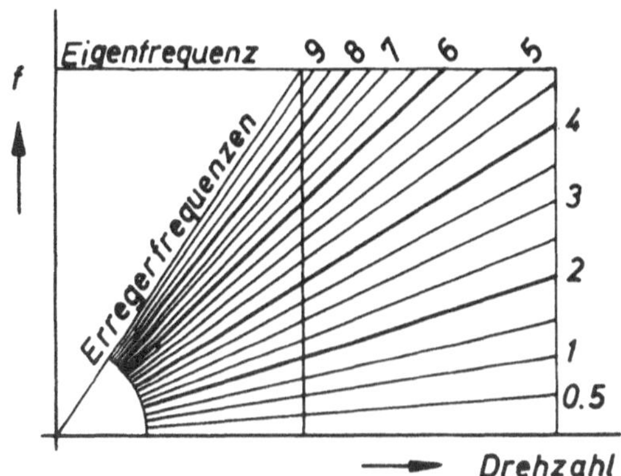

Abb. 1.6. Erregerfrequenzspektrum eines Viertaktmotors

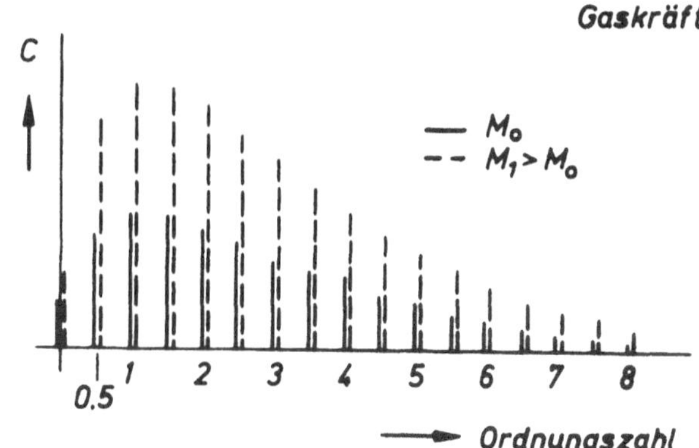

Abb. 1.7. Harmonische Analyse des Gasdrehmomentes

Drehzahlachse mit den durch den Nullpunkt des Koordinatensystems gehenden Geraden der Erregerfrequenzen, die als das Produkt von Ordnungszahl und Drehzahl definiert sind. Bei den Torsionsschwingungen komplizierter Motoranlagen, bei denen mehrere Eigenfrequenzen beachtet werden müssen, ist die Zahl von ca. 100 in den Betriebsdrehzahlbereich fallenden Resonanzdrehzahlen keine Seltenheit. Daß trotz dieser Vielzahl von Resonanzzuständen ein für das Motortriebwerk und die Anlage ungefährlicher Betrieb möglich ist, hat mehrere Ursachen. Einmal nehmen nach Abb. 1.3 und Abb. 1.7 die Amplituden der Erregerfrequenzen mit wachsender Ordnungszahl und somit mit wachsender Erregerfrequenz ab. Dadurch sind Resonanzen mit hohen Ordnungszahlen ungefährlicher als Resonanzen mit niedrigen Ordnungszahlen. Zum anderen reicht die

Eigendämpfung des Motortriebwerks und der Antriebselemente im allgemeinen aus, um bei Motoren mit kleiner Zylinderzahl und damit kurzer Kurbelwelle und hoher Eigenschwingungszahl Dauerbrüche zu vermeiden. Bei Motoren mit großer Zylinderzahl und langer Kurbelwelle kommen jedoch relativ niedrige Ordnungszahlen innerhalb des Betriebsdrehzahlbereichs in Resonanz, bei denen die Kurbelwelle nur durch Schwingungsdämpfer vor dem Dauerbruch bewahrt werden kann. Die außerhalb des Motors befindlichen Antriebselemente der Anlage werden hauptsächlich durch die Verwendung hochdrehelastischer Kupplungen und die Filterwirkung des Schwungrades vor der Schwingungserregung des Motors geschützt.

1.5 Aufgaben der Triebwerksberechnung

Die Grundaufgabe der Triebwerks- und Anlagenberechnung ist die Vorhersage der in Abhängigkeit von Drehzahl und Drehmoment zu erwartenden dynamischen Gesamtbeanspruchung aller Elemente des Motortriebwerks und der Anlage. Dabei haben die Torsionsschwingungen eine dominierende Bedeutung. Darüber hinaus ist das Ziel der Triebwerksberechnungen die Optimierung der Abmessungen der Kurbelwelle, die Auswahl von Zündfolge und V-Winkel, die Auslegung von Torsionsschwingungsdämpfern, die Dimensionierung von Schwungrädern, die Dimensionierung der Antriebselemente für die Hilfsantriebe des Motors und die Untersuchung des Einflusses weiterer Maßnahmen, die zur Begrenzung der Torsions- und Biegebeanspruchung der Kurbelwelle auf ein zulässiges Maß dienen.

Schwingungsberechnungen sind für den Hersteller von Motoren nicht nur zu seiner eigenen Sicherheit, sondern auch deshalb obligatorisch, weil heute praktisch kein Motor das Zertifikat einer Klassifikation ohne ausreichende Berechnungen erhält. Außerdem werden von den Motorenherstellern für ihre Kunden Torsionsschwingungsberechnungen durchgeführt, um Schäden an Kupplungen, Zahnradgetrieben, Riementrieben, Generatoren, Antriebswellen, Propellerwellen und sonstigen Antriebselementen oder Arbeitsmaschinen zu vermeiden. Ohne diese Berechnungen wäre die heute als selbstverständlich vorausgesetzte Betriebssicherheit der durch Hubkolbenmotoren angetriebenen Anlagen nicht realisierbar.

2 Berechnungsmodelle der Schwingungstechnik

Die Technische Schwingungslehre ist ein Spezialgebiet der Technischen Mechanik und hat die in diesem Fachgebiet entwickelten Abstrahierungstechniken übernommen. Bei der Lösung jeder praktischen Aufgabe wird zwischen dem physikalischen Objekt - bei Problemen des Maschinenbaus z.B. einem Maschinenelement, einem Bauteil, einer kompletten Maschine oder einem Maschinenverband - und dem Berechnungsmodell unterschieden. Dabei kommt es häufig vor, daß für das gleiche Objekt mehrere Berechnungsmodelle existieren, die verschiedenartige Eigenschaften des Objektes abstrahieren. So werden z.B. bei der Berechnung der Torsionsschwingungen und der Biegeschwingungen von Kurbelwellen unterschiedliche Berechnungsmodelle angewandt.

Bei der Lösung mechanischer Schwingungsprobleme haben die sogenannten Feder-Masse-Systeme oder elastischen Schwingungssysteme eine dominierende Bedeutung. Physikalisch läßt sich das einfachste Feder-Masse-System durch eine Schraubenfeder und eine Masse realisieren. Im Teil (a) von Abb. 2.1 ist ein einfaches Feder-Masse-System skizziert. Ein Federende ist im Punkt 1 eingespannt, im Punkt 2 am anderen Ende der Feder ist die Masse befestigt. Der momentane Zustand des Systems ist z.B. durch den Abstand x_2 der Masse von ihrer Ruhelage, in der die Feder ungespannt ist, eindeutig definiert, sofern man dafür sorgt, daß die Feder allein die durch (a) gekennzeichnete Bewegung ausführt. Außerdem wird vorausgesetzt, daß die Windungen der Feder selbst keine zusätzlichen Längsschwingungen ausführen. Um dies auszuschließen, besteht das auch als Feder-Masse-Schwinger bezeichnete Berechnungsmodell aus einer masselosen Feder mit linearer Federcharakteristik der Steifigkeit c und einer punktförmigen Masse m. Die Masse m enthält einen Zuschlag zur Berücksichtigung der Masse der Federwindungen. Die Abb. 2.1 enthält einige Varianten des einfachsten Feder-Masse-Schwingungssystems in der üblichen symbolischen Darstellung. Man bezeichnet diese Systeme als Schwinger mit einem Freiheitsgrad, weil die Bewegung der Masse m eindeutig durch die Koordinate x_2 definiert ist. Sofern die Proportionalität zwischen der von der Feder auf die Masse ausgeübten Kraft und der Verschiebung x_2 vorausgesetzt wird, bezeichnet man das System als linear.

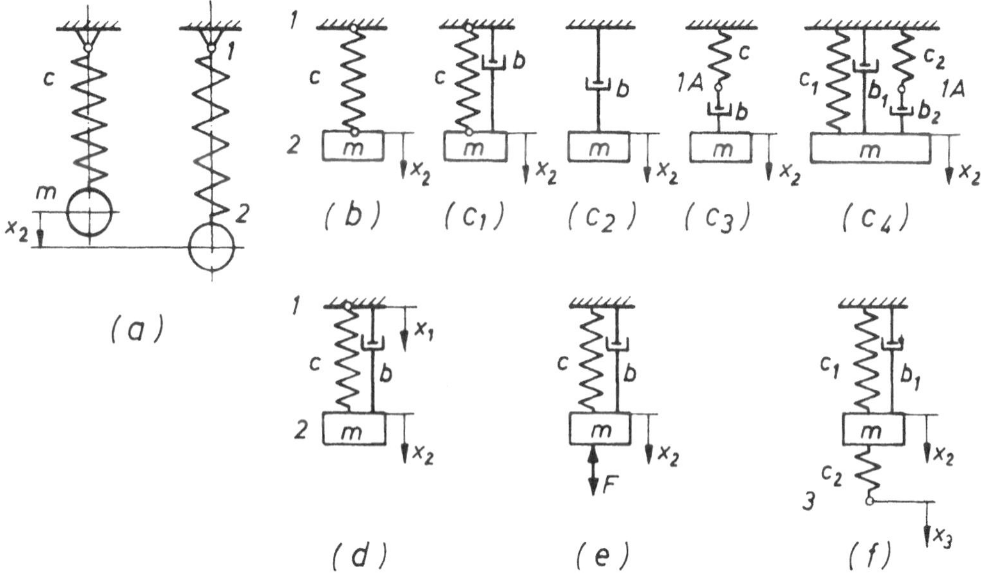

Abb. 2.1. Einfache Feder-Masse-Schwingungssysteme

Auf die Schwingungssysteme (a) bis (c) wirken keine äußeren Erregungen. Man bezeichnet die Schwingungen dieser Systeme, die durch eine einmalige Energiezufuhr ausgelöst werden, als freie Schwingungen oder Eigenschwingungen. Wird während des Schwingungsvorgangs keine Energie nach außen abgeführt, dann sind die Systeme ungedämpft und werden symbolisch wie die Systeme (a) und (b) durch eine Masse und eine Feder dargestellt. Ungedämpfte Systeme kennzeichnen jedoch nur einen Grenzzustand, der physikalisch nicht erreichbar ist.

Bei den gedämpften Schwingungssystemen (c) bis (f) gibt das System Energie in Form von Wärme nach außen ab. Dadurch klingen die Amplituden der freien gedämpften Systeme (c_1) bis (c_4) mit der Zeit ab. Symbolisch wird die Schwingungsdämpfung durch einen abstrahierten Flüssigkeitsstoßdämpfer gekennzeichnet. Die Kraft, mit der ein Dämpfungselement, das die Punkte 1 und 2 miteinander verbindet, an dem Punkt 1 zieht, wird aus der linearen Beziehung $b(\dot{x}_2 - \dot{x}_1)$ berechnet. Dabei sind $\dot{x}_1$ und $\dot{x}_2$ die momentanen Geschwindigkeiten der Punkte 1 und 2 und b der sogenannte Dämpfungskoeffizient. Dieser geschwindigkeitsproportionale Dämpfungsansatz wurde bereits im 19. Jahrhundert von den Physikern KELVIN und MAXWELL eingeführt und ist auch heute noch das fundamentale Berechnungsmodell der Schwingungslehre, mit dem das Dämpfungsphänomen approximiert wird. Die Verbreitung und Beliebtheit dieses Modells ist weniger auf die gute Übereinstimmung von Berechnung und Messung als vielmehr auf seine mathematischen Vorteile zurückzuführen. Die Differentialgleichungen sind bei diesem Dämpfungsansatz linear und besitzen einfache analytisch darstellbare Lösungen.

Es gibt zahlreiche Ursachen für die Schwingungsdämpfung, die man in zwei Kategorien einteilen kann. Die sogenannte System- oder Bauteildämpfung ist durch die Konstruktion des Bauteils beeinflußbar. Ein schwingender Schiffspropeller oder die schwingende Tragfläche eines Luftfahrzeugs verursachen zusätzliche periodisch veränderliche Strömungswiderstände, deren

Auswirkung eine nichtlineare Dämpfung ist, die ungefähr proportional mit dem Quadrat der Schwingungsgeschwindigkeit wächst. Die kleinen periodischen Bewegungen der Wellenzapfen in den Lagerschalen der Grundlager von Kolbenmotoren führen zu einer zusätzlichen Ölverdrängung und machen sich ebenfalls als nichtlineare Dämpfung bemerkbar. Die Mischreibung zwischen zwei in Kontakt befindlichen Oberflächen, wie Zahnflanken oder Nocken- und Stößelkontur, ist von der Gestalt der Oberflächen abhängig und ebenfalls nichtlinear. Selbst der Viskosedrehschwingungsdämpfer, der bei seiner Erfindung als ein streng geschwindigkeitsproportionales System angesehen wurde, verhält sich in Wahrheit komplizierter.

Durch den Begriff Werkstoffdämpfung werden Dämpfungskräfte beschrieben, die durch molekulare Vorgänge im Inneren des schwingend beanspruchten Materials ausgelöst werden. Diese Dämpfung ist hauptsächlich von der Art des Werkstoffs und den Materialkenngrößen abhängig. Die Werkstoffdämpfung ist bei metallischen Werkstoffen wesentlich kleiner als bei viskoelastischen Werkstoffen wie Naturkautschuk und künstlichem Kautschuk.

Die Nichtlinearität der Feder- und Dämpfungskennlinien hat bei den Schwingungen des Motortriebwerks, abgesehen von Spielschwingungen bei Zahnradgetrieben, keine große Bedeutung, weil die Amplituden im stationären Motorbetrieb im allgemeinen klein sind und deshalb eine Linearisierung von nichtlinearen Kennlinien und damit eine Verwendung linearer Dämpfungsmodelle zulässig ist.

Am häufigsten verwendet wird das nach KELVIN benannte Dämpfungsmodell (c1), bei dem auf die Masse m eine Feder und eine Dämpfungskraft wirken. Setzt man bei diesem Modell die Federsteifigkeit c = 0, dann existiert eine reine Dämpfungskoppelung, die durch das Modell (c2) symbolisiert wird. Bei dem nach MAXWELL benannten Dämpfungsmodell (c3) sind die Feder und das Dämpfungselement hintereinander geschaltet. Der mit 1 A bezeichnete Knotenpunkt wird als masselos betrachtet. Damit sind die Feder- und die Dämpfungskraft gleich groß. Mit den Modellen (c2) und (c3) können Kriech- und Fließvorgänge simuliert werden. Durch Kombination der Modelle (c1) und (c3) lassen sich beliebige Netzwerke aufbauen, die mehr als 2 freie Parameter besitzen und als rheologische Modelle bezeichnet werden. Das Modell (c4) ist ein Beispiel eines 4-Parameter-Modells.

Eine in der Praxis häufig angewandte Methode ist die Verwendung des KELVINschen Dämpfungsmodells (c1) mit frequenzabhängigen Parametern. Dadurch lassen sich komplizierte rheologische Modelle umgehen, und die Simulation der beschriebenen System- und Werkstoffdämpfungen ist mit einem einfachen Modell möglich.

Die Systeme (d), (e) und (f) sind Modelle zur Berechnung der sogenannten erzwungenen Schwingungen, die durch eine äußere Erregung verursacht werden. In allen drei Fällen ist der zeitliche Bewegungsablauf der Koordinate x_2 der Masse m das Berechnungsziel. Die drei Systeme unterscheiden sich nur in der Art, wie die äußere Erregung in das System eingeleitet wird.

Bei dem mit (d) gekennzeichneten System wird der Punkt 1 in Richtung der Federlängsachse geführt, und der zeitliche Bewegungsablauf der Koordinate x_1 ist vorgegeben. Man nennt diese Art der Schwingungserregung auch Fußpunkterregung. Bei dem System (e) wirkt auf die Masse m eine äußere Kraft, deren zeitlicher Ablauf bekannt ist. Man nennt diese Art der Erregung Krafterregung oder auch unmittelbare Erregung. Weiter besteht die bei dem System (f) angewandte Möglichkeit, über eine Feder eine Kraft auf die Masse m auszuüben. Die Feder mit der Steifigkeit c_2 verbindet die Masse m mit dem Punkt 3, dessen vorgegebene Bewegung x_3 eine sogenannte Federkrafterregung auf das System ausübt. Darüber hinaus sind noch Kombinationen aus den genannten Erregungen möglich. Außerdem gibt es noch Varianten der Fußpunkterregung des Systems (c), bei denen die Erregung entweder als Feder- oder als Dämpfungskraft eingeleitet wird.

Unter dem Begriff „Feder-Masse-Schwinger" versteht man nicht nur das in Abb. 2.1 (a) skizziert schwingungsfähige System, bei dem die elastische Rückstellkraft durch das als Feder bekannte Maschinenelement erzeugt wird. Eine große praktische Bedeutung haben die in Abb. 2.2 skizzierten elastischen Schwinger, die man ebenfalls als Feder-Masse-Schwinger bezeichnen kann. Bei diesen Systemen werden die elastische Rückstellkraft oder das Rückstellmoment durch einen Stab oder eine Welle erzeugt. Das mit (a) bezeichnete System symbolisiert die Längs- oder Zug-Druck-Schwingungen eines Stabes. Dieses Schwingungssystem unterscheidet sich nur in der Längssteifigkeit von dem Feder-Masse-Schwingungssystem nach Abb. 2.1 (a). Durch Bild (b) in Abb. 2.2 wird ein Torsionsschwingungssystem symbolisiert, bei dem eine Drehung der Achse um den Winkel φ ein rückstellendes Torsionsmoment in der Welle erzeugt. Bei dem Biegeschwingungssystem (c) verursacht eine senkrecht zur Längsachse gerichtete Verschiebung y eine Biegebeanspruchung der Welle. Bei dem kurzen Stabelement (d) verursacht die Verschiebung y eine Schubbeanspruchung des Elementes. Bei allen 4 Systemen besitzt die schwingende Masse nur einen Freiheitsgrad der Bewegung, sofern die Stabmasse klein ist im Vergleich zur schwingenden Masse. Bei dem Torsionsschwingungssystem (b) findet eine Drehung der Masse um die Stabachse statt, deshalb ist für ihre Trägheitswirkung nicht die Masse, sondern ihr Massenträgheitsmoment bezüglich der Stabachse maßgebend. Das Biegeschwingungssystem (c) kann nur unter der Voraussetzung einer punktförmigen Masse als ein System mit einem Freiheitsgrad behandelt werden. Alle 4 Systeme können in der gleichen Art modifiziert werden, wie dies in Abb. 2.1 mit dem Feder-Masse-Schwinger ausgeführt wurde.

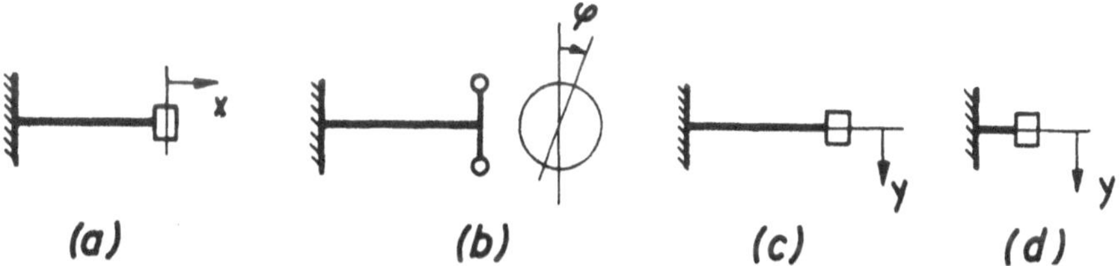

Abb. 2.2. Einfache elastische Schwinger mit unterschiedlichen Federn

Als Pendel werden diejenigen Schwingungssysteme bezeichnet, bei denen ein Kraftfeld die Rückführung in die Ruhelage nach einer Störung des Gleichgewichtszustands verursacht. Von praktischer Bedeutung sind die Gravitations- oder Schwerependel, bei denen die Erdbeschleunigung g maßgebend ist, und die Fliehkraftpendel, bei denen das Fliehkraftfeld die Rückführung verursacht.

Die Systeme (a) bis (d) in Abb. 2.3 sind Schwerependel, das System (e) ist ein Fliehkraftpendel. Alle in Abb. 2.3 skizzierten Systeme sind Schwinger mit einem Freiheitsgrad, weil ihr momentaner Bewegungszustand durch eine Koordinate, den Winkel φ , definiert ist.

Das System (a) ist ein Fadenpendel, das System (b) ein Körperpendel. Beide Pendel führen eine Drehung um die Achse 0 aus, die senkrecht auf der Zeichenebene steht. Bei dem Fadenpendel ist die Masse punktförmig konzentriert, bei dem Körperpendel ist das Massenträgheitsmoment Θ_0 bezüglich der Drehachse maßgebend. Das System (c) ist ein Mehrfadenpendel, bei dem die Drehung um die in der Zeichenebene liegende vertikale Achse erfolgt. Die Fäden werden als starr betrachtet. Das System (d) ist ein Rollpendel. Es unterscheidet sich durch eine nicht raumfeste Drehachse von den Pendeln (a) bis (c). Das mit (e) bezeichnete Fliehkraftpendel entsteht aus dem Fadenpendel (a), wenn man den Drehpunkt 0 auf einem Kreis mit Radius r um den Punkt M mit konstanter Winkelgeschwindigkeit ω_0 rotieren läßt. Bei einer ausreichend hohen Umfangsgeschwindigkeit des Punktes 0 kann die Wirkung des Schwerefeldes gegenüber der Wirkung des Fliehkraftfeldes bei der Berechnung vernachlässigt werden.

Die Pendel nach Abb. 2.3 können ebenso wie die Feder-Masse-Systeme nach Abb. 2.1 freie oder erzwungene Schwingungen ausführen. Die freien Schwingungen können durch ein Anheben des Schwerpunktes S entgegen der Schwerebeschleunigung ausgelöst werden. Die Erregung der erzwungenen Schwingungen erfolgt über eine von außen auf das Pendel ausgeübte Kraft oder durch eine Zwangsführung des Drehpunktes 0.

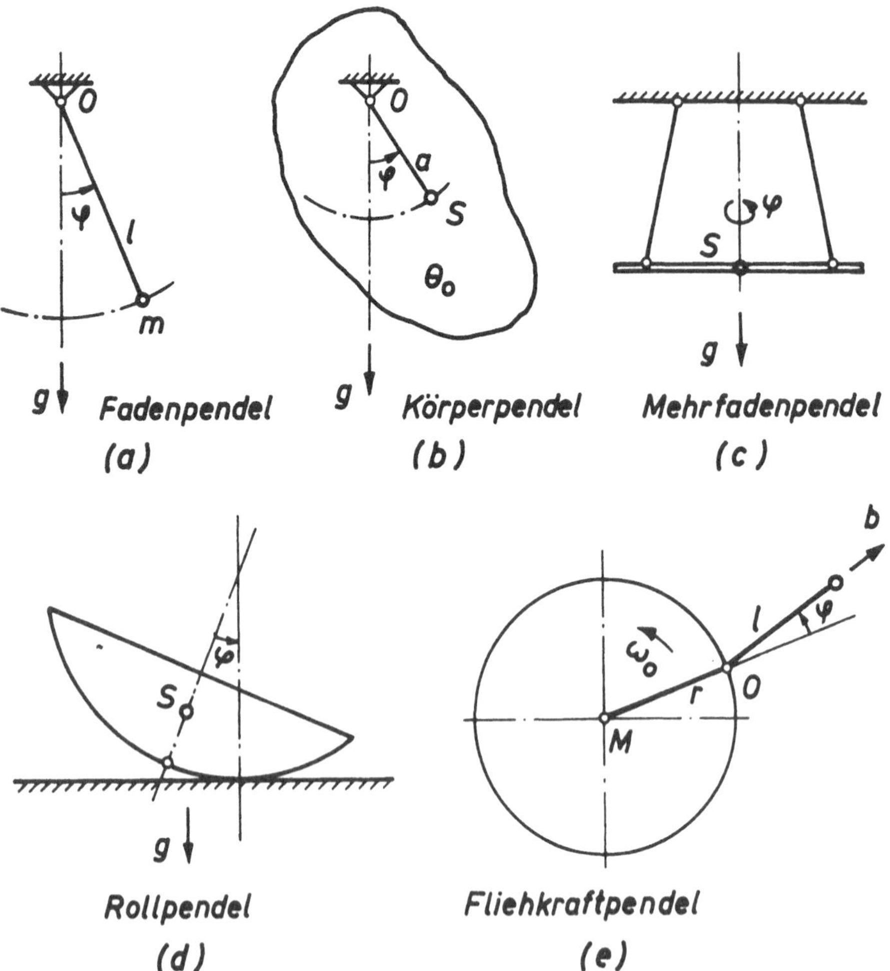

Abb. 2.3. Pendel mit einem Freiheitsgrad der Bewegung

In Abb. 2.4 sind Berechnungsmodelle für Schwingungssysteme mit mehreren Freiheitsgraden skizziert. Das Modell (a) symbolisiert die elastische Lagerung eines starren Körpers mit 6 Freiheitsgraden, dessen momentane Lage im Raum durch 3 Verschiebungen u und 3 Drehungen φ bezüglich eines raumfesten orthogonalen x-y-z-Koordinatensystem definiert werden kann.

Das Pendelsystem (b) kann sich um die beiden senkrecht zur Zeichenebene stehenden Drehachsen 0 und P drehen. Sein momentaner Bewegungszustand wird durch die beiden Winkel φ_1 und φ_2 eindeutig beschrieben; es besitzt damit zwei Freiheitsgrade, sofern nicht eine der beiden Massen vernachlässigbar klein ist.

Berücksichtigt man bei dem nichtrotierenden Biegeschwingungssystem (c) die Massenträgheit des Schwungrades bezüglich einer Drehung φ_z um die durch den Schwerpunkt S gehende, senkrecht auf der Zeichenebene stehenden z-Achse, dann müssen eine Kraft- und eine Momentengleichgewichtsbedingung erfüllt sein. Dadurch sind zwei unabhängige Koordinaten y und φ_z notwendig, um den momentanen Zustand des Systems zu beschreiben. Das Modell besitzt somit bei Anwendung auf die Biegeschwingungen der ruhenden Welle 2 Freiheitsgrade. Bei der rotierenden Welle erhöht sich die Anzahl der Freiheitsgrade auf 4 infolge der Kreiselwirkung der freifliegenden Scheibe, deren Lage dann durch die Koordinaten y, z, φ_y und φ_z definiert ist.

Wie die Beispiele gezeigt haben, können Modelle mit mehreren Freiheitsgraden bereits beim Einmassensystem dadurch entstehen, daß zur Beschreibung des Bewegungsablaufs der Masse bis zu 6 Koordinaten erforderlich sind. Die Anzahl der Freiheitsgrade von Mehrmassensystemen muß somit mindestens gleich der Anzahl der Massen des Modells sein. Das Torsionsschwingungssystem (d) z.B. besitzt einen Freiheitsgrad pro Masse. Bei diesem Modell wird der Verformungszustand eines n-Massen-Systems durch n Drehwinkel φ_k beschrieben, die bei einem rotierenden System relativ zu einem mitrotierenden Koordinatensystem gemessen werden.

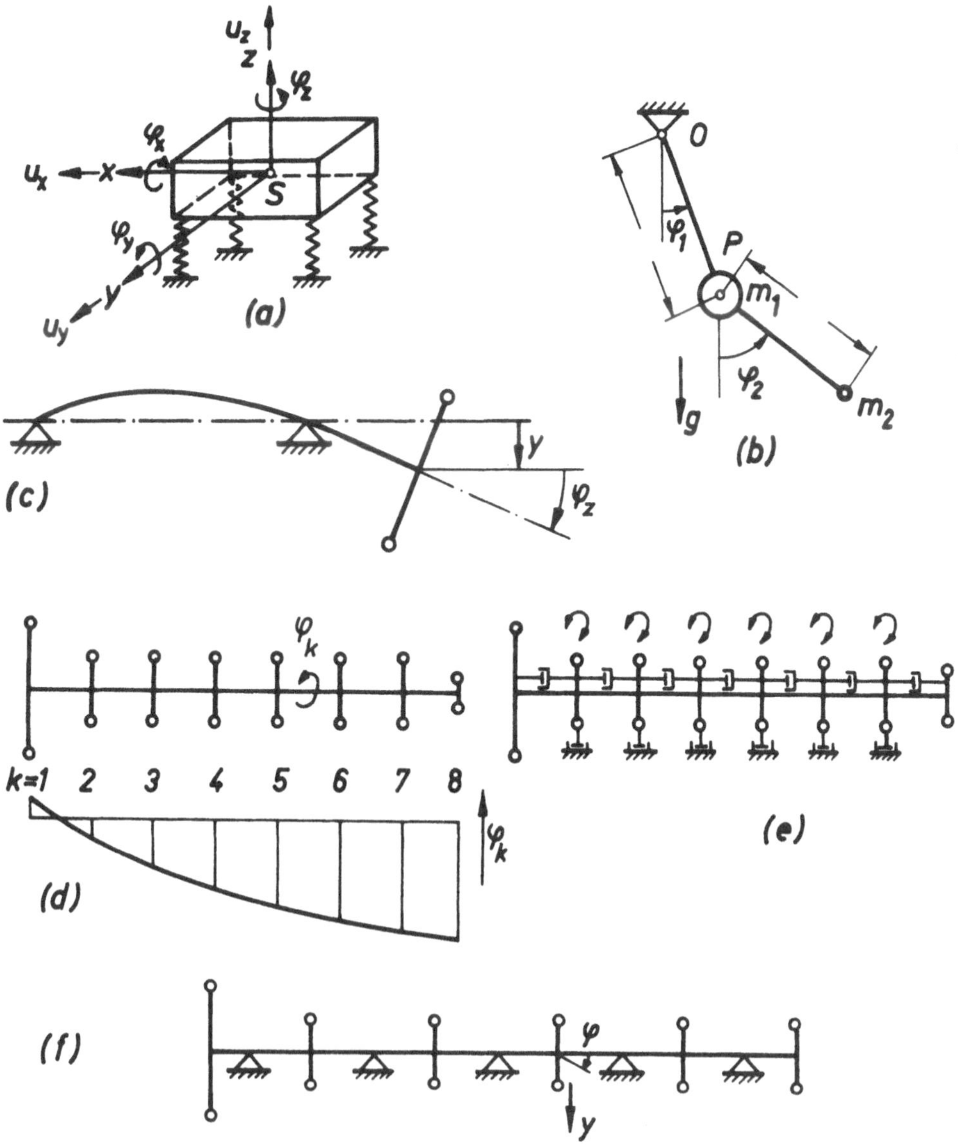

Abb. 2.4. Schwingungssysteme mit mehreren Freiheitsgraden

Bei dem Biegeschwingungssystem (f) ist die Anzahl der Freiheitsgrade bei Berücksichtigung der Massenträgheitsmomente der Scheiben zwei- oder viermal der Anzahl der Massen, je nachdem, ob das ruhende oder das rotierende System betrachtet wird. Weiter sind Berechnungsmodelle möglich, bei denen die einzelnen Massen eine unterschiedliche Anzahl von Freiheitsgraden besitzen.

Durch Vorgabe der Bewegungskomponenten einzelner Systempunkte oder durch äußere auf das System einwirkende Kräfte und Momente werden die erzwungenen Schwingungen von Mehrmassensystemen erregt. Der Dämpfungseffekt des Systems wird normalerweise durch geschwindigkeitsproportionale Dämpfungskräfte oder Momente simuliert. Dabei unterscheidet man zwischen Absolut- und Relativdämpfungen. Die Absolutdämpfung wirkt an einer Systemmasse. Die Dämpfungskraft oder das Dämpfungsmoment ist proportional zur Schwingungsgeschwindigkeit einer der Koordinaten, die die Freiheitsgrade der Masse beschreiben. So ist z.B. die Absolutdämpfung an der Masse k des Torsionsschwingungssystems (e) in Abb. 2.4 proportional der Geschwindigkeit $\dot{\varphi}_k$ dieser Masse. Bei der Relativdämpfung, die zwischen 2 Massen wirksam ist, wird die Dämpfungskraft oder das Dämpfungsmoment aus der Geschwindigkeitsdifferenz dieser Massen berechnet. Der Ort der Dämpfung und die Art ihrer Wirkung werden durch die im System (e) von Abb. 2.4 verwendeten Symbole angedeutet. Die Relativdämpfung wird durch die Verbindung zweier Massen mit dem Dämpfungssymbol, die Absolutdämpfung wird durch die Verbindung einer Masse mit einem Festpunkt durch das gleiche Symbol gekennzeichnet.

Bei allen bis jetzt behandelten Berechnungsmodellen wurde die Masse in einzelnen Systempunkten konzentriert. Die Verbindungen der einzelnen Systempunkte wurden als masselose Feder- und Dämpfungselemente betrachtet. In Abb. 2.5 sind Berechnungsmodelle symbolisch dargestellt, bei denen abweichend von der seitherigen Vorgehensweise die Verbindungen der Massenpunkte kontinuierlich mit Masse, Steifigkeit und Dämpfung belegt sind. Diese Berechnungsmodelle werden als kontinuierliche Schwingungssysteme oder als Kontinua [8] bezeichnet. Ihre Anwendung ist vorwiegend auf stabförmige Körper beschränkt und besonders bei Wellen mit gleichbleibenden Querschnitten nützlich. Man kann sich kontinuierliche Systeme aus einer unendlich

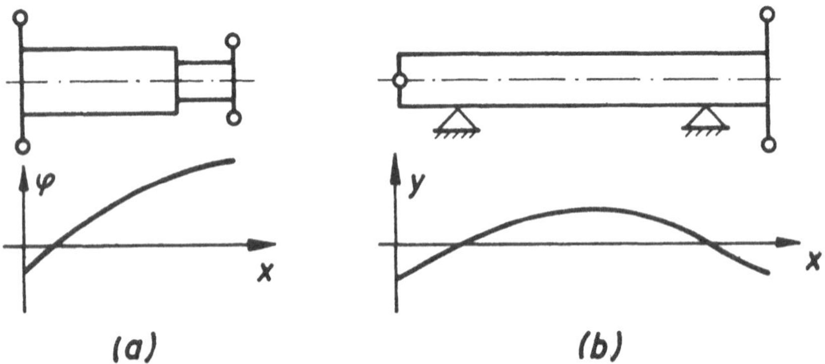

Abb. 2.5. Kontinuierliche Torsions- und Biegeschwingungssysteme

feinen Aufteilung der Welle in Einzelmassen entstanden denken. Dadurch ist es verständlich, daß kontinuierliche Systeme theoretisch eine unendliche Anzahl von Freiheitsgraden besitzen. Die Schwingungsform ist damit nicht mehr durch eine endliche Anzahl von Zahlen, sondern durch eine Funktion der Systemlänge definiert. Das System (a) von Abb. 2.5 ist ein Torsionsschwingungssystem, das aus 2 kontinuierlichen Systemen zusammengesetzt ist und Einzelmassen an seinen Enden besitzt. Das System (b) ist ein Biegeschwingungsmodell, das am linken Ende durch eine punktförmige Masse und am rechten Ende durch eine scheibenförmige Masse abgeschlossen wird. Unter beiden Systemen ist die freie Grundschwingungsform skizziert.

3 Harmonische Schwingungen

Als Schwingungen bezeichnet man eine Klasse von zeitlichen Abläufen physikalischer Größen, die durch die Wiederholung bestimmter Merkmale gekennzeichnet sind. Unter der großen Anzahl möglicher Schwingungen haben die harmonischen Schwingungen, die auch als Sinusschwingungen bezeichnet werden, eine hervorragende Bedeutung, weil sich alle periodischen Schwingungen aus harmonischen Schwingungen zusammensetzen lassen. Außerdem lassen sich nichtperiodische Schwingungen durch Modifikation harmonischer Schwingungen erzeugen.

3.1 Definition harmonischer Schwingungen

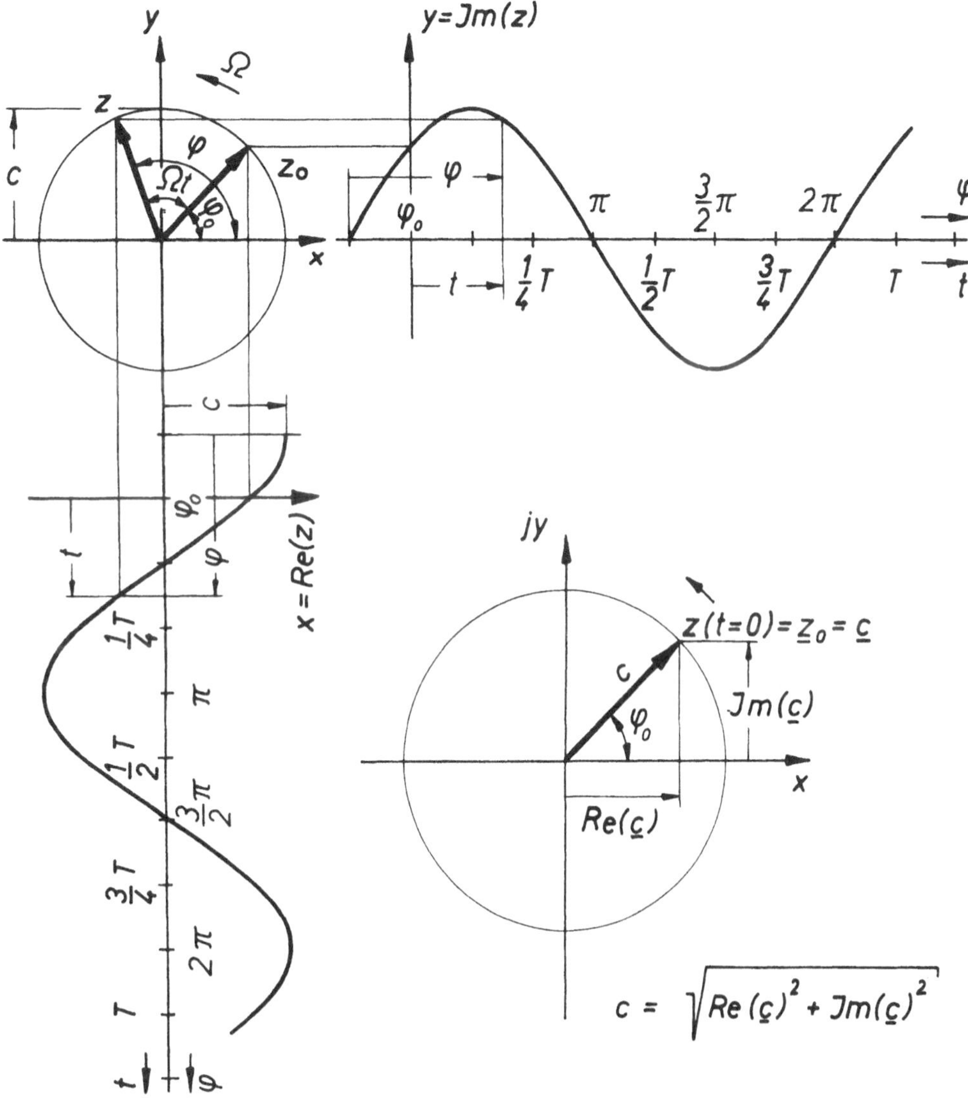

Abb. 3.1. Erzeugung harmonischer Schwingungen

Der Zeiger z in Abb. 3.1, der die Länge c besitzt und mit der Winkelgeschwindigkeit Ω entgegen dem Uhrzeigersinn rotiert, erzeugt durch Projektion der Zeigerspitze auf die Parallelen zur x- und y-Achse die beiden harmonischen Schwingungen

$$x = c\cos(\Omega t + \varphi_0) = c\cos\varphi$$
$$y = c\sin(\Omega t + \varphi_0) = c\sin\varphi \qquad (3.1)$$
$$\varphi := \Omega t + \varphi_0 \quad .$$

Der Verlauf dieser harmonischen Schwingungen über der Zeit t wird durch die Amplitude c, die Kreisfrequenz oder Winkelfrequenz Ω und den Nullphasenwinkel φ_0 definiert. Der Nullphasenwinkel ist der zur Zeit t = 0 vorhandene Wert des Phasenwinkels φ nach Gleichung (3.1). Die harmonischen Schwingungen sind die einfachsten periodischen Schwingungen, deren Frequenz oder Periodenfrequenz f mit der Schwingungsdauer T und der Kreisfrequenz Ω durch die Beziehungen

$$\Omega T = 2\pi$$

oder

$$f := \frac{1}{T} = \frac{\Omega}{2\pi} \tag{3.2}$$

verknüpft ist. Die Bezeichnung Periodenfrequenz für die Frequenz f dient zur deutlichen Unterscheidung von der Kreisfrequenz Ω. Die Dimensionen der Perioden- und der Kreisfrequenz sind beide $\sec^{-1}$. Zur Unterscheidung beider Frequenzen bezeichnet man jedoch die Einheit der Periodenfrequenz f als 1 Hertz, abgekürzt 1 Hz. Die Erregerfrequenzen der Triebwerksschwingungen sind proportional der Winkelgeschwindigkeit ω einer rotierenden Welle. Der Proportionalitätsfaktor

$$q := \frac{\Omega}{\omega} \tag{3.3}$$

wird als Ordnungszahl der harmonischen Schwingung bezeichnet.

Praktischer als die reelle Definition (3.1) ist die komplexe Definition der harmonischen Schwingungen, die man unter Verwendung der EULERschen Formel

$$e^{j\varphi} = \cos\varphi + j\sin\varphi$$
$$j^2 = -1 \tag{3.4}$$

aus (3.1) in der Form

$$\underline{z} = x + jy = c\,e^{j(\Omega t + \varphi_0)} \tag{3.5}$$

erhält. Die komplexe Funktion $\underline{z}$, die zur Unterscheidung von reellen Funktionen durch Unterstreichen gekennzeichnet wird, definiert die Spitze des Zeigers in Abb. 3.1, der die reellen harmonischen Schwingungen x und y nach (3.1) erzeugt. Diese harmonischen Schwingungen sind die Real- und Imaginärteile der komplexen Funktion (3.5). Die Amplituden und die Nullphasenwinkel der harmonischen Schwingungen x und y werden durch die komplexe Amplitude

$$\underline{c} = c\,e^{j\varphi_0} = \underline{z}(t=0) = \underline{z}_0 \tag{3.6}$$

definiert, die als komplexe Zahlen wieder durch Unterstreichung gekennzeichnet sind. Mit Hilfe dieser komplexen Amplitude läßt sich der geometrische Ort des Zeigers $\underline{z}$ als Funktion der Zeit t durch die Beziehung

$$\underline{z} = \underline{c}\,e^{j\Omega t} = x + jy \tag{3.7}$$

beschreiben. Die komplexe Amplitude $\underline{c}$ nach Formel (3.6) kann auch in der Form

$$\underline{c} = Re(\underline{c}) + j\,Jm(\underline{c}) \tag{3.8}$$

definiert werden, wenn man ihren Realteil mit $Re(\underline{c})$ und ihren Imaginärteil mit $Jm(\underline{c})$ bezeichnet. Damit läßt sich die komplexe Funktion $\underline{z}$ nach (3.7) unter Verwendung der EULERschen Formel durch die Beziehung

$$\underline{z} = (Re(\underline{c}) + j\,Jm(\underline{c}))\,(\cos\Omega t + j\sin\Omega t) \tag{3.9}$$

definieren.

Die Funktion $\underline{z}$ hat den Realteil

$$x = Re(\underline{z}) = Re(\underline{c}) \cos\Omega t - Jm(\underline{c}) \sin\Omega t \tag{3.10}$$

und den Imaginärteil

$$y = Jm(\underline{z}) = Jm(\underline{c}) \cos\Omega t + Re(\underline{c}) \sin\Omega t \tag{3.11}$$

Verwendet man die komplexe Definition einer harmonischen Schwingung bei Schwingungsberechnungen, dann muß man sich entweder für den Realteil x nach (3.10) oder den Imaginärteil y nach (3.11) als Repräsentant der harmonischen Schwingung entscheiden. Wie sich diese Entscheidung auf die Darstellung der komplexen Amplitude in der GAUSSschen Zahlenebene auswirkt, geht aus der Abb. 3.2 hervor, die 6 Zeigerdiagramme enthält, die 3 verschiedenartige harmonische Schwingungen Y definieren. Die Diagramme 1-3 entstehen bei Verwendung des Realteils, die Diagramme 4-6 bei Verwendung des Imaginärteils der komplexen Funktion $\underline{z}$ zur Darstellung der harmonischen Schwingung Y. Die Zuordnung der Amplituden b der Sinus- und a der Cosinusfunktion der harmonischen Schwingung Y zum Real- oder Imaginärteil der komplexen Amplitude $\underline{c}$ wird durch die Gleichungen (3.10) und (3.11) festgelegt.

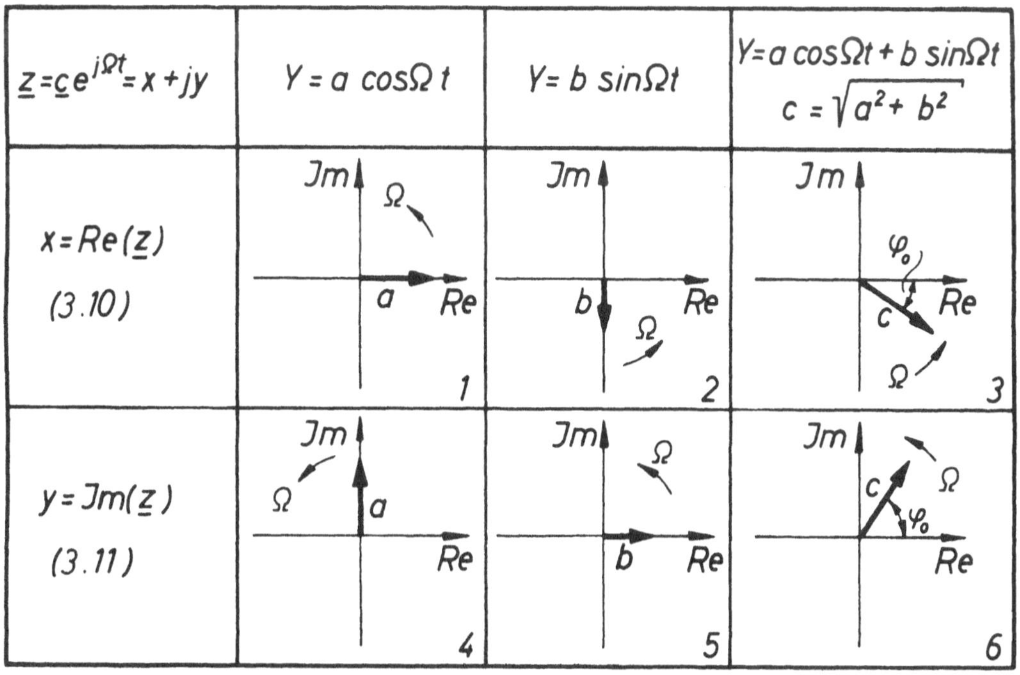

$\underline{z} = \underline{c} e^{j\Omega t} = x + jy$	$Y = a \cos\Omega t$	$Y = b \sin\Omega t$	$Y = a \cos\Omega t + b \sin\Omega t$ $c = \sqrt{a^2 + b^2}$
$x = Re(\underline{z})$ (3.10)	Jm, Ω, a, Re 1	Jm, b, Ω, Re 2	Jm, φ_0, c, Ω, Re 3
$y = Jm(\underline{z})$ (3.11)	Jm, Ω, a, Re 4	Jm, Ω, b, Re 5	Jm, c, Ω, φ_0, Re 6

Abb. 3.2. Definition einer harmonischen Schwingung Y durch eine komplexe Amplitude

Um das negative Vorzeichen in Formel (3.10) zu vermeiden, wird von jetzt ab der Imaginärteil y der komplexen Funktion $\underline{z}$ nach Formel (3.11) zur Darstellung harmonischer Schwingungen in Zeigerdiagrammen und bei der Berechnung mit komplexen Amplituden verwendet. Damit ergeben sich aus (3.11) und aus Abb. 3.2 die folgenden Beziehungen:

$$y = Jm(\underline{c} e^{j\Omega t}) = a \cos\Omega t + b \sin\Omega t \tag{3.12}$$

$$Jm(\underline{c}) = a$$

$$Re(\underline{c}) = b$$

$$\underline{c} = b + ja = c e^{j\varphi_0}$$

$$c = |\underline{c}| = \sqrt{a^2 + b^2}$$

$$\varphi_0 = \arctan \frac{a}{b}$$

Der Imaginärteil der komplexen Amplitude $\underline{c}$ nach (3.8) entspricht damit der Amplitude a der Cosinuskomponente und der Realteil von $\underline{c}$ der Amplitude b der Sinuskomponente der harmonischen Schwingung y. Durch Angabe der Kreisfrequenz Ω und der komplexen Amplitude $\underline{c}$ ist die Sinusschwingung y somit eindeutig definiert. Die Beziehungen für den Nullphasenwinkel φ_0 und den Betrag c der komplexen Amplitude können aus der Abb. 3.1 entnommen werden.

Die komplexe Funktion $\underline{z}$ nach (3.7) kann immer dann nutzbringend angewandt werden, wenn harmonische Schwingungen oder aus harmonischen Schwingungen zusammengesetzte Schwingungen den zeitlichen Ablauf der gesuchten Lösung beschreiben. Bei der Aufstellung der Formeln ist es dann nicht mehr notwendig, ständig darauf hinzuweisen, daß z.B. nur die Imaginärteile der verwendeten komplexen Variablen die physikalische Lösung beschreiben. Konsequenz ist nur beim Übergang von der reellen in die komplexe Schreibweise oder der komplexen in die reelle Schreibweise erforderlich. Bei diesen Übergängen werden bei allen nachfolgenden Beispielen die aus der Verwendung des Imaginärteils der Lösung resultierenden Beziehungen (3.12) angewandt.

Bei der praktischen Lösung von Schwingungsproblemen müssen mit harmonischen Schwingungen gleicher Frequenz häufig die in den folgenden Abschnitten beschriebenen Operationen ausgeführt werden.

3.2 Phasenverschiebung harmonischer Schwingungen

Die Phasenverschiebung einer harmonischen Schwingung $\underline{z}_0$ um den Phasenverschiebungswinkel α ergibt die harmonische Schwingung

$$\begin{aligned} \underline{z}_1(\Omega t) &= \underline{z}_0(\Omega t + \alpha) = \underline{c}_0\, e^{j\alpha} e^{\Omega t} \\ &= \underline{c}_1\, e^{\Omega t} = X_1 + jY_1 \end{aligned} \quad . \tag{3.13}$$

Die komplexe Amplitude $\underline{c}_1$ der phasenverschobenen Schwingung entsteht durch Drehung der komplexen Amplitude $\underline{c}_0$ um den Winkel α. Dies wird unter Beachtung von (3.6) aus (3.13) durch die Beziehungen

$$\begin{aligned} \underline{c}_0 &= c_0\, e^{j\varphi_0} \\ \underline{c}_1 &= \underline{c}_0\, e^{j\alpha} = c_0\, e^{j(\varphi_0+\alpha)} \end{aligned} \tag{3.14}$$

bewiesen. In Abb. 3.3 sind sowohl die komplexen Amplituden $\underline{c}_0$ und $\underline{c}_1$ als auch der zeitliche Verlauf der beiden Schwingungen dargestellt. Da beide Schwingungen die gleiche Amplitude c_0 haben, sind die Zeiger $\underline{c}_0$ und $\underline{c}_1$ gleich lang. Der Zeiger $\underline{c}_1$ eilt gegenüber dem Zeiger $\underline{c}_0$ um den Phasenverschiebungswinkel α voraus. Dadurch wird der zeitliche Verlauf der Schwingung Y_1 relativ zur Schwingung Y_0 um die Phasenverschiebungszeit

$$t_\alpha = \frac{\alpha}{\Omega} \tag{3.15}$$

nach links auf der Zeitachse verschoben.

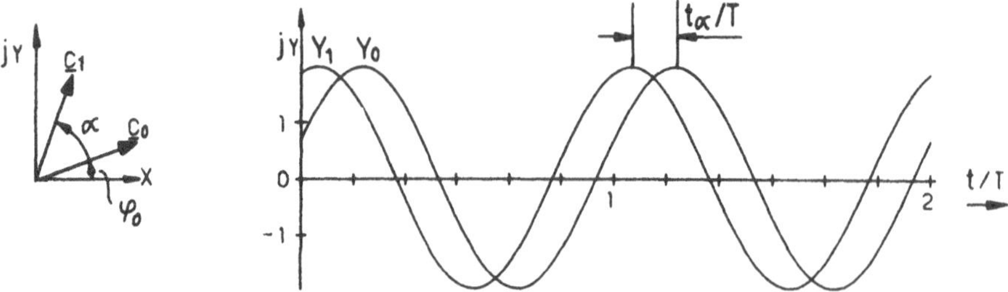

Abb. 3.3. Phasenverschiebung einer harmonischen Schwingung

3.3 Addition harmonischer Schwingungen

Die Addition von zwei harmonischen Schwingungen gleicher Frequenz

$$\underline{z} = \underline{z}_1 + \underline{z}_2 = \underline{c}_1 e^{j\Omega t} + \underline{c}_2 e^{j\Omega t}$$
$$\underline{z} = \underline{c}\, e^{j\Omega t} = (\underline{c}_1 + \underline{c}_2) e^{j\Omega t} \tag{3.16}$$

ergibt wieder eine harmonische Schwingung unveränderter Frequenz, deren komplexe Amplitude $\underline{c}$ durch Addition der Amplituden $\underline{c}_1$ und $\underline{c}_2$ entsteht. In Abb. 3.4 wird die Addition der komplexen Amplituden

$$\underline{c}_1 = b_1 + ja_1$$
$$\underline{c}_2 = b_2 + ja_2$$
$$\underline{c} = \underline{c}_1 + \underline{c}_2 \tag{3.17}$$
$$\underline{c} = b_1 + b_2 + j(a_1 + a_2)$$

geometrisch mit Hilfe der Additionsregel für ebene Vektoren ausgeführt. Der Beweis für die Anwendbarkeit dieser Regel ergibt sich aus der Addition der komplexen Amplituden $\underline{c}_1$ und $\underline{c}_2$ nach den Regeln der komplexen Arithmetik. Die geometrische Interpretation der arithmetischen Summe nach (3.17) führt zu der geometrischen Konstruktion nach Abb. 3.4.

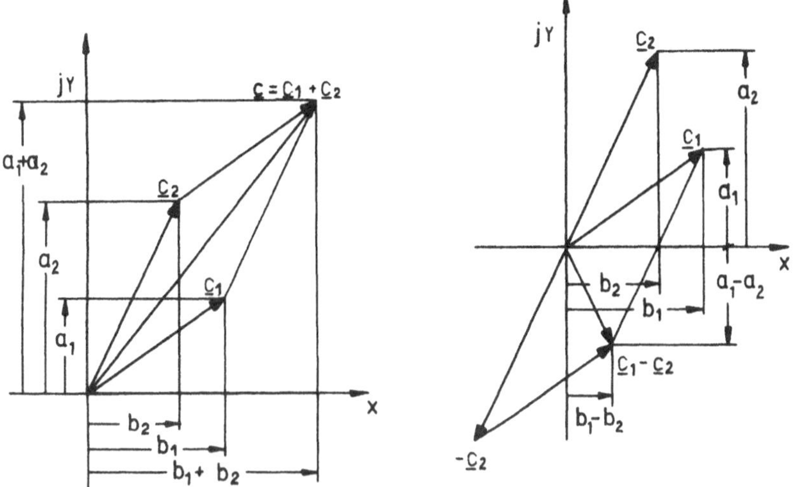

Abb. 3.4. Geometrische Addition und Subtraktion komplexer Amplituden

Im rechten Teil der Abb. 3.4 wird die Subtraktion $\underline{c}_1 - \underline{c}_2$ geometrisch ausgeführt. Man kann die Subtraktion der Amplitude $\underline{c}_2$ als die Addition der negativen Amplitude $-\underline{c}_2$ interpretieren.

In Abb. 3.5 ist der zeitliche Verlauf des Imaginärteils Y der komplexen Funktion nach (3.16) aufgetragen. Die Abbildung enthält insgesamt 4 harmonische Schwingungen, die beiden Summanden Y1, Y2, die Summe Y1 + Y2 und die Differenz Y1 - Y2.

In der linken Hälfte der Abbildung sind die komplexen Amplituden aller vier Schwingungen in der GAUSSschen Zahlenebene dargestellt. Sowohl die Addition als auch die Subtraktion harmonischer Schwingungen führt im allgemeinen zu einer Phasenverschiebung der resultierenden Schwingung gegenüber den beiden zu addierenden Schwingungen. Die Phasenverschiebungswinkel können unmittelbar dem Amplitudendiagramm in der linken Bildhälfte entnommen werden.

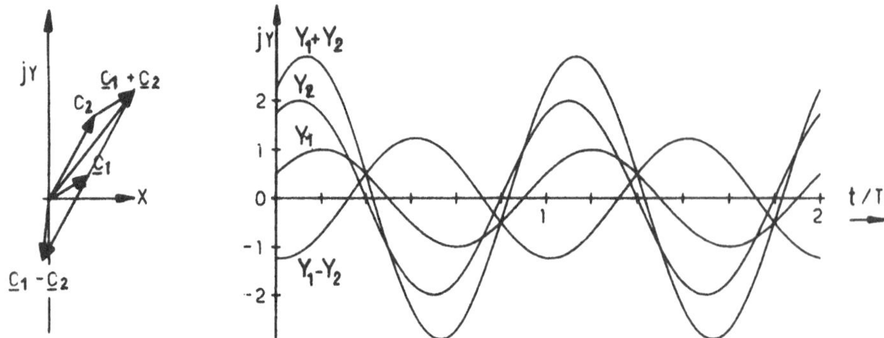

Abb. 3.5. Addition und Subtraktion harmonischer Schwingungen

Wenn die zu addierenden oder zu subtrahierenden harmonischen Schwingungen den gleichen Nullphasenwinkel φ_0 besitzen, dann verursacht die Addition oder Subtraktion einen Phasenverschiebungswinkel von 0^0 oder 180^0 des Resultats gegenüber dem Summanden. Dies geht aus der Abb. 3.6 hervor, in der diese Situation für die Addition und Subtraktion dargestellt ist.

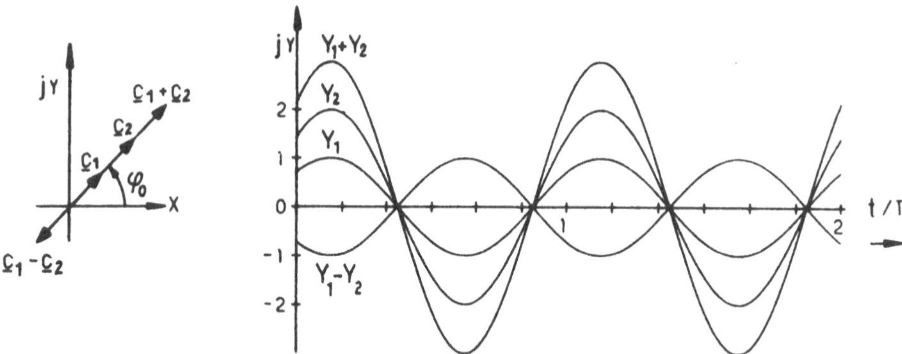

Abb. 3.6. Addition und Subtraktion gleichphasiger harmonischer Schwingungen

Bei der Addition der harmonischen Schwingungen Y1 und Y2 sind die Summanden und die Summe „gleichphasige Schwingungen". Bei der Subtraktion ist die Differenz Y1 - Y2 eine „gegenphasige Schwingung", weil der Betrag der Amplitude $\underline{c}_2$ größer als der Betrag der Amplitude $\underline{c}_1$ ist.

3.4 Differentiation und Integration harmonischer Schwingungen

Differenziert man die harmonische Schwingung $\underline{z}$ nach der Zeit t, dann entstehen aus

$$\begin{aligned} \underline{z} &= \underline{c}\, e^{j\Omega t} = c\, e^{j\varphi_0} e^{j\Omega t} \\ \frac{d\underline{z}}{dt} &= \dot{\underline{z}} = j\Omega \underline{c}\, e^{j\Omega t} \\ \frac{d^2\underline{z}}{dt^2} &= \ddot{\underline{z}} = -\Omega^2 \underline{c}\, e^{j\Omega t} \end{aligned} \tag{3.18}$$

wieder harmonische Schwingungen der gleichen Frequenz, aber veränderter Amplitude. Aus der EULERschen Formel (3.4) erhält man die Beziehungen

$$j = e^{j\frac{\pi}{2}} \qquad -j = e^{-j\frac{\pi}{2}} \qquad -1 = e^{j\pi} \quad , \tag{3.19}$$

mit deren Hilfe die Ableitungen (3.18) auf die Form

$$\begin{aligned} \dot{\underline{z}} &= \Omega\, \underline{c}\, e^{j\frac{\pi}{2}}\, e^{j\Omega t} = \Omega\, c\, e^{j(\varphi_0+\frac{\pi}{2})}\, e^{j\Omega t} \\ \ddot{\underline{z}} &= \Omega^2\, \underline{c}\, e^{j\pi}\, e^{j\Omega t} = \Omega^2 c\, e^{j(\varphi_0+\pi)}\, e^{j\Omega t} \end{aligned} \tag{3.20}$$

gebracht werden können. Aus (3.20) ist ersichtlich, daß durch die Operation Differenzieren der Betrag der Amplitude $\underline{c}$ um den Faktor Ω vergrößert und der Nullphasenwinkel um $\pi/2$ erhöht wird. In Abb. 3.7 sind die Amplitudendiagramme und der zeitliche Verlauf der harmonischen Schwingung $\underline{z}$ und ihrer ersten und zweiten Ableitung nach der Zeit enthalten.

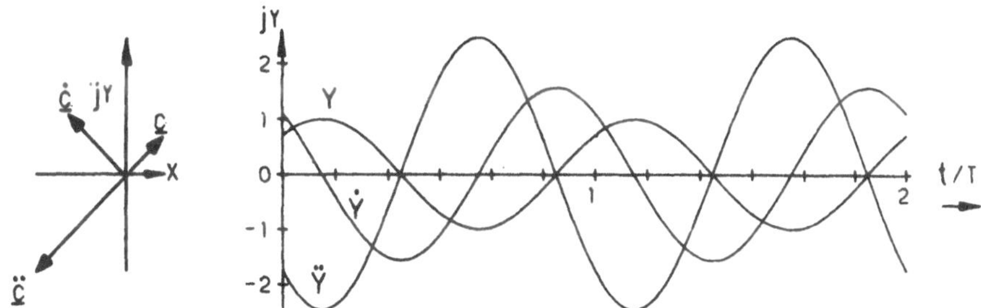

Abb. 3.7. Differenzieren harmonischer Schwingungen nach der Zeit

Analog verläuft die Integration

$$\begin{aligned} \underline{z} &= \underline{c}\, e^{j\Omega t} \\ \int \underline{z}\, dt &= \frac{\underline{c}}{j\Omega} e^{j\Omega t} = -\frac{j}{\Omega} \underline{c}\, e^{j\Omega t} \\ &= \frac{1}{\Omega} \underline{c}\, e^{-j\frac{\pi}{2}}\, e^{j\Omega t} = \frac{1}{\Omega} c\, e^{j(\varphi_0-\frac{\pi}{2})} e^{j\Omega t} \end{aligned} \tag{3.21}$$

einer harmonischen Schwingung. Aus (3.21) entnimmt man unter Verwendung der Beziehung (3.19), daß die Amplitude der integrierten Schwingung durch Multiplikation mit dem Faktor $1/\Omega$ und Drehung um den Winkel $-\pi/2$ aus der Amplitude $\underline{c}$ entsteht. Der Einfluß der Integration auf den zeitlichen Verlauf kann der Abb. 3.7 entnommen werden durch Vergleich der harmonischen Schwingung $\dot{Y}$ mit ihrem Integral Y.

3.5 Multiplikation harmonischer Schwingungen

Bei der Lösung der sogenannten rheolinearen Schwingungsprobleme besitzen die das Problem definierenden Differentialgleichungen periodische Koeffizienten. In diesem Fall und auch bei der Lösung nichtlinearer Schwingungsprobleme müssen beim Lösungsansatz harmonische Schwingungen multipliziert werden.

Bei der Multiplikation $y_1\, y_2$ zweier harmonischer Schwingungen

$$\begin{aligned} y_1 &= a_1 \cos \Omega_1 t + b_1 \sin \Omega_1 t \\ y_2 &= a_2 \cos \Omega_2 t + b_2 \sin \Omega_2 t \\ y = y_1 y_2 &= \frac{a_1 a_2 - b_1 b_2}{2} \cos(\Omega_1+\Omega_2)t + \frac{a_1 b_2 + b_1 a_2}{2} \sin(\Omega_1+\Omega_2)t \\ &+ \frac{a_1 a_2 + b_1 b_2}{2} \cos(\Omega_2-\Omega_1)t + \frac{a_1 b_2 - b_1 a_2}{2} \sin(\Omega_2-\Omega_1)t \end{aligned} \tag{3.22}$$

verschiedener Frequenzen entsteht unter Benutzung bekannter trigonometrischer Beziehungen eine Schwingung, die sich nach (3.22) als Summe zweier harmonischer Schwingungen unterschiedlicher Frequenzen darstellen läßt. Die Frequenzen der beiden harmonischen Schwingungen, aus denen sich das Produkt $y_1 y_2$ zusammensetzt, sind die Summen und die Differenzen der Frequenzen der harmonischen Schwingungen y_1 und y_2.

Sind die Frequenzen der beiden harmonischen Schwingungen y_1 und y_2 identisch, dann ist die Frequenz des Produkts y doppelt so groß wie die Frequenz von y_1 und y_2. Dies geht aus der Beziehung

$$y = y_1 y_2 = \frac{a_1 a_2 - b_1 b_2}{2} \cos 2\Omega t + \frac{a_1 b_2 + b_1 a_2}{2} \sin 2\Omega t + \frac{a_1 a_2 + b_1 b_2}{2} \tag{3.23}$$

$$\text{mit } \Omega = \Omega_1 = \Omega_2$$

hervor, die unter der Bedingung gleicher Frequenz der Multiplikatoren y_1 und y_2 aus der Beziehung (3.22) entsteht. Der von der Zeit unabhängige Anteil der Formel (3.23) verursacht eine Verschiebung der harmonischen Schwingung in Richtung der Ordinate y parallel zur Zeitachse. In Abb. 3.8 ist ein Beispiel für die Multiplikation zweier harmonischer Schwingungen gleicher Frequenz angeführt, aus der die Verdoppelung der Frequenz und die Verschiebung in Ordinatenrichtung des Produkts erkennbar ist. Bei den Amplitudendiagrammen in der linken Hälfte der Abbildung ist zu beachten, daß der Zeiger $\underline{c}$ mit der doppelten Frequenz rotiert wie die Zeiger $\underline{c}_1$ und $\underline{c}_2$. Außerdem wurde der Nullpunkt des Zeigers $\underline{c}$ in Richtung der positiven Ordinate verschoben.

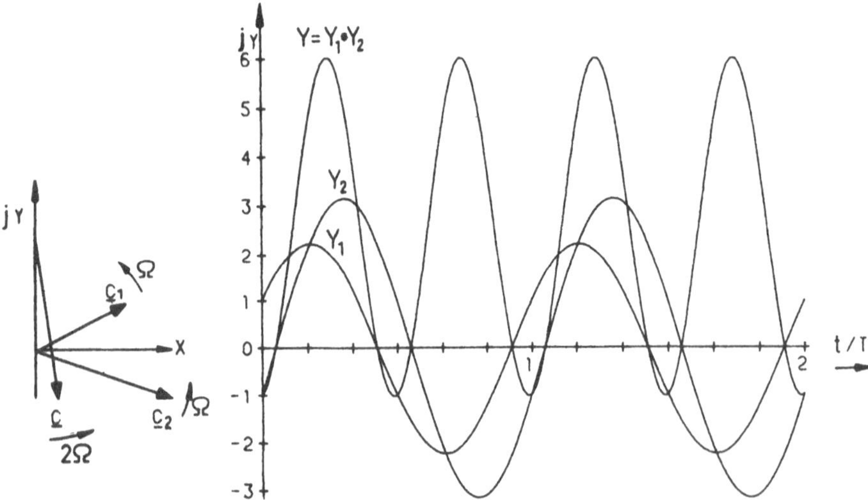

Abb. 3.8. Multiplikation harmonischer Schwingungen gleicher Frequenz

3.6 Multiplikation und Division komplexer Amplituden

Bei der Multiplikation muß man zwischen der Multiplikation harmonischer Schwingungen und der Multiplikation komplexer Amplituden unterscheiden. Bei allen Schwingungsproblemen, deren Lösung durch Superposition harmonischer Schwingungen ermittelt werden kann, ist die komplexe Darstellung der harmonischen Schwingungen nach (3.7) zulässig, sofern die das Problem definierenden Differentialgleichungen konstante Koeffizienten besitzen. Dann benötigt man bei dem Lösungsansatz allein die Operationen Differenzieren und Addieren harmonischer Schwingungen. Bei der Ermittlung der unbekannten komplexen Schwingungsamplituden dagegen werden außer den bereits behandelten Operationen Addition und Subtraktion auch noch die Operationen Multiplikation und Division komplexer Zahlen benötigt.

Die Multiplikation

$$\underline{c} = \underline{c}_1 \underline{c}_2 = (b_1 + j a_1)(b_2 + j a_2)$$
$$\underline{c} = b_1 b_2 - a_1 a_2 + j(a_1 b_2 + b_1 a_2) \tag{3.24}$$

und die Division komplexer Amplituden

$$\underline{c} = \underline{c}_1 / \underline{c}_2 = \frac{b_1 + j a_1}{b_2 + j a_2} = \frac{(b_1 + j a_1)(b_2 - j a_2)}{(b_2 + j a_2)(b_2 - j a_2)}$$
$$\underline{c} = \frac{b_1 b_2 + a_1 a_2}{a_2^2 + b_2^2} + j \frac{a_1 b_2 - a_2 b_1}{a_2^2 + b_2^2} \tag{3.25}$$

erfolgen nach den Regeln der komplexen Arithmetik. Beide Operationen lassen sich in der GAUSSschen Zahlenebene grafisch anschaulich interpretieren (Abb. 3.9), wenn man die Definition (3.6) der komplexen Amplitude verwendet. Dann ergibt sich für die Multiplikation die Beziehung

$$\underline{c} = \underline{c}_1 \underline{c}_2 = c_1 e^{j\varphi_1} c_2 e^{j\varphi_2} = c_1 c_2 e^{j(\varphi_1 + \varphi_2)} \tag{3.26}$$

und für die Division die Beziehung

$$\underline{c} = \underline{c}_1 / \underline{c}_2 = \frac{c_1 e^{j\varphi_1}}{c_2 e^{j\varphi_2}} = \frac{c_1}{c_2} e^{j(\varphi_1 - \varphi_2)} \quad . \tag{3.27}$$

Bei beiden Operationen werden die Beträge der Amplituden nach den Regeln der reellen Arithmetik aus den Beträgen c_1 und c_2 berechnet. Der Nullphasenwinkel des Produkts ergibt sich aus der Summe, der Nullphasenwinkel des Quotienten aus der Differenz der Nullphasenwinkel φ_1 und φ_2 der Operanden $\underline{c}_1$ und $\underline{c}_2$.

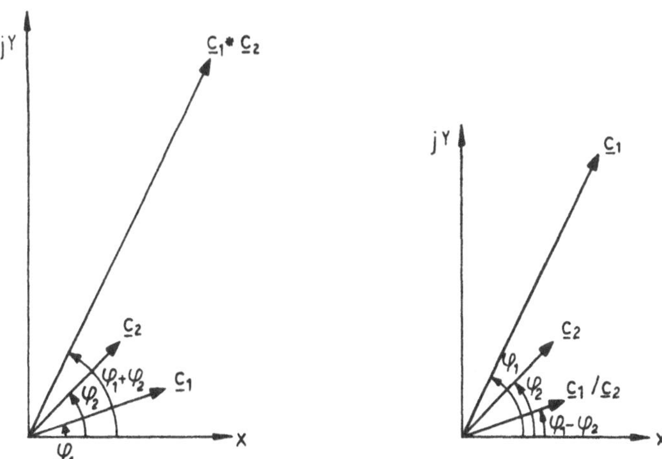

Abb. 3.9. Multiplikation und Division komplexer Amplituden

3.7 Analytische Darstellung rotierender Zeiger

Bei der Multiplikation harmonischer Schwingungen versagt die komplexe Darstellung der harmonischen Schwingung nach Gleichung (3.7) durch einen umlaufenden Zeiger $\underline{z}$, weil die Multiplikation nach (3.22) entweder mit dem Realteil oder mit dem Imaginärteil der komplexen Funktion $\underline{z}$ vorgenommen werden muß. Deshalb wurde das Produkt (3.22) zweier harmonischer Schwingungen ohne komplexe Arithmetik allein unter Verwendung trigonometrischer Beziehungen abgeleitet. Es ist aber möglich und, z.B. bei der Darstellung von harmonisch veränderlichen Kräften konstanter Richtung, auch nützlich, den Real- und Imaginärteil der Funktion $\underline{z}$ durch Verwendung der komplexen Funktion $\underline{z}$ und ihrer konjugiert komplexen Funktion $\bar{z}$ zu definieren.

Die durch Überstreichen gekennzeichnete konjugiert komplexe Funktion $\bar{z}$ entsteht aus der Funktion $\underline{z}$ durch Vorzeichenumkehr des Imaginärteils. Es gelten damit die Beziehungen

$$\begin{aligned} \underline{z} &= x + jy \\ \bar{z} &= x - jy \end{aligned} \tag{3.28}$$

und die daraus abgeleiteten Gleichungen

$$\begin{aligned} x &= \frac{1}{2}(\underline{z} + \bar{z}) \\ jy &= \frac{1}{2}(\underline{z} - \bar{z}) \quad , \end{aligned} \tag{3.29}$$

aus denen sich mit (3.7) die komplexen Definitionen

$$\begin{aligned} x &= \frac{1}{2}(\underline{c}\, e^{j\Omega t} + \bar{c}\, e^{-j\Omega t}) \\ jy &= \frac{1}{2}(\underline{c}\, e^{j\Omega t} - \bar{c}\, e^{-j\Omega t}) \end{aligned} \tag{3.30}$$

des Real- und Imaginärteils der Funktion $\underline{z}$ ergeben.

In Abb. 3.10 werden die Beziehungen (3.29) und (3.30) grafisch interpretiert. Sowohl der Real- als auch der Imaginärteil der komplexen Funktion $\underline{z}$ entstehen aus der Addition zweier gegenläufig mit der Winkelgeschwindigkeit Ω bzw. $-\Omega$ rotierenden Zeiger. Das Ergebnis der Addition nach (3.30) ist entweder eine reelle oder eine imaginäre harmonische Funktion, je nachdem, ob man sich für den Real- oder den Imaginärteil der komplexen Funktion $\underline{z}$ als Repräsentant der harmonischen Schwingung entscheidet. Der erste Term der Beziehungen (3.30) ist

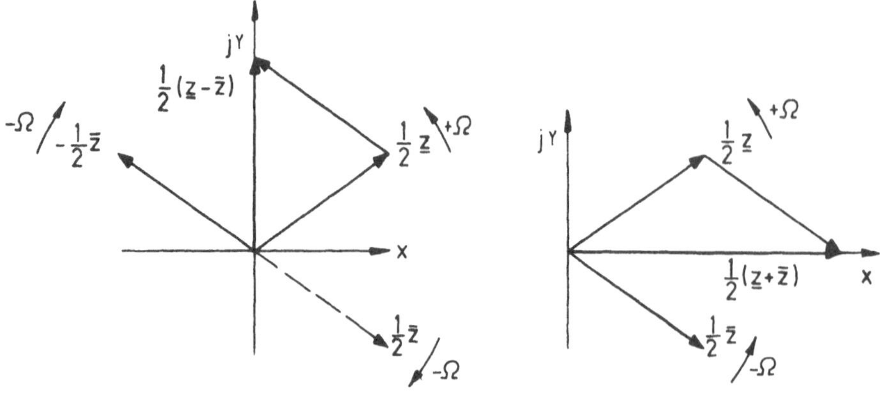

Abb. 3.10. Erzeugung harmonischer Schwingungen durch zwei gegenläufig rotierende Zeiger

bis auf den Faktor 0,5 identisch mit der komplexen Definition (3.7) der harmonischen Schwingung. Durch die Addition oder Subtraktion des gegenläufigen Terms entsteht daraus das reelle oder imaginäre Ergebnis. Somit stellen die Beziehungen (3.30) eine komplexe Definition einer reellen harmonischen Funktion dar und sind damit geeignet, auch die Operation Multiplikation unter Verwendung einer komplexen Arithmetik auszuführen. Verwendet man wieder den Imaginärteil als Repräsentant der harmonischen Schwingung, dann folgt aus (3.29) für die Multiplikation der harmonischen Schwingungen y_1 und y_2

$$\begin{aligned} y = y_1 \cdot y_2 &= -\frac{1}{4}(\underline{z}_1 - \bar{z}_1)(\underline{z}_2 - \bar{z}_2) \\ &= -\frac{1}{4}\left[\underline{z}_1 \underline{z}_2 - \underline{z}_1 \bar{z}_2 + (\overline{\underline{z}_1 \underline{z}_2 - \underline{z}_1 \bar{z}_2})\right] \quad . \end{aligned} \tag{3.31}$$

Durch Überstreichen des Terms in den runden Klammern wird zum Ausdruck gebracht, daß dieser Term den konjugiert komplexen Klammerinhalt darstellt. Damit stehen in der eckigen Klammer der Beziehung (3.31) die Summe aus einer komplexen und einer identischen konjugiert komplexen Größe. Somit ergibt sich das Produkt y aus dem Realteil Re einer komplexen Funktion tion als

$$y = -\frac{1}{2}\,\mathrm{Re}\left[\underline{z}_1 \underline{z}_2 - \underline{z}_1 \bar{z}_2\right] \quad . \tag{3.32}$$

Setzt man die komplexen Funktionen

$$\begin{aligned} z_1 &= (b_1 + ja_1)\, e^{j\Omega t} \\ z_2 &= (b_2 + ja_2)\, e^{j\Omega t} \end{aligned} \tag{3.33}$$

in die Gleichung (3.32) ein, dann ergibt sich jetzt unter Verwendung der komplexen Arithmetik die früher aus trigonometrischen Umformungen gewonnene Beziehung (3.22).

Wie bereits erwähnt, ist die Definition (3.30) nur bei der Lösung spezieller Schwingungsprobleme erforderlich. Bei dem größeren Teil der hier behandelten Probleme werden die Definition (3.7) und die daraus resultierenden Algorithmen dieses Abschnitts verwendet.

4 Periodische Schwingungen

4.1 Definition periodischer Schwingungen

In Abb. 4.1 sind drei periodische Schwingungen über der Zeit t aufgetragen.

Eine Verschiebung der in Abb. 4.1 aufgezeichneten Kurven in Richtung der positiven oder negativen Zeitachse um die Schwingungsdauer T würde Kurvenverläufe ergeben, die mit den aufgezeichneten identisch sind. Eine periodische Schwingung wird deshalb durch eine der für alle Werte t gültigen Beziehungen

$$y(t) = y(t-T) \tag{4.1 A}$$

oder $y(t+T) = y(t)$ (4.1 B)

definiert.

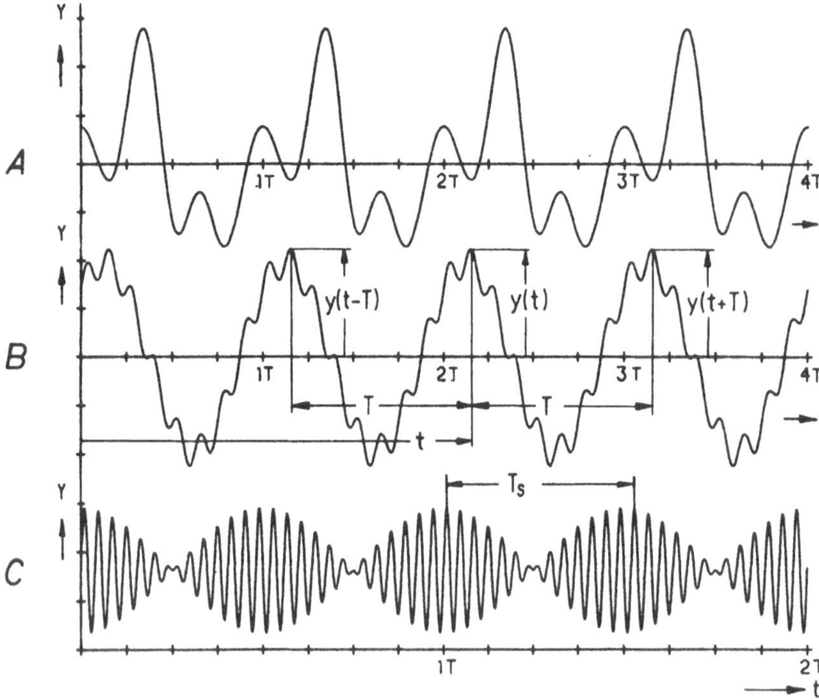

Abb. 4.1. Periodische Schwingungen

4.2 Addition harmonischer Schwingungen verschiedener Frequenzen

Die einfachste periodische Schwingung ist die harmonische Schwingung. Bei der Addition von zwei mit 1 und 2 bezeichneten harmonischen Schwingungen verschiedener Frequenzen ergibt sich entweder eine periodische oder eine nichtperiodische Schwingung. Eine periodische Schwingung entsteht dann, wenn es ein Zeitintervall T gibt, das ein ganzzahliges Vielfaches sowohl der Schwingungsdauer T_1 der ersten als auch der Schwingungsdauer T_2 der zweiten harmonischen Schwingung ist. Somit müssen die Beziehungen

$$T = n_1 T_1 \quad (4.2A)$$

$$T = n_2 T_2 \quad (4.2B)$$

für ganzzahlige Werte von n_1 und n_2 exakt erfüllt sein.

Erzeugt man die beiden harmonischen Schwingungen wieder durch zwei entgegen dem Uhrzeiger mit den Winkelgeschwindigkeiten Ω_1 und Ω_2 rotierenden Zeigern, dann ergeben sich aus (4.2) die beiden Beziehungen

$$\Omega_1 T = \frac{2\pi}{T_1} n_1 T_1 = 2\pi n_1 \quad (4.3A)$$

$$\Omega_2 T = \frac{2\pi}{T_2} n_2 T_2 = 2\pi n_2 \quad . \quad (4.3B)$$

Das bedeutet, daß der Zeiger 1 nach n_1 und der Zeiger 2 nach n_2 vollen Umdrehungen im gleichen Zeitintervall T exakt ihre Startpositionen wieder erreicht haben. Die aus der Addition der beiden harmonischen Schwingungen 1 und 2 im Zeitintervall T entstandene Schwingung muß sich dann in allen folgenden Zeitintervallen T exakt wiederholen. T ist somit die Schwingungsdauer einer periodischen Schwingung nach (4.1). Aus der Division der beiden Gleichungen (4.3) folgt dann die Periodizitätsbedingung

$$\Omega_2 / \Omega_1 = f_2/f_1 = n_2/n_1 \tag{4.4}$$

aus der hervorgeht, daß bei der Addition zweier harmonischer Schwingungen nur bei einem rationalen Frequenzverhältnis eine periodische Schwingung entsteht.

In Abb. 4.2 ist eine nichtperiodische Schwingung aufgezeichnet, die einen charakteristischen als Schwebung bezeichneten Verlauf besitzt.

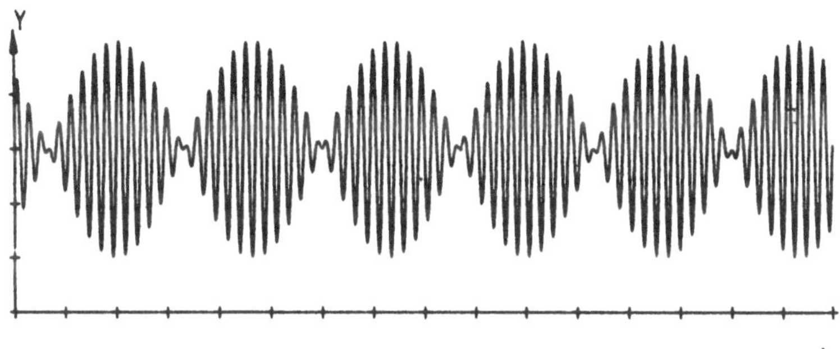

Abb. 4.2. Nichtperiodische Schwebung

Schwebungen entstehen bei der Addition von zwei oder mehr harmonischen Schwingungen, deren Frequenzen sich nur wenig voneinander unterscheiden. Die maximale Amplitude der Schwebung wird dann erreicht, wenn die beiden die harmonischen Schwingungen 1 und 2 erzeugenden umlaufenden Zeiger annähernd gleichgerichtet sind und der Betrag des Summenvektors ungefähr mit der arithmetischen Summe der Amplituden übereinstimmt. Beim Erreichen der minimalen Amplitude sind die Zeiger 1 und 2 annähernd entgegengesetzt gerichtet, und der Betrag des Summenvektors stimmt annähernd mit der Differenz der beiden Amplituden 1 und 2 überein. Haben die harmonischen Teilschwingungen 1 und 2 gleiche Amplituden wie bei der Schwebung in Abb. 4.2, dann besitzt die minimale Amplitude der Schwebung annähernd den Wert Null, und die maximale Amplitude ist ungefähr doppelt so groß wie die beiden identischen Amplituden der Teilschwingungen. Das Zeitintervall T_S zwischen den extremen Amplituden der Schwebung bezeichnet man als die Schwingungsdauer der Schwebung. T_S ist im allgemeinen nicht konstant, wie aus Abb. 4.2 ersichtlich ist. Selbst bei einer streng periodischen Schwebung, wie sie im untersten Diagramm von Abb. 4.1 aufgezeichnet ist, braucht die Schwebungsfrequenz $1/T_S$ nicht mit der Frequenz der periodischen Schwingung übereinzustimmen. Bei einer periodischen Schwebung kann die Schwebungsfrequenz ein Mehrfaches der Periodenfrequenz der Schwingung betragen. In Abb. 4.1C ist die Schwebungsfrequenz, die sich aus der Differenz der beiden harmonischen Teilschwingungen berechnet, ungefähr doppelt so groß wie die Frequenz der periodischen Schwingung.

Bei einer periodischen Schwingung, die sich aus zwei harmonischen Teilschwingungen zusammensetzt, kann die Schwingungsdauer aus einer der beiden Bedingungen (4.2) berechnet werden, sofern die ganzen Zahlen n_1 und n_2 keine gemeinsamen Faktoren besitzen. Würde man diese zusätzliche Bedingung nicht beachten, dann ergäben die Beziehungen (4.2) eine Schwingungsdauer T, die um einen ganzzahligen Faktor n zu groß wäre, wobei n gerade das Produkt aus allen Faktoren ist, die in beiden Zahlen n_1 und n_2 gemeinsam enthalten sind. Verhält sich z.B.

$$T_1/T_2 = n_2/n_1 = 1188/252 ,$$

dann würde man aus den Formeln (4.2) unter Verwendung von $n_2 = 1188$ und $n_1 = 252$ eine um den Faktor $n = 36$ zu große Schwingungsdauer T berechnen, weil die Zahl 36 sowohl in n_1 als auch in n_2 enthalten ist. Die richtigen Werte erhält man nach Division von n_1 und n_2 durch n als $n_2 = 33$ und $n_1 = 7$. Das bedeutet, daß die mit 1 bezeichnete harmonische Schwingung eine 7mal höhere und die mit 2 bezeichnete Schwingung eine 33mal höhere Frequenz als die Grundfrequenz $f = 1/T$ besitzt. Man bezeichnet deshalb diese Teilschwingungen als die 7. oder die 33. Harmonische der Grundfrequenz. Die Zahlen n_1 und n_2 sind damit die Nummern der Harmonischen bezogen auf die Schwingungsdauer T oder die Grundfrequenz f.

4.3 FOURIER-Reihen und FOURIER-Polynome

Als FOURIER-Reihe bezeichnet man ein trigonometrisches Polynom der Zeit t

$$y(t) = a_0 + \sum_{k=1}^{m} a_k \cos k\omega t + \sum_{k=1}^{m} b_k \sin k\omega t \tag{4.5}$$

$$k = 1, 2, 3, \ldots m \qquad \omega = \frac{2\pi}{T} \quad ,$$

wenn m unendlich groß ist. Bei einer endlichen Anzahl m von Termen wird (4.5) als FOURIER-Polynom oder FOURIER-Summe bezeichnet. Da die Kreisfrequenzen

$$\Omega_k = k\,\omega \tag{4.6}$$

aller m Harmonischen ganzzahlige Vielfache der Grundkreisfrequenz ω der 1. Harmonischen sind, ist die Periodizitätsbedingung (4.4) für jede einzelne Harmonische erfüllt. Damit ist die Funktion y(t) nach (4.5) eine periodische Funktion der Frequenz

$$f = \frac{1}{T} = \frac{\omega}{2\pi} \quad . \tag{4.7}$$

Die beiden k-ten Terme eines FOURIER-Polynoms definieren eine harmonische Schwingung der Frequenz kf, die man als die k-te Harmonische bezeichnet. Die Koeffizienten a_k und b_k können bei gegebener Funktion y(t) aus den bestimmten Integralen

$$\begin{aligned} a_0 &= \frac{1}{T}\int_{t_0}^{t_0+T} y(t)\,dt \\ a_k &= \frac{2}{T}\int_{t_0}^{t_0+T} y(t)\cos k\omega t\,dt \\ k \neq 0 \qquad b_k &= \frac{2}{T}\int_{t_0}^{t_0+T} y(t)\sin k\omega t\,dt \end{aligned} \tag{4.8}$$

berechnet werden [9].

Der Zeitpunkt t_0, bei dem die Integration beginnt, ist frei wählbar.

Ein Polynom $y_m(t)$, dessen 2m + 1 Koeffizienten mit Hilfe der nach FOURIER und EULER benannten Formeln (4.8) berechnet werden, erfüllt die GAUSSsche Bedingung der Minimierung der Fehlerquadrate

$$\int_{t_0}^{t_0+T} \left\{ y(t) - y_m(t) \right\}^2 dt = \text{Minimum} \quad . \tag{4.9}$$

Infolge der Orthogonalität der trigonometrischen Funktionen ist die Berechnung der Koeffizienten unabhängig vom Grad des Polynoms. Durch die Erhöhung der Zahl m werden die bereits berechneten 2m + 1 FOURIER-Koeffizienten a_k, b_k nicht geändert.

Verwendet man an Stelle der Zeit t als unabhängige Variable den Phasenwinkel φ und setzt $t_0 = 0$, dann ändern sich die Formeln (4.8) in

$$
\begin{aligned}
a_0 &= \frac{1}{2\pi}\int_0^{2\pi} y(\varphi)\, d\varphi \\
k \neq 0 \quad a_k &= \frac{1}{\pi}\int_0^{2\pi} y(\varphi)\cos k\varphi\, d\varphi \\
b_k &= \frac{1}{\pi}\int_0^{2\pi} y(\varphi)\sin k\varphi\, d\varphi \\
\varphi &= \omega t
\end{aligned}
\qquad (4.10)
$$

Eine weitere Formel, aus der man direkt den Einfluß von Symmetrieeigenschaften auf die Harmonischen entnehmen kann, erhält man aus (4.10) durch Aufsplittung der Integrale in zwei Anteile

$$
\begin{aligned}
a_k &= \frac{1}{\pi}\int_{-\pi}^{\pi} y(\varphi)\cos k\varphi\, d\varphi = \frac{1}{\pi}\int_0^{\pi}\left[y(\varphi)+y(-\varphi)\right]\cos k\varphi\, d\varphi \\
b_k &= \frac{1}{\pi}\int_{-\pi}^{\pi} y(\varphi)\sin k\varphi\, d\varphi = \frac{1}{\pi}\int_0^{\pi}\left[y(\varphi)-y(-\varphi)\right]\sin k\varphi\, d\varphi \quad .
\end{aligned}
\qquad (4.11)
$$

Aus der Formel (4.11) ergeben sich direkt die beiden Spezialfälle für eine g e r a d e Funktion

$$
\begin{aligned}
y(\varphi) &= y(-\varphi) \qquad & a_k &= \frac{2}{\pi}\int_0^{\pi} y(\varphi)\cos k\varphi\, d\varphi \\
k &\neq 0 & b_k &= 0
\end{aligned}
\qquad (4.12)
$$

und für eine u n g e r a d e Funktion

$$
\begin{aligned}
y(\varphi) &= -y(-\varphi) \qquad & a_k &= 0 \\
& & b_k &= \frac{2}{\pi}\int_0^{\pi} y(\varphi)\sin k\varphi\, d\varphi \quad .
\end{aligned}
\qquad (4.13)
$$

Da sich in diesen Fällen der Berechnungsaufwand halbiert, sollte man beim Vorhandensein von Symmetrieeigenschaften den Nullpunkt des Phasenwinkels oder der Zeit immer so legen, daß die Formeln (4.12) oder (4.13) angewandt werden können.

Die FOURIER-Reihe hat die bemerkenswerte Eigenschaft, daß man mit ihr auch periodische Vorgänge approximieren kann, die sich aus nur abschnittsweise stetigen Zeitverläufen zusammensetzen, wobei an den Abschnittsgrenzen Sprünge zulässig sind.

So kann man z.B. bei der Rechtecksprungfunktion nach Abb. 4.3, die die Bedingung einer geraden Funktion $y(\varphi) = y(-\varphi)$ erfüllt, die Koeffizienten unter Verwendung von Formel (4.12) wie folgt berechnen:

$$a_k = \frac{2}{\pi}\int_0^{\frac{\pi}{2}} h \cos k\varphi \, d\varphi + \frac{2}{\pi}\int_{\frac{\pi}{2}}^{\pi} (-h) \cos k\varphi \, d\varphi$$

$$a_k = \frac{2h}{\pi}\left[\frac{1}{k}\left(\sin\frac{k\pi}{2} - \sin 0\right) - \frac{1}{k}\left(\sin k\pi - \sin\frac{k\pi}{2}\right)\right] \qquad (4.14\,A)$$

$$a_k = \frac{4h}{k\pi}\sin k\frac{\pi}{2} \qquad k = 1, 2, 3, \ldots \quad .$$

Daraus ergibt sich die bekannte FOURIER-Reihe

$$y(\varphi) = \frac{4h}{\pi}\left[\cos\varphi - \frac{1}{3}\cos 3\varphi + \frac{1}{5}\cos 5\varphi - \frac{1}{7}\cos 7\varphi \;\ldots\right] \quad . \qquad (4.14\,B)$$

Die Integrale der FOURIERschen Formeln können, wie an dem vorhergehenden Beispiel gezeigt wurde, abschnittsweise berechnet werden. Deshalb ist es möglich, für spezielle Funktionen $y(\varphi)$, für die eine analytische Lösung der Integrale existiert, allgemein anwendbare Formeln anzugeben. Ist $y(\varphi)$ z.B. ein Polynom von φ, dann lassen sich für die Integrale

$$C_n = \int_{\varphi_1}^{\varphi_2} \varphi^n \cos k\varphi \, d\varphi$$

$$S_n = \int_{\varphi_1}^{\varphi_2} \varphi^n \sin k\varphi \, d\varphi \qquad (4.15\,A)$$

$$n = 0, 1, 2, \ldots$$

die folgenden Rekursionsformeln ableiten

$$C_n = \frac{1}{k}s_n - \frac{n}{k}S_{n-1}$$

$$S_n = -\frac{1}{k}c_n + \frac{n}{k}C_{n-1}$$

$$S_{-1} = C_{-1} = 0 \qquad (4.15\,B)$$

$$c_n := \varphi_2^n \cos k\varphi_2 - \varphi_1^n \cos k\varphi_1$$

$$s_n := \varphi_2^n \sin k\varphi_2 - \varphi_1^n \sin k\varphi_1$$

$$n = 0, 1, 2, \ldots \quad .$$

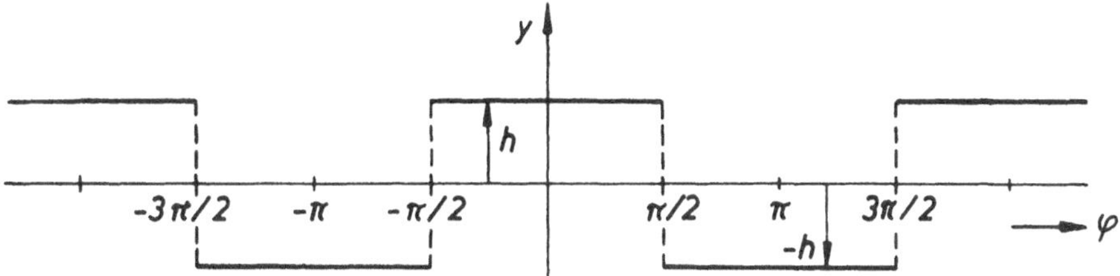

Abb. 4.3. Gerade Rechtecksprungfunktion

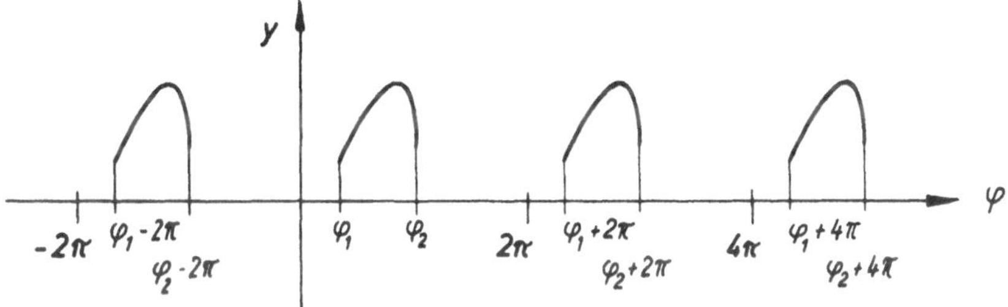

Abb. 4.4. Polynom 3. Grades als periodische Sprungfunktion

Unter Anwendung der Formeln (4.10) und (4.15) können die FOURIER-Koeffizienten für ein Polynom 3. Grades

$$y(\varphi) = p_0 + p_1\,\varphi + p_2\,\varphi^2 + p_3\,\varphi^3 \qquad (4.16\,A)$$

$$\varphi_1 \le \varphi \le \varphi_2 \quad ,$$

das nur in dem in Abb. 4.4 angegebenen Bereich des Phasenwinkels φ definiert ist, aus den folgenden Formeln berechnet werden

$$a_0 = \frac{1}{2\pi}\left[p_0(\varphi_2 - \varphi_1) + \frac{p_1}{2}(\varphi_2^2 - \varphi_1^2) + \frac{p_2}{3}(\varphi_2^3 - \varphi_1^3) + \frac{p_3}{4}(\varphi_2^4 - \varphi_1^4)\right]$$

$$a_k = \frac{1}{\pi}\left[\frac{1}{k}(p_0 s_0 + p_1 s_1 + p_2 s_2 + p_3 s_3) + \frac{1}{k^2}(p_1 c_0 + 2p_2 c_1 + 3p_3 c_2) - \frac{1}{k^3}(2p_2 s_0 + 6p_3 s_1) - 6\,\frac{p_3 c_0}{k^4}\right] \qquad (4.16\,B)$$

$$b_k = \frac{1}{\pi}\left[-\frac{1}{k}(p_0 c_0 + p_1 c_1 + p_2 c_2 + p_3 c_3) + \frac{1}{k^2}(p_1 s_0 + 2p_2 s_1 + 3p_3 s_2) + \frac{1}{k^3}(2p_2 c_0 + 6p_3 c_1) - 6\,\frac{p_3 s_0}{k^4}\right]$$

$$k = 1, 2, 3, \ldots \quad .$$

Die Formeln (4.16 B) enthalten außer den bekannten Koeffizienten des Polynoms (4.16 A) nur die aus (4.15 B) berechenbaren Funktionswerte c_n und s_n. Setzt sich die in eine FOURIER-Reihe zu entwickelnde periodische Funktion aus mehreren abschnittsweise definierten Polynomen zusammen, dann können die Formeln (4.16 B) mehrmals angewandt werden, und die Koeffizienten a_k und b_k entstehen durch Summation der abschnittsweise gewonnenen Ergebnisse.

Als Beispiel für die Anwendung der Formeln (4.16) wird eine „Sägezahnfunktion" nach Abb. 4.5 gewählt.

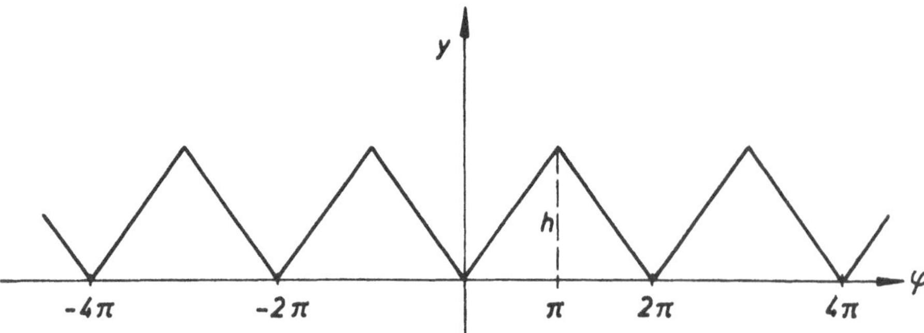

Abb. 4.5. Gerade Sägezahnfunktion

Im 1. Abschnitt ist das Polynom (4.16 A) wie folgt definiert:

$$\varphi_1 = 0 \qquad \varphi_2 = \pi \qquad y = \frac{h}{\pi}\varphi$$
$$p_0 = 0 \qquad p_1 = \frac{h}{\pi} \qquad p_2 = 0 \qquad p_3 = 0 \quad . \tag{4.17A}$$

Damit folgt aus (4.15 B)

$$c_0 = \cos k\pi - 1 \qquad s_0 = \sin k\pi - 0 = 0$$
$$c_1 = \pi \cos k\pi \qquad s_1 = \pi \sin k\pi - 0 = 0 \quad . \tag{4.17B}$$

Unter Verwendung der Formeln (4.17 A/B) erhält man für den 1. Abschnitt der Sägezahnfunktion aus (4.16 B)

$$a_{01} = \frac{1}{2\pi}\frac{h}{2\pi}\pi^2 = \frac{h}{4}$$
$$a_{k1} = \frac{1}{\pi}\left[\frac{1}{k^2}p_1 c_0\right] = \frac{h}{\pi^2 k^2}(\cos k\pi - 1) \tag{4.17C}$$
$$b_{k1} = \frac{-1}{\pi k}p_1 c_1 = \frac{-h}{\pi k}\cos k\pi \quad .$$

Im 2. Abschnitt gilt

$$\varphi_1 = \pi \qquad \varphi_2 = 2\pi \qquad y = 2h - \frac{h}{\pi}\varphi$$
$$p_0 = 2h \qquad p_1 = -\frac{h}{\pi} \qquad p_2 = 0 \qquad p_3 = 0 \quad . \tag{4.17D}$$

Damit folgt aus (4.15 B)

$$c_0 = \cos 2\pi k - \cos\pi k = 1 - \cos\pi k \qquad s_0 = \sin 2\pi k - \sin\pi k = 0$$
$$c_1 = 2\pi - \pi\cos\pi k \qquad s_1 = 0 \tag{4.17E}$$

und aus (4.16 B) ergeben sich mit (4.17 D/E) die Koeffizienten

$$a_{02} = \frac{1}{2\pi}\left[2h\pi - \frac{h}{\pi}\,\frac{3}{2}\,\pi^2\right] = \frac{h}{4}$$

$$a_{k2} = \frac{1}{\pi k^2}\,p_1\,c_0 = \frac{-h}{\pi^2 k^2}(1 - \cos k\pi) \tag{4.17 F}$$

$$b_{k2} = \frac{-1}{\pi k}\left[p_0\,c_0 + p_1\,c_1\right] = \frac{h}{\pi k}\cos k\pi \quad .$$

Das Endresultat erhält man durch Summation der Koeffizienten der beiden Abschnitte aus (4.17 C) und (4.17 F) als

$$a_0 = \frac{h}{2}$$

$$a_k = \frac{-2h}{\pi^2 k^2}(1 - \cos k\pi) \tag{4.17 G}$$

$$b_k = 0 \quad ,$$

wobei $b_k = 0$ nach (4.12) ein notwendiges Ergebnis ist, weil die untersuchte Funktion gerade ist. Aus (4.17 G) ergibt sich dann die bekannte FOURIER-Reihe für die Sägezahnfunktion nach Abb. 4.5

$$y = \frac{h}{2} - \frac{4h}{\pi^2}\left(\cos\varphi + \frac{1}{9}\cos 3\varphi + \frac{1}{25}\cos 5\varphi + \ldots\right) \quad . \tag{4.17 H}$$

4.4 Harmonische Analyse

Als harmonische Analyse bezeichnet man die Aufgabe, für eine periodische Funktion der Zeit mit bekannter Periodendauer T, die als Meß- oder Rechenergebnis vorliegt, die Koeffizienten a_k und b_k eines FOURIER-Polynoms nach (4.5) zu ermitteln. Wegen der Häufigkeit, mit der diese Aufgabe bei technischen und physikalischen Problemen auftritt, wurden mechanische und elektrische Geräte entwickelt, die als „harmonische Analysatoren" bezeichnet werden. Diese Geräte werden vorwiegend bei der harmonischen Analyse periodischer Meßsignale angewandt. Für die harmonische Analyse von Rechenergebnissen verwendet man numerische Verfahren, die auf den Formeln (4.10) basieren. Die Integrale in den Formeln (4.10) werden aber durch Summen ersetzt. Dazu wird die zu analysierende Funktion y(t) in N Zeitintervalle

$$\Delta T = \frac{T}{N} \tag{4.18 A}$$

aufgeteilt, und an den N äquidistanten Stützstellen

$$t_i = (i-1)\,\Delta T$$

$$i = 1, 2, 3, \ldots N \tag{4.18 B}$$

werden N Ordinaten

$$y_i = y(t_i) \tag{4.18 C}$$

ermittelt, wobei die (N + 1)-te Ordinate wegen der Periodizität der Funktion y(t) den folgenden

Zyklus eröffnet und deshalb mit der Ordinate y_1 übereinstimmen muß. An Stelle der Integrale (4.10) werden die nachfolgenden Summen verwendet

$$a_0 = \frac{1}{N}\sum_{i=1}^{N} y_i \qquad a_{\frac{N}{2}} = \frac{1}{N}\sum_{i=1}^{N} y_i \cos k\varphi_i$$

$$a_k = \frac{2}{N}\sum_{i=1}^{N} y_i \cos k\varphi_i \qquad k = 1, 2, 3, \dots \frac{N}{2}-1 \tag{4.18D}$$

$$b_k = \frac{2}{N}\sum_{i=1}^{N} y_i \sin k\varphi_i \qquad ,$$

wobei der Phasenwinkel φ_i sich aus (4.18 A) und (4.18 B) als

$$\varphi_i = \frac{2\pi}{T} t_i = \frac{2\pi}{N}(i-1) \tag{4.18E}$$

ergibt. Werden für eine gerade Anzahl N alle N Koeffizienten berechnet, die durch die Formeln (4.18 D) definiert sind, dann spricht man von einer trigonometrischen Interpolation, weil dann die Koeffizienten gerade so bestimmt werden, daß das trigonometrische Polynom (4.5) an allen N Stützstellen die vorgegebenen Werte y_i genau annimmt. Dieser Fall ist für die in der Schwingungstechnik vorgenommene harmonische Analyse uninteressant. Hier ist die maximale Anzahl M der zu berechnenden Harmonischen wesentlich kleiner als N/2 - 1, normalerweise sogar kleiner als N/4, um eine ausreichende Genauigkeit sicherzustellen. Die Formeln (4.18 D) entstehen ebenso wie die Integrale (4.10) aus der GAUSSschen Forderung der Minimierung der Summe der Fehlerquadrate.

Das primitivste EDV-Programm „Harmonische Analyse" berechnet unmittelbar die in den Formeln (4.18 D) definierten Summen. Zur Einsparung von Rechenzeit werden jedoch alle trigonometrischen Funktionen aus N Sinus- und Cosinusfunktionen ermittelt, die auch bei der Ausführung von mehreren harmonischen Analyse nur einmal während der Initialisierungsphase berechnet werden. Das folgende FORTRAN-Unterprogramm A0201 berechnet die N Sinus- und Cosinusfunktionen S und C auf einem äquidistanten Raster, beginnend mit dem Phasenwinkel $\varphi = 0$, und wird zur Initialisierung mit CALL A0201 (N, S, C) aufgerufen. Wenn mehrere harmonische Analysen mit gleicher Stützstellenanzahl N ausgeführt werden sollen, genügt ein einziger Aufruf des Unterprogramms A0201.

```
      SUBROUTINE A0201(N,S,C)
C
C   HARMONISCHE ANALYSE PRIMITIV-VERFAHREN
C   BERECHNUNG TRIGONOMETRISCHER FUNKTIONSWERTE
C   VOR DEM ERSTEN AUFRUF VON B0201
C
C   N   BELIEBIGE ANZAHL VON ORDINATEN
C   S   FELD MIT N SINUSWERTEN
C   C   FELD MIT N COSINUSWERTEN
      DIMENSION S(1),C(1)
      DX   = 6.283185308/N
      DO 10 I=1,N
      X    = (I-1)*DX
      S(I) = SIN(X)
   10 C(I) = COS(X)
      RETURN
      END
```

P-Liste 1 Unterprogramm A0201
Primitive Harmonische Analyse - Initialisierung

Die 2*M Koeffizienten a_k und b_k werden unter Verwendung der Datenbereiche S, C und Y in dem Unterprogramm B0201 berechnet und in dem Feld H alternierend gespeichert, beginnend mit $b_0 = 0$, a_0, b_1, a_1 ... Diese Art der Speicherung ist vor allem in solchen Fällen günstig, wenn die Ergebnisse der harmonischen Analyse anschließend mit einer komplexen Arithmetik weiterverarbeitet werden.

```
            SUBROUTINE B0201(N,M,S,C,Y,H)
C   HARMONISCHE ANALYSE PRIMITIV-VERFAHREN
C
C   N     BELIEBIGE ANZAHL VON ORDINATEN
C   M     ANZAHL DER KOEFFIZIENTENPAARE (B,A)
C   S     N SINUSWERTE AUS A0203
C   C     N COSINUSWERTE AUS A0203
C   Y     FELD MIT N ORDINATEN
C   H     ERGEBNIS 2*M KOEFFIZIENTEN IN DER
C         REIHENFOLGE 0,A0,B1,A1,....,BM-1,AM-1
            DIMENSION S(1),C(1),Y(1),H(1)
            IF((M.GT.0).AND.(M-1.LE.N/2)) GOTO 10
            WRITE(3,500)
500         FORMAT('0',5X,'B0201',3X,'M UNZULAESSIG')
10          IX     = 0
            FK     = 2./N
            DO 30 K=1,M
            A      = Y(1)
            B      = 0.
            J      = K-1
            L      = 1
            DO 20 I=2,N
            L      = L+J
            IF(L.GT.N)L=L-N
            A      = A+Y(I)*C(L)
20          B      = B+Y(I)*S(L)
            IX     = IX+1
            H(IX)  = FK*B
            IX     = IX+1
30          H(IX)  = FK*A
            H(2)   = 0.5*H(2)
            NH     = N/2
            IF((NH*2.EQ.N).AND.(J.EQ.NH))H(IX)=0.5*H(IX)
            RETURN
            END
```

P-Liste 2 Unterprogramm B0201
Primitive Harmonische Analyse - Ergebnis

Die Anzahl M - 1 der Harmonischen wird durch das Unterprogramm B0201 auf maximal N/2 beschränkt.

Wesentlich schnellere Programme „Harmonische Analyse" erhält man durch Verzicht auf eine beliebige äquidistante Unterteilung des Periodenintervalls. Das älteste Verfahren dieser Art wurde von RUNGE entwickelt und ist in [10] ausführlich beschrieben. Das Verfahren läßt nur durch 4 teilbare Anzahlen N zu und macht von den Symmetrieeigenschaften der trigonometrischen Funktionen Gebrauch. Das vierteilige Unterprogramm 202 ist nach dem RUNGE-Verfahren entwickelt. Durch den Aufruf CALL A0202 (N, S) wird der Vektor S mit N äquidistanten Sinuswerten erstellt.

Mehrere harmonische Analysen, die mit gleicher Stützstellenanzahl N ausgeführt werden, erfordern nur einen Aufruf des Unterprogramms A0202.

Durch den Aufruf CALL B0202 (N, M, S, Y, Z, H) wird die harmonische Analyse veranlaßt.

Das Unterprogramm B0202 prüft, ob N durch 4 teilbar ist und ob die Anzahl M - 1 der Harmonischen nicht größer als N/2 und M größer als 0 ist. Sind diese Bedingungen alle erfüllt, dann er-

```
      SUBROUTINE A0202(N,S)
C
C  HARMONISCHE ANALYSE NACH RUNGE
C  BERECHNUNG TRIGONOMETRISCHER FUNKTIONSWERTE
C  VOR DEM ERSTEN AUFRUF VON B0202
C
C  N   DURCH 4 TEILBARE ANZAHL VON ORDINATEN
C  S   FELD MIT N SINUSWERTEN
C
      DIMENSION S(1)
C  PRUEFUNG N
      IF(N/4*4.EQ.N) GOTO 10
      WRITE(3,500)
500   FORMAT('0',5X,'A0202',3X,'N/4 NICHT GANZZAHLIG')
      STOP
C  SINUSWERTE
10    DX    = 6.283185308/N
      NV    = N/4
      NH    = N/2
      S(NV+1) = 1.
C
      DO 20 I=1,NV
      S(I) = SIN((I-1)*DX)
      IX    = NH+2-I
20    S(IX)= S(I)
      DO 30 I=2,NH
      IX    = I+NH
30    S(IX)=-S(I)
C
      RETURN
      END
```

P-Liste 3 Unterprogramm A0202
Harmonische Analyse
nach RUNGE - Initialisierung

```
      SUBROUTINE B0202(N,M,S,Y,Z,H)
C
C  HARMONISCHE ANALYSE NACH RUNGE
C
C  N   DURCH 4 TEILBARE ANZAHL VON ORDINATEN
C  M   ANZAHL DER KOEFFIZIENTENPAARE (B,A)
C  S   FELD MIT N SINUSWERTEN AUS A0202
C  Y   FELD MIT N ORDINATEN
C  Z   HILFSSPEICHER FUER N WERTE
C  H   ERGEBNIS 2*M KOEFFIZIENTEN IN DER
C      REIHENFOLGE 0,A0,B1,A1,....,BM-1,AM-1
C
      DIMENSION S(1),Y(1),Z(1),H(1)
C  PRUEFUNG N UND M
      IF((N/4*4.EQ.N).AND.(M-1.LE.N/2).AND.(M.GT.0)) GOTO 10
      WRITE(3,500)
500   FORMAT('0',5X,'B0202',3X,'N ODER M UNZULAESSIG')
      STOP
C  FALTUNG DER ORDINATEN
10    CALL B02021(N,Y,Z)
C
C  BERECHNUNG DER KOEFFIZIENTEN A,B
C
      CALL B02022(N,M,S,Z,H)
C
      RETURN
      END
```

P-Liste 4 Unterprogramm B0202
Harmonische Analyse
nach RUNGE - Endergebnis

```
      SUBROUTINE B02021(N,Y,Z)
C
C  HARMONISCHE ANALYSE NACH RUNGE
C
C  FALTUNG DER N ORDINATEN Y
C  SPEICHERN DER N ERGEBNISSE Z
      DIMENSION Y(1),Z(1)
C  INITIALISIERUNG
      NP1  = N+1
      NH   = N/2
      NHP1 = NH+1
      NHP2 = NH+2
      NV   = N/4
      NVP1 = NV+1
      NVM1 = NV-1
      NVM2 = NV-2
C  FALTUNG
      Z(1)     = Y(1)
      Z(NHP1) = Y(NHP1)
      DO   10   I=2,NH
      IX    = N+2-I
      Z(I) = Y(I)+Y(IX)
      IY    = NH+I
   10 Z(IY)= Y(I)-Y(IX)
C
      DO   20   I=1,NV
      IX    = NHP2-I
      D     = Z(I)-Z(IX)
      Z(I) = Z(I)+Z(IX)
   20 Z(IX)= D
C
      DO   30   I=1,NVM1
      IX    = NHP1+I
      IY    = NP1-I
      D     = Z(IX)-Z(IY)
      Z(IX)= Z(IX)+Z(IY)
   30 Z(IY)= D
C
      RETURN
      END
```

P-Liste 5 Unterprogramm B02021; Harmonische Analyse nach RUNGE - Faltung

```
      SUBROUTINE B02022(N,M,S,Z,H)
C
C  HARMONISCHE ANALYSE NACH RUNGE
C
C  BERECHNUNG DER M KOEFFIZIENTENPAARE (A,B)
C        UNTER VERWENDUNG DER N ERGEBNISSE Z
C        DES PROGRAMMS B0201 UND DER N
C        SINUSWERTE S DES PROGRAMMS A0201
      DIMENSION  S(1),Z(1),H(2)
C  INITIALISIERUNG
      NV   = N/4
      NVP1 = NV+1
      NVM1 = NV-1
      NH   = N/2
      NHP1 = NH+1
      NHP2 = NH+2
      NM1  = N-1
      F2DN = 2./N
      IX   = 0
C
      DO   60   JJ=1,M
      IX    = IX+2
      J = JJ-1
      IF(J/2*2.EQ.J) GOTO 30
C  J = 1,3,5,7, . . .
      AS    = Z(NHP1)
      K     = NV
      L     = NHP1
      DO   10   I=1,NVM1
      K     = K+J
      IF(K.GT.NM1) K=K-N
      L     = L-1
   10 AS    = AS+Z(L)*S(K+1)
      H(IX) = F2DN*AS
C
      BS    = 0.
      K     = 0
      L     = NHP1
      DO   20   I=1,NV
      K     = K+J
      IF(K.GT.NM1) K=K-N
      L     = L+1
   20 BS    = BS+Z(L)*S(K+1)
      H(IX-1) = F2DN*BS
      GOTO 60
C  J = 0,2,4,6 . . .
   30 AS    = Z(1)
      K     = NV
      DO   40   L=2,NVP1
      K     = K+J
      IF(K.GT.NM1) K=K-N
   40 AS    = AS+Z(L)*S(K+1)
      H(IX) = F2DN*AS
C
      BS    = 0.
      K     = 0
      L     = N+1
      DO   50   I=1,NVM1
      K     = K+J
      IF(K.GT.NM1) K=K-N
      L     = L-1
   50 BS    = BS+Z(L)*S(K+1)
      H(IX-1) = F2DN*BS
   60 CONTINUE
      H(2) = H(2)/2.
      IF(J.EQ.NH) H(N)=H(N)/2.
      RETURN
      END
```

P-Liste 6 Unterprogramm B02022; Harmonische Analyse nach RUNGE - Koeffizienten folgt in dem Programm B02021 die sogenannte Faltung der Ordinaten, bei der aus den N Werten Y der zu analysierenden Funktion durch Addition und Subtraktion 4 Bereiche erzeugt und in dem Feld Z der Länge N gespeichert werden. Die Ermittlung der Koeffizienten des FOURIER-Polynoms erfolgt dann in dem Unterprogramm B02022 mit Hilfe der in den Feldern S und Z gespeicherten Informationen.

Für die harmonische Analyse von Meßergebnissen ist das Programm 201 geeignet, weil es keine Einschränkungen bei der Aufteilung des Periodenintervalls verlangt. Bei der harmonischen Analyse von Rechenergebnissen dagegen ist das schnellere Programm 202 vorzuziehen, weil hier die Beschränkung auf eine durch 4 teilbare Anzahl N von Ordinaten belanglos ist.

In der mathematischen Literatur [11] existieren noch weitere Algorithmen, die zur Lösung der Probleme harmonische Analyse, harmonische Synthese und numerische FOURIER-Transformation geeignet sind. Diese auf der Arbeit von COOLEY und TUKEY [12] basierenden Algorithmen verwenden eine komplexe Arithmetik und sind am effektivsten, wenn die Zahl N eine ganzzahlige Potenz der Zahl 2 ist oder sich in eine möglichst große Anzahl von Faktoren zerlegen läßt. Bei geeigneter Wahl der Zahl N und der Anzahl M der Koeffizienten sind diese Verfahren schneller, aber auch komplizierter und unhandlicher als das Programm 202, das zur Behandlung der Thematik dieses Buches ausreicht.

Erwähnenswert ist auch noch der rekursive Algorithmus von GOERTZEL [13] für die harmonische Analyse, der zu verblüffend kurzen Programmen führt und in manchen mathematischen Programm bibliotheken zu finden ist. STOER [11] weist jedoch nach, daß dieser Algorithmus nicht gutartig ist und zu ungenauen Ergebnissen führen kann. Eine von REINSCH entwickelte Variante dieses Algorithmus, die eine Fallunterscheidung zwischen $k < N/4$ und $k \geqq N/4$ macht, ist nach STOER [11] numerisch stabil. Das Verfahren von RUNGE ist jedoch schneller als das rekursive Verfahren von REINSCH, wobei zu beachten ist, daß der Zeitbedarf eines Programms außer durch den Algorithmus auch noch durch die Gestaltung des Programms beeinflußt wird.

Bei der Anwendung der Programme 201 und 202 sollte zwischen der Zahl N und der Anzahl M der Harmonischen die Beziehung

$$N > 4\,M \tag{4.19}$$

bestehen, um eine ausreichende Genauigkeit des Ergebnisses sicherzustellen. Dies geht aus dem folgenden Beispiel hervor, bei dem die harmonische Analyse eines Tangentialdruckdiagramms eines Viertakt-Saugmotors mit verschiedenen Anzahlen N ausgeführt wurde. In Abb. 4.6 ist der periodische Tangentialdruckverlauf aus den Gaskräften über dem Kurbelwinkel aufgetragen.

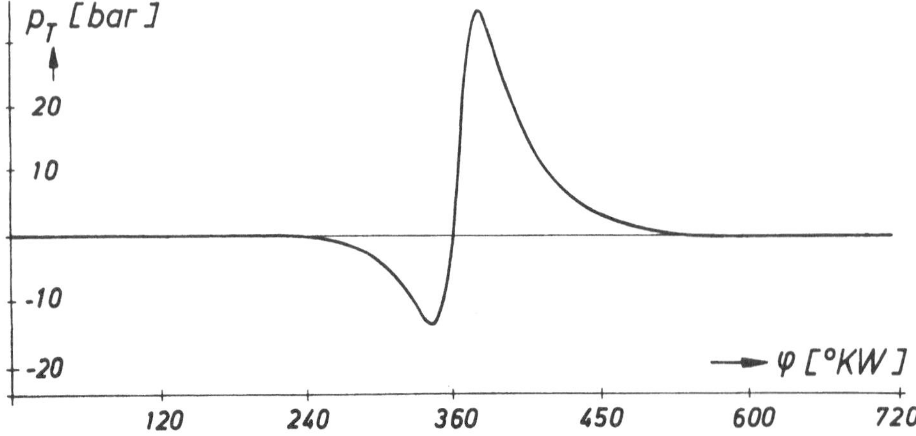

Abb. 4.6. Tangentialdruckdiagramm eines Viertakt-Saugmotors ohne Massendrehkraftanteil

Das Ergebnis der harmonischen Analyse dieses Tangentialdruckverlaufs enthält die Abb. 4.7. In der unteren Hälfte von Abb. 4.7 sind über k, der Nummer der Harmonischen, die Beträge der

Harmonischen aufgetragen. Der obere Teil des Bildes enthält für die ersten 14 Harmonischen ein Zeigerdiagramm, das entsprechend dem 6. Diagramm von Abb. 3.2 mit $\Omega = k\,\omega$ konstruiert wurde.

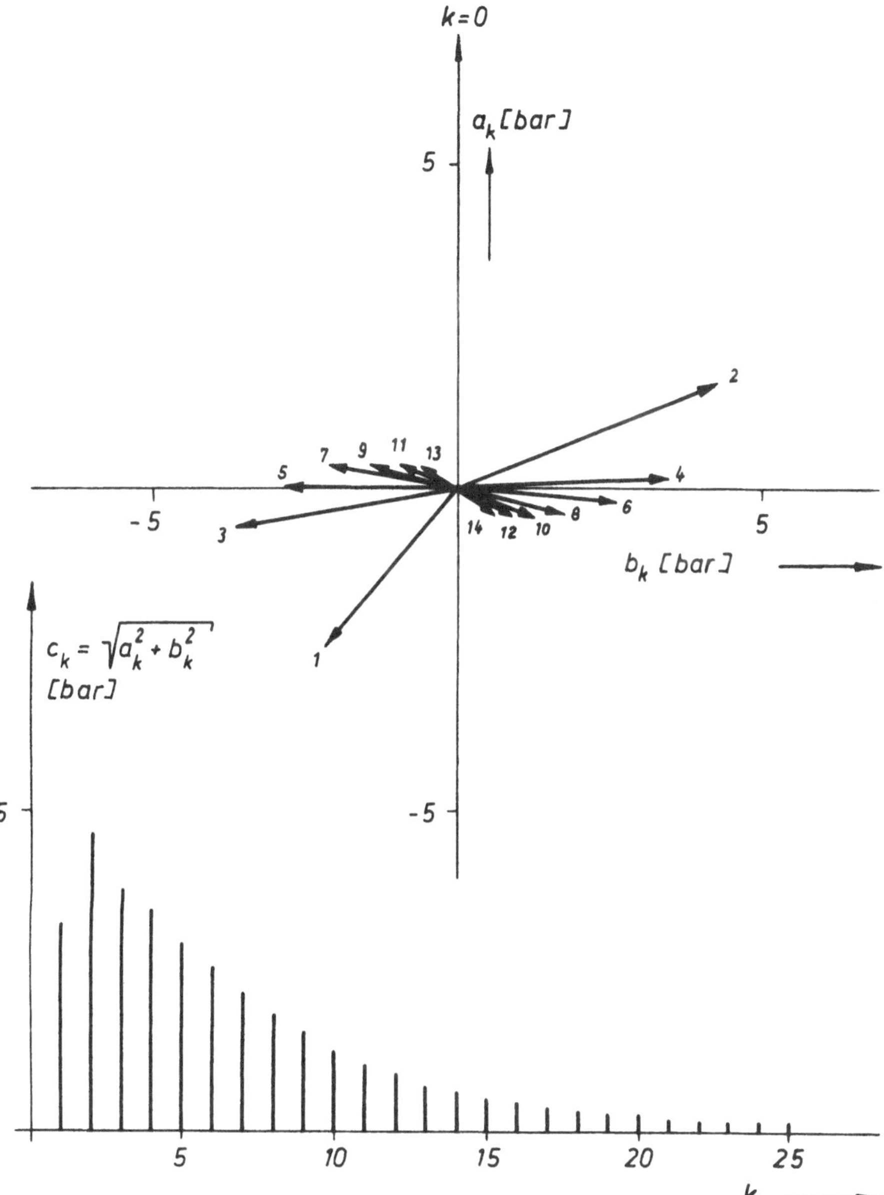

Abb. 4.7. Harmonische Analyse des Tangentialdrucks nach Abb. 4.6

Die folgende Tabelle enthält das numerische Ergebnis der mit N = 720 bis zur 36. Harmonischen ausgeführten harmonischen Analyse, wobei die durch (4.19) definierte untere Grenze von N bei weitem überschritten wurde, um ein möglichst genaues Ergebnis sicherzustellen.

Mit dem Ergebnis dieser Tabelle wurden weitere harmonische Analysen des gleichen Tangentialdruckdiagramms verglichen, die mit kleineren Anzahlen N ausgeführt wurden. In Abb. 4.8 sind Linien gleichen Fehlers in eine N, MH = M - 1-Ebene eingezeichnet. Für jede dieser Linien ist der Betrag F der maximalen prozentualen Abweichung von der mit N = 720 ausgeführten harmonischen Analyse konstant, wobei nur die Beträge $C = \sqrt{A^2 + B^2}$ aller Harmonischen $0 \leqq k \leqq MH$ verglichen wurden. Da das exakte Ergebnis der harmonischen Analyse nicht bekannt ist, enthält

A(0) = 1,45060

K	1	2	3	4	5	6
A(K)	-2,55450	1,64808	-0,68724	0,17725	0,00375	-0,19510
B(K)	-2,01244	4,36040	-3,67564	3,46737	-2,93276	2,58165
C(K)	3,25198	4,66146	3,73934	3,47189	2,93276	2,58901
K	7	8	9	10	11	12
A(K)	0,35373	-0,38717	0,39792	-0,41104	0,39294	-0,38143
B(K)	-2,15829	1,77311	-1,48743	1,22644	-1,00492	0,83347
C(K)	2,18709	1,81489	1,53974	1,29348	1,07901	0,91660
K	13	14	15	16	17	18
A(K)	0,37415	-0,34456	0,31754	-0,29603	0,26661	-0,24429
B(K)	-0,67092	0,53176	-0,42842	0,33647	-0,26149	0,20562
C(K)	0,76819	0,63363	0,53327	0,44816	0,37344	0,31931
K	19	20	21	22	23	24
A(K)	0,22556	-0,19949	0,17805	-0,16019	0,14033	-0,12671
B(K)	-0,15192	0,10851	-0,07902	0,05215	-0,03279	0,02029
C(K)	0,27195	0,22709	0,19480	0,16847	0,14411	0,12832
K	25	26	27	28	29	30
A(K)	0,11506	-0,10003	0,08834	-0,07761	0,06580	-0,05847
B(K)	-0,00580	-0,00473	0,01042	-0,01662	0,01879	-0,01841
C(K)	0,11521	0,10014	0,08896	0,07937	0,06843	0,06130
K	31	32	33	34	35	36
A(K)	0,05197	-0,04402	0,03875	-0,03351	0,02795	-0,02561
B(K)	0,02024	-0,01989	0,01806	-0,01750	0,01466	-0,01148
C(K)	0,05578	0,04831	0,04275	0,03781	0,03156	0,02807

Tabelle der Harmonischen des Drehkraftdiagramms nach Abb. 4.6

die Abb. 4.8 nur ein Näherungsergebnis, das aber für eine Abschätzung der Teilung N für eine gewünschte Anzahl MH von Harmonischen ausreicht, sofern nicht mehr als 36 Harmonische benötigt werden. Bei der Behandlung der mechanischen Schwingungen des Motortriebwerks sind aber vor allem die niedrigen Harmonischen mit $k \leqq 24$ von praktischer Bedeutung. Die Abb. 4.8 enthält noch die Linie N = 4*MH, die man nicht überschreiten sollte, sofern genaue Ergebnisse erwartet werden.

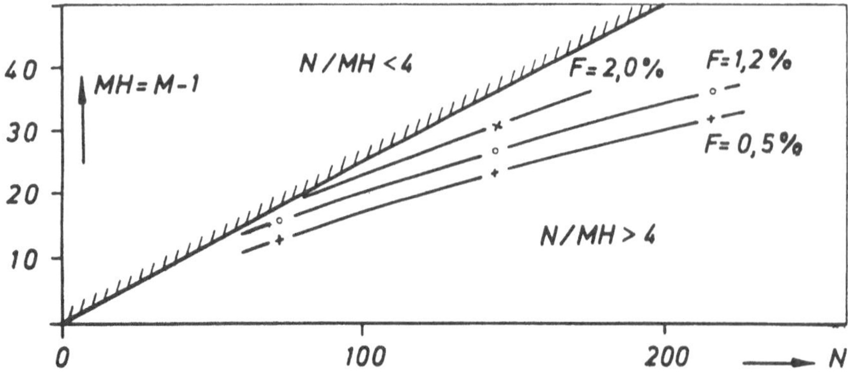

Abb. 4.8. Fehlerabschätzung bei harmonischen Analysen

4.5 Harmonische Synthese

Die konventionellen Verfahren bei der Berechnung der Triebwerksschwingungen erzeugen als Ergebnisse periodische Funktionen der Zeit in Form von trigonometrischen Polynomen nach (4.5). Die unmittelbaren Ergebnisse dieser Berechnungen sind die Koeffizienten a_k und b_k der FOURIER-Polynome und nicht der zeitliche Verlauf der periodischen Funktionen, der aber als Endergebnis benötigt wird. Die Berechnung des zeitlichen Ablaufs aus den vorgegebenen Koeffizienten eines trigonometrischen Polynoms wird als harmonische Synthese bezeichnet. Die maschinelle direkte Auswertung der Formel (4.5) ist unproblematisch, wenn man die Sinus- und Cosinusfunktionen jedesmal neu berechnet. Diese Vorgehensweise ist aber sehr zeitaufwendig und deshalb unwirtschaftlich. Die numerischen Methoden zur Lösung des Problems „Harmonische Synthese" haben deshalb alle das Ziel, die Anzahl der Rechenoperationen zu minimieren. Dazu wird das Periodenintervall wie bei der harmonischen Analyse in N äquidistante Teile aufgeteilt, an denen die N Funktionswerte

$$y_i = \sum_{k=0}^{M-1} a_k \cos k\varphi_i + \sum_{k=1}^{M-1} b_k \sin k\varphi_i = YA + YB$$

$$\text{mit} \quad \varphi_i = \frac{2\pi}{N}(i-1) \qquad i = 1, 2, 3, \dots N \tag{4.20}$$

bei gegebenen Koeffizienten a_k und b_k zu berechnen sind. Läßt man nur durch 4 teilbare Zahlen N zu, dann können die Beträge aller (2M - 1) N trigonometrischen Funktionswerte aus NVM1 = N/4 - 1 von 0 verschiedenen Werten ermittelt werden. Unter dieser Voraussetzung bedeutet die harmonische Synthese nach (4.20) in Matrizenschreibweise

$$\left(Y\right)_N = \left[Z\right]_{N,NVM1} \cdot \left(S\right)_{NVM1}$$

$$NVM1 = N/4 - 1 \qquad N = 4p \qquad p = 1, 2, 3, \dots \tag{4.21}$$

Der Vektor Y der gesuchten Funktionswerte entsteht aus dem Produkt einer Rechteckmatrix Z, die aus N Zeilen und NVM1 Spalten besteht, mit dem Vektor S, der die NVM1 verschiedenen Beträge der trigonometrischen Funktionswerte enthält. Die Koeffizienten der schwach besetzten Matrix Z können allein mit den Operationen Addition und Subtraktion aus den bekannten Koeffizienten a_k und b_k berechnet werden.

Das zweiteilige Programm 203 verwendet die durch (4.21) definierte Methode. Für eine feste durch 4 teilbare Anzahl N können nach dem Initialisierungsaufruf CALL A0203 (N, IS, S) eine beliebige Anzahl von harmonischen Synthesen durch den Aufruf CALL B0203 (N, M, IS, H, Z, Y) veranlaßt werden.

```
      SUBROUTINE A0203(N,IS,S)
C
C  HARMONISCHE SYNTHESE (SPEICHERSPAREND)
C  BERECHNUNG TRIGONOMETRISCHER FUNKTIONSWERTE
C  VOR DEM ERSTEN AUFRUF VON B0203
C
C  N   DURCH 4 TEILBARE ANZAHL VON ORDINATEN
C  IS  INDEXFELD MIT N WERTEN
C  S   FELD MIT N SINUSWERTEN
C
```

```
C
          DIMENSION IS(1),S(1)
C  PRUEFUNG N UND M
          NV    = N/4
          NVM1  = NV-1
          IF(NV*4.EQ.N) GOTO 10
          WRITE(3,500)
500       FORMAT('0',5X,'A0203',3X,'N UNZULAESSIG')
          STOP
C  SINUSWERTE S
10        DX    = 6.283185308/N
          DO 20 J=1,NVM1
20        S(J)  = SIN(J*DX)
C  INDEXVEKTOR IS
          NH    = 2*NV
          IS(NV+1) = NV
          DO 30 I=1,NV
          IS(I) = I-1
          IX    = NH+2-I
30        IS(IX)= IS(I)
          DO 40 I=2,NH
          IX    = I+NH
40        IS(IX)= -IS(I)
C
          RETURN
          END
```

P-Liste 7 Unterprogramm A0203
Speichersparende Harmonische Synthese - Initialisierung

```
          SUBROUTINE B0203(N,M,IS,S,H,Z,Y)
C  HARMONISCHE SYNTHESE (SPEICHERSPAREND)
C
C  N   DURCH 4 TEILBARE ANZAHL VON ORDINATEN
C  M   ANZAHL DER KOEFFIZIENTENPAARE (A,B)
C  IS  INDEXFELD MIT N WERTEN AUS A0203
C  S   FELD MIT N SINUSWERTEN AUS A0203
C  H   FELD MIT 2*M KOEFFIZIENTEN DES TRIGONOME-
C      TRISCHEN POLYNOMS  0.,A0,B1,A1,B2,A2,....
C  Z   HILFSSPEICHER FUER N/4 WERTE
C  Y   ERGEBNISFELD MIT N ORDINATEN
C      Y0,Y1,Y2,.....YN-1
          DIMENSION IS(1),S(1),H(1),Z(1),Y(1)
          NV    = N/4
          NVM1  = NV-1
          M2    = M+M
C  PRUEFUNG N UND M
          IF((4*NV.EQ.N).AND.(M.GT.1)) GOTO 10
          WRITE(3,500)
500       FORMAT('0',5X,'B0203',3X,'N ODER M UNZULAESSIG')
          STOP
C
10        DO 80 I=1,N
C  ERMITTLUNG DER ZEILE Z
          DO 20 J=1,NV
20        Z(J)  = 0.
          IX    = 0.
          DO 60 K=1,2
          JA    = K+2
          DO 50 J=JA,M2,2
          IX    = IX+I-1
          IF(IX.GE.N)IX=IX-N
          IH    = IS(IX+1)
          IF(IH)30,50,40
30        IH    = -IH
          Z(IH)= Z(IH)-H(J)
          GOTO 50
40        Z(IH)= Z(IH)+H(J)
50        CONTINUE
          IX    = NV
60        CONTINUE
          Y(I)  = H(2)+Z(NV)
          DO 70 J=1,NVM1
          P     = Z(J)
          IF(P.EQ.0.) GOTO 70
          Y(I)  = Y(I)+P*S(J)
70        CONTINUE
80        CONTINUE
          RETURN
          END
```

P-Liste 8 Unterprogramm B0203
Speichersparende Harmonische Synthese - Endergebnis

Das Programm B0203 prüft, ob N durch 4 teilbar und M > 1 ist, berechnet innerhalb der I-Schleife die I-te Zeile der Matrix Z, multipliziert diese Zeile mit dem Vektor S und speichert den I-ten Koeffizienten in den Vektor Y.

Das Programm 203 hat einen geringen Programmspeicherbedarf und ist deshalb für kleine Rechner geeignet. Ein Rechner DEC 20/40 benötigt für einen Aufruf des Programms B0203 eine CPU-Zeit von 0,21 s für N = 72 und M = 25. Bei gleicher Anzahl M erhöht sich die CPU-Zeit ungefähr linear auf 0,43 s für N = 144.

Ein wesentlich schnelleres Programm „Harmonische Synthese" erhält man auf Kosten eines größeren Programmspeicherbedarfs bei Anwendung der Idee, die dem Verfahren der harmonischen Analyse von RUNGE [10] zugrunde liegt. Dazu wird das Periodenintervall wieder in eine durch 4 teilbare Anzahl N von Streifen aufgeteilt. Dann werden die beiden Summen YA und YB in

```
      SUBROUTINE A0204(N,M,S,AS,BS)
C
C HARMONISCHE SYNTHESE  (SCHNELL)
C BERECHNUNG DER MATRIZEN AS UND BS
C VOR DEM ERSTEN AUFRUF VON B0204
C
C N    DURCH 4 TEILBARE ANZAHL VON ORDINATEN
C M    ANZAHL DER KOEFFIZIENTENPAARE(B,A)
C      EINSCHLIESSLICH B0=0.,A0
C S    FELD MIT N/4+1 SINUSWERTEN
C AS   MATRIX MIT (M-1)*N/4 KOEFFIZIENTEN
C BS   MATRIX MIT (M-1)*N/4 KOEFFIZIENTEN
C
      DIMENSION AS(1),BS(1),S(1)
C PRUEFUNG N
      MM1    = M-1
      NV     = N/4
      IF((4*NV.EQ.N).AND.(N.GT.4).AND.MM1.GT.1)GOTO 10
      WRITE(3,500)
500   FORMAT('0',5X,'A0204',3X,'N ODER M UNZULAESSIG')
      STOP
C ERMITTLUNG DER SINUSWERTE
10    DX     = 6.283185308/N
      S(NV+1)= 1.
      DO 20 K=1,NV
20    S(K)   =SIN((K-1)*DX)
      NH     = 2*NV
      N3V    = 3*NV
      IX     = 0
C UMSPEICHERN DER SINUSWERTE
      DO 80 I= 1,NV
      DO 70 K= 1,MM1
C
      IX     = IX+1
      L      = I*K
      IF(L.LE.N) GOTO 30
      LI     = L/N
      L      = L-LI*N
30    IF(L.GT.NV)GOTO 40
C 1. QUADRANT
      IY     = NV-L+1
      IZ     = L+1
      AS(IX) = S(IY)
      BS(IX) = S(IZ)
      GOTO 70
40    IF(L.GT.NH) GOTO 50
C 2. QUADRANT
      IY     = L-NV+1
      IZ     = NH-L+1
      AS(IX) = -S(IY)
      BS(IX) = S(IZ)
      GOTO 70
50    IF(L.GT.N3V) GOTO 60
C 3. QUADRANT
      IY     = N3V-L+1
      IZ     = L-NH+1
      AS(IX) = -S(IY)
      BS(IX) = -S(IZ)
      GOTO 70
C 4. QUADRANT
60    IY     = L-N3V+1
      IZ     = N-L+1
      AS(IX) = S(IY)
      BS(IX) = -S(IZ)
70    CONTINUE
80    CONTINUE
      RETURN
      END
```

P-Liste 9 Unterprogramm A0204
Schnelle Harmonische Synthese - Initialisierung

Formel (4.20) in 4 Teilsummen YAG, YBG und YAU, YBU aufgesplittet, die entweder nur Koeffizienten a_k, b_k mit geradzahligen oder mit ungeradzahligen Werten von k enthalten. Aufgrund der Teilbarkeit der Zahl N durch die Zahl 4 genügt es, diese 4 Teilsummen für die ersten N/4 + 1 Stützstellen zu berechnen. Aus diesen 4 Teilsummen können dann die gesuchten Ordinaten y_i an allen N Stützstellen allein mit Hilfe der Operationen Addition und Subtraktion ermittelt werden.

Das Programm 204 führt diesen Algorithmus aus. Das Initialisierungsprogramm A0204 erstellt zwei mit AS und BS bezeichnete Matrizen, die jeweils (M - 1)*N/4 Sinuswerte enthalten. Das Programm B0204 führt unter Verwendung der Matrizen AS und BS die harmonische Synthese durch. Bei einer praktischen Anwendung des Programms 204 wird man für eine große Anzahl von Synthesen die Zahlen N und M konstant halten und benötigt deshalb nur einen Aufruf des Programms A0204.

```
      SUBROUTINE B0204(N,M,AS,BS,H,YH,Y)
C HARMONISCHE SYNTHESE (SCHNELL)
C
C N    DURCH 4 TEILBARE ANZAHL VON ORDINATEN
C M    ANZAHL DER KOEFFIZIENTENPAARE (B,A)
C AS   ERGEBNISMATRIX (N/4)*(M-1) VON A0204
C BS   ERGEBNISMATRIX (N/4)*(M-1) VON A0204
C H    FELD MIT 2*M KOEFFIZIENTEN IN DER
C      REIHENFOLGE  0.,A0,B1,A1,B2,A2,....BM-1,AM-1
C YH   ERGEBNISFELD B02041 MIT N WERTEN
C Y    ERGEBNIS N ORDNINATEN Y0,Y1,Y2,.....,YN-1
C
      DIMENSION AS(1),BS(1),H(1),YH(1),Y(1)
      NV = N/4
      MM1= M-1
      IF((NV*4.EQ.N).AND.(N.GT.4).AND.(MM1.GT.1))GOTO 10
      WRITE(3,500)
500   FORMAT('0',5X,'B0204',3X,'N ODER M UNZULAESSIG')
      STOP
C TEILSUMMEN FUER 1/4 DER PERIODE
10    CALL B02041(N,NV,MM1,AS,BS,H,YH)
C HARMONISCHE SYNTHESE
      CALL B02042(N,NV,MM1,H,YH,Y)
      RETURN
      END
```

P-Liste 10 Unterprogramm B0204
Schnelle Harmonische Synthese - Endergebnis

```
      SUBROUTINE B02041(N,NV,MM1,AS,BS,H,YH)
C HARMONISCHE SYNTHESE (SCHNELL)
C ERMITTLUNG DER ZWISCHENERGEBNISSE YH
C NV = N/4
C MM1 = M-1
C BEDEUTUNG DER PARAMETER SIEHE B0204
      DIMENSION AS(1),BS(1),H(1),YH(1)
      NH       = 2*NV
      IS       = -MM1
      DO 30 I = 1,NV
C K  GERADE
      IS       = IS+MM1
      IYB      = I+NH
      YH(I)    = H(2)
      YH(IYB)  = 0.
      DO 10 K = 2,MM1,2
C KOEFFIZIENTEN A
      IH       = K+K+2
      IX       = IS+K
      YH(I)    = YH(I)+H(IH)*AS(IX)
```

```
C  KOEFFIZIENTEN B
         YH(IYB) = YH(IYB)+H(IH-1)*BS(IX)
 10      CONTINUE
C  K  UNGERADE
         IYA     = NV+I
         IYB     = IYA+NH
         YH(IYA) =0.
         YH(IYB) = 0.
         DO 20 K = 1,MM1,2
C  KOEFFIZIENTEN A
         IH      = K+K+2
         IX      = IS+K
         YH(IYA) = YH(IYA)+H(IH)*AS(IX)
C  KOEFFIZIENTEN B
         YH(IYB) = YH(IYB)+H(IH-1)*BS(IX)
 20      CONTINUE
 30      CONTINUE
         RETURN
         END
```

P-Liste 11 Unterprogramm B02041
Schnelle Harmonische Synthese - Zwischenergebnis

```
         SUBROUTINE B02042(N,NV,MM1,H,YH,Y)
C  HARMONISCHE SYNTHESE
C  FUER N=4*NH
C  NH   ANZAHL DER HARMONISCHEN
C  BEDEUTUNG DER PARAMETER
C  SIEHE B0204 UND B02041
C
         DIMENSION YH(1),Y(1),H(1)
         MH      = 2*MM1+2
         NVM1    = NV-1
         NVP1    = NV+1
         NH      = 2*NV
         NHM1    = NH-1
         N3V     = 3*NV
         N3VM1   = N3V-1
         NHP2    = NH+2
         NP2     = N+2
         Y(NVP1) = YH(NV)+YH(NH)
         Y(N3V+1)= YH(N3V)+YH(N)
C
         DO 10 I = 2,NV
C  FALTUNG YA
         IX      = NVM1+I
         IY      = NHP2-I
         Z       = YH(I-1)
         Y(I)    = Z+YH(IX)
         Y(IY)   = Z-YH(IX)
C  FALTUNG YB
         IX      = N3VM1+I
         IY      = NHM1+I
         Z       = YH(IX)
         Y(IY+1) = Z+YH(IY)
         IX      = NP2-I
         Y(IX)   = Z-YH(IY)
 10      CONTINUE
         DO 20 I = 2,N
         YH(I)   = Y(I)
 20      CONTINUE
C  ORDINATEN AM ANFANG
C  UND IN MITTE DES
C  PERIODENINTERVALLS
C
         YG      = H(2)
         YU      = 0.
         DO 30 K = 6,MH,4
 30      YG      = YG+H(K)
         DO 40 K = 4,MH,4
 40      YU      = YU+H(K)
         Y(1)    = YG+YU
         Y(NH+1) = YG-YU
C
         IX      = NV
         Y(IX+1) = YH(IX)+YH(NH)
         IX      = IX+NH
         Y(IX+1) = YH(IX)+YH(N)
C  ERMITTLUNG Y
         DO 50 I = 2,NH
C  ERSTES HALBINTERVALL
         IX      = NH+I
         Z       = YH(I)
         Y(I)    = Z+YH(IX)
C  ZWEITES HALBINTERVALL
         IY      = NP2-I
         Y(IY)   = Z-YH(IX)
 50      CONTINUE
         RETURN
         END
```

P-Liste 12 Unterprogramm B02042
Schnelle Harmonische Synthese - Ordinaten

Das Unterprogramm B0204 verwendet das Unterprogramm B02041 zur Ermittlung der 4 Teilsummen an den Stützstellen 2 bis N/4 + 1. Diese N Zwischenergebnisse werden in dem Feld YH gespeichert und von dem Unterprogramm B02042 verwendet, um daraus die gesuchten Funktionswerte Y an allen Stützstellen I zu ermitteln, mit Ausnahme der Stellen I = 1 und I = N/4 + 1, deren Funktionswerte unabhängig von den Werten YH ermittelt werden.

Abb. 4.9 enthält den CPU-Zeitbedarf für eine Anlage DEC 20/40 für 3 verschiedene FORTRAN-Programme zur Lösung des Problems „Harmonische Synthese" in Abhängigkeit von der Anzahl N. Die bei allen 3 Programmen notwendige Initialisierungszeit wurde nicht berücksichtigt, weil sie bei der typischen Anwendung dieser Programme nur einmal für eine große Anzahl von harmonischen Synthesen anfällt und deshalb für den Zeitvergleich unbedeutend ist. Das mit „COOLEY-TUKEY" bezeichnete Programm verwendet die unter der Bezeichnung „Schnelle FOURIER-Transformation" bekannt gewordene Methode [12]: Es gibt bei den gewählten Teilungen N = 72, 96, 120, 144 ... nur mit M = 24 optimale Rechenzeiten. Bei den Programmen B0203 und B0204 wurde die im Zusammenhang mit Torsionsschwingungsproblemen verbreitete Anzahl von 24 Harmonischen entsprechend M = 25 verwendet. Bei der Variation der Teilung N wurde die Anzahl M konstant gehalten. Unter dieser Bedingung wachsen bei allen 3 Programmen die als Durchschnittswerte von 1000 Programmaufrufen ermittelten CPU-Zeiten ungefähr linear mit der Teilung N an. Die kleinsten CPU-Zeiten benötigt in dem betrachteten Intervall N das Programm B0204. Das Programm B0203 ist wesentlich langsamer als die beiden anderen Programme. Sein Vorteil liegt allein in der Einfachheit der verwendeten Methode und dem geringen Programmspeicherbedarf.

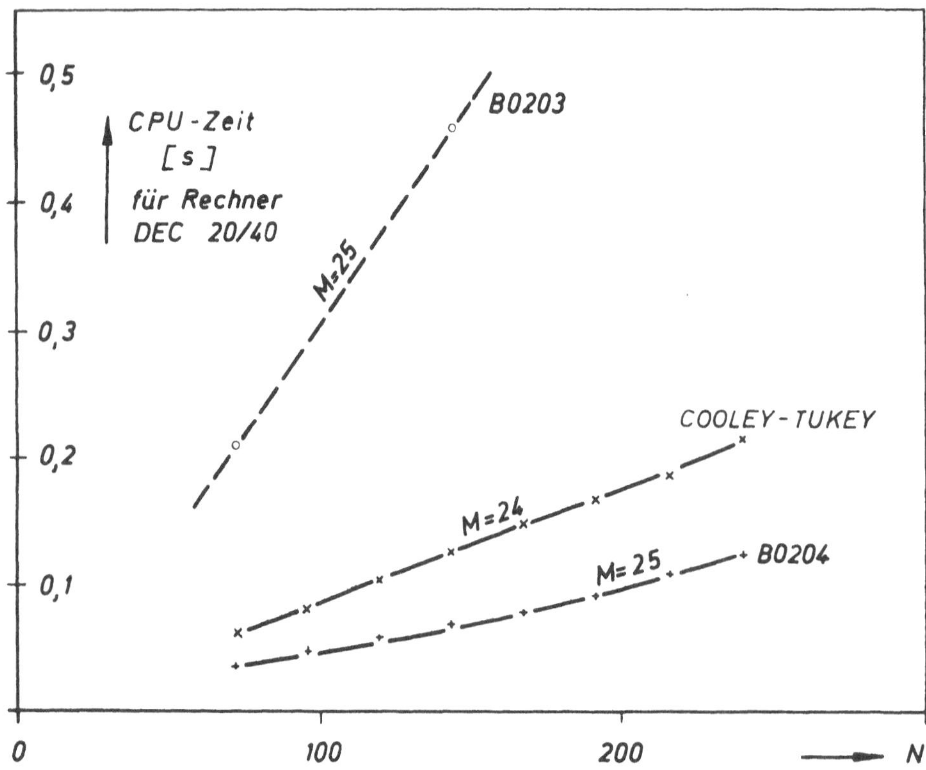

Abb. 4.9. CPU-Zeitvergleich für das Problem „Harmonische Synthese"

4.6 Phasenverschiebung periodischer Funktionen

Bei der Berechnung der Erregung der Triebwerksschwingungen von Kolbenmaschinen wird normalerweise ein über der Position der Kurbelwelle exakt periodisch verlaufender Zylinderdruck für alle Motorzylinder vorausgesetzt. Unter dieser Annahme ist die Schwingungserregung bei konstanter Motordrehzahl, die aus den Gas- und Massenkräften zusammengesetzt ist, für jeden Motorzylinder eine exakt periodisch verlaufende Funktion der Zeit, die sich von Zylinder zu Zylinder allein durch einen Phasenverschiebungswinkel unterscheidet, der durch die Zündfolge der einzelnen Motorzylinder definiert ist. Bei der Berechnung der Schwingungserregung entsteht deshalb die in Abb. 4.10 am Beispiel einer „Sägezahnfunktion" demonstrierte Aufgabe, eine periodische Funktion um ein bekanntes Zeitintervall T_v zu verschieben.

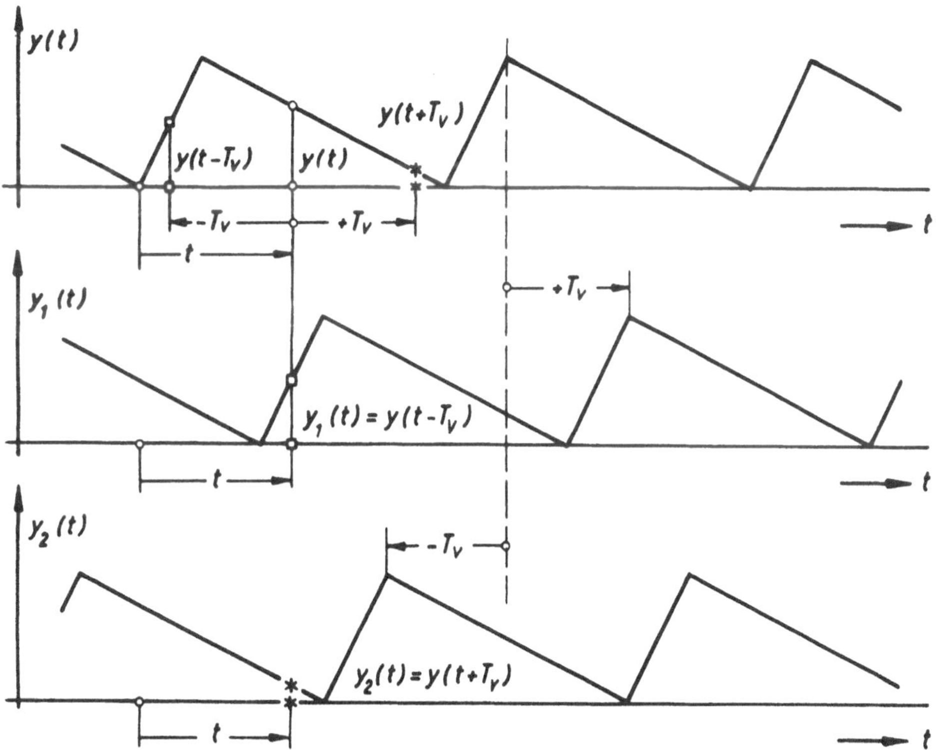

Abb. 4.10. Phasenverschiebung einer periodischen Funktion

Im oberen Diagramm von Abb. 4.10 befindet sich die Originalfunktion y(t). Aus ihr entsteht durch Verschiebung in Richtung der positiven Zeitachse um $+T_v$ die Funktion $y_1(t)$. Man erhält $y_1(t)$ durch Ersetzen des Funktionswertes y(t) an jeder Stelle t durch den Wert $y(t - T_v)$. Damit wird $y_1(t)$ definiert durch die Beziehung

$$y_1(t) = y(t - T_v) \quad , \qquad (4.22)$$

die man auch aus Abb. 4.10 ablesen kann. Die um die Zeit $-T_v$ verschobene Funktion $y_2(t)$ ergibt sich aus (4.22) durch Ersetzen von T_v durch $-T_v$. Sie ist im unteren Diagramm von Abb. 4.10 aufgezeichnet. Der Phasenverschiebungswinkel ergibt sich aus der Phasenverschiebungszeit als

$$\varphi_v = 2\pi \frac{T_v}{T} = \omega T_v \quad . \qquad (4.23)$$

Das Unterprogramm A0205 löst die Aufgabe, eine diskretisierte periodische Funktion Y um einen bekannten Phasenverschiebungswinkel XV zu verschieben.

Da bei der Berechnung der Schwingungserregung die Phasenverschiebung häufig mit einer Addition verbunden ist, wurde diese Möglichkeit abhängig vom Wert des Kennzeichens K ebenfalls vorgesehen. Der Phasenwinkel XP der Periode ist beim Zweitaktverfahren XP = 360° und beim Viertaktverfahren XP = 720°. Sowohl die Originalfunktion Y als auch die phasenverschobene

```
      SUBROUTINE A0205(N,K,XP,XV,Y,YV)
C
C PHASENVERSCHIEBUNG EINER
C PERIODISCHEN FUNKTION
C N   ANZAHL DER WERTE Y UND YV
C K   OPERATIONSKENNZEICHEN
C       K.EQ.0   YV(X)=YV(X-XP)
C       K.NE.0   YV(X)=YV(X)+YV(X-XV)
C XP  PHASENWINKEL DER PERIODE
C XV  PHASENVERSCHIEBUNGSWINKEL
C Y   WERTE DER ORIGINALFUNKTION
C YV  WERTE DER PHASENVERSCHOBENEN FUNKTION
      DIMENSION Y(1),YV(1)
      DX    = XP/N
      DO 20 I=1,N
      X     = (I-1)*DX-XV
      CALL A02051(N,DX,XP,X,Y,YX)
      IF(K.EQ.0)GOTO 10
      YV(I) = YV(I)+YX
      GOTO 20
10    YV(I) = YX
20    CONTINUE
      RETURN
      END
```

P-Liste 13 Unterprogramm A0205
Phasenverschiebung des zeitlichen Verlaufs einer periodischen Funktion - Endergebnis

```
      SUBROUTINE A02051(N,DX,XP,XX,Y,YX)
C
C LINEARE INTERPOLATION EINER
C IM BEREICH 0.LE.X.LT.XP DEFINIERTEN
C PERIODISCHEN FUNKTION
C N   ANZAHL DER WERTE Y
C DX  INKREMENT DER IN Y GESPEICHERTEN WERTE
C XP  PERIODENLAENGE
C XX  SUCHARGUMENT
C Y   WERTE DER PERIODISCHEN FUNKTION
C YX  INTERPOLIERTER FUNKTIONSWERT
      DIMENSION Y(1)
      X   = XX
C REDUKTION DES SUCHARGUMENTES
C AUF DEN DEFINITIONSBEREICH
10    IF(X.GE.0.)GOTO 20
      X   = X+XP
      GOTO 10
20    IF(X.LT.XP)GOTO 30
      X   = X-XP
      GOTO 20
C LINEARE INTERPOLATION
30    D   = X/DX
      K   = D
      FK  = K
      A0  = (D-FK)
      A1  = DX-A0
      YX  = (A0*Y(K+2)+A1*Y(K+1))/DX
      RETURN
      END
```

P-Liste 14 Unterprogramm A02051
Phasenverschiebung des zeitlichen Verlaufs einer periodischen Funktion - Interpolation

Funktion YV besteht aus N äquidistanten Werten, wobei der erste Funktionswert dem Phasenwinkel 0 zugeordnet ist.

Die Aufgabe der Phasenverschiebung wird von dem Programm A0205 durch punktweise Berechnung der Funktion YV mit Hilfe der Formel (4.22) gelöst. Deshalb ist eine Interpolation erforderlich, die mit Hilfe des Unterprogramms A02051 linear ausgeführt wird.

Wenn eine periodische Funktion durch ein trigonometrisches Polynom nach (4.5) definiert ist, dann kann man die Operation „Phasenverschiebung" mit jeder einzelnen Harmonischen des Polynoms ausführen und erhält damit die Koeffizienten des phasenverschobenen trigonometrischen Polynoms. Bezeichnet man den k-ten Term des Polynoms (4.5) mit

$$\begin{aligned} y_k(t) &= a_k \cos k\omega t + b_k \sin k\omega t \\ \omega &= \frac{2\pi}{T} \quad , \end{aligned} \tag{4.24}$$

wobei ω die Kreisfrequenz und T die Schwingungsdauer der periodischen Funktion bedeuten, dann erhält man den phasenverschobenen Term aus der Beziehung

$$y_k(t-T_v) = a_k \cos k\omega(t-T_v) + b_k \sin k\omega(t-T_v) \quad . \tag{4.25}$$

Aus (4.25) läßt sich die Beziehung

$$\begin{aligned} y_k(t-T_v) &= A_k \cos k\omega t + B_k \sin k\omega t \\ A_k &= a_k \cos k\varphi_v - b_k \sin k\varphi_v \\ B_k &= b_k \cos k\varphi_v + a_k \sin k\varphi_v \\ \varphi_v &:= \omega T_v \end{aligned} \tag{4.26}$$

ableiten, die man mit Hilfe der komplexen Darstellung (3.14) als eine Drehung um den Phasenverschiebungswinkel $k\varphi_v$ der komplexen Amplitude der harmonischen Schwingung (4.24) deuten kann.

Bei der Behandlung der Triebwerksschwingungen von Viertaktmotoren ist die Frequenz der aus den Zylinderdrücken entstehenden periodischen Schwingungserregung genau die Hälfte der Drehzahlfrequenz. Deshalb sind die Frequenzen aller Harmonischen der Zylinderdruckerregung ganzzahlige Vielfache der halben Umlauffrequenz der Kurbelwelle. Anstatt mit der halben Kurbelwellendrehzahl zu rechnen, ist es üblich, die Nummern k der Harmonischen mit einem Faktor $\zeta = 0,5$ zu multiplizieren und das Produkt $q = k\zeta$ als Ordnungszahl der Schwingungen zu bezeichnen. Nennt man die Kreisfrequenz der Kurbelwelle ω_0, dann ist die Kreisfrequenz der periodischen Schwingung

$$\omega = \xi \omega_0 = \xi \frac{2\pi}{T_0} \qquad \begin{aligned} \xi &= 0{,}5 \quad \text{bei Viertaktmotoren} \\ \xi &= 1 \quad \text{bei Zweitaktmotoren} \end{aligned} \quad . \tag{4.27}$$

Damit folgt aus (4.26)

$$\begin{aligned} y_k(t-T_v) &= A_k \cos q\omega_0 t + B_k \sin q\omega_0 t \\ A_k &= a_k \cos q\bar{\alpha} - b_k \sin q\bar{\alpha} \\ B_k &= b_k \cos q\bar{\alpha} + a_k \sin q\bar{\alpha} \\ q &:= k\xi \qquad\qquad k = 1, 2, 3, \ldots M-1 \\ \bar{\alpha} &:= 2\pi \frac{T_v}{T_0} \quad , \end{aligned} \tag{4.28}$$

wobei $\overline{\alpha}$ das Bogenmaß des an der Kurbelwelle gemessenen Phasenverschiebungswinkels der periodischen Funktion y bedeutet. Mit T_0 wird in (4.28) die Dauer einer Kurbelwellenumdrehung bezeichnet.

Das Programm A0206 berechnet aus den gegebenen Koeffizienten H des trigonometrischen Polynoms y die Koeffizienten HV des um den Phasenverschiebungswinkel XV in Richtung der positiven Zeitachse verschobenen Polynoms y_v. Der Phasenwinkel XP der Periode und der Phasenverschiebungswinkel XV werden zweckmäßig in der Dimension „Grad Kurbelwinkel" eingegeben. Dann ist bei Viertaktmotoren XP = 720° und bei Zweitaktmotoren XP = 360° zu setzen. Das Kennzeichen KE ermöglicht entweder die Phasenverschiebung allein auszuführen oder sie mit einer Addition zu koppeln.

```
      SUBROUTINE A0206(M,KE,XP,XV,H,HV)
C
C  PHASENVERSCHIEBUNG DER HARMONISCHEN
C  DER PERIODISCHEN FUNKTION Y
C  M   ANZAHL DER KOEFFIZIENTENPAARE (B,A)
C  KE  OPERATIONSKENNZEICHEN
C  KE.EQ.0     YV(X) = Y(X-XV)
C  KE.NE.0     YV(X) = YV(X)+Y(X-XV)
C  XP  PHASENWINKEL DER PERIODE
C  XV  PHASENVERSCHIEBUNGSWINKEL
C  H   2*M KOEFFIZIENTEN DER FUNKTION Y
C  HV  2*M KOEFFIZIENTEN DER FUNKTION YV
C      SPEICHERUNG DER KOEFFIZIENTEN
C      0.,A0,B1,A1,B2,A2,....A(M-1)
      DIMENSION H(1),HV(1)
      QA     = 6.283185308*XV/XP
      IX     = 0
      DO 10 K=1,M
      X      = (K-1)*QA
      SI     = SIN(X)
      CO     = COS(X)
      IX     = IX+2
      IY     = IX-1
      AK     = H(IX)
      BK     = H(IY)
      A      = AK*CO-BK*SI
      B      = BK*CO+AK*SI
      IF(KE.NE.0)GOTO 10
      HV(IX) = A
      HV(IY) = B
      GOTO 20
   10 HV(IX) = HV(IX)+A
      HV(IY) = HV(IY)+B
   20 CONTINUE
      RETURN
      END
```

P-Liste 15 Unterprogramm A0206
Phasenverschiebung eines trigonometrischen Polynoms

4.7 Multiplikation trigonometrischer Polynome

Das Produkt $y = y_1 y_2$ aus zwei periodischen Funktionen y_1 und y_2, welche die gleiche Periodendauer besitzen, ist wieder eine periodische Funktion derselben Periodendauer.

Das Problem, ein Produkt aus periodischen Funktionen zu bilden, tritt bei der vereinfachten Theorie zur Berechnung der Torsionsschwingungen von Kurbelwellen nicht auf. Die strenge Berücksichtigung der oszillierenden Triebwerksmassen führt jedoch bei der mathematischen Formulierung des Torsionsschwingungsproblems von Kurbelwellen zu einem rheolinearen Differentialgleichungssystem mit periodischen Koeffizienten. Da diese periodischen Koeffizienten die Lösung erheblich erschweren, werden sie in der Praxis meist durch ihre konstanten Anteile ersetzt. Es gibt jedoch Fälle, bei denen diese Vereinfachung nicht mehr zulässig ist. Bei der Behandlung dieser Fälle müssen Produkte aus trigonometrischen Polynomen gebildet werden. Dazu kann das Unterprogramm A0207 verwendet werden.

Das Programm A0207 berechnet die 4*M - 2 Koeffizienten des Produkts $y = y_1 y_2$ aus den je 2*M Koeffizienten der beiden gegebenen trigonometrischen Polynome y_1 und y_2. Die Koeffizienten der Funktionen y_1 und y_2 stehen in den Datenbereichen H1 und H2. Das Ergebnis wird in dem Bereich H gespeichert. Alle Bereiche sind gleichartig aufgebaut wie die entsprechenden Bereiche, die bei den Operationen „Harmonische Analyse" und „Harmonische Synthese" verwendet wurden.

```
          SUBROUTINE A0207(M,H1,H2,H)
C  MULTIPLIKATION Y=Y1*Y2
C  DER TRIGONOMETRISCHEN POLYNOME Y1 UND Y2
C
C  M    ANZAHL DER KOEFFIZIENTENPAARE (B,A)
C       DER POLYNOME Y1 UND Y2
C  H1   2*M    KOEFFIZIENTEN DES POLYNOMS Y1
C  H2   2*M    KOEFFIZIENTEN DES POLYNOMS Y2
C  H    4*M-2  KOEFFIZIENTEN DES POLYNOMS Y
C       SPEICHERUNG DER KOEFFIZIENTEN
C       0.,A0,B1,A1,B2,A2,....BM-1,AM-1
C
          DIMENSION H1(1),H2(1),H(1)
          M4M1    = 4*M-1
          DO 10 I= 1,M4M1
          H(I)    = 0.
  10      CONTINUE
C
          DO 30 IL = 1,M
          L        = IL-1
          IX       = 2*L+1
          B2       = H2(IX)
          A2       = H2(IX+1)
C
          DO 20 IK = 1,M
          K        = IK-1
          IX       = 2*K+1
          B1       = H1(IX)
          A1       = H1(IX+1)
C
          IXS1     = 1+2*IABS(K-L)
          IXC1     = 1+IXS1
          Z        = 0.5*(B1*A2-A1*B2)
          IF(K.LT.L)Z=-Z
          H(IXS1)  = H(IXS1)+Z
          H(IXC1)  = H(IXC1)+0.5*(A1*A2+B1*B2)
C
          IXS2     = 1+2*(K+L)
          IXC2     = 1+IXS2
          H(IXS2)  = H(IXS2)+0.5*(A1*B2+B1*A2)
          H(IXC2)  = H(IXC2)+0.5*(A1*A2-B1*B2)
  20      CONTINUE
  30      CONTINUE
          RETURN
          END
```

P-Liste 16 Unterprogramm A0207
Multiplikation trigonometrischer Polynome

Bei der praktischen Anwendung des Unterprogramms A0207 werden meistens nur die ersten 2*M Koeffizienten des Produkts verwendet. Für Fehlerabschätzungen ist jedoch die Kenntnis des vollständigen Ergebnisses nützlich.

Die Koeffizienten H des Produkts y erhält man aus der Multiplikation jedes Terms des Polynoms y_1 mit jedem Term des Polynoms y_2 und anschließender Summation der Sinus- und Cosinuskomponenten gleicher Frequenzen des Ergebnisses. Die Multiplikation zweier harmonischer Terme verschiedener oder gleicher Frequenzen erfolgt dabei unter Verwendung der Formeln (3.22).

5 Freie Schwingungen

Freie Schwingungen sind Eigenschwingungen, bei denen auf das schwingende System keine äußeren Kräfte oder Momente einwirken. Die in dem System beim Beginn des Schwingungsvorgangs enthaltene Gesamtenergie wird durch die Anfangsbedingungen definiert und bleibt bei ungedämpften Systemen erhalten. Bei gedämpften Systemen wird Energie nach außen abgeführt. Da von außen keine Energie zugeführt wird, klingen die Amplituden der gedämpften Eigenschwingungen asymptotisch auf den Wert Null ab. Bei linearen ungedämpften Systemen setzt sich der zeitliche Ablauf der Eigenschwingungen aus einer endlichen Anzahl von Sinusschwingungen zusammen, deren Frequenzen die Eigenfrequenzen des Systems genannt werden. Bei Systemen mit mehreren Freiheitsgraden gibt es für jede Eigenfrequenz eine Eigenschwingungsform, durch die für jeden Freiheitsgrad die Schwingungsamplituden bis auf einen Normierungsfaktor definiert werden.

Bei den Triebwerksschwingungen sind freie Schwingungszustände uninteressant. Praktisch bedeutsam sind aber die Resonanzzustände der erzwungenen Schwingungen, bei denen eine der Harmonischen der Erregerfrequenzen mit einer der Eigenfrequenzen des Systems übereinstimmt. Bei den entsprechenden Drehzahlen, den sogenannten Resonanzdrehzahlen, würden die Schwingungsamplituden ungedämpfter Systeme über der Zeit unbegrenzt anwachsen, wie aus dem linken Diagramm von Abb. 1.4 hervorgeht. Infolge der stets vorhandenen Dämpfung erreichen die Amplituden der erzwungenen Schwingungen jedoch wie in dem rechten Diagramm einen endlichen Grenzwert. Bei schwach gedämpften Systemen stimmen die Erregerfrequenzen, bei denen die erzwungenen Schwingungen ihre maximalen Amplituden erreichen, praktisch mit den Eigenfrequenzen des ungedämpften Systems überein. Deshalb können bei schwach gedämpften Systemen aus den Eigenfrequenzen des ungedämpften Systems die Drehzahlen vorausberechnet werden, bei denen die Maximalwerte der Amplituden der erzwungenen Schwingungen zu erwarten sind. Bei Mehrmassensystemen können aus den zugehörigen Eigenschwingungsformen die am höchsten beanspruchten Systemabschnitte entnommen werden.

Die Berechnung der Eigenfrequenzen und der Eigenschwingungsformen von Systemen mit vielen Freiheitsgraden ist ein Problem der numerischen Mathematik, das im Band 4 dieser Buchreihe im Hinblick auf die Torsionsschwingungen der Kurbelwellen und Antriebsaggregate gelöst wird. In diesem Abschnitt werden die für das Verständnis der Lösungsmethoden notwendigen Grundlagen mit Hilfe einfacher Beispiele entwickelt.

5.1 Eigenschwingungen von ungedämpften Systemen mit einem Freiheitsgrad

5.1.1 Physikalisches Pendel

Der Schwerpunkt S des physikalischen Pendels der Masse m nach Abb. 5.1 bewegt sich auf einem Kreisbogen um den Drehpunkt D in der Zeichenebene. Durch den Drehwinkel φ zwischen der Richtung der Erdbeschleunigung g und der Strecke DS der Länge a wird die momentane Lage

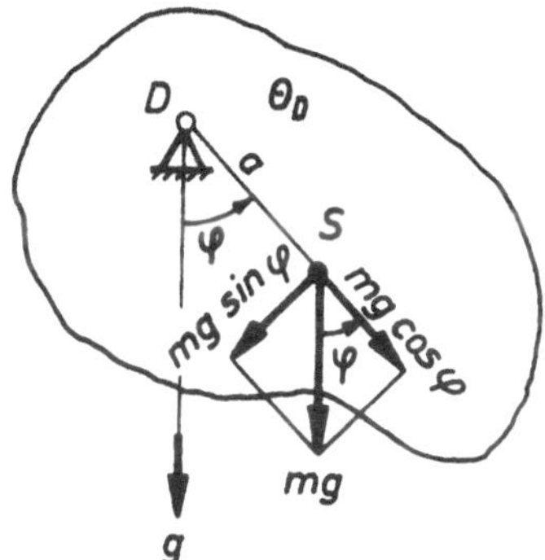

Abb. 5.1. Ebenes physikalisches Pendel

des Pendels eindeutig definiert. Das Momentengleichgewicht um den Drehpunkt D liefert unter Verwendung des Massenträgheitsmomentes Θ_D die Differentialgleichung

$$\Theta_D \frac{d^2\varphi}{dt^2} = \Theta_D \ddot{\varphi} = -mga\sin\varphi \tag{5.1A}$$

für den zeitlichen Ablauf der Pendelbewegung. Beschränkt man die Pendelbewegung auf kleine Amplituden des Winkels φ, dann kann $\sin\varphi$ durch φ ersetzt werden, und man erhält aus (5.1A) die lineare Differentialgleichung

$$\ddot{\varphi} + \frac{mga}{\Theta_D}\varphi = 0 \quad . \tag{5.1B}$$

Mit der Abkürzung

$$\omega := \sqrt{\frac{mga}{\Theta_D}} = \frac{2\pi}{T} = 2\pi f \tag{5.1C}$$

läßt sich die Differentialgleichung (5.1B) auf die Normalform

$$\ddot{\varphi} + \omega^2\varphi = 0 \tag{5.2A}$$

der Bewegungsgleichung eines Schwingers mit einem Freiheitsgrad bringen. Der zeitliche Ablauf der Lösung dieser Differentialgleichung wird durch die harmonische Schwingung

$$\varphi = A\cos\omega t + B\sin\omega t \tag{5.2B}$$

definiert, denn die zweimalige Ableitung der Funktion φ nach der Zeit t

$$\begin{aligned}\ddot{\varphi} &= -A\omega^2\cos\omega t - B\omega^2\sin\omega t\\ &= -\omega^2\varphi\end{aligned} \tag{5.2C}$$

ist identisch mit $-\omega^2\varphi$. Damit erfüllt die harmonische Schwingung nach (5.2B) für jeden beliebigen Wert der Koeffizienten A und B die Differentialgleichung (5.2A). Der Wert dieser Koeffizienten ist durch Vorgabe der Anfangsbedingungen

$$\hat{\varphi}(0) = A \qquad \hat{\dot{\varphi}}(0) = \omega B \tag{5.2D}$$

der Amplitude $\hat{\varphi}$ und ihrer ersten Ableitung $\hat{\dot{\varphi}}$ zur Zeit t = 0 durch die Beziehungen (5.2D) eindeutig bestimmt.

Da der Parameter ω in Gleichung (5.2B) die Bedeutung der Kreisfrequenz der Eigenschwingung besitzt, kann aus der Bewegungsgleichung (5.1B) der durch (5.1C) definierte Zusammenhang zwischen der Pendelmasse m, der Erdbeschleunigung g, dem Abstand a, dem Massenträgheitsmoment Θ_D und der Eigenfrequenz ω des physikalischen Pendels entnommen werden. Für das sogenannte Punktpendel, bei dem die gesamte Pendelmasse im Schwerpunkt konzentriert ist, erhält man aus (5.1C) mit $\Theta_D = ma^2$ die Kreisfrequenz

$$\omega = \sqrt{\frac{g}{a}} \quad . \tag{5.2E}$$

Bei linearen Systemen mit einem Freiheitsgrad kann die Bewegungsgleichung der Systemkoordinate y immer in die Form

$$\ddot{y} + \omega^2 y = 0 \qquad f = \frac{\omega}{2\pi} \tag{5.3}$$

gebracht werden, aus der die Beziehung zwischen der Eigenkreisfrequenz ω oder der Eigenfrequenz f und den Systemparametern direkt entnommen werden kann. Die Eigenfrequenz f dieser linearen Schwingungssysteme ist unabhängig von der Größe der Schwingungsamplitude. Dies gilt jedoch bei den untersuchten Pendelsystemen, deren Bewegungsgleichung durch Linearisierung der Funktion sin φ entstanden ist, nur für kleine Amplituden. Darauf ist zu achten, wenn man die Formel (5.1C) benutzen will, um das Massenträgheitsmoment von Maschinenteilen durch Pendelversuche zu ermitteln. Bei diesen Pendelversuchen wird die Eigenfrequenz f des im Schwerefeld mit kleinen Amplituden pendelnden Körpers gemessen. Das unbekannte Massenträgheitsmoment Θ_D kann man dann aus der Beziehung (5.1C) berechnen. Der Abstand a von Drehpunkt und Schwerpunkt muß entweder bekannt sein oder kann mit Hilfe eines zweiten Pendelversuches ermittelt werden, bei dem ein zweiter Drehpunkt D gewählt wird.

5.1.2 Rotierendes Pendel

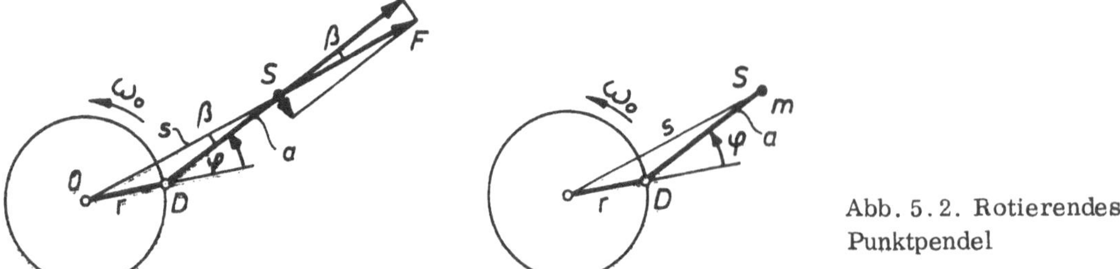

Abb. 5.2. Rotierendes Punktpendel

Der Drehpunkt D des skizzierten Punktpendels rotiert mit der Winkelgeschwindigkeit ω_0 um den Punkt 0. Die momentane Lage des Schwerpunktes S ist durch den Winkel φ definiert. Vernachlässigt man den Einfluß der Erdbeschleunigung gegenüber der Fliehkraftbeschleunigung, dann ist das auf den Drehpunkt D von der Fliehkraft

$$F = m s \omega_0^2 \tag{5.4 A}$$

ausgeübte rückstellende Moment

$$M = a F \sin\beta = a m s \omega_0^2 \sin\beta \quad . \tag{5.4 B}$$

Nach dem Sinussatz ist

$$s \sin\beta = r \sin\varphi \quad . \tag{5.4 C}$$

Die Bewegungsgleichung in dem rotierenden System ist damit

$$m a^2 \ddot{\varphi} = -a r m \omega_0^2 \sin\varphi \quad . \tag{5.4 D}$$

Für kleine Winkel von φ folgt daraus die Bewegungsgleichung

$$\ddot{\varphi} + \frac{r}{a} \omega_0^2 \varphi = 0 \quad , \tag{5.4 E}$$

aus der durch Vergleich mit (5.2 A) die Eigenfrequenz

$$\omega = \omega_0 \sqrt{\frac{r}{a}} \tag{5.4 F}$$

des rotierenden Punktpendels abgelesen werden kann.
Bemerkenswert an dieser Beziehung ist die Tatsache, daß die Eigenfrequenz dieses Systems proportional mit der Drehzahl der Welle anwächst. Der Faktor $\sqrt{r/a}$ ist somit die Anzahl der Schwingungen der Masse m bei einer Umdrehung des Punktes D. Schwinger dieser Art wurden zur drehzahlabhängigen Verlagerung der Torsionsschwingungen von Kurbelwellen verwendet und als Schwingungstilger bezeichnet.

5.1.3 Feder-Masse-System

Bei den sogenannten Feder-Masse-Systemen wird die rückstellende Kraft durch eine Federkraft ausgeübt, die der Auslenkung der Masse aus der Gleichgewichtslage proportional ist. Das einfachste Modell dieser Art besteht aus einer Feder der Steifigkeit c und einer Masse m. Der momentane Zustand des Systems wird durch die Koordinate x definiert, die nach Abb. 5.3 als Ab-

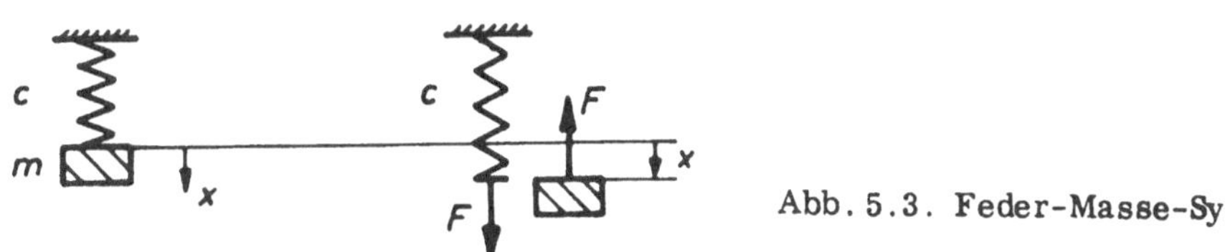

Abb. 5.3. Feder-Masse-System

stand der bewegten Masse von der Gleichgewichtslage der Masse gemessen wird. Ein Abstand x verursacht eine Federkraft F = cx, die als rückstellende Kraft in die Bewegungsgleichung

$$m \ddot{x} = -F = -c x \tag{5.5 A}$$

eingeht. Aus dieser Beziehung ergibt sich die Normalform

$$\ddot{x} + \frac{c}{m} x = 0 \tag{5.5 B}$$

der Bewegungsgleichung nach (5.3) mit y = x. Aus dem Vergleich der beiden Differentialgleichungen (5.3) und (5.5 B) folgen

$$\omega = \sqrt{\frac{c}{m}}$$
$$f = \frac{1}{2\pi}\sqrt{\frac{c}{m}} \qquad (5.5\,\mathrm{C})$$

die Eigenkreisfrequenz ω und die Eigenfrequenz f eines Feder-Masse-Systems.

Die Formel (5.5 C) ist auch in den Fällen anwendbar, wenn die Masse m mit mehreren parallel und hintereinandergeschalteten Federn gekoppelt ist, sofern die Massen der Federn vernachlässigbar klein sind gegenüber der Masse m. In Abb. 5.4 wird als Beispiel die Steifigkeit c des mit (A) bezeichneten Feder-Masse-Systems in 4 Schritten ermittelt. Im Schritt (B) werden die 7 zwischen den Knotenpunkten 1 und 10 liegenden Federn auf 3 Federn äquivalenter Steifigkeit reduziert, die die Knotenpunkte 1-3, 4-6 und 7-10 miteinander verbinden. Jede dieser 3 Federn ersetzt mehrere hintereinandergeschaltete Federn. Die Ersatzsteifigkeiten ergeben sich deshalb aus der Addition der Reziprokwerte der Teilsteifigkeiten. Im Schritt (C) werden die parallel geschalteten Federn 4-6 und 7-10 durch eine Feder 4-11 ersetzt, deren Steifigkeit sich aus der Addition der Federsteifigkeiten der zu ersetzenden Federn ergibt. Im Schritt (D) werden die beiden hintereinandergeschalteten Federn 4-11 und 11-12 durch die Feder 4-12 ersetzt. Im Schritt (E) ergibt sich dann aus der Addition der Steifigkeiten der beiden parallel geschalteten Federn 1-3 und 4-12 die gesuchte Gesamtsteifigkeit c aller Federn.

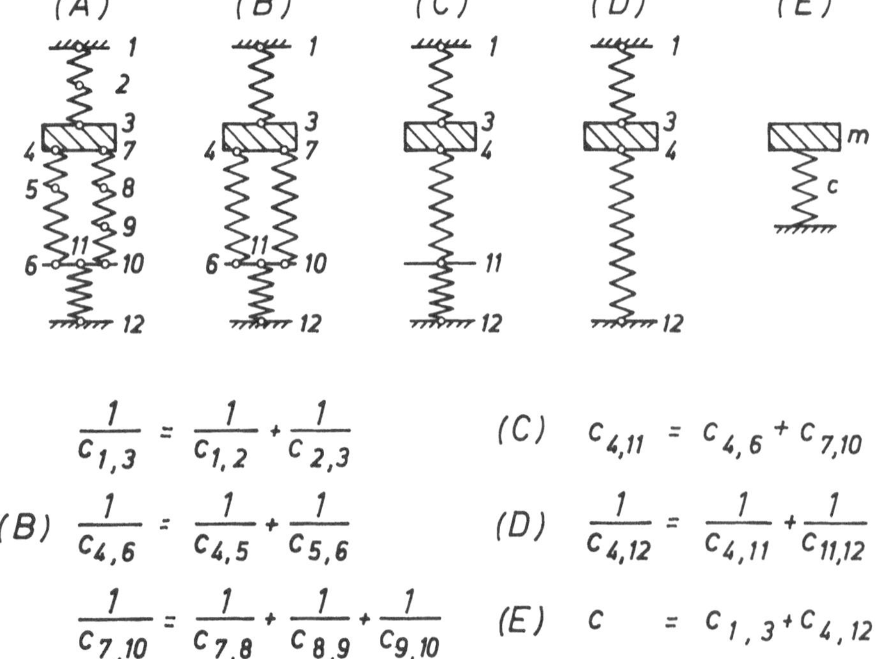

Abb. 5.4. Ermittlung der Steifigkeit c eines Feder-Masse-Systems

Die Formel (5.5 C) ist auch zur Berechnung der Biegeeigenfrequenzen von Ein-Masse-Systemen nach Abb. 5.5 geeignet. Die Steifigkeit c = F/f, die in Formel (5.5 C) einzusetzen ist, kann mit Hilfe der Biegetheorie gerader Stäbe aus der Verformung f senkrecht zur Stabachse infolge einer am Ort der Masse m angreifenden Querkraft F berechnet werden. In Abb. 5.5 sind für 6 verschiedene Varianten der Stützbedingungen „starre Einspannung" und „gelenkige Stützung" Formeln zur

Berechnung der Steifigkeit c angegeben, wobei nur die Biegeverformung ohne die Schubverformung berücksichtigt wurde. Die Formeln enthalten außer den Abmessungen a, b, l den Elastizitätsmodul E des Materials und das Flächenträgheitsmoment I.

Besitzt der Stab zwei Hauptachsen, dann existieren zwei Eigenschwingungen, deren Verformungsebenen mit den Richtungen der Hauptachsen zusammenfallen. Das für die Schwingung maßgebende Flächenträgheitsmoment I ist auf die zur Schwingrichtung senkrecht gerichtete Hauptachse bezogen.

Nr.	System	c	ξ
1	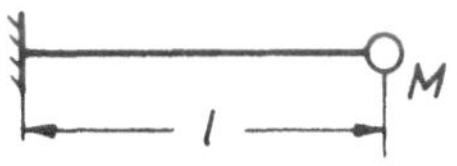	$3\,\frac{EI}{l^3}$	0,24
2	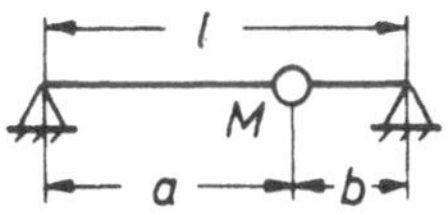	$3\,\frac{EI\,l}{a^2 b^2}$	0,49 *)
3	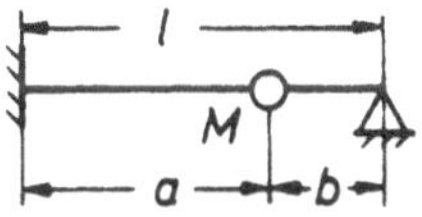	$12\,\frac{EI\,l^3}{a^3 b^2 (3l+b)}$	0,45 *)
4	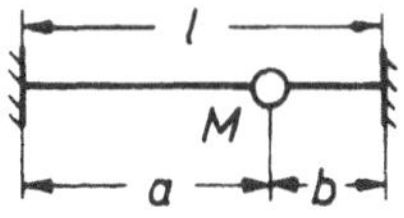	$3\,\frac{EI\,l^3}{a^3 b^3}$	0,37 *)
5	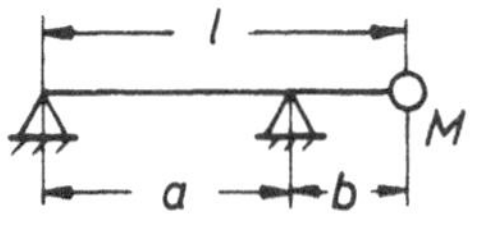	$3\,\frac{EI}{l\,b^2}$	0,14 *)
6	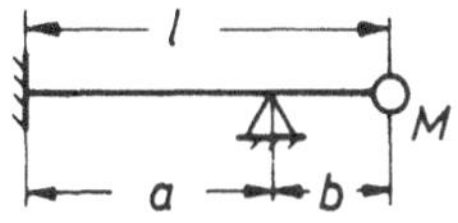	$3\,\frac{EI}{l\,b^2(1-\frac{a}{4l})}$	0,14 *)

*) für a=b

Abb. 5.5. Biegesteifigkeiten c für Querschwingungen von Stäben und Massenzuschlagfaktoren ζ nach K. KLOTTER [14]

Mit Hilfe des von KLOTTER [14] angegebenen Faktors ξ kann die Trägermasse m_0 näherungsweise durch eine Vergrößerung der Punktmasse M berücksichtigt werden, indem in Formel (5.5 C) die Masse m durch

$$m = M + \xi\, m_0 \qquad (5.5\,D)$$

ersetzt wird. Dabei ist zu beachten, daß die mit *) in Abb. 5.5 gekennzeichneten Werte von ζ für a = b abgeleitet wurden. Ist $M \gg m_0$, dann hat der Faktor ζ jedoch nur einen geringen Einfluß auf das Ergebnis.

Die Formel (5.5 C) ist nur dann anwendbar, wenn das Massenträgheitsmoment Θ_a der Masse m bezogen auf eine senkrecht zur Zeichenebene stehende Achse entweder klein ist oder wenn die Masse m nur eine Verschiebung senkrecht zur Stabachse ohne Drehung ausführt. Das letztere trifft für den Fall a = b zu bei den Systemen 2 und 4 nach Abb. 5.5 und näherungsweise auch bei dem System 3.

Für die in Abb. 5.6 enthaltenen Systeme sind Biegeschwingungen von Stäben oder nichtrotierenden Wellen möglich, bei denen die Masse eine Drehung um eine senkrecht zur Zeichenebene gerichtete Achse ausführt, ohne daß eine Querbewegung erfolgt. In diesen Fällen hat nur das Massenträgheitsmoment Θ_A bezogen auf eine senkrecht auf der Zeichenebene stehende Achse einen Einfluß auf die Drehung φ. Die Bewegungsgleichung ist dann

$$\Theta_A \ddot{\varphi} = -c_D \varphi$$
$$\text{oder} \quad \ddot{\varphi} + \frac{c_D}{\Theta_A}\varphi = 0 \qquad . \tag{5.6 A}$$

Aus ihr ergibt sich die Eigenfrequenz

$$f = \frac{1}{2\pi}\sqrt{\frac{c_D}{\Theta_A}} \tag{5.6 B}$$

des Systems. Die Steifigkeit c_D ist wieder von der Anordnung der Masse und den Stützbedingungen der Welle abhängig und kann mit Hilfe der in Abb. 5.6 angegebenen Formeln berechnet werden.

Nr	System	c_D
7		$3\,\frac{EI}{l}$
8	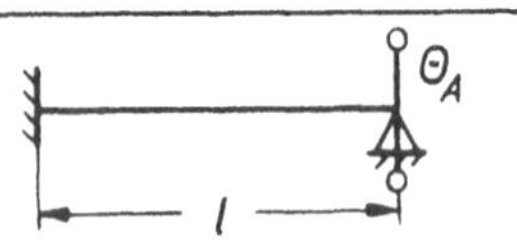	$4\,\frac{EI}{l}$
9	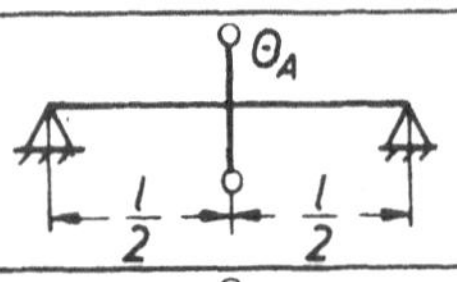	$12\,\frac{EI}{l}$
10	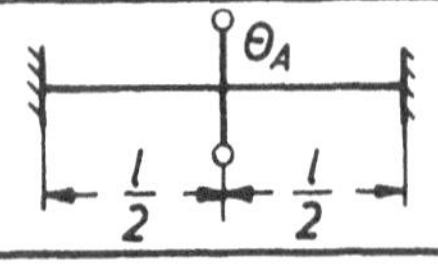	$\frac{32}{5}\,\frac{EI}{l}$

Abb. 5.6. Biegesteifigkeiten c_D für Eigenfrequenzen nach (5.6 B)

Die Massen der Systeme 9 und 10 können sowohl eine Querbewegung y als auch die Drehung φ ausführen und besitzen deshalb 2 Freiheitsgrade der Bewegung, die aber nicht gekoppelt sind. Die beiden Eigenfrequenzen für die Schwingungsformen können mit den Formeln (5.5 C) und (5.6 B) berechnet werden.

Wird die Querbewegung der Masse nicht mehr wie bei den Systemen 7-10 durch die Symmetrie der Verformung oder durch die Stützung der Masse verhindert, dann hat das System zwei gekoppelte Freiheitsgrade. Seine Eigenfrequenzen können dann nicht mehr mit den Formeln (5.5 C) oder (5.6 B) berechnet werden.

Ersetzt man in den Beziehungen (5.6 A/B) die Biegesteifigkeit c_D durch die Torsionssteifigkeit c_T und das axiale Massenträgheitsmoment Θ_A durch das polare Massenträgheitsmoment Θ, so erhält man die Eigenfrequenzen

$$f = \frac{1}{2\pi} \sqrt{\frac{c_T}{\Theta}} \tag{5.7}$$

eines Torsionsschwingungssystems mit einem Freiheitsgrad.

Nr.	System	c_T
11	Θ; l_1, l_2, l_3; Θ, c_T	$\frac{1}{c_T} = \sum_{i=1}^{n} \frac{1}{c_{T_i}}$; d_i, D_i, l_i; 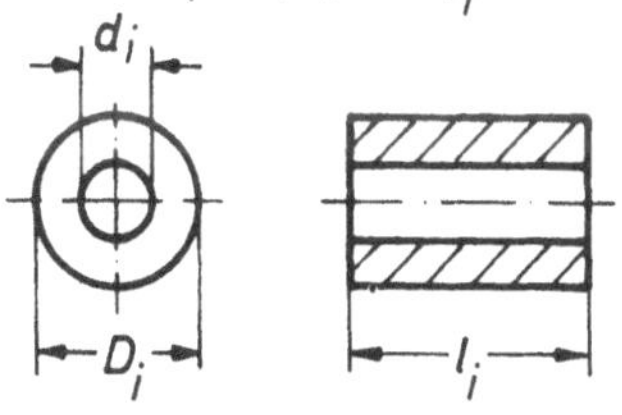 $c_{T_i} = \frac{\pi}{32} \frac{G}{l_i} (D_i^4 - d_i^4)$
12	Θ, c_{T_1}, c_{T_2}; Θ, c_T	$c_T = c_{T_1} + c_{T_2}$

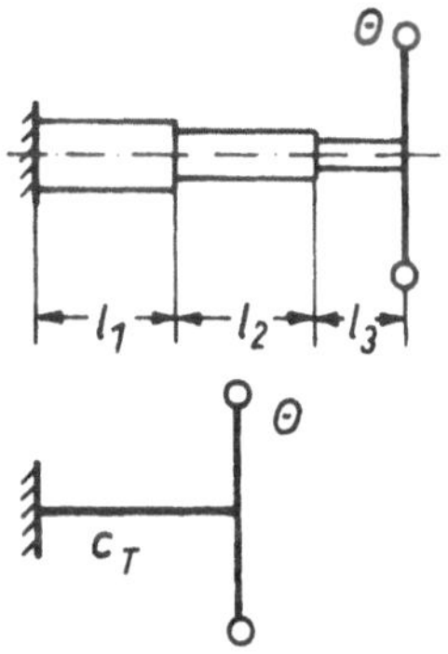

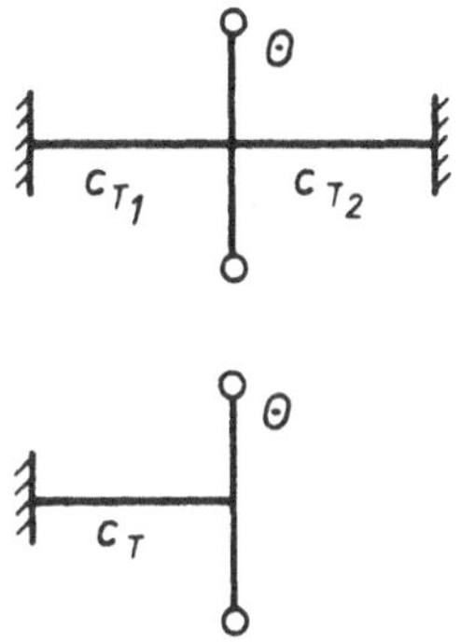

Abb. 5.7. Torsionssteifigkeiten c_T für Eigenfrequenzen nach (5.7)

Der momentane Zustand der Masse Θ der beiden Torsionsschwingungssysteme nach Abb. 5.7 ist entweder in einem mit der Welle rotierenden oder in einem ruhenden Koordinatensystem eindeutig durch den Drehwinkel φ der Masse Θ um ihre Drehachse definiert. Das System 11 nach Abb. 5.7 besteht aus einer Welle, die aus zylindrischen Elementen zusammengesetzt ist. Diese Anordnung entspricht einer Hintereinanderschaltung von Torsionsfedern. Die gesamte Torsionssteifigkeit der Welle erhält man deshalb aus der Addition der Reziprokwerte der Steifigkeit aller Wellenabschnitte. Die beiden Steifigkeiten c_{T1} und c_{T2} des Systems 12 in Abb. 5.7 sind dagegen parallel geschaltet und müssen deshalb zur Ermittlung der Gesamtsteifigkeit addiert werden. Die starren Einspannungen der Torsionsschwingungssysteme 11 und 12 können durch Drehmassen simuliert werden, die im Vergleich zur Masse Θ sehr groß sind.

5.2 Eigenschwingungen von gedämpften Systemen mit einem Freiheitsgrad

Die Eigenschwingungen realer Systeme unterscheiden sich von den Eigenschwingungen der im Abschnitt 5.1 behandelten idealisierten ungedämpften Systemen durch ein zeitliches Abklingen der Schwingungsamplituden. Dieser Dämpfungseffekt wird bei Feder-Masse-Systemen durch eine zusätzliche Kraft berücksichtigt, die der Geschwindigkeit der Masse oder der Relativgeschwindigkeit der Federenden proportional ist. Bezeichnet man den Proportionalitätsfaktor - den sogenannten Dämpfungskoeffizienten - mit b, dann ist die zwischen der Masse m und dem Festpunkt des Feder-Masse-Systems nach Abb. 5.8 wirksame Federkraft

$$F = b\dot{x} + cx \quad . \tag{5.8A}$$

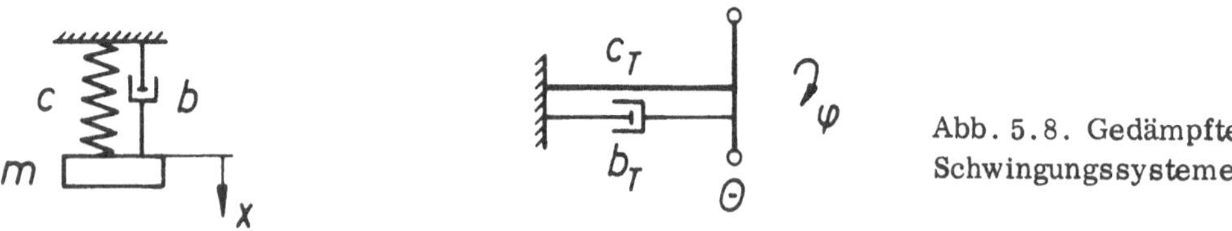

Abb. 5.8. Gedämpfte Schwingungssysteme

Damit erhält man anstatt der Bewegungsgleichung (5.5 B) die um einen Term erweiterte Differentialgleichung

$$\begin{aligned} \ddot{x} + \frac{b}{m}\dot{x} + \omega^2 x &= 0 \\ \omega^2 &= \frac{c}{m} \quad . \end{aligned} \tag{5.8B}$$

Eine Lösung dieser Differentialgleichung erhält man mit dem komplexen Lösungsansatz

$$\begin{aligned} \underline{x} &= \underline{\hat{A}}\, e^{\lambda t} \\ \dot{\underline{x}} &= \lambda \underline{\hat{A}}\, e^{\lambda t} \\ \ddot{\underline{x}} &= \lambda^2 \underline{\hat{A}}\, e^{\lambda t} \quad , \end{aligned} \tag{5.8C}$$

aus dem sich für die komplexe Amplitude $\underline{\hat{A}}$ durch Einsetzen in die Differentialgleichung (5.8 B) die homogene Gleichung

$$\left(\lambda^2 + \frac{b}{m}\lambda + \omega^2\right)\underline{\hat{A}} = 0 \tag{5.8D}$$

ergibt, die nur dann eine nicht triviale Lösung besitzt, wenn

$$\lambda = -\frac{b}{2m} \pm \sqrt{\left(\frac{b}{2m}\right)^2 - \omega^2} \tag{5.8E}$$

eine Lösung der quadratischen Gleichung ist, die aus (5.8D) nach Division durch $\underline{\hat{A}}$ entsteht. Ist der Radikand in Gleichung (5.8E) positiv, dann ergibt die Beziehung (5.8E) zwei negative Werte für λ. Das bedeutet, daß die allgemeine Lösung der Differentialgleichung (5.8B) sich aus zwei abklingenden Funktionen entsprechend (5.8C) zusammensetzt, die gemeinsam einen sogenannten Kriechvorgang beschreiben, der nicht mehr der Schwingungslehre zugeordnet wird.

Die Grenze zwischen dem Kriech- und dem Schwingungsvorgang wird durch den sogenannten kritischen Dämpfungskoeffizienten

$$b_k = 2m\omega = 2\sqrt{cm} \tag{5.8 F}$$

definiert, bei dem der Radikand in (5.8 E) den Wert Null besitzt. Bei den mechanischen Schwingungssystemen ist $b < b_k$, und man erhält unter Verwendung der imaginären Einheit j aus (5.8 E) die beiden konjugiert komplexen Zahlen

$$j = \sqrt{-1}$$

$$\lambda_{1,2} = -\frac{b}{2m} \pm j\sqrt{\omega^2 - \left(\frac{b}{2m}\right)^2} \quad , \tag{5.8 G}$$

die auch als die **komplexen Eigenwerte** der Differentialgleichung (5.8 B) bezeichnet werden.

Aus dem Lösungsansatz (5.8 C) erhält man mit (5.8 G) durch Superposition die allgemeine Lösung

$$\underline{x} = \underline{\hat{A}}_1 e^{-\frac{b}{2m}t} e^{j\nu t} + \underline{\hat{A}}_2 e^{-\frac{b}{2m}t} e^{-j\nu t} \tag{5.9 A}$$

der linearen Differentialgleichung (5.8 B) mit frei wählbaren Konstanten $\underline{\hat{A}}_1$ und $\underline{\hat{A}}_2$, wobei

$$\nu := \sqrt{\omega^2 - \left(\frac{b}{2m}\right)^2} \tag{5.9 B}$$

die Eigenfrequenz der freien gedämpften Schwingung ist.

Durch Anwendung der EULERschen Formel (3.4) und durch geeignete Wahl der komplexen Amplituden $\underline{\hat{A}}_1$ und $\underline{\hat{A}}_2$ kann aus der komplexen Lösung (5.9 A) die reelle Lösung der Differentialgleichung (5.8 B)

$$x = e^{-\frac{b}{2m}t} (A\cos\nu t + B\sin\nu t) \tag{5.9 C}$$

gewonnen werden. Aus dieser Lösung entnimmt man, daß die freien Eigenschwingungen des gedämpften Feder-Masse-Systems nach Abb. 5.8 theoretisch nach unendlich langer Zeit auf den Wert x = 0 abklingen. Der Faktor

$$\beta := \frac{b}{2m} \tag{5.9 D}$$

wird als **Abklingfaktor** der Schwingung bezeichnet. Die Kreisfrequenz ν der freien gedämpften Schwingung ist niedriger als die Kreisfrequenz ω der ungedämpften Schwingung des gleichen Systems. Zur Beschreibung des Dämpfungsverhaltens der freien Schwingungen eignet sich der dimensionslose Koeffizient

$$D := \frac{1}{2}\frac{b}{m\omega} = \frac{1}{2}\frac{b}{\sqrt{cm}} = \frac{1}{2}\frac{b\omega}{c} = \frac{b}{b_k} \quad , \tag{5.9 E}$$

der auch als **LEHRsches Dämpfungsmaß** bezeichnet wird und als Verhältnis des tatsächlich vorhandenen zum kritischen Dämpfungskoeffizienten b_k nach (5.8 F) definiert ist. Unter

Verwendung dieser Koeffizienten ergibt sich aus (5.9 C) der zeitliche Ablauf der Schwingung

$$x = e^{-\frac{D\Phi}{\sqrt{1-D^2}}}(A\cos\Phi + B\sin\Phi) \tag{5.9 F}$$

$$\text{mit} \quad \Phi := \nu t = \sqrt{1-D^2}\,\omega t = \sqrt{1-D^2}\,\varphi \tag{5.9 G}$$

$$\text{und} \quad \nu := \omega\sqrt{1-D^2} \quad ,$$

wenn man anstelle der Zeit t den Phasenwinkel $\Phi = \nu t$ verwendet.

Betrachtet man einen Ausschwingvorgang, der zur Zeit $t = 0$ mit der Amplitude A_0 und der Geschwindigkeit $\dot{x}(0) = 0$ beginnt, dann ist in (5.9 F) $B = 0$ und $A = \hat{A}_0$ zu setzen. Für $\Phi = 2\pi$ erreicht die Amplitude gleichen Vorzeichens den kleineren Wert $\hat{A}_1$, für den die Beziehung

$$\frac{\hat{A}_1}{\hat{A}_0} = \frac{\hat{A}_{k+1}}{\hat{A}_k} = e^{-2\pi\frac{D}{\sqrt{1-D^2}}} \tag{5.10 A}$$

gilt.

Der Quotient zweier aufeinanderfolgender Extremwerte gleichen Vorzeichens ist nur von der Größe D abhängig. Anstelle des LEHRschen Dämpfungsmaßes D wird auch das logarithmische Dekrement verwendet, das durch die Beziehung

$$\Lambda := \ln\frac{\hat{A}_k}{\hat{A}_{k+1}} = 2\pi\frac{D}{\sqrt{1-D^2}} \tag{5.10 B}$$

mit dem LEHRschen Dämpfungsmaß D verknüpft ist. In der elektrischen Meßtechnik und in der Akustik wird anstelle des logarithmischen Dekrementes die Größe

$$\Lambda_{dB} := 20\,\log_{10}\frac{\hat{A}_k}{\hat{A}_{k+1}} \tag{5.10 C}$$

benutzt, die sich nur um einen konstanten Faktor

$$\Lambda_{dB} = 8{,}686\,\Lambda \tag{5.10 D}$$

von der Größe Λ unterscheidet.

Außer den genannten Dämpfungskenngrößen wird noch der Verlustfaktor

$$d := \frac{b}{\sqrt{cm}} = \frac{b\omega}{c} = 2D \tag{5.11}$$

verwendet, der genau doppelt so groß wie das LEHRsche Dämpfungsmaß ist. Weitere Dämpfungskenngrößen werden bei der Behandlung der erzwungenen Schwingungen eingeführt.

Auch bei dem Drehschwingungssystem nach Abb. 5.8 wird die Dämpfung durch einen zusätzlichen Term des rückstellenden Momentes

$$M = b_T\,\dot{\varphi} + c_T\,\varphi \tag{5.12 A}$$

berücksichtigt, der proportional mit der Schwingungsgeschwindigkeit $\dot{\varphi}$ der Systemkoordinate φ

anwächst. Der Dämpfungskoeffizient b_T hat eine andere Dimension als der Koeffizient b, aber die gleiche Funktion. Die Bewegungsgleichung

$$\ddot{\varphi} + \frac{b_T}{\Theta}\dot{\varphi} + \omega^2 \varphi = 0$$
$$\omega^2 = \frac{c_T}{\Theta} \qquad (5.12\,B)$$

des Torsionsschwingungssystems nach Abb. 5.8 kann unter Beachtung der Dimensionen mit dem gleichen Lösungsansatz wie Gleichung (5.8 B) gelöst werden. Die dimensionslosen Kenngrößen behalten ihre Bedeutung, sofern die Masse m durch das Massenträgheitsmoment Θ, der Dämpfungskoeffizient b durch b_T und die Steifigkeit c durch die Torsionssteifigkeit c_T ersetzt werden. Eine Gegenüberstellung der im Zusammenhang mit den freien Schwingungen behandelten Dämpfungskenngrößen befindet sich in Abb. 5.9.

Kenngröße	Feder-Masse-System	Torsionsschwingungssystem
Abklingfaktor	$\beta = \frac{b}{2m}$	$\beta = \frac{b_T}{2\Theta}$
Lehr'sches Dämpfungsmaß	$D = \frac{1}{2}\frac{b}{\sqrt{cm}}$	$D = \frac{1}{2}\frac{b_T}{\sqrt{c_T\Theta}}$
Logarithmisches Dekrement	$\Lambda = \ln\frac{\hat{A}_k}{\hat{A}_{k+1}} = 2\pi\frac{D}{\sqrt{1-D^2}}$	$\Lambda = \ln\frac{\hat{A}_k}{\hat{A}_{k+1}} = 2\pi\frac{D}{\sqrt{1-D^2}}$
Logarithmisches Dekrement in dB	$\Lambda_{dB} = 20\log_{10}\frac{\hat{A}_k}{\hat{A}_{k+1}} = 8{,}686\,\Lambda$	$\Lambda_{dB} = 20\log_{10}\frac{\hat{A}_k}{\hat{A}_{k+1}} = 8{,}686\,\Lambda$
Verlustfaktor	$d = \frac{b}{\sqrt{cm}}$	$d = \frac{b_T}{\sqrt{c_T\Theta}}$

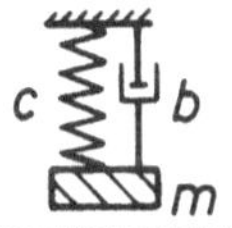

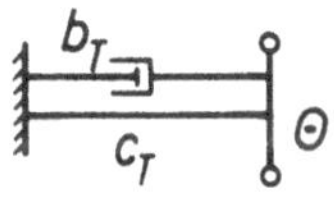

Abb. 5.9. Dämpfungskenngrößen

Aus den Formeln (5.9 B) und (5.9 G) kann man entnehmen, daß die Eigenkreisfrequenz ν des gedämpften Systems niedriger ist als die Eigenkreisfrequenz ω des dämpfungsfreien Systems. Mit Ausnahme der dämpfungsgekoppelten Viskosedrehschwingungsdämpfer, bei denen durch konstruktive Maßnahmen große Dämpfungen erzeugt werden, besitzen das Motortriebwerk und die mit dem Motor gekoppelten Antriebselemente jedoch relativ kleine Dämpfungskoeffizienten bezüglich der Torsionsschwingungen. So kennzeichnet ein Verlustfaktor d = 0,2, der nach (5.11) einem LEHRschen Dämpfungsmaß D = 0,1 entspricht, bereits eine relativ große Dämpfung. Nach Formel (5.9 G) ist bei dieser Dämpfung die Eigenfrequenz des gedämpften Systems jedoch nur um 0,5%

niedriger als die Eigenfrequenz des ungedämpften Systems. Dieser Einfluß ist einmal im Hinblick auf die bei technischen Berechnungen erreichbare Genauigkeit völlig unbedeutend. Zum anderen dienen die Eigenfrequenzen in erster Linie zur Berechnung der Resonanzdrehzahlen und damit zur Vorhersage der Drehzahlen, bei denen die erzwungenen Schwingungen die maximalen Beanspruchungen erreichen. Bei gedämpften Mehrmassensystemen wird der Zustand maximaler Beanspruchung jedoch nicht bei einer Resonanzdrehzahl, sondern bei verschiedenen Drehzahlen erreicht, die von der betrachteten Systemstelle abhängig sind. Deshalb ist die Verwendung der Eigenfrequenzen des gedämpften Systems, die ebenfalls nur eine Resonanzdrehzahl liefern könnte, nicht sinnvoll.

Die in diesem Abschnitt aus der freien Schwingung definierten Dämpfungskenngrößen sind vor allem im Hinblick auf die erzwungenen Torsionsschwingungen des Motortriebwerks wichtige Systemparameter, die in diesem Zusammenhang später benötigt werden.

5.3 Ungedämpfte Eigenschwingungen einfacher Torsionsschwingungssysteme

5.3.1 Eigenschwingungen von Kettensystemen

Torsionsschwingungssysteme bestehen aus einer endlichen Anzahl von Drehmassen Θ_i, die durch masselose Federn der Torsionssteifigkeit $c_{i,k}$ miteinander gekoppelt sind.

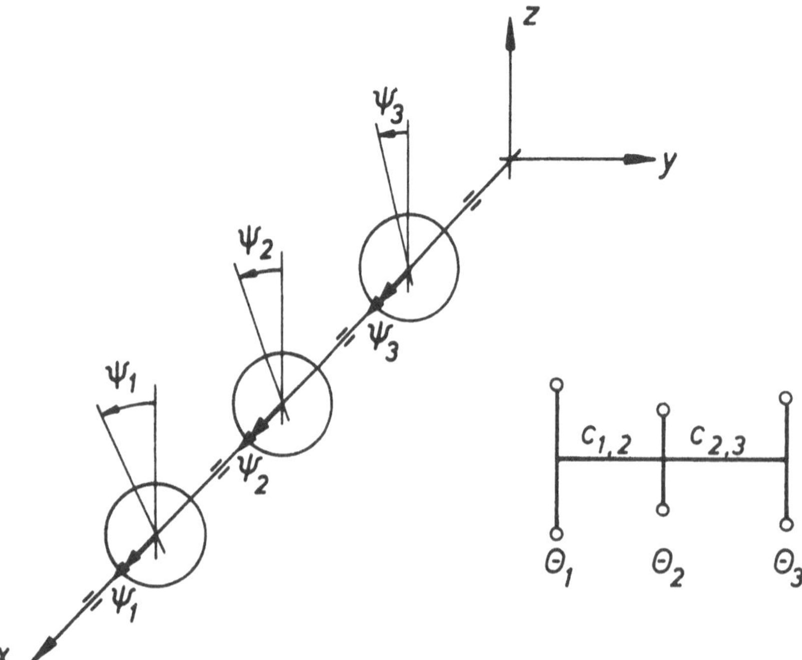

Abb. 5.10. 3-Massen-Torsionsschwingungssystem

Die Drehmassen Θ_i enthalten die gesamten polaren Massenträgheitsmomente bezogen auf die in Abb. 5.10 als x-Achse bezeichnete Drehachse des realen Systems einschließlich der Wellenanteile. Die Torsionssteifigkeit $c_{i,k}$ beinhaltet die Steifigkeiten aller Wellenabschnitte, die sich zwischen den beiden Drehmassen der Nummern i und k befinden und wie hintereinandergeschaltete Torsionsfedern wirken. Die Torsionssteifigkeit $c_{i,k}$ wird deshalb nach der für das System 11 in Abb. 5.7 angegebenen Formel aus der Addition der Reziprokwerte der Torsionssteifigkeiten aller Wellenabschnitte ermittelt, die sich zwischen den Massen i und k befinden. Die Systemkoordinaten sind die Drehwinkel Ψ_i der Massen Θ_i um die x-Achse nach Abb. 5.10. Die Drehwinkel werden in einem Koordinatensystem gemessen, das um die x-Achse mit konstanter Drehzahl - z.B. der mittleren Kurbelwellendrehzahl - rotiert. Als Drehvektoren haben die Drehwinkel positive Vorzeichen, wenn sie in Richtung der positiven x-Achse weisen.

Es wird in diesem Abschnitt zunächst der einfachste Fall betrachtet, bei dem alle Drehmassen Θ_i auf einer Welle hintereinander angeordnet sind. Systeme dieser Art bezeichnet man als Schwingungsketten.

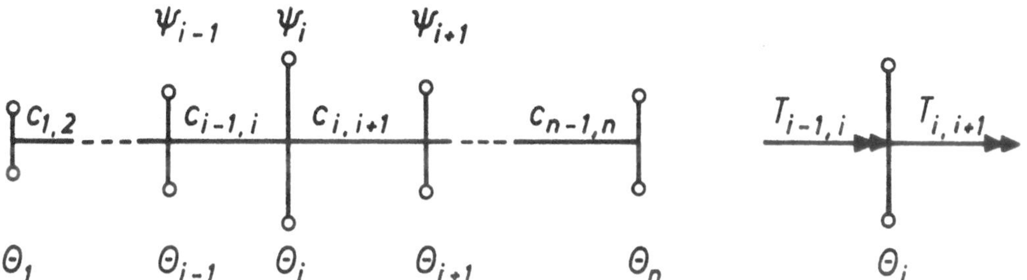

Abb. 5.11. n-Massen-Torsionsschwingungskette

Auf die i-te Drehmasse einer solchen Schwingungskette werden durch die beiden benachbarten Torsionsfedern der Steifigkeiten $c_{i-1,i}$ und $c_{i,i+1}$ die beiden beschleunigenden Torsionsmomente

$$\begin{aligned} T_{i-1,i} &= c_{i-1,i}\,(\Psi_{i-1} - \Psi_i) \\ T_{i,i+1} &= c_{i,i+1}\,(\Psi_i - \Psi_{i+1}) \end{aligned} \tag{5.13 A}$$

ausgeübt. Damit ist die Bewegungsgleichung der i-ten Drehmasse

$$\Theta_i \ddot{\Psi}_i = c_{i-1,i}\,(\Psi_{i-1} - \Psi_i) - c_{i,i+1}\,(\Psi_i - \Psi_{i+1}) \quad . \tag{5.13 B}$$

Besteht das Torsionsschwingungssystem aus n Drehmassen, dann gelten für die n - 2 Drehmassen, die sich im Inneren des Systems befinden, die Differentialgleichungen (5.13 B). Eine Ausnahme bilden allein die Bewegungsgleichungen der ersten und letzten Drehmasse. Diese Ausnahmen lassen sich jedoch zwanglos in den Gleichungen (5.13 B) durch Nullsetzen der nicht vorhandenen Torsionssteifigkeiten vor der ersten und hinter der letzten Systemmasse berücksichtigen. Damit ergibt sich das vollständige Differentialgleichungssystem zur Beschreibung des Bewegungsablaufs aus einer Umformung der Differentialgleichungen (5.13 B) als

$$\begin{aligned} &\Theta_i \ddot{\Psi}_i - c_{i-1,i}\,\Psi_{i-1} + (c_{i-1,i} + c_{i,i+1})\,\Psi_i - c_{i,i+1}\,\Psi_{i+1} = 0 \\ &c_{0,1} = 0 \qquad\qquad i = 1,2,3,\dots n \\ &c_{n,n+1} = 0 \qquad . \end{aligned} \tag{5.13 C}$$

Der komplexe Lösungsansatz

$$\begin{aligned} &\Psi_i = \hat{\varphi}_i\, e^{j\omega t} \qquad i = 1,2,3,\dots n \\ &j^2 = -1 \qquad , \end{aligned} \tag{5.14 A}$$

durch den ein harmonischer Schwingungszustand aller Systemmassen definiert wird, führt nach dem Einsetzen in die Bewegungsgleichungen (5.13 C) zu einem homogenen linearen Gleichungssystem für die n unbekannten reellen Schwingungsamplituden $\hat{\varphi}_i$ der Systemmassen. Die Matrix dieses linearen Gleichungssystems besitzt einen sehr einfachen Aufbau.

$$\begin{bmatrix} c_{1,2}-\Theta_1\omega^2 & -c_{1,2} & 0 & 0 & 0 \\ -c_{1,2} & c_{1,2}+c_{2,3}-\Theta_2\omega^2 & -c_{2,3} & 0 & 0 \\ 0 & -c_{2,3} & c_{2,3}+c_{3,4}-\Theta_3\omega^2 & -c_{3,4} & 0 \\ \cdot & \cdot & \cdot & \cdot & \cdot \\ 0 & 0 & 0 & -c_{n-1,n} & c_{n-1,n}-\Theta_n\omega^2 \end{bmatrix} \begin{Bmatrix} \hat{\varphi}_1 \\ \hat{\varphi}_2 \\ \hat{\varphi}_3 \\ \cdot \\ \hat{\varphi}_n \end{Bmatrix} = 0 \qquad (5.14\,B)$$

Sie ist symmetrisch, besteht nur aus 3 Diagonalen und wird deshalb als Tridiagonalmatrix bezeichnet.

Durch das Gleichungssystem (5.14 B) wird ein typisches Eigenwertproblem definiert. Unbekannt sind die n Amplituden $\hat{\varphi}_i$ und die zugehörige Eigenkreisfrequenz ω. Da dieses homogene Gleichungssystem keine rechte Seite besitzt, ist das Verschwinden der Determinante der Systemmatrix eine notwendige Bedingung für die Existenz einer Lösung. Die Bedingung, daß die Determinante der Systemmatrix des homogenen Gleichungssystems den Wert Null annimmt, führt zu einem Polynom n-ten Grades für das Quadrat der unbekannten Kreisfrequenz ω. Es läßt sich beweisen, daß dieses sogenannte charakteristische Polynom genau n positive Nullstellen besitzt, sofern man den Wert $\omega = 0$ mitzählt. Die Nullstellen dieses charakteristischen Polynoms sind die gesuchten Eigenfrequenzen des Torsionsschwingungssystems nach Abb. 5.11. Für jede Eigenfrequenz kann aus dem Gleichungssystem (5.14 B) nach Normierung einer beliebigen Amplitude $\hat{\varphi}_i$ eine Eigenschwingungsform ermittelt werden.

Für die numerische Lösung von Eigenwertproblemen existieren einige Verfahren und Rechenprogramme, die von Mathematikern und Ingenieuren entwickelt wurden. Auf diese Lösungsmethoden wird im Band 4 dieser Buchreihe eingegangen.

5.3.2 Eigenfrequenzen von 3-Massen-Systemen

Für Systeme mit einer geringen Anzahl von Freiheitsgraden können Formeln zur Berechnung der Eigenfrequenzen und Schwingungsformen aufgestellt werden. Dies wird am Beispiel eines 3-Massen-Torsionsschwingungssystems vorgeführt. Das charakteristische Polynom für dieses System ergibt sich für n = 3 aus (5.14 B) aus der Bedingung

$$DET = \begin{vmatrix} c_{1,2}-\Theta_1\omega^2 & -c_{1,2} & 0 \\ -c_{1,2} & c_{1,2}+c_{2,3}-\Theta_2\omega^2 & -c_{2,3} \\ 0 & -c_{2,3} & c_{2,3}-\Theta_3\omega^2 \end{vmatrix} = 0 \; . \qquad (5.15\,A)$$

Mit Hilfe der SARRUSschen Regel [9] für Determinanten 3. Ordnung erhält man aus (5.15 A) nach einer Zwischenrechnung das Polynom 3. Grades

$$\Theta_1\Theta_2\Theta_3\omega^6 - \left[c_{1,2}\Theta_3(\Theta_1+\Theta_2) + c_{2,3}\Theta_1(\Theta_2+\Theta_3)\right]\omega^4 + c_{1,2}c_{2,3}(\Theta_1+\Theta_2+\Theta_3)\omega^2 = 0 \qquad (5.15\,B)$$

für das Quadrat der unbekannten Eigenkreisfrequenz ω.

Diesem Polynom entnimmt man zunächst, daß $\omega = 0$ eine Eigenfrequenz des Systems ist. Dies gilt allgemein für Schwingungssysteme ohne Festpunkt. Weiter lassen sich aus (5.15 B) für eine Reihe von Sonderfällen, bei denen eine der Massen oder Steifigkeiten den Wert 0 besitzt, einfache Formeln ableiten, die in Abb. 5.12 zusammengestellt sind. Alle dort angeführten Formeln lassen sich auf die Formel

$$\omega^2 = c_{a,b}\left(\frac{1}{\Theta_a} + \frac{1}{\Theta_b}\right)$$

$$f = \frac{\omega}{2\pi} = \frac{1}{2\pi}\sqrt{c_{a,b}\left(\frac{1}{\Theta_a} + \frac{1}{\Theta_b}\right)} \qquad (5.15\,C)$$

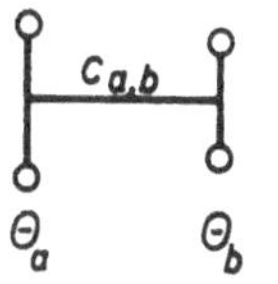

$c_{a,b}$, Θ_a, Θ_b

für die Eigenfrequenz eines 2-Massen-Systems zurückführen.

Nr.	Bedingung	ω^2	System
1	$\Theta_1 = 0$	$\omega^2 = c_{2,3}\left(\frac{1}{\Theta_2} + \frac{1}{\Theta_3}\right)$	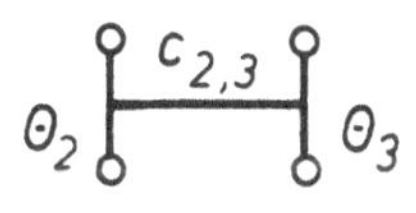 Θ_2, $c_{2,3}$, Θ_3
2	$\Theta_2 = 0$	$\omega^2 = \frac{c_{1,2}\,c_{2,3}}{c_{1,2} + c_{2,3}}\left(\frac{1}{\Theta_1} + \frac{1}{\Theta_3}\right)$	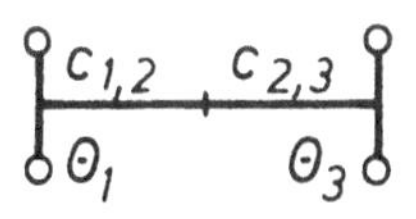 Θ_1, $c_{1,2}$, $c_{2,3}$, Θ_3
3	$\Theta_3 = 0$	$\omega^2 = c_{1,2}\left(\frac{1}{\Theta_1} + \frac{1}{\Theta_2}\right)$	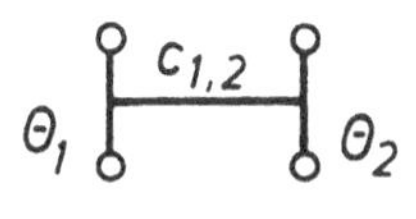 Θ_1, $c_{1,2}$, Θ_2
4	$c_{1,2} = 0$	$\omega^2 = c_{2,3}\left(\frac{1}{\Theta_2} + \frac{1}{\Theta_3}\right)$	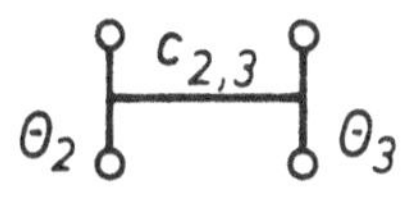 Θ_2, $c_{2,3}$, Θ_3
5	$c_{2,3} = 0$	$\omega^2 = c_{1,2}\left(\frac{1}{\Theta_1} + \frac{1}{\Theta_2}\right)$	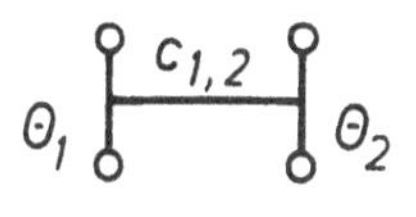 Θ_1, $c_{1,2}$, Θ_2
6	$c_{1,2} \to \infty$	$\omega^2 = c_{2,3}\left(\frac{1}{\Theta_1 + \Theta_2} + \frac{1}{\Theta_3}\right)$	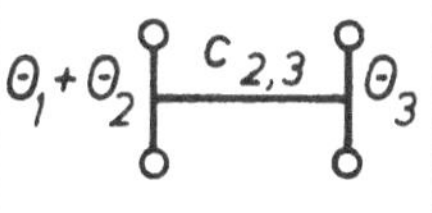 $\Theta_1 + \Theta_2$, $c_{2,3}$, Θ_3
7	$c_{2,3} \to \infty$	$\omega^2 = c_{1,2}\left(\frac{1}{\Theta_1} + \frac{1}{\Theta_2 + \Theta_3}\right)$	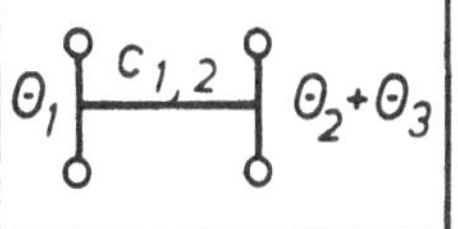 Θ_1, $c_{1,2}$, $\Theta_2 + \Theta_3$

Abb. 5.12. Eigenwerte ω^2 für Grenzfälle des 3-Massen-Systems

Wenn die in Spalte 2 angeführten Bedingungen nur näherungsweise zutreffen, wenn also eine der Massen sehr klein ist im Vergleich zu den beiden übrigen oder wenn eine der Steifigkeiten im Vergleich zur anderen sehr klein oder sehr groß ist, dann sind die in Abb. 5.12 enthaltenen Formeln Näherungsformeln zur Abschätzung einer der beiden Eigenfrequenzen des 3-Massen-

Systems. Zur Abschätzung von Eigenfrequenzen dürfen sehr kleine Massen eliminiert werden. Sind die entfallenen Massen keine Endmassen, dann müssen die verbleibenden hintereinandergeschalteten Steifigkeiten reziprok addiert werden, wie dem Fall 2 der Abb. 5.12 entnommen werden kann. Durch die Fälle 4 und 5 dieser Abbildung wird eine lose Ankoppelung der ersten oder der letzten Systemmasse approximiert. Starr gekoppelte Massen - wie in den Fällen 6 und 7 - können durch eine einzige Masse ersetzt werden, deren Massenträgheitsmoment aus der Summe der Massenträgheitsmomente der starr gekoppelten Massen berechnet wird. Alle diese Regeln sind nicht auf 3-Massen-Systeme beschränkt und können auch bei der Abschätzung der Eigenfrequenzen komplizierterer Systeme angewandt werden.

Im Normalfall, wenn die in Abb. 5.12 angeführten Sonderfälle der losen oder starren Koppelung nicht zutreffen, müssen die Eigenfrequenzen des 3-Massen-Systems als Lösungen der biquadratischen Gleichung

$$\omega^4 - \left[c_{1,2} \frac{\Theta_1 + \Theta_2}{\Theta_1 \Theta_2} + c_{2,3} \frac{\Theta_2 + \Theta_3}{\Theta_2 \Theta_3} \right] \omega^2 + c_{1,2} c_{2,3} \frac{\Theta_1 + \Theta_2 + \Theta_3}{\Theta_1 \Theta_2 \Theta_3} = 0 \tag{5.16}$$

ermittelt werden, die sich unmittelbar aus (5.15 B) ergibt.

Man kann die Koeffizienten der Gleichung (5.16) durch die Quadrate ω_1^2, ω_2^2 der Eigenkreisfrequenzen von 2-Massen-Systemen und einen mit q bezeichneten Parameter ausdrücken, der nur von der Größe der Massen Θ_i abhängig ist. Damit folgt aus (5.16) die biquadratische Gleichung

$$\begin{aligned} &\omega^4 - (\omega_1^2 + \omega_2^2)\,\omega^2 + q\,\omega_1^2 \omega_2^2 = 0 \\ \text{mit}\quad &\omega_1^2 := c_{1,2}\left(\frac{1}{\Theta_1} + \frac{1}{\Theta_2}\right) \\ &\omega_2^2 := c_{2,3}\left(\frac{1}{\Theta_2} + \frac{1}{\Theta_3}\right) \\ &q := \frac{\Theta_2}{\Theta_1 + \Theta_2} \, \frac{\Theta_1 + \Theta_2 + \Theta_3}{\Theta_2 + \Theta_3} . \end{aligned} \tag{5.17A}$$

Führt man als neue Variablen die Größen

$$\begin{aligned} \eta &:= \frac{\omega^2}{\omega_1^2 + \omega_2^2} \\ p &:= q \frac{\omega_1^2 \omega_2^2}{(\omega_1^2 + \omega_2^2)^2} = \frac{q}{\left(\frac{\omega_1}{\omega_2}\right)^2 + 2 + \left(\frac{\omega_2}{\omega_1}\right)^2} \end{aligned} \tag{5.17B}$$

ein, dann ergibt sich aus (5.17A) für η die quadratische Gleichung

$$\eta^2 - \eta + p = 0 \tag{5.17C}$$

mit den Lösungen

$$\eta_1 = \frac{1}{2} - \sqrt{\frac{1}{4} - p}$$
$$\eta_2 = \frac{1}{2} + \sqrt{\frac{1}{4} - p} \qquad . \tag{5.17D}$$

Der Parameter q nach (5.17A) kann nur Werte annehmen, die im Bereich

$$0 \leq q \leq 1 \tag{5.17E}$$

liegen, sofern man unendlich große Massen einschließt. Die Funktion p/q nach (5.17B) erreicht ihren Größtwert Max $(p/q) = \frac{1}{4}$ für $\omega_1 = \omega_2$. Damit liegen die Werte des Parameters p nach (5.17B) im Bereich

$$0 \leq p \leq 0{,}25 \qquad , \tag{5.17F}$$

und die Lösungen (5.17D) der quadratischen Gleichung für η sind für alle Werte des Parameters p reell und positiv. Damit können die Eigenfrequenzen des 3-Massen-Systems unter Benutzung der Formeln (5.17B) und (5.17D) aus den Beziehungen

$$f_I = \frac{1}{2\pi} \sqrt{\eta_1 (\omega_1^2 + \omega_2^2)}$$
$$f_{II} = \frac{1}{2\pi} \sqrt{\eta_2 (\omega_1^2 + \omega_2^2)} \tag{5.17G}$$

$$\text{mit} \quad \omega_1^2 := c_{1,2} \left(\frac{1}{\Theta_1} + \frac{1}{\Theta_2}\right)$$
$$\omega_2^2 := c_{2,3} \left(\frac{1}{\Theta_2} + \frac{1}{\Theta_3}\right)$$

berechnet werden. Die durch die Beziehungen (5.17D) definierte Abhängigkeit des dimensionslosen Eigenwertes η von dem Parameter p nach (5.17B) ist in Abb. 5.13 grafisch dargestellt.

Für einen vorgegebenen Wert des Parameters p ergibt der mit η_1 bezeichnete Kurvenast die niedrigere und der mit η_2 bezeichnete Kurvenast die höhere Eigenfrequenz des 3-Massen-Systems. Dem mit B bezeichneten gemeinsamen Endpunkt beider Kurvenzweige entspricht ein System, bei dem durch eine unendlich große Masse Θ_2 ein Festpunkt im Inneren des Systems entsteht und gleichzeitig die Symmetriebedingung $\omega_1 = \omega_2$ erfüllt ist. Bei sehr großen Drehmassen Θ_2 und ähnlichen Frequenzen ω_1 und ω_2 befindet man sich in der Nähe des Punktes B. Dann unterscheiden sich die beiden Eigenfrequenzen nur wenig.

In den Punkten A und C der Abb. 5.13 ist p = 0. Nach (5.17B) wird p = 0, wenn eine der folgenden 5 Bedingungen

$$q = 0 \qquad \begin{matrix} \omega_1 = 0 & \omega_1 \to \infty \\ \omega_2 = 0 & \omega_2 \to \infty \end{matrix} \tag{5.17H}$$

erfüllt ist.

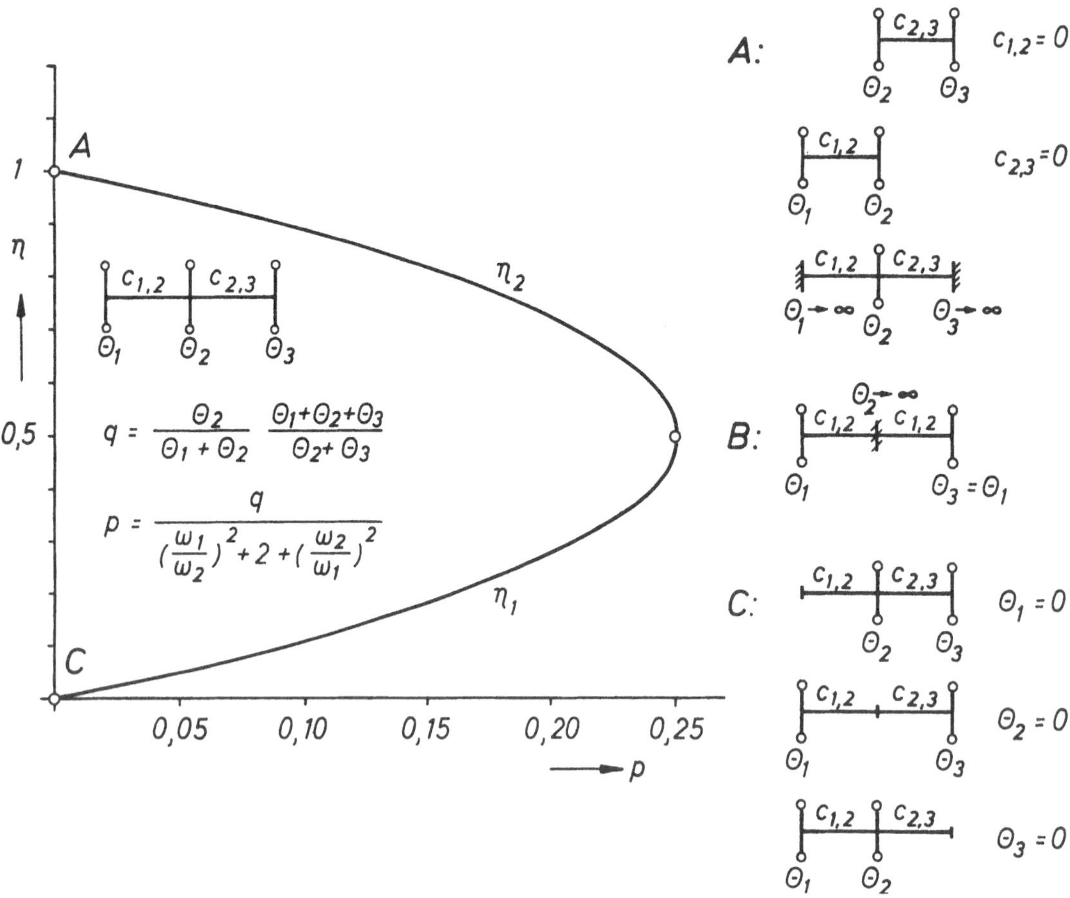

Abb. 5.13. Dimensionslose Eigenwerte für ein 3-Massen-Torsionsschwingungssystem

Dem Punkt A können die drei in Abb. 5.13 eingezeichneten Torsionsschwingungssysteme zugeordnet werden. Die ersten beiden aus 2 Massen bestehenden Systeme erhält man mit $c_{1,2} = 0$ und $c_{2,3} = 0$. Dadurch wird entweder $\omega_1 = 0$ oder $\omega_2 = 0$. Aus Formel (5.17 G) ergeben sich dann mit $\eta = 1$ die Eigenfrequenzen dieser Systeme in Übereinstimmung mit den Formeln 4 und 5 der Abb. 5.12. Das dritte dem Punkt A zugeordnete System besitzt unendlich große Massen Θ_1 und Θ_3.

Damit ergibt sich aus (5.17 A) und (5.17 B) mit $q = 0$ und $\eta = 1$ die Eigenfrequenz, die mit der Eigenfrequenz des Systems 12

$$f = \frac{1}{2\pi} \sqrt{\frac{c_{1,2} + c_{2,3}}{\Theta_2}} \qquad (5.17\,I)$$

in Abb. 5.7 übereinstimmt.

Im Punkt C ist $\eta = 0$. Diesem Punkt entsprechen die 3 Systeme, bei denen jeweils eine der drei Massen den Wert 0 besitzt. Unter dieser Bedingung wird ω_1 oder ω_2 unendlich groß, und Formel (5.17 G) liefert den unbestimmten Wert $\sqrt{0\,\infty}$ und ist deshalb nicht mehr anwendbar. Die Eigenfrequenzen dieser 2-Massen-Systeme erhält man direkt aus (5.15 B). Sie sind unter der Nummer 1-3 in Abb. 5.12 angegeben.

Bei gleichen Torsionssteifigkeiten $c_{1,2} = c_{2,3}$ und gleichen Endmassen $\Theta_1 = \Theta_3$ erhält man ein symmetrisches System, für das nach (5.17A), (5.17B) und (5.17D) die Beziehungen

$$q = \frac{\Theta_2 (2\Theta_1 + \Theta_2)}{(\Theta_1 + \Theta_2)^2} \qquad \Theta_1 = \Theta_3$$

$$c_{1,2} = c_{2,3} = c$$

$$p = \frac{q}{4} \qquad \omega_1^2 = \omega_2^2 = c\left(\frac{1}{\Theta_1} + \frac{1}{\Theta_2}\right)$$

$$\eta_1 = \frac{1}{2}\,\frac{\Theta_2}{\Theta_1 + \Theta_2} \tag{5.18A}$$

$$\eta_2 = \frac{1}{2}\,\frac{2\Theta_1 + \Theta_2}{\Theta_1 + \Theta_2}$$

gelten. Daraus ergeben sich mit (5.17G) für die beiden Eigenfrequenzen die Formeln

$$f_I = \frac{1}{2\pi}\sqrt{\frac{c}{\Theta_1}}$$

$$f_{II} = \frac{1}{2\pi}\sqrt{c\left(\frac{1}{\Theta_1} + \frac{2}{\Theta_2}\right)} = \frac{1}{2\pi}\sqrt{2c\left(\frac{1}{2\Theta_1} + \frac{1}{\Theta_2}\right)}\,, \tag{5.18B}$$

die man mit Hilfe der Abb. 5.14 als Eigenfrequenzen von Ein- oder Zwei-Massen-Systemen interpretieren kann.

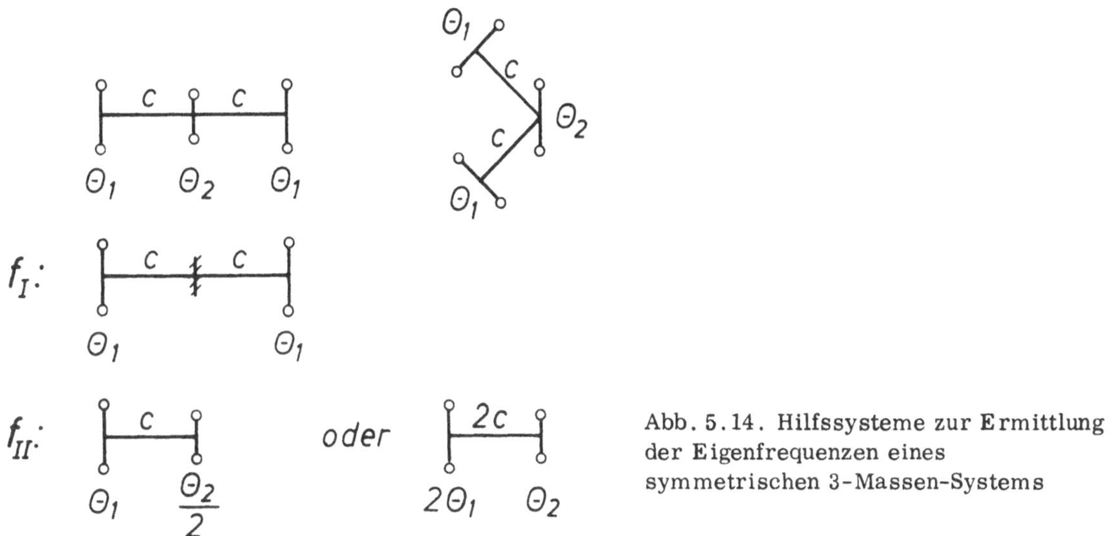

Abb. 5.14. Hilfssysteme zur Ermittlung der Eigenfrequenzen eines symmetrischen 3-Massen-Systems

Die Grundfrequenz ergibt sich aus einem System, das an der Stelle der Masse Θ_2 eingespannt ist. Für die höhere Eigenfrequenz sind zwei Ersatzsysteme denkbar. In dem in Abb. 5.14 links gezeichneten 2-Massen-System ist die Masse Θ_2 halbiert. Das rechts gezeichnete System ergibt die gleiche Eigenfrequenz. Es entsteht aus der Betrachtung des Systems nach Abb. 5.14 als ein symmetrisches Gabelsystem, bei dem die Gabel in der Masse Θ_2 endet. Das Ersatzsystem für die höhere Eigenfrequenz entsteht dann durch Addition der Steifigkeiten und der Massen der beiden identischen Gabeln mit Ausnahme der Endmasse Θ_2. Diese Regel ist, unabhängig von der Anzahl der Massen der symmetrischen Gabeln, ebenso gültig wie die bei der Ermittlung der Grundfrequenz angewandte Regel der Einspannung des Systems in den Symmetriepunkten.

Allen in diesem Abschnitt abgeleiteten Formeln ist zu entnehmen, daß eine Vergrößerung der Steifigkeit und eine Verkleinerung der Massen zu einer Erhöhung der Eigenfrequenzen führen. Würde man alle Massen des Systems und alle Steifigkeiten mit dem gleichen Faktor multiplizieren, dann entspräche dies einer Multiplikation jeder Zeile der Determinante (5.15 A) mit diesem konstanten Faktor. Diese Operation hat aber keinen Einfluß auf die Eigenwerte ω^2 und damit auf die Eigenfrequenzen des Systems. Eine Multiplikation nur aller Massen mit einem konstanten Faktor M würde dagegen die Eigenfrequenzen verändern. Bezeichnet man mit ω_M die Eigenkreisfrequenzen des geänderten Systems, dann erscheint in der Hauptdiagonale der Determinante (5.15 A) nach Ausführung der Multiplikation anstelle von ω^2 der Ausdruck $M\,\omega_M^2$. Das bedeutet, daß zwischen den Eigenkreisfrequenzen beider Systeme die Beziehung

$$\omega_M = \frac{1}{\sqrt{M}}\,\omega \tag{5.19A}$$

besteht, aus der man entnimmt, daß alle Eigenfrequenzen des Systems umgekehrt proportional zur Wurzel aus diesem Faktor sind. Ein M größer als 1 würde somit zu der bereits erwähnten Verkleinerung aller Eigenfrequenzen führen.

Eine Multiplikation nur aller Steifigkeiten in der Determinante (5.15 A) mit dem Faktor C ergibt die neuen Eigenwerte ω_C und hat den gleichen Effekt wie eine Division dieser Eigenwerte mit dem Faktor C. Zwischen den Eigenkreisfrequenzen beider Systeme besteht deshalb die Beziehung

$$\omega_C = \sqrt{C}\,\omega \quad , \tag{5.19B}$$

aus der für $C > 1$ der erhöhende Einfluß der Systemsteifigkeiten entnommen werden kann. Sind die Faktoren C und M beide gleich groß, dann bleiben - wie bereits erwähnt - die Eigenfrequenzen unverändert.

5.3.3 Eigenschwingungsformen

Die zweite Aufgabe des sogenannten Eigenwertproblems besteht in der Ermittlung der Eigenschwingungsformen. Darunter versteht man die Gesamtheit der Amplituden aller Koordinaten, durch die der Verformungszustand des schwingenden Systems für jede Eigenfrequenz definiert wird. Im Falle des Torsionsschwingungsproblems sind die Systemkoordinaten die Amplituden $\hat{\varphi}_i$ der n Drehmassen Θ_i. Sind die Eigenfrequenzen ω bekannt, dann kann man die Amplituden $\hat{\varphi}_i$ aus dem linearen Gleichungssystem (5.14 B) berechnen, nachdem man einer der n Amplituden $\hat{\varphi}_i$ einen willkürlichen Wert zugewiesen hat. Dadurch wird die Anzahl der Unbekannten auf n - 1 reduziert, und das lineare Gleichungssystem (5.14 B) erhält eine von Null verschiedene rechte Seite und besitzt damit eine eindeutige Lösung. Die Reduktion des Gleichungssystems (5.14 B) besteht mathematisch aus der Normierung der Amplitude $\hat{\varphi}_k$ und der Elimination der l-ten Zeile. Die um den Wert der l-ten Zeile verkürzte k-te Spalte ist der negative Spaltenvektor der rechten Seite des linearen Gleichungssystems für die verbleibenden n - 1 Unbekannten $\hat{\varphi}_i$.

Besonders einfach wird die Berechnung der Schwingungsform, wenn das lineare Gleichungssystem - wie bei dem Beispiel der Torsionsschwingungskette - eine Tridiagonalmatrix besitzt. Hier ist es zweckmäßig, die Amplitude $\hat{\varphi}_1$ zu normieren und die n-te Zeile des Gleichungssystems zu eliminieren. Dann erhält man aus (5.14 B) zur Ermittlung der n - 1 unbekannten Amplituden die einfache Rekursionsformel

$$\hat{\varphi}_{i+1} = -\frac{c_{i-1,i}}{c_{i,i+1}}\,\hat{\varphi}_{i-1} + \left(\frac{c_{i-1,i}}{c_{i,i+1}} + 1 - \frac{\Theta_i\,\omega^2}{c_{i,i+1}}\right)\hat{\varphi}_i \tag{5.20}$$

$$\hat{\varphi}_0 = 0 \qquad c_{0,1} = 0$$

$$\hat{\varphi}_1 = 1 \qquad i = 1, 2, 3, \ldots n-1 \quad .$$

Diese Formel ermittelt die Amplitude $\hat{\varphi}_n$ aus der (n - 1)-ten Gleichung, berücksichtigt aber nicht die n-te Gleichung des Gleichungssystems (5.14 B). Das ist nur dann zulässig, wenn ω eine Eigenfrequenz des Systems ist. In diesem Falle muß der aus der letzten Gleichung (5.14 B) ermittelte Quotient $\hat{\varphi}_n/\hat{\varphi}_{n-1}$ übereinstimmen mit dem aus der Rekursionsformel (5.20) ermittelten Quotienten. Die Güte der Übereinstimmung ist ein Maß für die numerische Genauigkeit der Eigenfrequenz ω.

Als erstes Beispiel zur Berechnung einer Schwingungsform wird das 2-Massen-System behandelt. Mit n = 2 erhält man aus (5.20)

$$\frac{\hat{\varphi}_2}{\hat{\varphi}_1} = 1 - \frac{\Theta_1 \omega^2}{c_{1,2}} \quad . \tag{5.21 A}$$

Aus (5.15 C) erhält man bei Verwendung der Indices a = 1 und b = 2 für den Eigenwert ω^2 die Beziehung

$$\omega^2 = c_{1,2} \left(\frac{1}{\Theta_1} + \frac{1}{\Theta_2} \right) \quad . \tag{5.21 B}$$

Aus (5.21 A) und (5.21 B) folgt dann das verblüffend einfache Ergebnis

$$\frac{\hat{\varphi}_2}{\hat{\varphi}_1} = - \frac{\Theta_1}{\Theta_2} \quad , \tag{5.21 C}$$

aus dem man entnimmt, daß die Schwingungsform eines freien 2-Massen-Systems allein von dem Massenverhältnis Θ_1/Θ_2 der beiden Systemmassen abhängig ist. In Abb. 5.15 ist die Verdrillungslinie eines 2-Massen-Systems für das Massenverhältnis $\Theta_1/\Theta_2 = 5$ über der Wellenlänge unter der Annahme aufgetragen, daß die Welle einen konstanten Querschnitt besitzt.

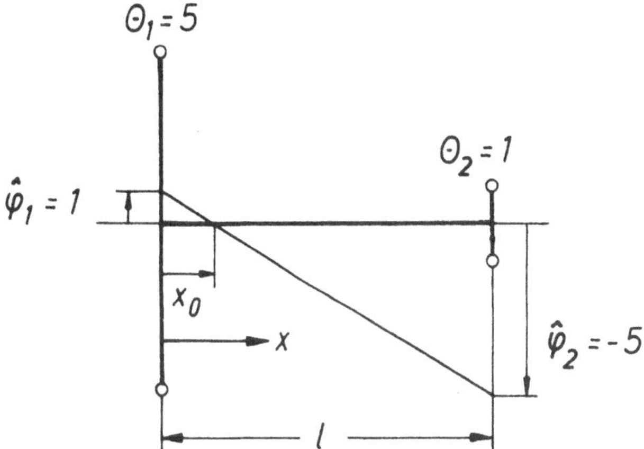

Abb. 5.15. Verdrillungslinie eines 2-Massen-Systems bei konstantem Wellenquerschnitt

Der Nulldurchgang der Verdrillungslinie, der als Schwingungsknoten bezeichnet wird, hat den Abstand

$$x_0 = \frac{\Theta_2}{\Theta_1 + \Theta_2} l \tag{5.21 D}$$

von der Masse Θ_1. Diese Formel ergibt sich aus (5.21 C) unter Berücksichtigung des linearen Verlaufs der Verdrillungslinie der masselosen Welle über der Länge l nach Abb. 5.15. Die Formel (5.21 D) ist nur dann gültig, wenn die Welle zwischen den Drehmassen Θ_1 und Θ_2 einen konstanten Querschnitt besitzt.

Bei einer abgesetzten Welle nach Abb. 5.16 hat die Verdrillungslinie an den Sprungstellen der Wellenquerschnitte einen Knick. Die Verdrillung zwischen den Stellen k und k + 1 erhält man unter Verwendung der Formel für die Torsionssteifigkeit einer zylindrischen Welle nach Abb. 5.7 aus der Beziehung

$$\hat{\Phi}_{k+1} - \hat{\Phi}_k = - \frac{\hat{T}_{k,k+1}}{c_{T,k}} \qquad k = 1,2,3,\dots m \quad . \tag{5.21E}$$

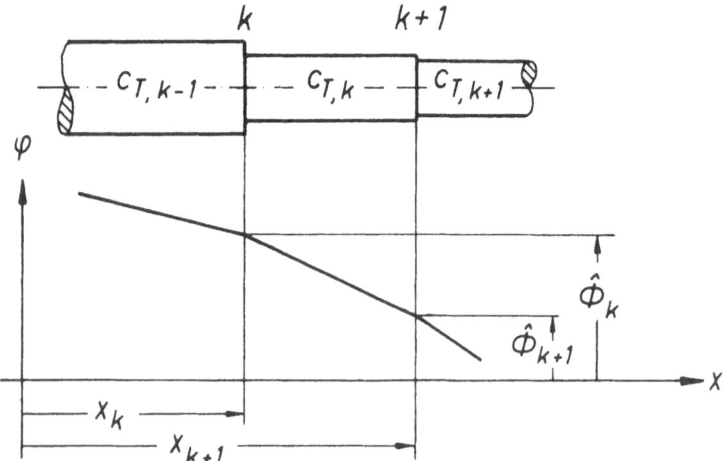

Abb. 5.16. Verdrillungslinie bei Querschnittssprüngen

Das negative Vorzeichen in Formel (5.21E) ist durch die gebräuchliche Definition des positiven Torsionsmomentes nach (5.13A) bedingt. Bei einer masselosen Welle ist das Torsionsmoment $T_{i,i+1}$ zwischen den Massen konstant. Für die Eigenschwingungsform des 2-Massen-Systems erhält man unter Verwendung der Beziehung (5.21C) die Formel

$$\hat{T}_{1,2} = c_{1,2}\,(\hat{\varphi}_1 - \hat{\varphi}_2) = c_{1,2}\hat{\varphi}_1 \left(1 + \frac{\Theta_1}{\Theta_2}\right) \quad , \tag{5.21F}$$

aus der hervorgeht, daß das Moment zwischen den beiden Massen proportional dem Winkel der Masse 1 ist. Sind zwischen den Massen 1 und 2 m Wellenabschnitte vorhanden, dann erhält man unter Benutzung der Formeln (5.21E) und (5.21F) die Beziehungen

$$\begin{aligned} &1 \le k \le m \\ &\hat{\Phi}_1 = \hat{\varphi}_1 \qquad \hat{\Phi}_{m+1} = \hat{\varphi}_2 \\ &\hat{\Phi}_{k+1} = \hat{\varphi}_1 \left[1 - \left(1 + \frac{\Theta_1}{\Theta_2}\right) c_{1,2} \sum_{i=1}^{k} \frac{1}{c_{T,i}} \right] \quad , \end{aligned} \tag{5.21G}$$

mit deren Hilfe die Verdrillungslinie eines 2-Massen-Systems unter Berücksichtigung von sprunghaften Änderungen des Wellenquerschnitts berechnet werden kann. Als Beispiel ist in Abb. 5.17 die Verdrillungslinie eines 2-Massen-Systems aufgezeichnet, dessen Welle aus drei gleich langen Abschnitten besteht, deren Torsionssteifigkeiten sich wie 1 : 2 : 3 verhalten.

Bei den 3-Massen-Systemen sind die möglichen Schwingungsformen nicht mehr so leicht überschaubar wie bei den 2-Massen-Systemen. Um einige allgemeingültige Aussagen machen zu können, wurden unter Benutzung der Formeln (5.17) und der Rekursionsformel (5.20) 6 verschiedenartige 3-Massen-Systeme untersucht und durch die Buchstaben A-F gekennzeichnet.

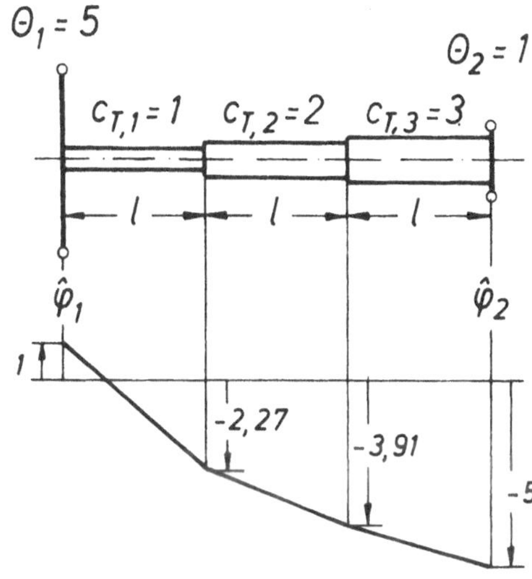

Abb. 5.17. Eigenschwingungsform eines 2-Massen-Systems mit einer 3fach abgesetzten Welle

Um leicht überschaubare Verhältnisse zu schaffen, wurden für die Massen und Steifigkeiten nur kleine, meist ganze Zahlen verwandt. Durch Multiplikation aller Massen mit einem konstanten Faktor M oder aller Steifigkeiten mit einem konstanten Faktor C ändern sich die angegebenen Eigenkreisfrequenzen ω entsprechend den Formeln (5.19A) und (5.19B). Die Ergebnisse der Systeme A-C sind in Abb. 5.18, die Ergebnisse der Systeme D-F in Abb. 5.19 zusammengestellt.

Die 4 Massenkombinationen des Systems A entstehen durch Verdoppelung aller Massen der jeweils vorhergehenden Massenkombination. Dadurch unterscheiden sich die beiden Eigenfrequenzen des Systems von den Eigenfrequenzen der vorhergehenden Systemvarianten jeweils um den Faktor $1/\sqrt{2}$ in Übereinstimmung mit der Formel (5.19A). Die Eigenschwingungsformen sind dagegen für alle 4 Systemvarianten identisch. Wie bei allen übrigen Beispielen besitzt die zur niedrigeren Eigenfrequenz gehörende Schwingungsform 1. Grades einen Schwingungsknoten und die der höheren Eigenfrequenz zugeordnete Schwingungsform 2. Grades zwei Schwingungsknoten. Die Schwingungsformen aller 6 Systeme sind unter der Voraussetzung konstanter Wellenquerschnitte gezeichnet.

Bei dem System B wurden bei allen 4 Varianten die Massen konstant gehalten und die beiden Steifigkeiten $c_{1,2}$ und $c_{2,3}$ gegenüber der vorhergehenden Variante verdoppelt. Das hat gemäß der Formel (5.19B) eine Erhöhung der beiden Eigenfrequenzen um den Faktor $\sqrt{2}$ gegenüber der vorhergehenden Variante zur Folge, aber keinen Einfluß auf die beiden Schwingungsformen, die für alle 4 Systemvarianten identisch sind.

Bei dem System C wurde nur die Steifigkeit $c_{1,2}$ als Parameter verwendet und, beginnend mit $c_{1,2} = 1$, gegenüber dem vorhergehenden Wert jeweils verdoppelt. Die erste Variante des Systems ergibt wegen der Symmetrie der Massen und Steifigkeiten symmetrische Schwingungsformen. Bei der Schwingung 1. Grades liegt der Schwingungsknoten in der Masse Θ_2. Eine Erhöhung der Steifigkeit $c_{1,2}$ verursacht bei der Schwingung 1. Grades eine Vergrößerung von $\hat{\varphi}_2$, wobei im Grenzfall bei unendlich großer Steifigkeit $\hat{\varphi}_2$ und $\hat{\varphi}_1$ identisch sind. Die Masse Θ_1 ist dann starr an die Masse Θ_2 angekoppelt. Die erste Eigenfrequenz nähert sich deshalb mit wachsender Steifigkeit $c_{1,2}$ asymptotisch der Eigenfrequenz eines 2-Massen-Systems der Steifigkeit $c_{2,3} = 1$, das die gemeinsame Masse $\Theta_1 + \Theta_2 = 2$ und die Masse $\Theta_3 = 1$ besitzt. Die zweite Eigenfrequenz wird mit wachsender Steifigkeit $c_{1,2}$ durch ein 2-Massen-System bestimmt, das aus den Massen $\Theta_1 = 1$ und $\Theta_2 = 1$ definiert ist. Die Eigenfrequenz dieses Systems wächst unbegrenzt mit zunehmender Steifigkeit $c_{1,2}$. Der zwischen den Massen Θ_2 und Θ_3 liegende Schwingungsknoten der Schwingungsform 2. Grades wandert mit wachsender Steifigkeit $c_{1,2}$ in Richtung auf die Masse Θ_3.

Das mit D bezeichnete System in Abb. 5.19 ist symmetrisch zur mittleren Masse Θ_2 und besitzt deshalb nur symmetrische Schwingungsformen. Variiert wird bei diesem System die Masse Θ_2. Da der Schwingungsknoten der ersten Schwingungsform in der Masse Θ_2 liegt, hat der Betrag

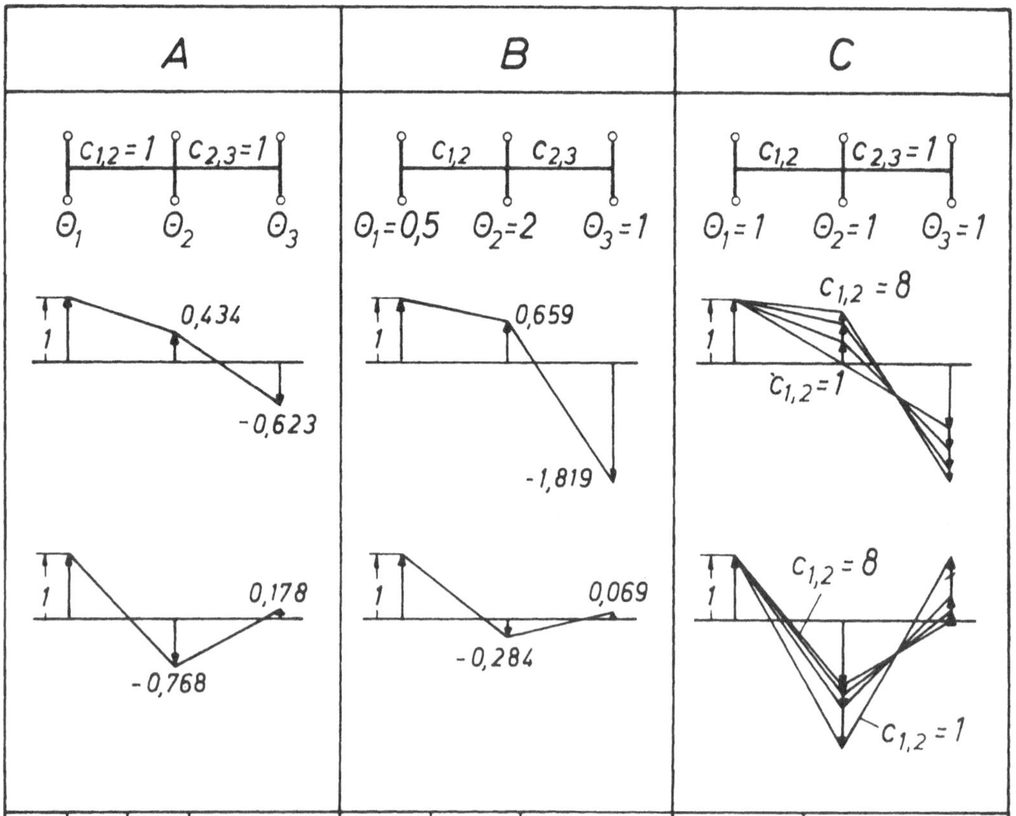

A				B			C	
Θ_1	Θ_2	Θ_3	ω_I / ω_{II}	$c_{1,2}$	$c_{2,3}$	ω_I / ω_{II}	$c_{1,2}$	ω_I / ω_{II}
1	2	3	0,752	2	1	1,167	1	1
			1,330			2,267		1,732
2	4	6	0,532	4	2	1,651	2	1,126
			0,940			3,205		2,175
4	8	12	0,376	8	4	2,334	4	1,181
			0,665			4,533		2,934
8	16	24	0,266	16	8	3,302	8	1,204
			0,470			6,411		4,068

Abb. 5.18. Einfluß der Massen und Steifigkeiten auf die Eigenfrequenzen und Schwingungsformen eines 3-Massen-Systems

dieser Masse keinen Einfluß auf die Schwingungsform und die Eigenfrequenz. Bei der zweiten Eigenschwingungsform dagegen nimmt die Amplitude $\hat{\varphi}_2$ mit wachsender Masse Θ_2 ab.

Das mit E bezeichnete System ist ebenfalls symmetrisch zur Masse Θ_2 und besitzt deshalb die gleiche Eigenschwingungsform 1. Grades wie das System D. Variiert werden die Endmassen Θ_1 und Θ_3 des Systems. Ihre Vergrößerung verursacht keine Änderung der Eigenschwingungsform ersten Grades, aber eine Halbierung der Eigenfrequenz bei einer Vervierfachung der Massen Θ_1 und Θ_3. Die zweite Eigenfrequenz des Systems nähert sich mit wachsenden Endmassen einem Grenzwert, der mit der Eigenfrequenz des an beiden Enden eingespannten Systems übereinstimmt. Das Anwachsen der Amplitude $\hat{\varphi}_2$ der Schwingungsform 2. Grades ist durch die Normierung $\hat{\varphi}_1 = 1$ bedingt. Würde man die Amplitude $\hat{\varphi}_2$ normieren, dann hätte dies eine Konvergenz der Amplituden $\hat{\varphi}_1$ und $\hat{\varphi}_3$ auf den Wert Null bei einer unbegrenzten Vergrößerung der Massen Θ_1 und Θ_3 zur Folge.

Bei dem System F wurde nur die Masse Θ_1 variiert und jeweils gegenüber der vorhergehenden Systemvariante verdoppelt. Bei der Schwingungsform 1. Grades wurde die Amplitude $\hat{\varphi}_3$ normiert.

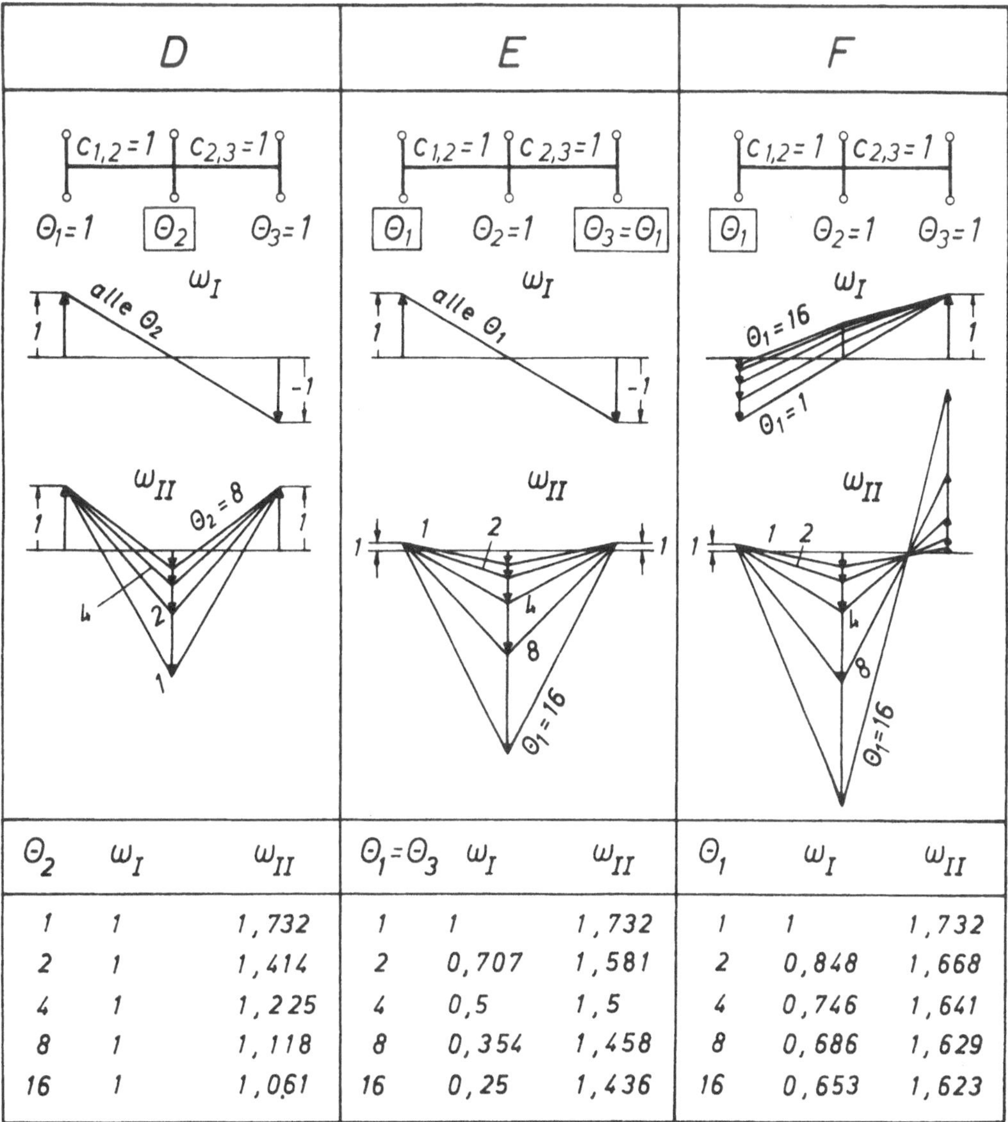

Θ_2	ω_I	ω_{II}	$\Theta_1 = \Theta_3$	ω_I	ω_{II}	Θ_1	ω_I	ω_{II}
1	1	1,732	1	1	1,732	1	1	1,732
2	1	1,414	2	0,707	1,581	2	0,848	1,668
4	1	1,225	4	0,5	1,5	4	0,746	1,641
8	1	1,118	8	0,354	1,458	8	0,686	1,629
16	1	1,061	16	0,25	1,436	16	0,653	1,623

Abb. 5.19. Einfluß der Massen auf die Eigenfrequenzen und Schwingungsformen eines 3-Massen-Systems

Die Erhöhung der Masse Θ_1 verkleinert die Amplitude $\hat{\varphi}_1$ deutlich, so daß der Schwingungsknoten mit wachsender Masse Θ_1 sich in Richtung auf diese Masse bewegt. Um die Schwingungsform 2. Grades leichter überschaubar zu machen, wurde hier die Amplitude $\hat{\varphi}_1$ normiert. Das hat einen starken Anstieg der negativen Amplitude $\hat{\varphi}_2$ zur Folge, wobei mit wachsender Masse Θ_1 der Schwingungsknoten sich wieder in Richtung auf diese Masse bewegt. Der zwischen den Massen 2 und 3 liegende Schwingungsknoten verändert seine Lage nur wenig. Dies hängt damit zusammen, daß die zweite Eigenfrequenz mit wachsender Masse Θ_1 auf einen Wert konvergiert, der mit der zweiten Eigenfrequenz des an der Masse Θ_1 eingespannten Systems übereinstimmt.

6 Erzwungene harmonische Schwingungen

Bei den sogenannten erzwungenen Schwingungen werden in das schwingungsfähige System äußere Kräfte oder Momente eingeleitet, deren Größe und zeitlicher Ablauf bekannt sind. Die Einleitung der Schwingungserregung in das System erfolgt entweder durch Kräfte oder Momente, die an den Stellen der Massen angreifen, oder durch Vorgabe des zeitlichen Ablaufs von Systemkoordinaten. So wirkt z.B. bei dem Feder-Masse-System (e) in Abb. 2.1 die Erregerkraft direkt auf die Masse, während bei dem System (f) der gleichen Abbildung der zeitliche Ablauf der x-Koordinate des Systempunktes 3 vorgegeben ist.

Unter den Voraussetzungen, daß der Motor mit konstanter Drehzahl gefahren wird und ein periodischer Verbrennungsablauf in allen Motorzylindern stattfindet, ist die Erregung der Triebwerksschwingungen eine periodische Funktion der Zeit. Nur bei Änderungen des Betriebszustands oder beim Anlassen und Abstellen des Motors sind nichtperiodische Schwingungserregungen vorhanden. Diese instationären Betriebszustände haben aber im Vergleich zu den stationären Betriebszuständen nur eine untergeordnete Bedeutung, weil sie die Dauerhaltbarkeit des Motortriebwerks wegen der geringen Häufigkeit der Beanspruchungsänderungen kaum beeinflussen. Dagegen können bei einem stationären Betrieb des Motors schon nach wenigen Betriebsstunden die für die Dauerhaltbarkeit der Werkstoffe maßgebenden Lastwechselzahlen erreicht werden. Alle Bauteile des Motortriebwerks müssen deshalb so dimensioniert werden, daß in jedem der möglichen stationären Betriebszustände des Motors ihre Dauerhaltbarkeit gewährleistet ist. Der Dauerhaltbarkeitsnachweis des Motortriebwerks besteht aus der Berechnung der stationären Schwingungen, die durch die periodischen Gas- und Massenkräfte erzwungen werden, und aus der Ermittlung der dadurch verursachten Wechselbeanspruchungen. Durch Vergleich der berechneten Beanspruchung mit der Dauerfestigkeit des Materials unter Berücksichtigung der durch die Gestaltung der Bauteile bedingten örtlichen Spannungserhöhungen kann dann eine Aussage über die Dauerhaltbarkeit der untersuchten Bauteile gemacht werden.

Die periodische Schwingungserregung kann mit Hilfe der im Kapitel 4.4 behandelten Methoden der harmonischen Analyse in eine Reihe von harmonischen Teilschwingungen zerlegt werden, deren Frequenzen ganzzahlige Vielfache der Periodenfrequenz der Schwingungserregung sind. Läßt man auf das Schwingungssystem nur eine einzige der rein harmonischen Schwingungserregungen einwirken, dann erhält man als Systemantwort einen über der Zeit harmonischen Bewegungsablauf aller Massen, dessen Frequenz mit der Erregerfrequenz übereinstimmt. Die harmonischen Systemantworten auf alle harmonischen Teilerregungen dürfen durch harmonische Synthese zu der gesuchten periodischen Systemantwort superponiert werden. Voraussetzungen für diese Vorgehensweise sind lineare Feder- und Dämpfungscharakteristiken des Schwingungssystems. Somit ist die Berechnung der harmonischen erzwungenen Schwingungen der Grundschritt, aus dem durch wiederholte Anwendung dann mit Hilfe des Verfahrens der harmonischen Synthese die periodische Systemantwort berechnet werden kann.

Die periodische Systemantwort linearer Systeme kann auch unter Verwendung der periodischen äußeren Erregung durch numerische Integration ermittelt werden, wobei dann das Problem in der Ermittlung der Anfangsbedingungen besteht. Die Superpositionsmethode der Harmonischen hat jedoch sowohl bezüglich des Berechnungsaufwands als auch im Hinblick auf das Verständnis der bei den Triebwerksschwingungen beobachteten physikalischen Phänomene eindeutige Vorteile gegenüber der Methode der numerischen Integration. Deshalb wird in diesem Band nur auf die Berechnung der harmonischen erzwungenen Schwingungen und auf deren Superposition zu einer periodischen Systemantwort eingegangen. Die für die Anwendung der Superpositionsmethode notwendige Linearität des konventionellen Schwingungssystems ist wegen der hohen Steifigkeiten der Bauteile des Motortriebwerks und der dadurch bedingten kleinen Schwingungsamplituden im Rahmen der bei technischen Berechnungen üblichen Genauigkeiten gesichert.

6.1 Grundlagen

6.1.1 Einschwingvorgänge

Die Masse m des Feder-Masse-Systems nach Abb. 6.1 ist über eine Feder der Steifigkeit c und einen Dämpfungsmechanismus mit einer zur Geschwindigkeit der Masse m proportionalen Dämpfungscharakteristik verbunden. Der Proportionalitätsfaktor - der sogenannte Dämpfungskoeffizient - wird mit b bezeichnet. An der Masse m wirkt eine äußere Kraft E(t) mit einem harmonischen zeitlichen Verlauf, der unabhängig vom Bewegungsablauf der Masse ist. Eine solche

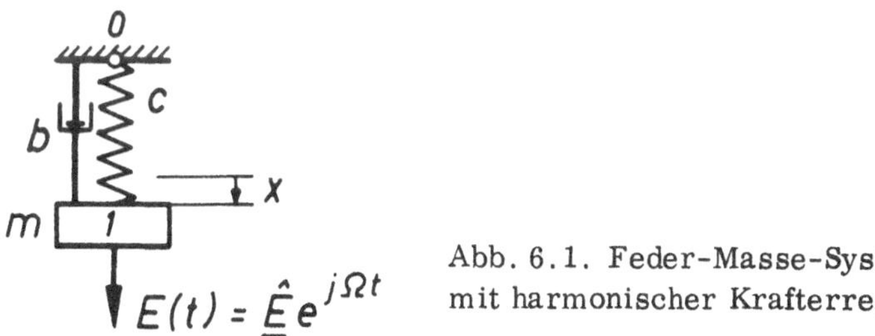

Abb. 6.1. Feder-Masse-System mit harmonischer Krafterregung

Krafterregung könnte z. B. durch eine sehr weiche Feder erfolgen, deren Steifigkeit im Verhältnis zur Steifigkeit c der Systemfeder vernachlässigbar klein ist und deren freies Ende harmonisch bewegt wird. Die Bewegungsgleichung dieses Systems ist

$$m\ddot{x} = -b\dot{x} - cx + E(t) \quad . \tag{6.1A}$$

Verwendet man für die harmonische Erregerkraft mit der Erregerkreisfrequenz Ω die komplexe Schreibweise

$$E(t) = \underline{\hat{E}}\, e^{j\Omega t} \quad , \tag{6.1B}$$

wobei $\underline{\hat{E}}$ die komplexe Kraftamplitude ist, dann erhält man aus (6.1A) und (6.1B) die Differentialgleichung 2. Ordnung

$$\ddot{x} + \frac{b}{m}\dot{x} + \omega^2 x = \frac{\underline{\hat{E}}}{m}\, e^{j\Omega t} \quad , \tag{6.1C}$$

deren linke Seite mit der Bewegungsgleichung (5.8B) der freien gedämpften Schwingung übereinstimmt, die aber als rechte Seite die Schwingungserregung enthält. Die allgemeine Lösung der linearen Differentialgleichung (6.1A) kann nach der Theorie der linearen Differentialgleichungen aus der bereits bekannten Lösung (5.8C) der Differentialgleichung ohne Rechtsglied und einer partikulären Lösung der vollständigen Differentialgleichung superponiert werden.

Somit erhält man unter Verwendung von (5.8 C) den komplexen Lösungsansatz für den Weg $\underline{x}$ der Masse m

$$\begin{aligned} \underline{x} &= \underline{\hat{A}}\, e^{\lambda t} + \underline{\hat{B}}\, e^{j\Omega t} \\ \dot{\underline{x}} &= \lambda \underline{\hat{A}}\, e^{\lambda t} + j\Omega \underline{\hat{B}}\, e^{j\Omega t} \\ \ddot{\underline{x}} &= \lambda^2 \underline{\hat{A}}\, e^{\lambda t} - \Omega^2 \underline{\hat{B}}\, e^{j\Omega t} \end{aligned} \qquad , \tag{6.2A}$$

aus dem sich durch Einsetzen in die Differentialgleichung (6.1 C) die Beziehung

$$\underline{\hat{A}}(\lambda^2 + \frac{b}{m}\lambda + \omega^2) e^{\lambda t} + \underline{\hat{B}}(-\Omega^2 + j\frac{b}{m}\Omega + \omega^2)\, e^{j\Omega t} = \frac{\underline{\hat{E}}}{m}\, e^{j\Omega t} \tag{6.2B}$$

ergibt, aus der als notwendige Bedingung für die Lösung der Differentialgleichung die beiden Gleichungen

$$\lambda^2 + \frac{b}{m}\lambda + \omega^2 = 0 \tag{6.2C}$$

$$\underline{\hat{B}} = \frac{\frac{\underline{\hat{E}}}{m}}{\omega^2 - \Omega^2 + j\frac{b}{m}\Omega} \tag{6.2D}$$

für die Unbekannten λ und $\underline{\hat{B}}$ folgen. Die Gleichung (6.2C) stimmt mit der Gleichung (5.8 D) überein. Damit ergibt sich unter Verwendung der beiden Lösungen (5.8 G) aus (6.2A) der zeitliche Ablauf

$$\underline{x} = e^{-\frac{b}{2m}t}\left(\underline{\hat{A}}_1 e^{j\sqrt{\omega^2 - (\frac{b}{2m})^2}\, t} + \underline{\hat{A}}_2 e^{-j\sqrt{\omega^2 - (\frac{b}{2m})^2}\, t}\right) + \underline{\hat{B}}\, e^{j\Omega t} \tag{6.2E}$$

der Bewegung der Masse m als eine Überlagerung einer abklingenden gedämpften freien Eigenschwingung und einer harmonischen Schwingung mit der Erregerkreisfrequenz Ω und der komplexen Amplitude $\underline{\hat{B}}$, die mit Hilfe der Beziehung (6.2 D) berechnet werden kann. Die komplexen Amplituden $\underline{\hat{A}}_1$ und $\underline{\hat{A}}_2$ der freien Schwingung ergeben sich aus den Anfangsbedingungen, durch die der Weg der Masse m und ihre Geschwindigkeit zur Zeit t = 0 definiert werden.

Durch Verwendung des dimensionslosen Dämpfungskoeffizienten D nach (5.9E) ergibt sich aus (6.2E) die Beziehung

$$\underline{x} = e^{-D\omega t}\left(\underline{\hat{A}}_1 e^{j\sqrt{1-D^2}\,\omega t} + \underline{\hat{A}}_2 e^{-j\sqrt{1-D^2}\,\omega t}\right) + \underline{\hat{B}}\, e^{j\Omega t} \quad . \tag{6.2F}$$

Die Koeffizienten $\underline{\hat{A}}_1$ und $\underline{\hat{A}}_2$ erhält man nach einer längeren Zwischenrechnung aus dem linearen Gleichungssystem

$$\begin{bmatrix} 1 & 1 \\ \lambda_1 & \lambda_2 \end{bmatrix} \begin{pmatrix} \underline{\hat{A}}_1 \\ \underline{\hat{A}}_2 \end{pmatrix} = \begin{pmatrix} \underline{x}(0) - \underline{\hat{B}} \\ \dot{\underline{x}}(0) - j\Omega\underline{\hat{B}} \end{pmatrix} \tag{6.3A}$$

als

$$\underline{\hat{A}}_1 = \frac{-\frac{\Omega}{\omega}\underline{\hat{B}} + j\left[(\underline{x}(0) - \underline{\hat{B}})\frac{\lambda_2}{\omega} - \frac{\dot{\underline{x}}(0)}{\omega}\right]}{2\sqrt{1-D^2}}$$

$$\underline{\hat{A}}_2 = \frac{\frac{\Omega}{\omega}\underline{\hat{B}} - j\left[(\underline{x}(0) - \underline{\hat{B}})\frac{\lambda_1}{\omega} - \frac{\dot{\underline{x}}(0)}{\omega}\right]}{2\sqrt{1-D^2}} , \qquad (6.3\,B)$$

wobei mit $\underline{X}(0)$ der Weg der Masse und mit $\dot{\underline{X}}(0)$ die Schwingungsgeschwindigkeit der Masse zur Zeit t = 0 bezeichnet werden. Dabei wurden die komplexen Frequenzen λ_1 und λ_2 in der Beziehung (6.3 A) unter Verwendung des LEHRschen Dämpfungsmaßes (5.9 E) aus den dimensionslosen Lösungen

$$\frac{\lambda_1}{\omega} = -D + j\sqrt{1-D^2}$$

$$\frac{\lambda_2}{\omega} = -D - j\sqrt{1-D^2} \qquad (6.4)$$

der quadratischen Gleichung (6.2 C) ermittelt. Damit kann der zeitliche Ablauf der Bewegung der Masse m mit Hilfe der Beziehungen (6.2 D), (6.2 F) und (6.3 B) berechnet werden.

In Abb. 6.2 sind 3 Bewegungsabläufe der Masse m des Schwingungssystems nach Abb. 6.1 über dem Phasenwinkel ωt aufgetragen, wobei der Imaginärteil der komplexen Funktion (6.2 F) verwendet wurde. Als Dämpfungskoeffizient wurde D = 0, 05 entsprechend d = 0, 1 bei allen drei Be-

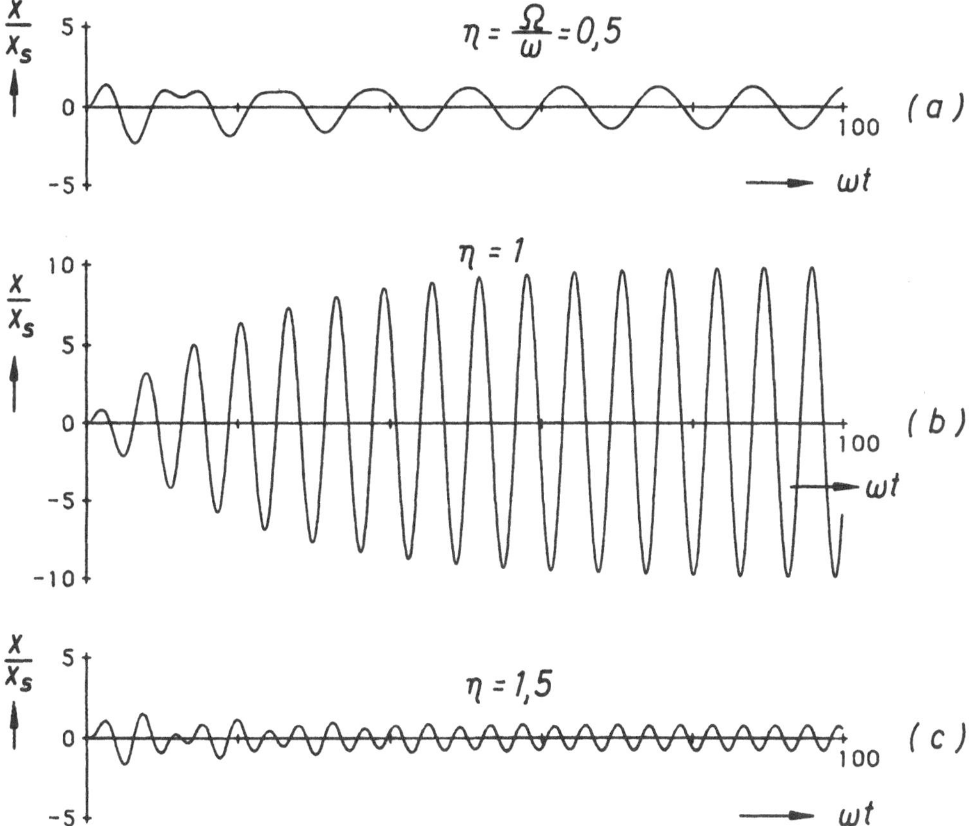

Abb. 6.2. Einschwingvorgänge in einen erzwungenen harmonischen Endzustand

rechnungen verwendet. Die Randbedingungen wurden so gewählt, daß sich das Schwingungssystem zur Zeit t = 0 in Ruhe befindet. Die Amplitude $\hat{\underline{E}}$ der an der Masse m in Abb. 6.1 wirkenden Kraft wurde so in die Rechnung eingesetzt, daß die in Abb. 6.2 aufgezeichneten Größen das Verhältnis x/x_s darstellen. Dabei ist x_s die statische Verschiebung des Punktes 1 des Systems nach Abb. 6.1 unter der Wirkung der Amplitude $\hat{E}$, der Erregerkraft. Im oberen, mit (a) bezeichneten Diagramm von Abb. 6.2 wurde das Frequenzverhältnis η von Erregerfrequenz Ω zur Eigenfrequenz ω des Systems $\eta = 0,5$ verwendet. Diesen Zustand bezeichnet man auch als unterkritische Erregung. Das mittlere, mit (b) bezeichnete Diagramm entspricht dem sogenannten Resonanzzustand, bei dem die Erregerfrequenz mit der Eigenfrequenz des ungedämpften Systems übereinstimmt. Bei dem unteren, mit (c) bezeichneten Diagramm ist $\eta = 1,5$. Man bezeichnet diese Situation als überkritischen Erregungszustand. Allen drei Bildern gemeinsam ist das begrenzte Anwachsen der Schwingungsamplituden auf einen Endwert, der über der Zeit asymptotisch erreicht wird. Der asymptotisch erreichte Endzustand der Schwingungsvorgänge wird als erzwungene harmonische Schwingung bezeichnet. Die komplexe Amplitude dieser harmonischen Schwingung ist in Formel (6.2 F) mit $\hat{\underline{B}}$ bezeichnet. Die Frequenz dieser harmonischen Schwingung ist die Erregerfrequenz $\Omega/2\pi$. Der erste Term in Formel (6.2 F) definiert den Eigenschwingungszustand, der wegen der stets vorhandenen Dämpfung asymptotisch auf den Wert Null abklingt. Seine Kenntnis ist im Zusammenhang mit den erzwungenen Schwingungen ohne praktische Bedeutung. Das eigentliche Ziel bei der Berechnung der erzwungenen harmonischen Schwingungen ist deshalb allein die Ermittlung von Betrag und Phase der Amplituden aller Systemmassen bei bekannter Erregung für ein gegebenes System. Bei der Lösung dieser Aufgabe erweist sich die Verwendung der im Kapitel 3 eingeführten komplexen Amplitude als vorteilhaft, weil dadurch sowohl die Ableitung der Formeln als auch ihre Programmierung erheblich vereinfacht wird.

6.1.2 Vergrößerungsfunktionen

Bei dem einfachen System nach Abb. 6.1 ist die einzige Unbekannte die mit $\hat{\underline{B}}$ bezeichnete Amplitude der Verschiebung $\underline{x}$ der Masse m. Ihre Abhängigkeit von den Systemdaten wird durch die Gleichung (6.2D) ausgedrückt. Für $\Omega = 0$ erhält man aus dieser Beziehung

$$\hat{\underline{x}}_s := \frac{\hat{\underline{E}}}{m\,\omega^2} = \frac{\hat{\underline{E}}}{c} \tag{6.5A}$$

die statische Amplitude $\hat{\underline{x}}_s$ der Masse m unter der Wirkung der Amplitude $\hat{\underline{E}}$ der Erregerkraft. Der zeitliche Verlauf $\underline{x}$ der Masse m nach dem Abklingen des Einschwingvorgangs ist eine harmonische Schwingung, die sich mit Hilfe der Beziehungen (5.11), (6.2A), (6.2D) und (6.5A) in der Form

$$\underline{x} = \hat{\underline{x}}\, e^{j\Omega t} \tag{6.5B}$$

mit der komplexen Amplitude

$$\hat{\underline{x}} := \hat{\underline{x}}_s \frac{1}{1-\left(\frac{\Omega}{\omega}\right)^2 + jd\frac{\Omega}{\omega}} \tag{6.5C}$$

darstellen läßt. Der dimensionslose zweite Term ist außer von der Dämpfung nur noch von dem Erregerfrequenzverhältnis

$$\eta := \frac{\Omega}{\omega} \tag{6.6A}$$

abhängig und wird weiterhin als Vergrößerungsfaktor

$$\underline{V} := \frac{1}{1-\eta^2 + jd\eta} \tag{6.6B}$$

oder auch als Vergrößerungsfunktion $\underline{V}(\eta)$ bezeichnet. Bemerkenswert ist, daß der bereits bei den freien gedämpften Schwingungen definierte Verlustfaktor d nach (5.11) auch in dem Vergrößerungsfaktor der erzwungenen Schwingungen erscheint. Der Betrag der Vergrößerungsfunktion

$$V = \frac{1}{\sqrt{(1-\eta^2)^2 + (d\eta)^2}} \tag{6.6 C}$$

ist somit nur von η und d abhängig und erreicht im Resonanzzustand für $\eta = 1$ den Wert

$$Q = \frac{1}{d} \quad , \tag{6.6 D}$$

der zur Kennzeichnung der Resonanzschärfe als Gütefaktor bezeichnet wird [15].

Bei einem System mit einem Freiheitsgrad ist demnach der Verlustfaktor d der Reziprokwert des Vergrößerungsfaktors in Resonanz und definiert somit den dynamischen Aufschaukelungsfaktor der Amplitude der Masse m gegenüber der durch die Erregung bei der Frequenz $\Omega = 0$ erzwungenen statischen Amplitude. Ist das System dämpfungsfrei, dann erhält man mit $d = 0$ aus (6.6 D) einen unendlich großen Aufschaukelungsfaktor, der jedoch nur einen theoretischen Grenzwert darstellt, weil dämpfungsfreie Systeme in der Natur nicht vorkommen.

6.1.3 Anwachsen der Schwingungsamplituden in Resonanz

In der Lösung (6.2 F) ist der Einschwingvorgang des ungedämpften Systems für den Resonanzfall nicht enthalten. Die Amplitude $\underline{B}$ der erzwungenen Schwingung ist nach (6.2 D) für $\Omega = \omega$ unendlich groß. In Wahrheit wird dieser Grenzwert jedoch erst nach unendlich langer Zeit erreicht. Dies geht aus dem Diagramm der Abb. 6.3 hervor, in dem der dimensionslose Weg x/x_s der Masse m des Systems nach Abb. 6.1 über dem Phasenwinkel ωt aufgetragen ist. In der technischen Praxis würde bei einem sehr schwach gedämpften System der Anfahrvorgang nach Abb. 6.3 entweder mit einem Bruch des Materials infolge der Überschreitung der Festigkeitsgrenze oder mit einer Berührung von Bauteilen enden. Interessant ist die Tatsache, daß die Einhüllende der Amplituden eine Gerade ist. Dies läßt sich leicht beweisen, wenn man den Spezialfall der Bewegungsgleichung (6.1 C) des dämpfungsfreien Systems mit $b = 0$ in Resonanz untersucht.

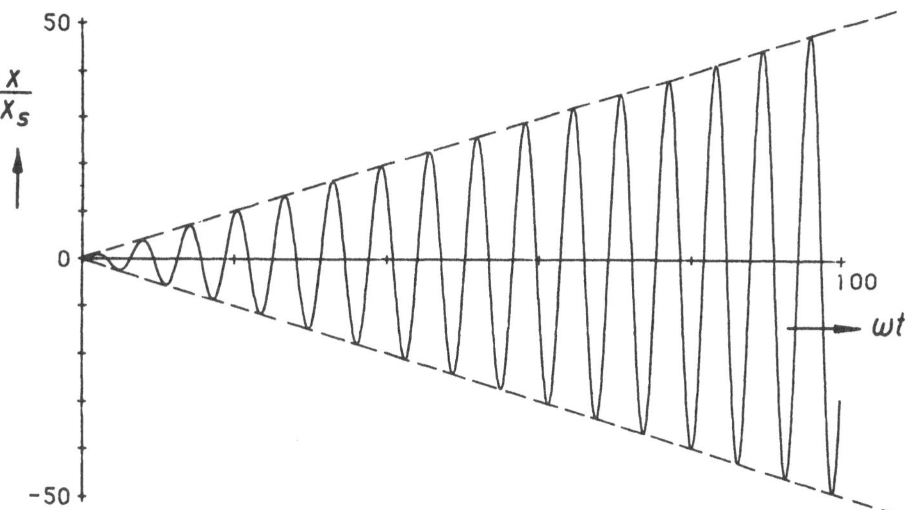

Abb. 6.3. Anfahren einer harmonischen ungedämpften erzwungenen Schwingung in Resonanz aus dem Ruhestand

Mit $\Omega = \omega$ erhält man dann unter Verwendung der statischen Verschiebung $\hat{\underline{x}}_s$ nach (6.5 A) die Bewegungsgleichung

$$\ddot{x} + \omega^2 x = \hat{\underline{x}}_s \omega^2 e^{j\omega t} \tag{6.7}$$

der Masse m des Systems nach Abb. 6.1. Eine partikuläre Lösung dieser Differentialgleichung erhält man mit dem Lösungsansatz

$$\underline{x} = \underline{g}\, t\, e^{j\omega t} \quad , \tag{6.8 A}$$

in dem die Konstante $\underline{g}$ noch unbekannt ist. Nach zweimaligem Differenzieren folgt aus (6.8 A)

$$\ddot{\underline{x}} = 2 j\omega \underline{g} e^{j\omega t} - \omega^2 \underline{g}\, t\, e^{j\omega t} \quad . \tag{6.8 B}$$

Durch Einsetzen dieser Lösung in die Differentialgleichung (6.7) erhält man mit den Beziehungen (6.8 A) und (6.8 B) für die unbekannte Konstante $\underline{g}$ die Formel

$$\underline{g} = \frac{\hat{\underline{x}}_s \omega}{2j} \quad , \tag{6.8 C}$$

aus der sich mit (6.8 A) die gesuchte Lösung

$$\left(\frac{\underline{x}}{\underline{x}_s}\right) = -\frac{1}{2} j\omega t\, e^{j\omega t} \tag{6.8 D}$$

ergibt. Diese komplexe Lösung bestätigt das lineare Anwachsen der Amplituden in Abb. 6.3 und zeigt außerdem, daß der Momentanwert der Amplitude der Vergrößerungsfunktion gerade dem halben Wert des Phasenwinkels entspricht, was ebenfalls aus Abb. 6.3 hervorgeht. Die partikuläre Lösung (6.8 D) erfüllt nicht die Anfangsbedingungen $x(0) = \dot{x}(0) = 0$, die bei der Berechnung des Diagramms in Abb. 6.3 verwendet wurden.

Infolge der stets vorhandenen Dämpfung ist die Vergrößerungsfunktion in Resonanz jedoch endlich, und die Amplituden erreichen - wie in dem Diagramm (b) von Abb. 6.2 - den Grenzwert 1/d bereits nach wenigen Schwingungen.

6.1.4 Resonanzkurven

Die Abb. 6.4 enthält die Vergrößerungsfunktion nach Gleichung (6.6 C) aufgetragen über dem Erregerfrequenzverhältnis η nach (6.6 A). Man bezeichnet diese Art der Darstellung als Resonanzkurven. Jeder Kurve in Abb. 6.4 ist ein anderer Verlustfaktor d zugeordnet, dessen Wert aus dem Diagramm hervorgeht. Der Einfluß der Dämpfung auf die Vergrößerungsfunktion ist bei schwach gedämpften Systemen auf den Frequenzbereich in der Umgebung der Eigenfrequenz des Systems beschränkt. Durch Nullsetzen der Ableitung der Formel (6.6 C) nach dem Frequenzverhältnis ergibt sich für die Frequenz Ω_{max}, bei der die Vergrößerungsfunktionen V nach Abb. 6.4 ihre Maximalwerte erreichen, die Beziehung

$$\Omega_{max} = \omega \sqrt{1 - \frac{d^2}{2}} \quad , \tag{6.9 A}$$

aus der man zusammen mit (6.6 C) den Betrag des Maximalwertes als Funktion des Verlustfaktors

$$V_{max} = \frac{1}{d\sqrt{1 - \frac{d^2}{4}}} \tag{6.9 B}$$

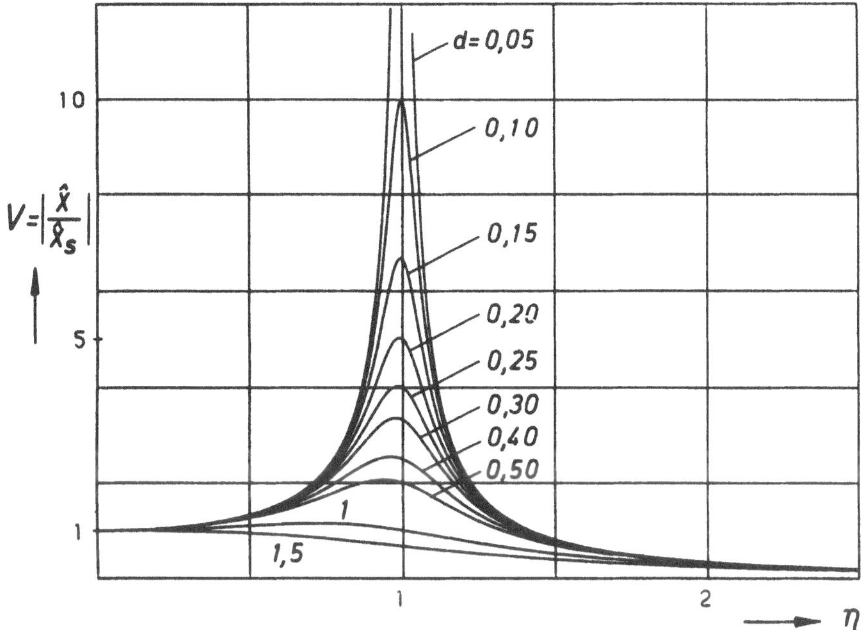

Abb. 6.4 Vergrößerungsfunktionen V für den Weg x der Masse m nach Abb. 6.1

erhält. Bei schwach gedämpften Systemen ist somit $\Omega_{max} \approx \omega$, die erzwungenen Schwingungen erreichen damit ihre Maximalwerte annähernd bei den Eigenfrequenzen des ungedämpften Systems. Aus Formel (6.9A) berechnet man z.B. für d = 0,2 $\Omega_{max} = 0{,}990\,\omega$. Die aus Abb. 6.4 ersichtliche Verschiebung der Maximalwerte mit wachsender Dämpfung nach niedrigeren Frequenzen ist somit gering, denn d = 0,2 ist im Zusammenhang mit den Triebwerksschwingungen bereits ein relativ großer Verlustfaktor. Nur bei dämpfungsgekoppelten Torsionsschwingungsdämpfern kommen noch größere Verlustfaktoren vor. Hier ist aber durch die Ankoppelung der Masse ein zusätzlicher Verlagerungseffekt wirksam, auf den im Kapitel 6.5.6 noch eingegangen wird. Aus Formel (6.9B) entnimmt man, daß der Maximalwert V_{max} bei kleinen Verlustfaktoren nur unbedeutend größer ist als der nach Formel (6.6D) in Resonanz vorhandene Wert. So ergibt sich für d = 0,2 $V_{max} = 5{,}025$ anstatt dem in Resonanz auftretenden Wert V = 5.

Bei der Behandlung der freien gedämpften Schwingungen von Systemen mit einem Freiheitsgrad ergab die Formel (5.9G), daß die Eigenfrequenz ω des ungedämpften Systems durch die Dämpfung entsprechend der Beziehung

$$\nu = \omega\sqrt{1 - D^2} = \omega\sqrt{1 - \frac{d^2}{4}} \qquad (6.10)$$

reduziert wird. Ein Vergleich der Formeln (6.9A) und (6.10) zeigt, daß die Maximalwerte der erzwungenen Schwingungen nicht bei den Eigenfrequenzen des gedämpften Systems auftreten.

Bei den erzwungenen gedämpften harmonischen Schwingungen mit mehreren Freiheitsgraden erreichen die Amplituden der einzelnen Systemkoordinaten im allgemeinen ihre Maximalwerte sogar bei verschiedenen Frequenzen, die sich aber bei schwach gedämpften Systemen nur wenig von den Eigenfrequenzen des ungedämpften Systems unterscheiden. Der Begriff Resonanz ist deshalb nur bei ungedämpften Systemen eindeutig definierbar. Trotzdem ist es bei schwach gedämpften Systemen wegen des geringen Fehlers zulässig, die Maximalwerte der erzwungenen Schwingungsamplituden unter Verwendung der Eigenfrequenzen des ungedämpften Systems zu berechnen und die Definition der Resonanz - Erregerfrequenz = Eigenfrequenz - vom ungedämpften System zu übernehmen. Selbst die Verwendung der Eigenfrequenzen des gedämpften Systems würde bei der Ermittlung der Maximalwerte der erzwungenen Schwingungsamplituden von Systemen mit mehreren Freiheitsgraden wenig nützen, weil damit die erwähnten Frequenzverschiebungen der Maximalwerte der einzelnen Systemkoordinaten und der Einfluß frequenzabhängiger Schwingungserregungen nicht erfaßt werden. Als Resonanzfrequenzen betrachtet man deshalb bei der Behandlung der Triebwerksschwingungen grundsätzlich die Eigenfrequenzen des ungedämpften Systems.

6.1.5 Halbwertsbreite

Die Abb. 6.5 enthält ebenso wie Abb. 6.4 die Vergrößerungsfunktionen nach Formel (6.6 C), jetzt aber für schwach gedämpfte Systeme mit Verlustfaktoren im Bereich $0,02 \leqq d \leqq 0,1$, wie sie bei den Torsionsschwingungen von Kurbelwellen ohne Schwingungsdämpfer beobachtet werden. Bei diesen kleinen Dämpfungen stimmt der Maximalwert der Vergrößerungsfunktion praktisch mit dem aus der Beziehung (6.6 D) berechneten Gütefaktor Q überein. Könnte man die Vergrößerungsfunktion $V(\eta)$ nach (6.6 C) unmittelbar messen, dann wäre der Verlustfaktor d einfach der Reziprokwert des Maximalwertes der Funktion V. Gemessen werden jedoch anstatt der Vergrößerungsfunktionen physikalische Größen, z.B. der Betrag $\hat{x} = \hat{x}_s V$ der komplexen Wegamplitude nach (6.5 C), der nach (6.5 A) auch von der Amplitude $\hat{E}$ der Schwingungserregung abhängig ist. Ist $\hat{E}$ nicht bekannt, dann ist die statische Amplitude $\hat{x}_s$ und damit auch die Vergrößerungsfunktion nicht berechenbar. In diesem Fall können der Verlustfaktor d und damit auch der Dämpfungskoeffizient des Systems näherungsweise aus der sogenannten Halbwertsbreite ermittelt werden, die dem Abstand der beiden mit A und B in Abb. 6.5 bezeichneten Punkte entspricht.

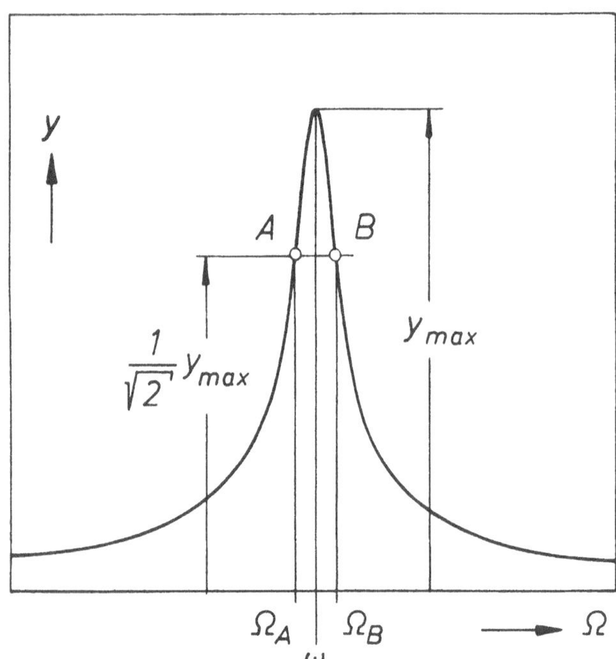

Abb. 6.5. Ermittlung der Systemdämpfung mit Hilfe der Halbwertsbreite

Diese beiden Punkte sind die Schnittpunkte einer Parallelen zur Abszisse im Abstand $y_{max}/\sqrt{2}$ mit der gemessenen Resonanzkurve, deren Maximalwert y_{max} für $\Omega = \omega$ erreicht wird. Nach dieser Methode ergibt sich der Verlustfaktor aus der Beziehung

$$d = \frac{\Omega_B - \Omega_A}{\omega} \quad , \qquad (6.11\,A)$$

wenn man mit ω die bei y_{max} gemessene und mit Ω_A und Ω_B die in den Schnittpunkten A und B gemessenen Erregerkreisfrequenzen bezeichnet. Aus dem so ermittelten Verlustfaktor kann der Dämpfungskoeffizient b mit Hilfe der Beziehung (5.11) ermittelt werden.

Der Beweis für die Richtigkeit dieser Methode ergibt sich aus (6.6 C), indem man für $V^2 = 1/(2d^2)$ die beiden Frequenzverhältnisse $\eta = \Omega/\omega$ für die Punkte A und B aus der Gleichung

$$\frac{1}{2d^2} = \frac{1}{(1-\eta^2)^2 + d^2\eta^2} \tag{6.11 B}$$

ermittelt, welche die beiden Lösungen

$$\eta_A^2 = 1 - \frac{d^2}{2} - d\sqrt{1+\frac{d^2}{4}}$$
$$\eta_B^2 = 1 - \frac{d^2}{2} + d\sqrt{1+\frac{d^2}{4}} \tag{6.11 C}$$

besitzt. Aus diesen beiden Lösungen ergeben sich die nur näherungsweise für kleine Werte von d gültigen Beziehungen

$$\eta_A \approx \sqrt{1-d} \approx 1 - \frac{d}{2}$$
$$\eta_B \approx \sqrt{1+d} \approx 1 + \frac{d}{2} \quad , \tag{6.11 D}$$

durch die Formel (6.11 A) bestätigt wird. Die beschriebene Methode, mit Hilfe der Halbwertsbreite die Dämpfung des Systems zu ermitteln, ist deshalb auf schwach gedämpfte Systeme mit Aufschaukelungsfaktoren $V_{max} \geqq 10$ beschränkt. Außerdem ist die Methode strenggenommen nur für die Vergrößerungsfunktion nach (6.6 C) gültig, wird aber als Näherungsmethode auch bei anderen Vergrößerungsfunktionen und bei Systemen mit mehreren Freiheitsgraden angewandt.

6.1.6 Phasenverschiebungswinkel

Eine weitere für das Verständnis der erzwungenen Schwingungen wichtige Information erhält man durch Zerlegung der komplexen Vergrößerungsfunktion $\underline{V}$ nach (6.6 B) in ihren Real- und Imaginärteil

$$\underline{V} = \frac{1-\eta^2}{(1-\eta^2)^2 + (d\eta)^2} - j\,\frac{d\eta}{(1-\eta^2)^2 + (d\eta)^2} \quad . \tag{6.12 A}$$

Daraus ergibt sich der Phasenverschiebungswinkel ε zwischen dem Real- und dem Imaginärteil der komplexen Vergrößerungsfunktion $\underline{V}$

$$\varepsilon = -\arctan\frac{d\eta}{1-\eta^2} \quad , \tag{6.12 B}$$

der identisch ist mit dem Phasenverschiebungswinkel zwischen der komplexen Wegamplitude $\hat{\underline{x}}$ und der komplexen Erregerkraftamplitude $\hat{\underline{E}}$. Dies folgt aus den Beziehungen (6.5 A) bis (6.5 C) und aus der Multiplikationsregel (3.26) für komplexe Zahlen, nach der sich der Phasenwinkel des Produkts aus der Summe der Phasenwinkel der beiden zu multiplizierenden Zahlen zusammensetzt. Das negative Vorzeichen des Phasenverschiebungswinkels ε nach (6.12 B) verursacht das in Abb. 6.6 für den unterkritischen Erregerfrequenzbereich dargestellte „Nacheilen" der Amplitude $\hat{\underline{x}}$ des Wegs der Masse gegenüber der Amplitude $\hat{\underline{E}}$ der Erregerkraft. In Abb. 6.7 ist der Betrag des Phasenverschiebungswinkels ε über dem Quotienten η aus Erregerfrequenz und Eigenfrequenz aufgetragen, wobei jeder Kurve ein konstanter Verlustfaktor d zugeordnet ist. Allen Kurven gemeinsam sind der Phasenverschiebungswinkel $\varepsilon = 0$ für $\eta = 0$ und der Phasenverschiebungswinkel 90° für $\eta = 1$ unter Resonanzbedingung. Bei allen schwach gedämpften Systemen ändert sich der Phasenverschiebungswinkel stark, wenn die Erregerfrequenz sich nur wenig von der Eigenfrequenz unterscheidet. Beim Grenzübergang zum ungedämpften System ändert sich in Resonanz bei $\eta = 1$ der Phasenverschiebungswinkel sprunghaft von 0° für $\eta < 1$ in 180° für $\eta > 1$. Bei einem gedämpften System wird der Phasenverschiebungswinkel 180°, bei dem die Masse gegenphasig zur erregenden Kraft schwingt, nur asymptotisch erreicht.

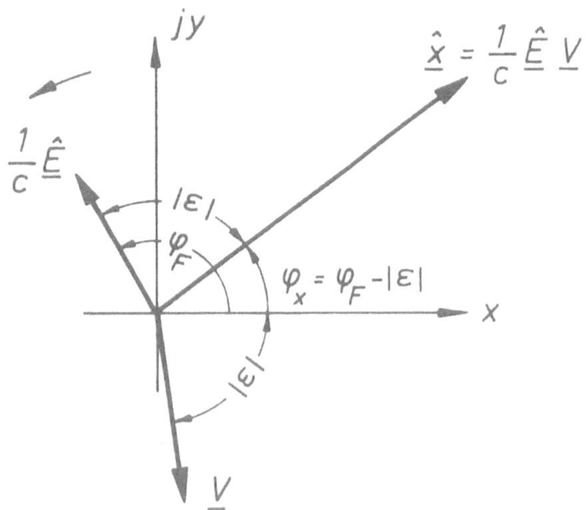

Abb. 6.6. Phasenverschiebungswinkel ε zwischen Weg und Erregerkraft für $\eta < 1$

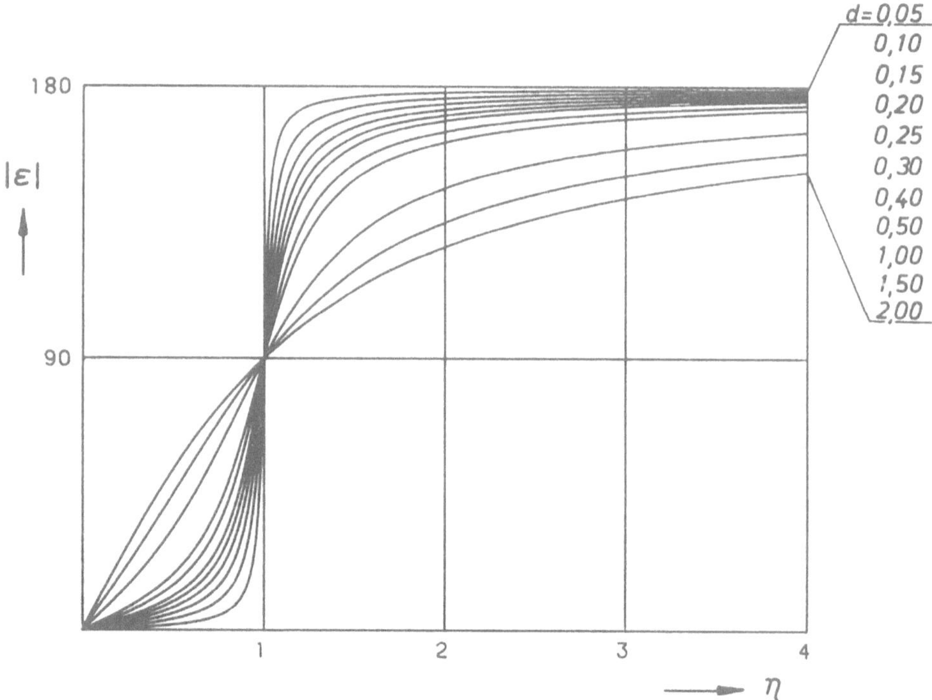

Abb. 6.7. Abhängigkeit des Phasenverschiebungswinkels von Erregerfrequenz und Dämpfung

6.1.7 Ortskurven

In Abb. 6.8 sind der Realteil x und der Imaginärteil y der komplexen Vergrößerungsfunktion $\underline{V}$ nach (6.12A) als sogenannte O r t s k u r v e n aufgetragen. Für jede Ortskurve ist der Verlustfaktor d konstant gehalten. Jedem Punkt P einer Ortskurve ist ein Wert η zugeordnet. Auf der

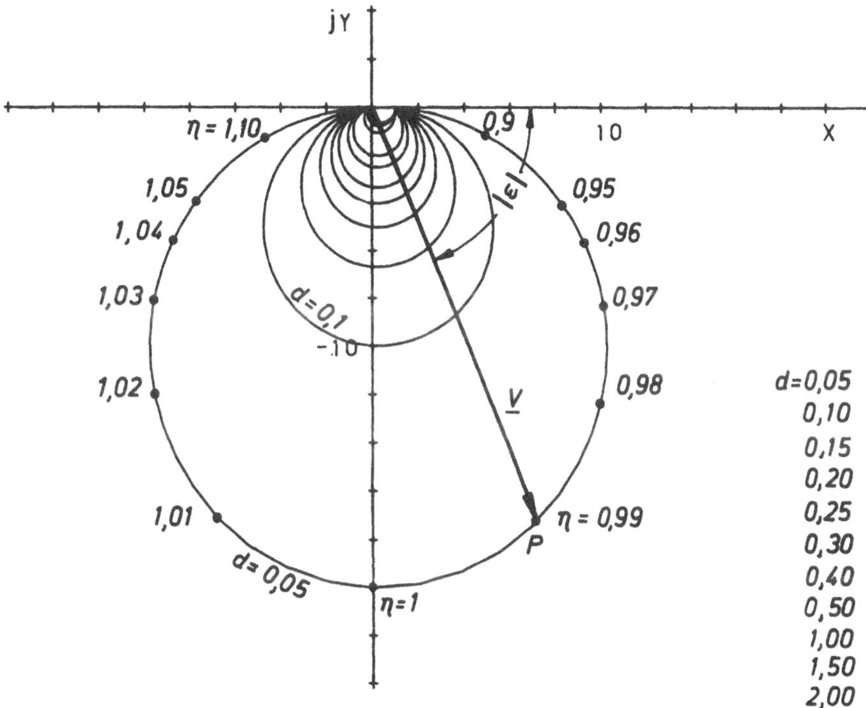

Abb. 6.8. Ortskurven der Funktion V für d = const

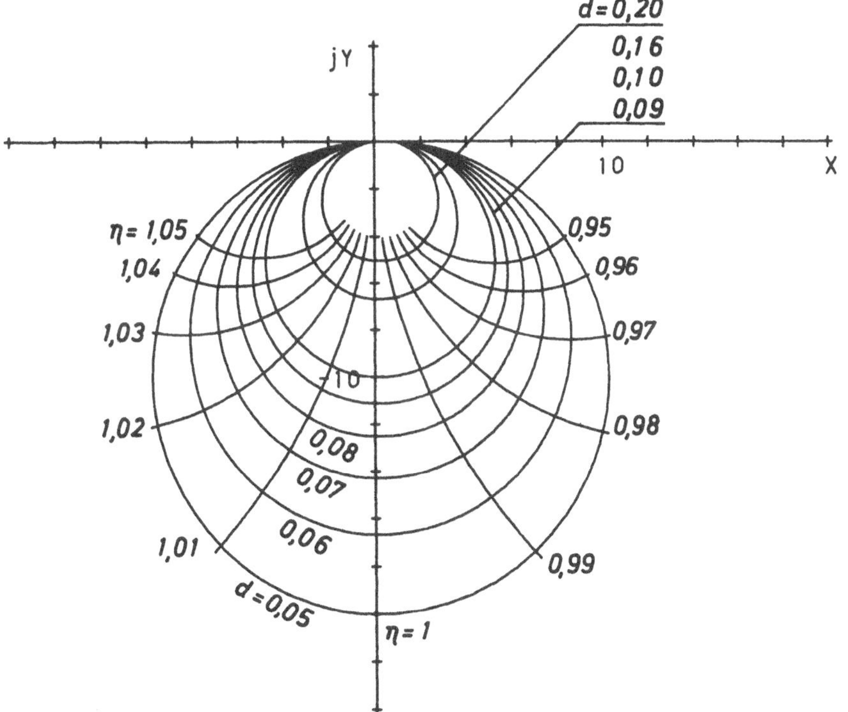

Abb. 6.9. Ortskurven der Funktion V für d = const und η = const

Kurve d = 0,05 sind z.B. einige Punkte mit den zugehörigen Werten η beschriftet. Alle dem Resonanzzustand $\eta = 1$ zugeordneten Punkte sind die Schnittpunkte der Ortskurven mit der y-Achse. Die Ortskurven enthalten in einem Diagramm die Informationen „Amplitude" und „Phasenverschiebungswinkel", die in den beiden Abbildungen 6.4 und 6.7 enthalten sind. Man kann deshalb einem Punkt P der Ortskurve sowohl den Betrag der komplexen Amplitude $\underline{V}$ als auch den Phasenverschiebungswinkel $|\varepsilon|$ zwischen der Erregerkraft und dieser Amplitude entnehmen. Der Betrag entspricht dem Abstand O-P, der Winkel $|\varepsilon|$ dem Winkel zwischen der Strecke O-P und der positiven x-Achse nach Abb. 6.8. Das Frequenzverhältnis η geht jedoch in der Ortskurve nach Abb. 6.8 verloren, sofern die Punkte nicht damit gekennzeichnet werden. Zeichnet man aber in das Diagramm nach Abb. 6.8 eine zweite Kurvenschar mit Linien η = const wie in Abb. 6.9 ein, dann ist an den Schnittpunkten beider Kurvenscharen auch η bekannt. Abb. 6.9 enthält nur Ortskurven für schwach gedämpfte Systeme, bei denen in der Umgebung von $\eta = 1$ der Phasenverschiebungswinkel ε sich stark ändert.

6.2 Einfluß von Erregung und Dämpfung auf die erzwungenen Schwingungen einfacher Systeme

Das Problem der erzwungenen harmonischen Schwingungen des Systems nach Abb. 6.1 ist im Prinzip gelöst durch die im Kapitel 6.1.2 aufgestellten Beziehungen für den Betrag der Vergrößerungsfunktion V nach Gleichung (6.6 C) und die Beziehung (6.12 B) für den Phasenverschiebungswinkel ε. Damit kann die Amplitude des Wegs x der Masse m des Schwingungssystems nach Betrag und Phase aus den bekannten Systemdaten der Frequenz und der Amplitude der Erregerkraft berechnet werden. Von praktischem Interesse sind aber außer der Wegamplitude auch noch die Amplituden der Geschwindigkeit und der Beschleunigung der Masse m, weil diese Größen anstatt der Wegamplitude von speziellen Schwingungsmeßgeräten registriert werden. Weiter interessiert die Amplitude der Kraft, die auf den Einspannpunkt 0 des Systems nach Abb. 6.1 von der Feder und der Dämpfungseinrichtung ausgeübt wird. Alle diese zusätzlichen Ergebnisse können ebenso wie der Weg der Masse durch Vergrößerungsfunktionen oder Ortskurven dimensionslos als Funktion des Frequenzverhältnisses η von Erreger- zur Eigenfrequenz des ungedämpften Systems dargestellt werden.

Wenn die Schwingungserregung durch rotierende oder oszillierende Massen erfolgt wie bei der Erregung der Schwingungen elastisch gelagerter Motoren auf dem Motorfundament oder bei der Massenkrafterregung der Torsionsschwingungen von Kurbelwellen, dann ist die Amplitude $\hat{\underline{E}}$ der Erregerkraft nicht mehr konstant, sondern von der Erregerfrequenz abhängig.

Wie bereits im Kapitel 2 erwähnt, ist die Werkstoff- und Bauteildämpfung in vielen Fällen nichtlinear. Trotzdem werden bei der Berechnung der erzwungenen harmonischen Schwingungen kleiner Amplituden die bereits von KELVIN und MAXWELL eingeführten linearen Dämpfungsmodelle verwendet. Zur Anpassung dieser Modelle an die Realität werden in bestimmten Fällen frequenzabhängige Dämpfungskoeffizienten verwendet.

6.2.1 Definition weiterer Vergrößerungsfunktionen

Der Verlauf der Resonanzkurven über der Erregerfrequenz eines Schwingers mit einem Freiheitsgrad wird einmal durch die physikalische Größe, deren Schwingungsverhalten untersucht wird, und zum anderen durch die Frequenzabhängigkeit der Schwingungserregung und des Dämpfungskoeffizienten beeinflußt. Berücksichtigt man diese drei Faktoren, dann gibt es außer der im Kapitel 6.1 unter der Annahme frequenzunabhängiger Erregung und Dämpfung für den Weg der Masse abgeleiteten Vergrößerungsfunktion V noch andere Vergrößerungsfunktionen. Ohne Anspruch auf Vollständigkeit werden nachfolgend weitere Vergrößerungsfunktionen definiert, die im Zusammenhang mit den an Kolbenmaschinen beobachteten Schwingungserscheinungen von Bedeutung sind.

Alle diese Vergrößerungsfunktionen lassen sich durch die komplexe Beziehung

$$\underline{\hat{y}}_k = \underline{\hat{Y}}_{k,l}\,\underline{V}_{k,l,m} \tag{6.13A}$$

oder die reelle Beziehung

$$\hat{y}_k = \hat{Y}_{k,l}\,V_{k,l,m} \tag{6.13B}$$

definieren. Zur Unterscheidung der genannten Einflüsse werden die Indizes k, l, m verwendet. Die Vergrößerungsfunktion V ist dimensionslos und nur von dem Erregerfrequenzverhältnis η nach (6.6 A) und einem ebenfalls dimensionslosen Dämpfungskoeffizienten abhängig. Durch Multiplikation von V mit einer dimensionsbehafteten, aber von der Erregerkreisfrequenz Ω unabhängigen Amplitude $\hat{Y}$ erhält man die gesuchte Amplitude $\hat{y}$ des Schwingungssystems. Durch diese Art der Definition wird die Abhängigkeit des Schwingungssystems von der Erregerfrequenz vollständig durch die Vergrößerungsfunktion beschrieben.

Der Index k kennzeichnet die physikalische Größe der Amplitude $\hat{y}_k$. Es ist

$$\begin{aligned} \hat{y}_1 &= \hat{x} \\ \hat{y}_2 &= \hat{\dot{x}} \\ \hat{y}_3 &= \hat{\ddot{x}} \\ \hat{y}_4 &= \hat{F} \end{aligned} \qquad \text{oder} \qquad \begin{aligned} \hat{y}_1 &= \hat{\varphi} \\ \hat{y}_2 &= \hat{\dot{\varphi}} \\ \hat{y}_3 &= \hat{\ddot{\varphi}} \\ \hat{y}_4 &= \hat{T} \end{aligned} \qquad \begin{aligned} &, \quad (6.14\,A) \\ &, \quad (6.14\,B) \end{aligned}$$

wobei mit $\hat{x}$ die Weg-, $\hat{\dot{x}}$ die Geschwindigkeits- und mit $\hat{\ddot{x}}$ die Beschleunigungsamplitude der Masse des Schwingungssystems bezeichnet wird. $\hat{F}$ ist die Amplitude der Kraft, die auf den Einspannpunkt des Systems nach Abb. 6.1 durch die schwingende Masse ausgeübt wird. Bei Drehschwingungssystemen gelten die analogen Beziehungen (6.14 B), in denen φ die Bedeutung eines Drehwinkels und T die Bedeutung eines Drehmomentes besitzt.

Der Index l kennzeichnet die Abhängigkeit der Schwingungserregung von der Erregerfrequenz. Mit l = 1 wird eine frequenzunabhängige Erregung, mit l = 2 eine durch rotierende oder oszillierende Massen des Motortriebwerks erzeugte Massenkrafterregung gekennzeichnet. Damit wird die Amplitude $\hat{Y}_{k,l}$ in den Formeln (6.13) durch die Beziehungen

$$\begin{aligned} \hat{Y}_{1,l} &= \frac{\hat{E}_l}{c} \\ \hat{Y}_{2,l} &= \frac{\hat{E}_l}{c}\,\omega \\ \hat{Y}_{3,l} &= \frac{\hat{E}_l}{c}\,\omega^2 \\ \hat{Y}_{4,l} &= \hat{E}_l \end{aligned} \qquad \text{mit} \qquad \begin{aligned} \hat{E}_1 &= \hat{E} \\ \hat{E}_2 &= \hat{U}\,\omega^2 \\ l &= 1,2 \end{aligned} \tag{6.15}$$

definiert. Dabei ist $\hat{E}$ die Kraft- oder Drehmomentamplitude der Schwingungserregung, c die Längs- oder Torsionssteifigkeit der Feder, ω die Eigenkreisfrequenz des Schwingungssystems und $\hat{U}$ eine für die Ermittlung der Massenkraft oder des Massendrehmomentes maßgebende Konstante, die z.B. bei Fliehkrafterregung der Unwucht entspricht.

Der dritte, mit m bezeichnete Index der Vergrößerungsfunktion V kennzeichnet in den Formeln (6.13) die Frequenzabhängigkeit des Dämpfungskoeffizienten b. Mit m = 1 wird der frequenzunabhängige Dämpfungskoeffizient, mit m = 2 wird die Werkstoffdämpfung und m = 3 die Dämpfung eines Schiffspropellers bezüglich der Drehschwingungen gekennzeichnet.

6.2.2 Frequenzunabhängiger Dämpfungskoeffizient

Die Vergrößerungsfunktionen für einen von der Erregerfrequenz unabhängigen Dämpfungskoeffizienten können aus der partikulären Lösung (6.5 B) der Bewegungsgleichung (6.1 A) des Schwingungssystems nach Abb. 6.1 abgeleitet werden. So erhält man z.B. durch Differenzieren der Lösung (6.5 B) nach der Zeit die Schwingungsgeschwindigkeit

$$\underline{\dot{x}} = j\Omega \underline{\hat{x}}\, e^{j\Omega t} = \underline{\hat{\dot{x}}}\, e^{j\Omega t} \tag{6.16A}$$

mit der komplexen Amplitude

$$\underline{\hat{\dot{x}}} := j\Omega \underline{\hat{x}} \tag{6.16B}$$

und die Schwingungsbeschleunigung

$$\underline{\ddot{x}} = -\Omega^2 \underline{\hat{x}}\, e^{j\Omega t} = \underline{\hat{\ddot{x}}}\, e^{j\Omega t} \tag{6.16C}$$

mit der komplexen Amplitude

$$\underline{\hat{\ddot{x}}} := -\Omega^2 \underline{\hat{x}} \quad . \tag{6.16D}$$

Aus (6.16 B) folgt mit (6.5 A), (6.5 C) und (6.6 A)

$$\underline{\hat{\dot{x}}} = \frac{\underline{E}}{c}\, \omega \frac{j\eta}{1-\eta^2+j\,d\,\eta} \tag{6.16E}$$

und entsprechend aus (6.16 D)

$$\underline{\hat{\ddot{x}}} = \frac{\underline{E}}{c}\, \omega^2 \frac{-\eta^2}{1-\eta^2+j\,d\,\eta} \quad . \tag{6.16F}$$

Für eine von der Erregerfrequenz unabhängige Erregung und Dämpfung erhält man aus (6.5 A), (6.5 C), (6.16 E) und (6.16 F) unter Verwendung der im Kapitel 6.2.1 vereinbarten Bezeichnungen die folgenden Vergrößerungsfunktionen:

$$\underline{\hat{x}} = \frac{\underline{\hat{E}}}{c}\, \underline{V}_{1,1,1} \qquad \underline{V}_{1,1,1} := \frac{1}{1-\eta^2+j\,d\eta} \tag{6.17A}$$

$$\underline{\hat{\dot{x}}} = \frac{\underline{\hat{E}}}{c}\, \omega\, \underline{V}_{2,1,1} \qquad \underline{V}_{2,1,1} := \frac{j\eta}{1-\eta^2+j\,d\eta} \tag{6.17B}$$

$$\underline{\hat{\ddot{x}}} = \frac{\underline{\hat{E}}}{c}\, \omega^2 \underline{V}_{3,1,1} \qquad \underline{V}_{3,1,1} := \frac{-\eta^2}{1-\eta^2+j\,d\eta} \quad . \tag{6.17C}$$

Bei dem KELVINschen Dämpfungsmodell nach Abb. 6.1 sind die Feder und das Dämpfungselement parallel geschaltet. Deshalb ist die Kraft

$$F = c\,x + b\,\dot{x} \quad , \tag{6.18A}$$

die auf die Masse ausgeübt wird, die Summe aus der Federkraft und der durch die Dämpfungseinrichtung erzeugten Kraft. Ihr zeitlicher Verlauf

$$F = \underline{\hat{x}}\,(c+j\Omega b)\, e^{j\Omega t} \quad , \tag{6.18B}$$

der sich aus der Lösung (6.5) ergibt, kann auf die Form

$$F = \underline{\hat{E}} \frac{1+jd\eta}{1-\eta^2+jd\eta} e^{j\Omega t} = \underline{\hat{F}} e^{j\Omega t} \tag{6.18C}$$

gebracht werden, aus der sich die Beziehungen

$$\underline{\hat{F}} = \underline{\hat{E}} \underline{V}_{4,1,1} \qquad \underline{V}_{4,1,1} := \frac{1+jd\eta}{1-\eta^2+jd\eta} \tag{6.18D}$$

zwischen der komplexen Kraftamplitude und der komplexen Vergrößerungsfunktion ergeben, die wieder durch 3 Indizes gekennzeichnet ist.

Durch rotierende oder oszillierende Massen des Motortriebwerks werden äußere Kräfte erzeugt, deren Amplitude

$$\underline{\hat{E}} = \underline{\hat{U}} \Omega^2 \tag{6.19A}$$

proportional dem Quadrat der Erregerfrequenz ist. Diese Erregung wird durch den Index l = 2 der Vergrößerungsfunktion gekennzeichnet. So erhält man z.B. aus (6.17A) und (6.19A) die Beziehungen

$$\underline{\hat{x}} = \frac{\underline{\hat{U}} \omega^2}{c} \underline{V}_{1,2,1} \qquad \underline{V}_{1,2,1} := \frac{\eta^2}{1-\eta^2+jd\eta} \tag{6.19B}$$

für die Vergrößerungsfunktion des Wegs bei Massenkrafterregung und frequenzunabhängigem Dämpfungskoeffizienten.

Zwischen den Vergrößerungsfunktionen der durch Massenkräfte erregten erzwungenen Schwingungen und den Vergrößerungsfunktionen bei frequenzunabhängiger Erregung gilt allgemein die Beziehung

$$V_{k,2,m} = \eta^2 V_{k,1,m} \tag{6.20}$$

unabhängig davon, ob die Vergrößerungsfunktionen komplex oder reell sind.

6.2.3 Werkstoffdämpfung

Der Dämpfungskoeffizient b der Differentialgleichung (6.1C) ist nach Definition eine konstante Größe, die nur von den Dämpfungseigenschaften des Schwingungssystems abhängig ist. Das Dämpfungsverhalten metallischer und viskoelastischer Stoffe läßt sich aber mit der Annahme eines von der Erregerfrequenz unabhängigen Dämpfungskoeffizienten nicht beschreiben. Besser geht das mit der Annahme, daß der Quotient

$$\psi := \frac{W_D}{W_P} \tag{6.21}$$

aus der während eines Zyklus in Wärme umgesetzten Energie W_D und der beim Erreichen der maximalen Amplitude vorhandenen potentiellen Energie W_p eine konstante Größe ist. Bei einer harmonischen Bewegung

$$x = \hat{x} \sin \Omega t \tag{6.22A}$$

der Masse m eines Systems nach Abb. 6.1 wirkt nach (6.18A) zwischen den Punkten 0 und 1 die Kraft

$$F = cx + b\dot{x} = c\hat{x} \sin \Omega t + b\Omega \hat{x} \cos \Omega t \tag{6.22B}$$

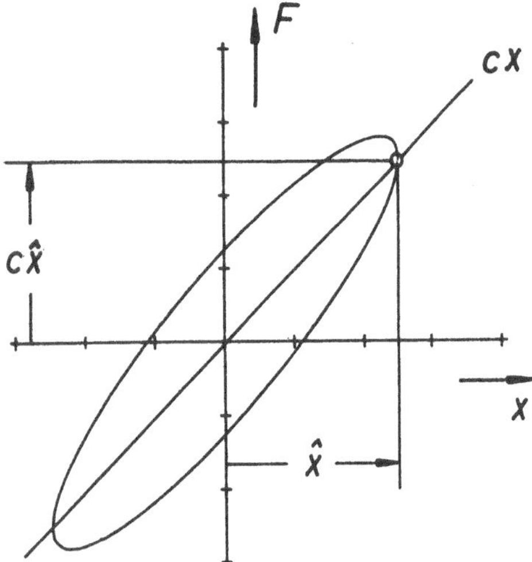

Abb. 6.10. Hysteresisschleife bei harmonischer Bewegung

Eliminiert man die Zeit t aus den beiden Gleichungen (6.22), dann ergibt sich die Beziehung

$$F = cx \pm b\Omega \sqrt{\hat{x}^2 - x^2} \tag{6.22C}$$

zwischen der Kraft und dem Weg, durch die eine in Abb. 6.10 gezeichnete Hysteresisschleife definiert wird. Die in Wärme umgesetzte Arbeit erhält man aus dem Integral

$$W_D = \int_A F\,dx = \int_0^T F\,\dot{x}\,dt = \pi b \hat{x}^2 \Omega \tag{6.23}$$

über die durch die Hysteresisschleife nach Abb. 6.10 eingeschlossene Fläche A. Die potentielle Energie für $\Omega t = \pi/2$ ist

$$W_P = \frac{1}{2} c \hat{x}^2 \quad . \tag{6.24}$$

Aus (6.21), (6.23) und (6.24) folgt der Dämpfungsfaktor

$$\psi := 2\pi \frac{b\Omega}{c} = 2\pi\eta d \quad , \tag{6.25A}$$

der bei der als Werkstoffdämpfung bezeichneten Dämpfungsart als konstant betrachtet wird. Damit ist der Verlustfaktor d bei dieser Dämpfungsart

$$d := \frac{\psi}{2\pi} \frac{1}{\eta} = \frac{\chi}{\eta} \quad , \tag{6.25B}$$

wenn man die Abkürzung

$$\chi := \frac{\psi}{2\pi} \tag{6.25C}$$

einführt, eine von der Erregerfrequenz abhängige Größe. Die von Werkstoff und Bauteil abhängige Konstante χ wird als Verlustzahl bezeichnet.

Ersetzt man z.B. in der Formel (6.17A) den Verlustfaktor d durch die Beziehung (6.25B), dann erhält man die komplexe Vergrößerungsfunktion

$$\underline{V}_{1,1,2} = \frac{1}{1 - \eta^2 + j\chi} \tag{6.26}$$

für den Weg der Masse bei konstanter Erregeramplitude E_1 unter dem Einfluß der mit dem Index m = 2 gekennzeichneten Werkstoffdämpfung. Die Vergrößerungsfunktionen (6.26) und (6.17A) unterscheiden sich auch bei gleichen Beträgen der Konstanten χ und d, wenn $\eta \neq 1$ ist. Weitere Formeln für Vergrößerungsfunktionen bei Werkstoffdämpfung sind in der Abb. 6.11 tabellarisch zusammengestellt.

Einen systematischen Überblick über das Dämpfungsverhalten metallischer und viskoelastischer Stoffe unter Berücksichtigung deutscher und internationaler Normung findet man in der Veröffentlichung [15] von K. FEDERN.

6.2.4 Propellerdämpfung

Eine andere Frequenzabhängigkeit besitzt der bei den Torsionsschwingungen von Schiffsantrieben beobachtete Dämpfungseffekt des Schiffspropellers, der sich in erster Näherung durch die Beziehung

$$d = d_3 = \varrho \eta \tag{6.27}$$

erfassen läßt.

Diese lineare Abhängigkeit des Dämpfungskoeffizienten von der Erregerfrequenz wird von DEN HARTOG [16] aus der statischen Drehmomentenkennlinie abgeleitet und durch einen Faktor dem Meßergebnis angepaßt. Der Einfluß der Propellerkenngrößen auf die Dämpfung der Torsionsschwingungen war das Ziel zahlreicher Untersuchungen. In dem B.I.C.E.R.A.-Handbuch [17] ist eine Zusammenfassung von Methoden zur Berechnung der Dämpfungskoeffizienten von Schiffspropellern enthalten, in der die Veröffentlichungen bis 1958 berücksichtigt werden. Weitere Forschungsergebnisse und Literaturhinweise zum Thema „Propellerdämpfung" findet man unter [18] bis [20].

6.2.5 Vergrößerungsfunktionen und Ortskurven der Wegamplitude

Die Formeltabelle nach Abb. 6.11 enthält für die frequenzunabhängige Erregung und die Fliehkrafterregung (l = 1, 2) die komplexen Vergrößerungsfunktionen $\underline{V}_{1,l,m}$ und $\underline{V}_{4,l,m}$ für die behandelten drei Dämpfungsarten (m = 1, 2, 3). In Abb. 6.12 sind die Beträge der 6 komplexen Vergrößerungsfunktionen $\underline{V}_{1,l,m}$ über dem Erregerfrequenzverhältnis η für verschiedene Werte der Dämpfungskonstanten d, χ und ϱ aufgetragen. Die zeilen- und spaltenweise Anordnung der Diagramme ist identisch mit der Anordnung der Formeln im Teil A der Abb. 6.11.

Bei frequenzunabhängiger Erregeramplitude beginnen die Vergrößerungsfunktionen bei $\eta = 0$ mit einem konstanten Wert und konvergieren bei großen Werten von η auf den Wert Null. Die Extremwerte der Vergrößerungsfunktionen werden um so genauer in Resonanz bei $\eta = 1$ erreicht, je kleiner die Dämpfungskoeffizienten sind. Der Betrag der komplexen Vergrößerungsfunktion $\underline{V}_{1,1,2}$ des Wegs bei frequenzunabhängiger Erregeramplitude und Werkstoffdämpfung erreicht unabhängig vom Betrag der Verlustzahl χ bei $\eta = 1$ seinen Größtwert.

Bei Fliehkrafterregung beginnen die Vergrößerungsfunktionen bei $\eta = 0$ alle mit dem Wert Null und konvergieren bei großen Werten von η auf einen konstanten Wert. Bei kleinen Dämpfungen unterscheiden sich die Vergrößerungsfunktionen in der Umgebung des Resonanzpunktes $\eta = 1$ nur wenig.

Die Abb. 6.13 enthält die Ortskurven der 6 komplexen Vergrößerungsfunktionen $\underline{V}_{1,l,m}$. Die 6 Diagramme sind gleichartig angeordnet wie die Diagramme der Beträge der zugehörigen Vergrößerungsfunktionen in Abb. 6.12 und enthalten ebenso wie Abb. 6.9 kreisähnliche Linien gleicher Dämpfung und Linien mit konstantem Frequenzverhältnis η, wobei die Werte von η zwischen 0,95 und 1,05 variiert wurden. Den Dämpfungskonstanten d, χ und ϱ wurden die gleichen Werte zugeordnet wie den Vergrößerungsfunktionen in Abb. 6.12. Ein Vergleich der Diagramme zeigt eine verblüffende Übereinstimmung, sofern man sich auf die im Zusammenhang mit den Triebwerksschwingungen interessanten Dämpfungen beschränkt, die zu Maximalwerten $V_{max} \geqq 5$ führen.

m	$\underline{V}_{1,1,m}$	$\underline{V}_{1,2,m}$
1	$\underline{V}_{1,1,1} := \dfrac{1}{1-\eta^2+jd\eta}$	$\underline{V}_{1,2,1} := \dfrac{\eta^2}{1-\eta^2+jd\eta}$
2	$\underline{V}_{1,1,2} := \dfrac{1}{1-\eta^2+j\chi}$	$\underline{V}_{1,2,2} := \dfrac{\eta^2}{1-\eta^2+j\chi}$
3	$\underline{V}_{1,1,3} := \dfrac{1}{1-\eta^2+j\varrho\eta^2}$	$\underline{V}_{1,2,3} := \dfrac{\eta^2}{1-\eta^2+j\varrho\eta^2}$
A	$\hat{\underline{x}} = \dfrac{\hat{\underline{E}}}{c}\underline{V}_{1,1,m}$	$\hat{\underline{x}} = \dfrac{\hat{\underline{U}}\omega^2}{c}\underline{V}_{1,2,m}$

m	$\underline{V}_{4,1,m}$	$\underline{V}_{4,2,m}$
1	$\underline{V}_{4,1,1} := \dfrac{1+jd\eta}{1-\eta^2+jd\eta}$	$\underline{V}_{4,2,1} := \dfrac{1+jd\eta}{1-\eta^2+jd\eta}\eta^2$
2	$\underline{V}_{4,1,2} := \dfrac{1+j\chi}{1-\eta^2+j\chi}$	$\underline{V}_{4,2,2} := \dfrac{1+j\chi}{1-\eta^2+j\chi}\eta^2$
3	$\underline{V}_{4,1,3} := \dfrac{1+j\varrho\eta^2}{1-\eta^2+j\varrho\eta^2}$	$\underline{V}_{4,2,3} := \dfrac{1+j\varrho\eta^2}{1-\eta^2+j\varrho\eta^2}\eta^2$
B	$\hat{\underline{F}} = \hat{\underline{E}}\,\underline{V}_{4,1,m}$	$\hat{\underline{F}} = \hat{\underline{U}}\omega^2\underline{V}_{4,2,m}$

Abb. 6.11. Komplexe Vergrößerungsfunktionen $\underline{V}_{1,l,m}$ und $\underline{V}_{4,l,m}$ für l = 1, 2 und m = 1, 2, 3

Das bedeutet, daß in unmittelbarer Resonanznähe weder die Frequenzabhängigkeit der Erregung noch die Frequenzabhängigkeit der Dämpfung einen großen Einfluß auf die Gestalt der Resonanzkurve und auf den Phasenverschiebungswinkel zwischen den Amplituden der Erregerkraft und des Wegs des Schwingers besitzen.

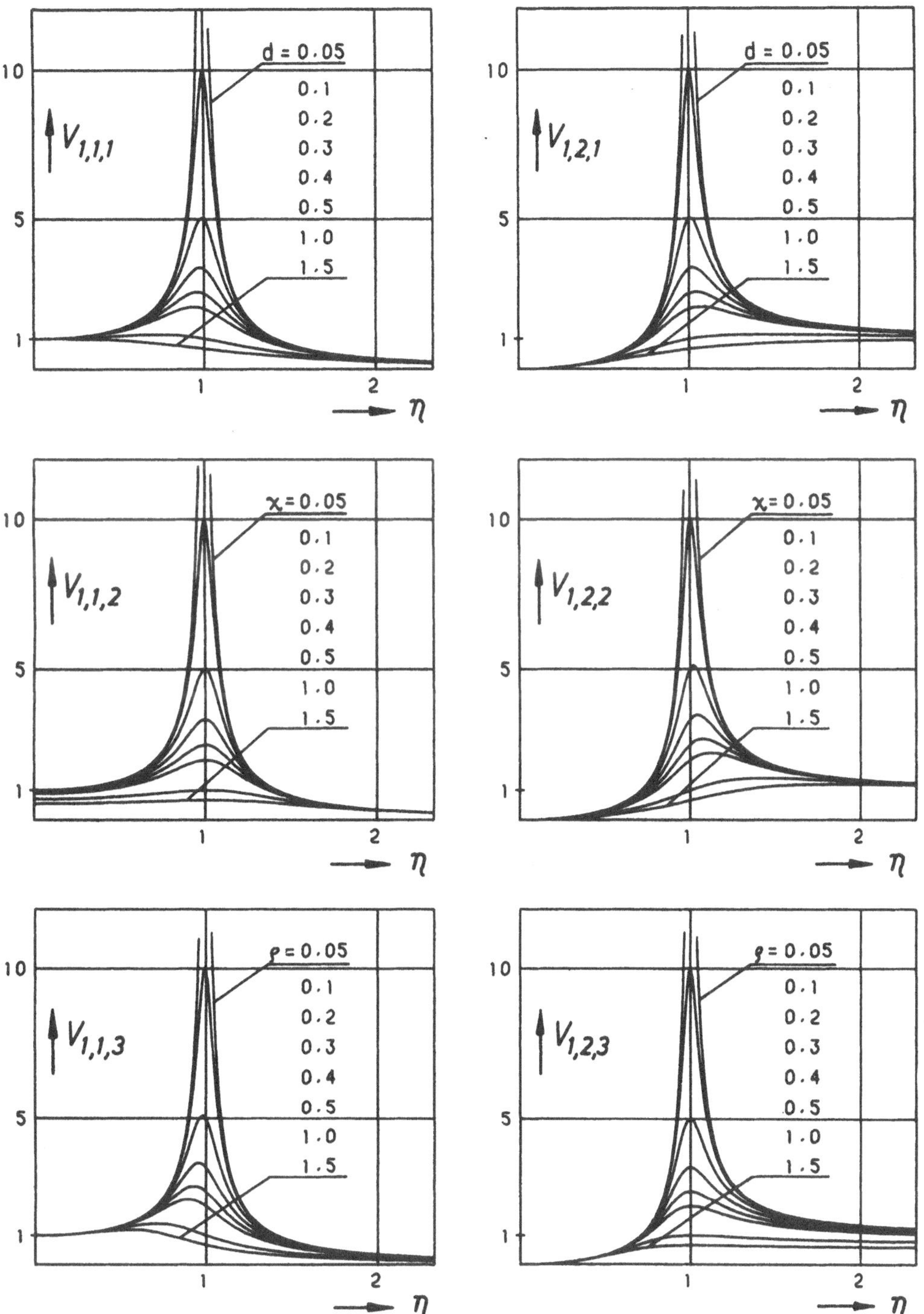

Abb. 6.12. Beträge $V_{1,1,m}$ und $V_{1,2,m}$ der Vergrößerungsfunktionen abhängig vom Erregerfrequenzverhältnis η für m = 1, 2, 3

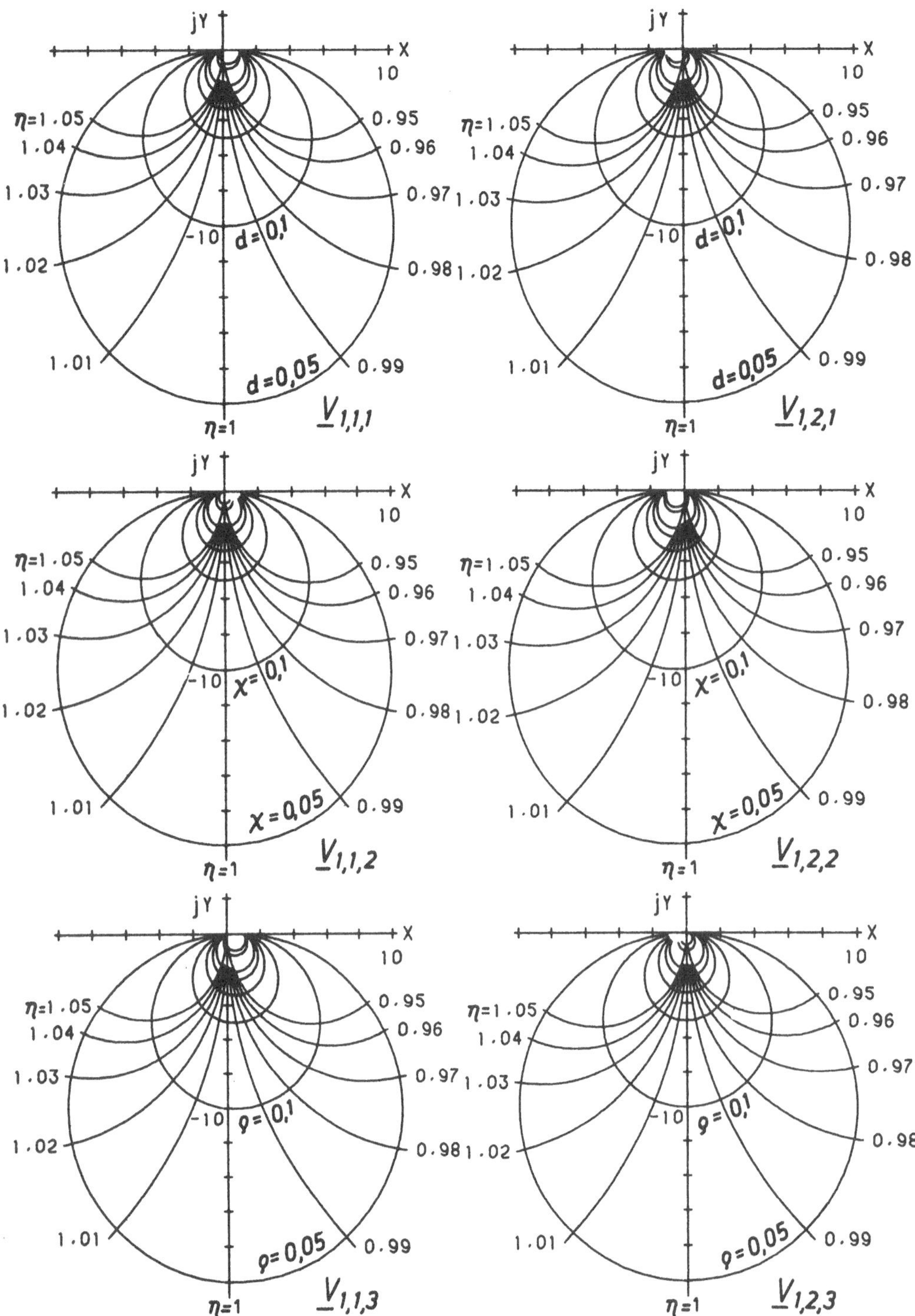

Abb. 6.13. Ortskurven der komplexen Vergrößerungsfunktion $\underline{V}_{1,1,m}$ und $\underline{V}_{1,2,m}$ für m = 1, 2, 3

6.2.6 Vergrößerungsfunktionen und Ortskurven der Kraftamplituden

In Abb. 6.14 sind die Beträge der komplexen Vergrößerungsfunktionen $\underline{V}_{4,1,m}$ für die zwischen der Masse und dem Festpunkt wirkende Kraft über dem Erregerfrequenzverhältnis η aufgetragen, wobei die 6 Diagramme wieder gleichartig angeordnet wurden wie die zugehörigen Formeln im Teil B der Abb. 6.11. Für die Dämpfungskonstanten d, χ und ϱ wurden wieder die gleichen Werte

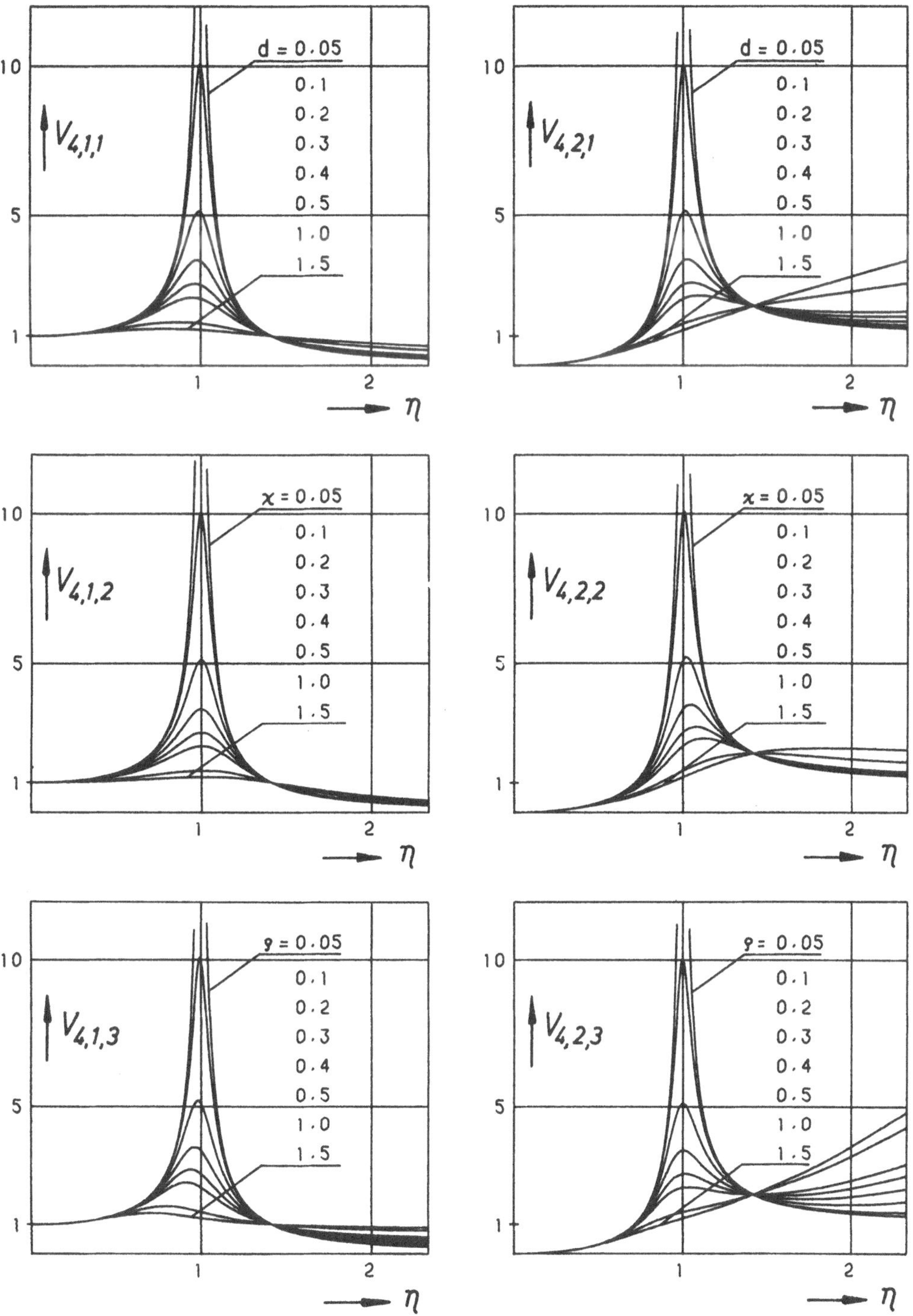

Abb. 6.14. Beträge $V_{4,1,m}$ und $V_{4,2,m}$ der Vergrößerungsfunktionen abhängig vom Erregerfrequenzverhältnis η für m = 1, 2, 3

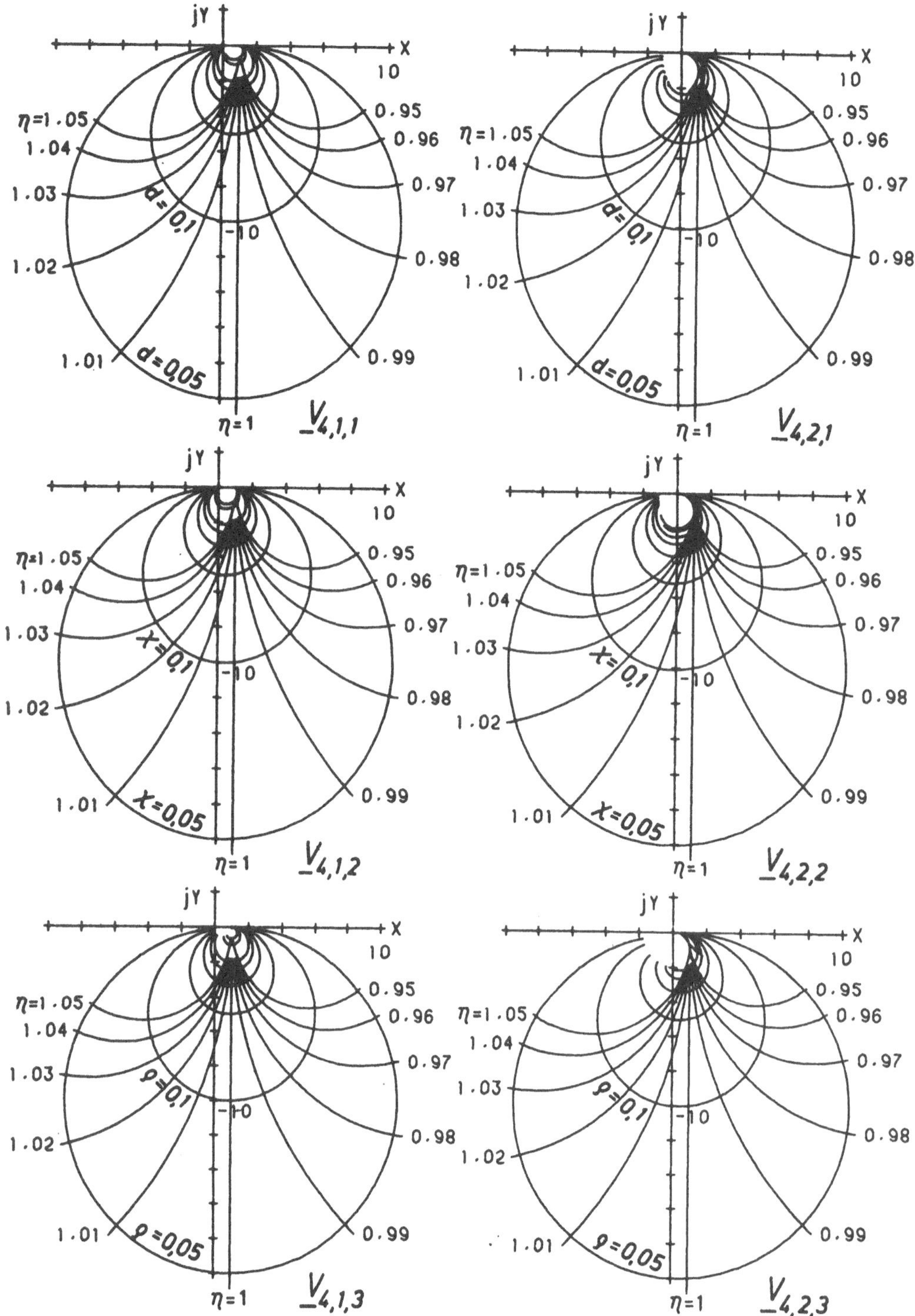

Abb. 6.15. Ortskurven der komplexen Vergrößerungsfunktion $\underline{V}_{4,1,m}$ und $\underline{V}_{4,2,m}$ für m = 1, 2, 3

verwendet wie in den Abbildungen 6.12 und 6.13. Ein Vergleich zusammengehöriger Diagramme in den Abb. 6.12 und 6.14, für die gleichartige Erregungen und Dämpfungen verwendet wurden, ergibt für den Erregerfrequenzbereich $0 \leqq \eta \leqq 1{,}5$ keine großen Abweichungen, sofern man wieder die für technische Anwendungen interessanten Werte der Dämfungskonstanten betrachtet. Unterschiede ergeben sich hauptsächlich bei höheren Frequenzen und bei sehr großen Werten der Dämpfung, vor allem bei der Fliehkrafterregung. Interessant an den Diagrammen der Abb. 6.14 sind die vom Wert der Dämpfungskonstanten unabhängigen Schnittpunkte der Beträge der Vergrößerungsfunktionen.

Abb. 6.15 enthält die 6 Ortskurven der komplexen Vergrößerungsfunktionen $\underline{V}_{4,1,m}$, deren Beträge in Abb. 6.14 über dem Erregerfrequenzverhältnis aufgetragen sind. Auch diese für die Kraft zwischen der Masse und dem Festpunkt des Schwingers maßgebenden Ortskurven unterscheiden sich nur wenig von den in Abb. 6.13 aufgezeichneten Ortskurven für den Weg, sofern man den Vergleich wieder auf kleine Dämpfungskonstanten und auf die Umgebung des Resonanzpunktes $\eta = 1$ beschränkt. Unterschiedliche Tendenzen zeigen sich nur bei größeren Werten von η und bei großen Werten der Dämpfungskonstanten, vor allem bei der Massen- und Fliehkrafterregung für die Dämpfungsarten 1 und 3. Diese Unterschiede werden durch den Anstieg der Beträge der genannten Vergrößerungsfunktionen bei großen Werten von η verursacht. Dieser Anstieg geht deutlich aus den entsprechenden Diagrammen von Abb. 6.14 hervor.

6.3 Berechnung der erzwungenen Schwingungen von Schwingungsketten

In Abb. 6.16 ist ein Ausschnitt aus einem Schwingungssystem skizziert, das aus n Massen besteht, die durch Federn und Dämpfungselemente miteinander gekoppelt sind. Man bezeichnet ein solches System als eine Schwingungskette, wenn jede Masse mit Ausnahme der beiden Endmassen mit zwei benachbarten Massen gekoppelt ist. Typische Anwendungsbeispiele für dieses Berechnungsmodell sind die Kurbelwellen von Kolbenmaschinen, die Wellen von Turbomaschinen und die Antriebswellen von Schiffsantrieben, sofern keine Verzweigungen durch Getriebe oder Riementriebe vorhanden sind.

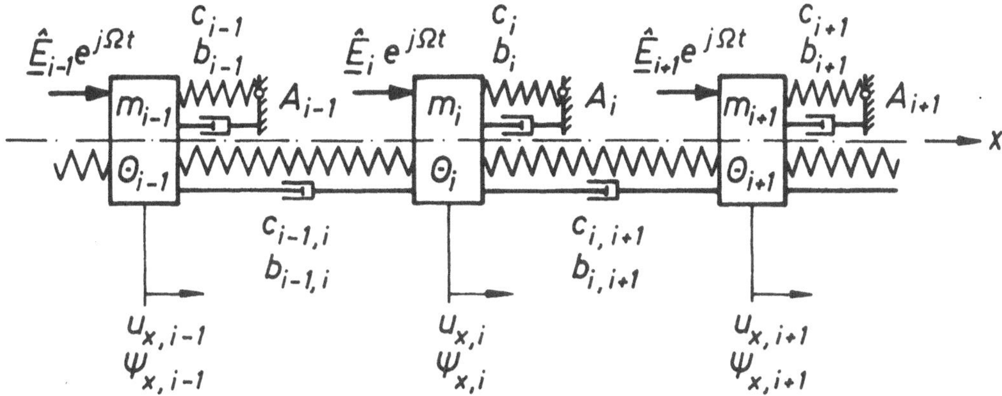

Abb. 6.16. Längsschwingungs- oder Torsionsschwingungskette

In Abb. 6.17 sind für eine Welle, die mit scheibenförmigen Rotoren besetzt ist, die drei möglichen Berechnungsmodelle gegenübergestellt. Die drei Modelle zusammen berücksichtigen alle 6 möglichen Freiheitsgrade der Bewegung der Massen. Die Bezeichnung der Schwingungssysteme orientiert sich an der Beanspruchungsart der Welle. Bei glatten Wellen mit kreiszylindrischen Querschnitten sind die Längsschwingungen, die Torsionsschwingungen und die Biegeschwingungen praktisch entkoppelt. Deshalb kann jedes dieser Schwingungsphänomene mit Hilfe der drei unabhängigen Berechnungsmodelle nach Abb. 6.17 behandelt werden. Die mit A und B bezeichneten Berechnungsmodelle besitzen einen Freiheitsgrad pro Masse und unterscheiden sich nur in ihren Koordinaten u_x bzw. ψ_x, die zur Beschreibung der Bewegung der Massen dienen. Beide Berechnungsmodelle führen zu identischen mathematischen Formulierungen und identischen Lösungsalgorithmen, wenn man den Systemparametern die in Abb. 6.18 angegebene Bedeutung zuordnet.

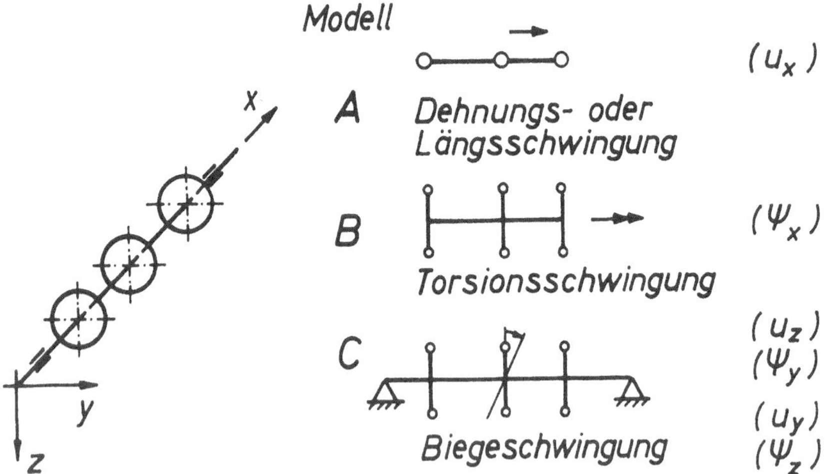

Abb. 6.17. Berechnungsmodelle für die Schwingungsformen von Wellen

Die dort in eckigen Klammern eingeschlossenen physikalischen Dimensionen sind in SI-Einheiten angegeben. Der Index x dient zur Kennzeichnung des Längsschwingungssystems, der Index T zur Kennzeichnung des Torsionsschwingungssystems. Das Modell nach Abb. 6.16 beinhaltet die Modelle A und B von Abb. 6.17 und enthält zusätzliche Absolutsteifigkeiten und Dämpfungen, die Kräfte zwischen den mit A bezeichneten Festpunkten und den Massen verursachen. Damit schließt die Schwingungskette auch das bereits ausführlich untersuchte System mit einem Freiheitsgrad ein, wenn man die Anzahl der Massen auf die Zahl 1 reduziert.

Modell	Koor-dinate	Steifigkeit	Dämpfungs-koeffizient	Masse	Erregung
A	u_x [m]	c_x [N/m]	b_x [Ns/m]	m [kg]	F [N]
B	ψ_x [rad]	c_T [mN/rad]	b_T [mNs/rad]	Θ_x [kgm^2]	T [mN]

Abb. 6.18. Koordinaten und Parameter von Schwingungsketten

6.3.1 Bewegungsgleichungen und Lösungsansatz

Bei der Aufstellung der Bewegungsgleichungen für die Schwingungskette nach Abb. 6.16 und der Ableitung der Lösungsalgorithmen wird das Torsionsschwingungssystem verwandt, wobei die dabei gewonnenen Ergebnisse unter Verwendung von Abb. 6.18 unmittelbar auf die Längsschwingungen übertragbar sind.

Der Impulssatz, angewandt auf die i-te Masse Θ_i des Torsionsschwingungssystems nach Abb. 6.16, liefert die Bewegungsgleichung

$$\begin{aligned}\Theta_i \ddot{\psi}_i = \; & c_{i-1,i}\,(\psi_{i-1} - \psi_i) + b_{i-1,i}\,(\dot{\psi}_{i-1} - \dot{\psi}_i) \\ & - c_{i,i+1}\,(\psi_i - \psi_{i+1}) - b_{i,i+1}\,(\dot{\psi}_i - \dot{\psi}_{i+1}) \\ & - c_i \psi_i - b_i \dot{\psi}_i + \underline{\hat{E}}_i e^{j\Omega t} \quad .\end{aligned} \tag{6.28A}$$

Dabei wurden zur Vereinfachung die Abkürzungen

$$\begin{aligned}\psi_i &:= \psi_{x_i} \\ c_{i,i+1} &:= c_{T_{i,i+1}} \\ c_i &:= c_{T_i}\end{aligned} \tag{6.28B}$$

verwendet. Mit dem Lösungsansatz

$$\begin{aligned}\psi_i &= \underline{\hat{\varphi}}_i e^{j\Omega t} \\ \dot{\psi}_i &= j\Omega \underline{\hat{\varphi}}_i e^{j\Omega t} \\ \ddot{\psi}_i &= -\Omega^2 \underline{\hat{\varphi}}_i e^{j\Omega t}\end{aligned} \tag{6.29A}$$

ergibt sich aus (6.28 A) die Beziehung

$$-\Theta_i \Omega^2 \underline{\hat{\varphi}}_i = \underline{d}_{i-1,i}(\underline{\hat{\varphi}}_{i-1} - \underline{\hat{\varphi}}_i) - \underline{d}_{i,i+1}(\underline{\hat{\varphi}}_i - \underline{\hat{\varphi}}_{i+1}) - \underline{d}_i \underline{\hat{\varphi}}_i + \underline{\hat{E}}_i \quad , \qquad i = 1, 2, \dots n \tag{6.29B}$$

wobei die komplexen Steifigkeiten, die auch als Impedanzen bezeichnet werden, durch

$$\begin{aligned}\underline{d}_{i-1,i} &:= c_{i-1,i} + j\Omega b_{i-1,i} \\ \underline{d}_{i,i+1} &:= c_{i,i+1} + j\Omega b_{i,i+1} \qquad \text{mit } \underline{d}_{i-1,i} = \underline{d}_{i,i-1} \\ \underline{d}_i &:= c_i + j\Omega b_i\end{aligned} \tag{6.29C}$$

abgekürzt werden. Durch (6.29 B) werden n lineare Gleichungen definiert, aus denen die n unbekannten komplexen Amplituden $\underline{\hat{\varphi}}_i$ berechnet werden können. Die Tridiagonalmatrix des linearen Gleichungssystems

$$[\underline{C}] \begin{Bmatrix} \underline{\hat{\varphi}}_1 \\ \vdots \\ \underline{\hat{\varphi}}_n \end{Bmatrix} = \begin{Bmatrix} \underline{\hat{E}}_1 \\ \vdots \\ \underline{\hat{E}}_n \end{Bmatrix} \tag{6.30A}$$

kann unter Verwendung der Abkürzung

$$\underline{g}_i := \underline{d}_{i-1,i} + \underline{d}_{i,i+1} + \underline{d}_i - \Theta_i \Omega^2 \tag{6.30B}$$

auf die Form

$$\underline{C} = \begin{bmatrix} \underline{a}_1 & -\underline{d}_{1,2} & 0 & 0 & \cdot & \cdot \\ -\underline{d}_{1,2} & \underline{a}_2 & -\underline{d}_{2,3} & 0 & \cdot & \cdot \\ 0 & -\underline{d}_{2,3} & \underline{a}_3 & -\underline{d}_{3,4} & \cdot & \cdot \\ \cdot & \cdot & \cdot & \ddots & \cdot & \cdot \\ \cdot & \cdot & \cdot & \cdot & \ddots & \cdot \\ \cdot & \cdot & \cdot & \cdot & \cdot & \ddots \end{bmatrix} \qquad (6.30C)$$

gebracht werden, aus der die Symmetrie der Matrix erkennbar ist. Damit erhält man die komplexen Amplituden als Lösungen eines linearen Gleichungssystems, das eine symmetrische Tridiagonalmatrix mit komplexen Koeffizienten besitzt. Als Verfahren zur Lösung des linearen Gleichungssystems ist ein GAUSS-Algorithmus geeignet, der nach [11] bei Tridiagonalmatrizen besonders gutartig ist.

6.3.2 Verfahren von HOLZER

Eine andere, bereits 1921 von HOLZER veröffentlichte Methode [1] verwendet das Torsionsmoment

$$\begin{aligned} \underline{T}_{i-1,i} &= \hat{\underline{T}}_{i-1,i}\, e^{j\Omega t} \\ \text{mit} \quad \hat{\underline{T}}_{i-1,i} &:= \underline{d}_{i-1,i}\,(\hat{\underline{\varphi}}_{i-1}-\hat{\underline{\varphi}}_i) \end{aligned} \qquad (6.31)$$

zwischen der (i - 1)-ten und der i-ten Masse, um aus dem linearen Gleichungssystem (6.29B) für die Amplituden $\hat{\underline{\varphi}}_i$ ein anderes lineares Gleichungssystem zu erstellen, das die Amplituden $\underline{T}_{i,i+1}$ und $\hat{\underline{\varphi}}_i$ als Unbekannte erhält. Dieses Gleichungssystem läßt sich mit Hilfe von (6.31) und (6.29 B) umformen in

$$\begin{aligned} \hat{\underline{\varphi}}_i &= \hat{\underline{\varphi}}_{i-1} - \frac{\hat{\underline{T}}_{i-1,i}}{\underline{d}_{i-1,i}} \\ \hat{\underline{T}}_{i,i+1} &= \hat{\underline{T}}_{i-1,i} + (\Theta_i \Omega^2 - \underline{d}_i)\, \hat{\underline{\varphi}}_i + \hat{\underline{E}}_i \\ i &= 1, 2, 3, \ldots n \end{aligned} \qquad (6.32)$$

Für eine beiderseits mit einer Masse endende Schwingungskette lauten die Randbedingungen

$$\hat{\underline{T}}_{0,1} = \hat{\underline{T}}_{n,n+1} = \hat{\underline{\varphi}}_0 = 0 \qquad (6.33)$$

Aus den Formeln (6.32) kann man rekursiv das sogenannte Restmoment $\hat{\underline{T}}_{n,n+1}$ berechnen, sofern der Drehwinkel $\hat{\underline{\varphi}}_1$ bekannt ist. Davon macht HOLZER [1] Gebrauch, indem er die Formeln (6.32) dazu verwendet, um in einem ersten Schritt mit

$$\hat{\underline{E}}_i = 0 \qquad i = 1,2,3,\cdots n \qquad (6.34\,A)$$

und den Anfangsbedingungen

$$\hat{\varphi}_0 = 0 \quad , \quad \hat{\varphi}_1 = 1 \tag{6.34 B}$$

rekursiv das Restmoment $\hat{\underline{T}}_{n,n+1,1} = \underline{R}_1$ zu berechnen. Wegen der fehlenden äußeren Erregung ist die Größe $\underline{R}_1$ proportional zu $\hat{\underline{\varphi}}_1$. In einem zweiten Schritt wird mit den Anfangsbedingungen $\hat{\varphi}_0 = \hat{\varphi}_1 = 0$ unter Berücksichtigung der tatsächlich vorhandenen Erregung das Restmoment $\hat{\underline{T}}_{n,n+1,2} = \underline{R}_2$ berechnet. Wegen der Linearität der Formeln (6.32) ist das tatsächlich auftretende Restmoment

$$\hat{\underline{T}}_{n,n+1} = \underline{R}_1 \hat{\underline{\varphi}}_1 + \underline{R}_2 \tag{6.35 A}$$

Da aus physikalischen Gründen das Restmoment $\hat{\underline{T}}_{n,n+1} = 0$ sein muß, erhält man aus (6.35 A) die Gleichung

$$\hat{\underline{\varphi}}_1 = -\underline{R}_2 / \underline{R}_1 \quad , \tag{6.35 B}$$

aus der die unbekannte Anfangsamplitude des Drehwinkels $\hat{\underline{\varphi}}_1$ berechnet werden kann. In einem letzten Schritt können dann unter Verwendung der jetzt bekannten Anfangsamplitude $\hat{\underline{\varphi}}_1$ alle Amplituden der Momente und Drehwinkel rekursiv mit den Formeln (6.32) berechnet werden. Zur Kontrolle muß das Berechnungsverfahren numerisch den Wert Null für das komplexe Restmoment ergeben.

Das Berechnungsverfahren von HOLZER läßt sich unter Benutzung der komplexen Arithmetik des FORTRAN-Systems sehr einfach programmieren. In dem Programm A0208 werden aus den gege-

```
      SUBROUTINE A0208(N,OM,TM,CA,BA,CR,BR,G,F)
C     ERMITTLUNG DER ABSOLUT-
C     UND RELATIVIMPEDANZEN
C     VON TORSIONSSCHWINGUNGSKETTEN
C
C     N  ANZAHL DER MASSEN
C     OM ERREGERKREISFREQUENZ
C     TM N   DREHMASSEN
C     CA N   ABSOLUTSTEIFIGKEITEN
C     BA N   ABSOLUTDAEMPFUNGSKOEFFIZIENTEN
C     CR N-1 RELATIVSTEIFIGKEITEN
C     BR N-1 RELATIVDAEMPFUNGSKOEFFIZIENTEN
C     G  N   KOMPLEXE ABSOLUTIMPEDANZEN
C     F  N   KOMPLEXE RELATIVIMPEDANZEN
C
      DIMENSION TM(1),CA(1),BA(1),CR(1),BR(1),F(1),G(1)
      OMQ    = OM*OM
      DO 10 I= 1,N
      J      = 2*I-1
      G(J)   =  OMQ*TM(I)-CA(I)
      G(J+1) = -OM*BA(I)
   10 CONTINUE
      NM1    = N-1
      DO 20 I= 1,NM1
      J      = 2*I-1
      F(J)   = CR(I)
      F(J+1) = OM*BR(I)
   20 CONTINUE
      END
```

P-Liste 17 Unterprogramm A0208
Erzwungene Schwingungen von Schwingungskette - Initialisierung

benen N Massenträgheitsmomenten und Steifigkeiten des Kettensystems für die bekannte Erregerfrequenz Ω die komplexen Datenbereiche

$$G(i) = \Theta_i \Omega^2 - c_i - j\Omega b_i \qquad (6.36\,A)$$
$$i = 1,2,3,\ldots N$$

und

$$F(i) = c_{i,i+1} + j\Omega b_{i,i+1} \qquad (6.36\,B)$$
$$i = 1,2,3,\ldots N-1$$

erstellt.

Das Programm B0208 ermittelt unter Verwendung der Datenbereiche G und F und der komplexen Erregeramplituden E in den beschriebenen 3 Schritten die N komplexen Drehwinkel FI und die N komplexen Torsionsmomente DM. Das komplexe Restmoment ist in DM(N) gespeichert und dient zur Beurteilung der numerischen Qualität der Ergebnisse.

```
      SUBROUTINE B0208(N,E,F,G,FI,DM)
C     ERZWUNGENE SCHWINGUNGEN
C     VON TORSIONSSCHWINGUNGSKETTEN
C
C     N  ANZAHL DER MASSEN
C     E  FELD MIT N KOMPLEXEN ERREGERAMPLITUDEN
C     F  FELD MIT N-1 KOMPLEXEN RELATIV IMPEDANZEN AUS A0207
C     G  FELD MIT N KOMPLEXEN ABSOLUT IMPEDANZEN AUS A0207
C     FI FELD MIT N KOMPLEXEN DREHWINKELAMPLITUDEN
C     DM FELD MIT N KOMPLEXEN DREHMOMENTAMPLITUDEN
C
      COMPLEX E,F,G,FI,DM,FIX,DMX,EINS,NULL,DMX1
      DIMENSION E(2),F(2),G(2),FI(2),DM(2)
      DATA NULL/(0.,0.)/
      DATA EINS/(1.,0.)/
      DO 30 L= 1,3
      IF(L.EQ.1)FI(1)=EINS
      IF(L.EQ.2)FI(1)=NULL
      IF(L.EQ.3)FI(1)=-DM(N)/DMX1
      DM(1)  = G(1)*FI(1)
      IF(L.GT.1)DM(1)=DM(1)+E(1)
      IF(N.EQ.1) GOTO 20
      DO 10 I= 2,N
      FI(I)  = FI(I-1)-DM(I-1)/F(I-1)
      DM(I)  = DM(I-1)+G(I)*FI(I)
      IF(L.GT.1)DM(I)=DM(I)+E(I)
   10 CONTINUE
   20 IF(L.EQ.1)DMX1=DM(N)
   30 CONTINUE
      RETURN
      END
```

P-Liste 18 Unterprogramm B0208
Erzwungene Schwingungen von Schwingungsketten - Ergebnis

Auf das Biegeschwingungsproblem bei Kurbelwellen wird in Kapitel 9 eingegangen, weil hier die konventionelle Theorie, die auf dem Modell C von Abb. 6.17 beruht, nur eingeschränkt anwendbar ist. Außerdem ist das Schwingungsproblem des Motortriebwerks in erster Linie ein Torsionsschwingungsproblem. Stationäre erzwungene Biegeschwingungen von Kurbelwellen werden vorwiegend bei freifliegend gelagerten Endmassen und bei Einlagergeneratoren beobachtet.

6.4 Scheinresonanz und Ungleichförmigkeitsgrad bei Torsionsschwingungssystemen

Einen wesentlichen Einfluß auf die erzwungene harmonische Beanspruchung der Wellen zwischen den Massen des Torsionsschwingungssystems nach Abb. 6.17 B haben die relativen Phasenverschiebungswinkel der an den Massen wirkenden Erregermomente. Die Phasenverschiebung der Erregermomente wird beim Torsionsschwingungsmodell der Kurbelwelle durch die Kröpfungswinkel der Kurbelwelle und durch die Zündfolge der Motorzylinder definiert. Bei geeigneter Wahl der Phasenverschiebung kann bei Systemen mit identischen Massenträgheitsmomenten und identischen Erregermomentamplituden sogar im Resonanzzustand die durch einzelne Harmonische verursachte Torsionsbeanspruchung verschwindend klein werden. Dieses Phänomen wird in der Literatur [21] als Scheinresonanz bezeichnet.

Wie aus Abb. 4.6 hervorgeht, ist das im stationären Betriebszustand von einem Motorzylinder auf die Kurbelwelle übertragene periodische Drehmoment stark ungleichförmig. Obgleich bei Mehrzylindermotoren durch die Phasenverschiebung der Zündungen der Motorzylinder eine Glättung des resultierenden Drehmomentenverlaufs erfolgt, erreicht man bei Kolbenmaschinen nicht das bei Turbomaschinen übliche nahezu konstante Antriebsdrehmoment. Als Folge des ungleichförmigen Antriebsdrehmomentes ergibt sich ein zeitlich periodischer Verlauf der Kurbelwellendrehzahl. Die Maximal- und Minimalwerte des periodischen Verlaufs der Kurbelwellendrehzahl können durch die künstliche Vergrößerung des Massenträgheitsmomentes der Kurbelwelle mit Hilfe eines Schwungrades - dem sogenannten Drehmomentenausgleich - auf ein zulässiges Maß reduziert werden. Als Maß zur Beurteilung der Konstanz der Motordrehzahl dient der Ungleichförmigkeitsgrad δ, der durch die Beziehung

$$\delta := \frac{\dot{\psi}_{max} - \dot{\psi}_{min}}{\omega_m} \tag{6.37}$$

definiert ist. Dabei ist $\dot{\psi}_{max}$ die maximale und $\dot{\psi}_{min}$ die minimale Winkelgeschwindigkeit der Kurbelwelle, die während der Periodendauer des Drehmomentenverlaufs auftritt. Mit ω_m wird der Mittelwert der Winkelgeschwindigkeit der Kurbelwelle bezeichnet.

Die Berechnung des Ungleichförmigkeitsgrades unter der Annahme einer starren Kurbelwelle ist ein „klassisches" Problem der Maschinendynamik der Kolbenmaschine, das im Band 2 dieser Buchreihe [22] ausführlich behandelt wird. Der Ungleichförmigkeitsgrad nach (6.37) kann aber auch für jede Systemmasse aus den Berechnungsergebnissen der erzwungenen periodischen Torsionsschwingungen ermittelt werden, wobei diese Methode die Elastizität aller Wellenabschnitte berücksichtigt. Wie im Kapitel 2.5 bereits erwähnt wurde, besitzen die nicht an einem Festpunkt eingespannten Torsionsschwingungssysteme den Eigenwert $\omega = 0$. Man kann deshalb die bei Schwingungsmessungen an Kolbenmotoren bei kleinstmöglichen Drehzahlen beobachteten großen Drehwinkelamplituden als Annäherung an den Resonanzzustand $\omega = 0$ interpretieren. Der Anstieg der Drehwinkelamplituden im untersten Drehzahlbereich des Motors verursacht aber keine dynamische Vergrößerung der Amplituden der Torsionsmomente und ist deshalb für die Kurbelwelle ungefährlich.

Beide Schwingungsphänomene - Scheinresonanz und ungleichförmiger Lauf bei niedriger Motordrehzahl - lassen sich am einfachen Beispiel eines 2-Massen-Torsionsschwingungssystems nach Abb. 6.19 deuten. An jeder Masse dieses freien Systems, das mit keinem Festpunkt gekoppelt ist, wirkt ein erregendes Moment mit zeitlich harmonischem Verlauf, dessen Amplitude und Nullphasenwinkel wieder durch die Verwendung komplexer Zahlen definiert wird.

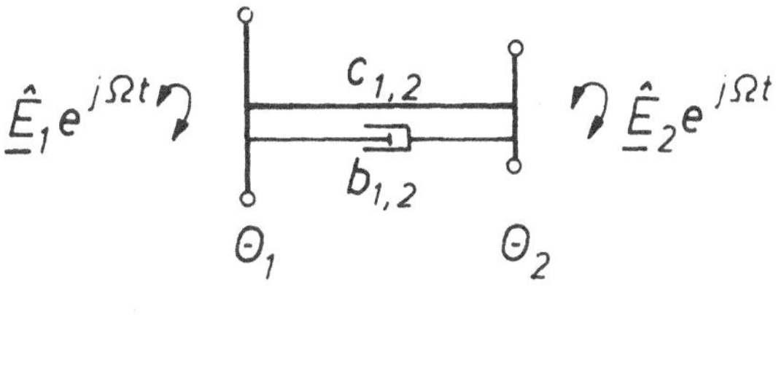

Abb. 6.19. 2-Massen-Torsionsschwingungssystem

Die Bewegungsgleichungen der Drehmassen Θ_1 und Θ_2 ergeben sich unter Verwendung der Abkürzung

$$\Delta := \Psi_1 - \Psi_2 \tag{6.38A}$$

als

$$\begin{aligned} \Theta_1 \ddot{\Psi}_1 + b_{1,2}\dot{\Delta} + c_{1,2}\,\Delta &= \underline{\hat{E}}_1\, e^{j\Omega t} \\ \Theta_2 \ddot{\Psi}_2 - b_{1,2}\dot{\Delta} - c_{1,2}\,\Delta &= \underline{\hat{E}}_2\, e^{j\Omega t} \quad . \end{aligned} \tag{6.38B}$$

Dividiert man die erste der beiden Differentialgleichungen (6.38 B) durch Θ_1 und die zweite durch Θ_2 und subtrahiert die zweite von der ersten Gleichung, dann erhält man eine neue Differentialgleichung für die Winkeldifferenz

$$\ddot{\Delta} + \frac{b_{1,2}}{c_{1,2}}\,\omega^2\dot{\Delta} + \omega^2\Delta = (\underline{\hat{E}}_1/\Theta_1 - \underline{\hat{E}}_2/\Theta_2)\; e^{j\Omega t} \tag{6.38C}$$

$$\text{mit} \qquad \omega^2 = c_{1,2}\left(\frac{1}{\Theta_1} + \frac{1}{\Theta_2}\right) \quad .$$

Diese Differentialgleichung 2. Ordnung mit konstanten Koeffizienten und harmonischem Rechtsglied beschreibt ebenso wie die Differentialgleichung (6.1 C) die erzwungenen Schwingungen eines Systems mit einem Freiheitsgrad. Aus ihrer Lösung kann das Torsionsmoment

$$T_{1,2} := c_{1,2}\,\Delta + b_{1,2}\,\dot{\Delta} \quad , \tag{6.38D}$$

das die Welle beansprucht, berechnet werden. Bezeichnet man mit $L(\Delta)$ die linke Seite der Differentialgleichung (6.38 C), dann kann sie auf die Form

$$L(\Delta) = \frac{1}{\Theta_1}\,\underline{\hat{E}}\, e^{j\Omega t} \tag{6.38E}$$

$$\text{mit} \qquad \underline{\hat{E}} := \underline{\hat{E}}_1 - \frac{\Theta_1}{\Theta_2}\,\underline{\hat{E}}_2$$

gebracht werden. Damit ist die Amplitude $\hat{\Delta}$ der Variablen Δ und deshalb auch der Betrag $\hat{T}_{1,2}$ der Amplitude des Torsionsmomentes proportional zu dem Betrag $\hat{E}$ der resultierenden Erregung nach (6.38 E). Die Ermittlung der komplexen Amplitude $\underline{\hat{E}}$ nach Formel (6.38 E) wird in Abb. 6.20 in der GAUSSschen Zahlenebene grafisch ausgeführt. Man entnimmt diesem Bild, daß ein vollständiges Löschen der resultierenden Amplitude unter der Bedingung

$$\alpha = 0 \quad , \quad \left|\frac{\underline{\hat{E}}_1}{\underline{\hat{E}}_2}\right| = \frac{\Theta_1}{\Theta_2} \tag{6.38F}$$

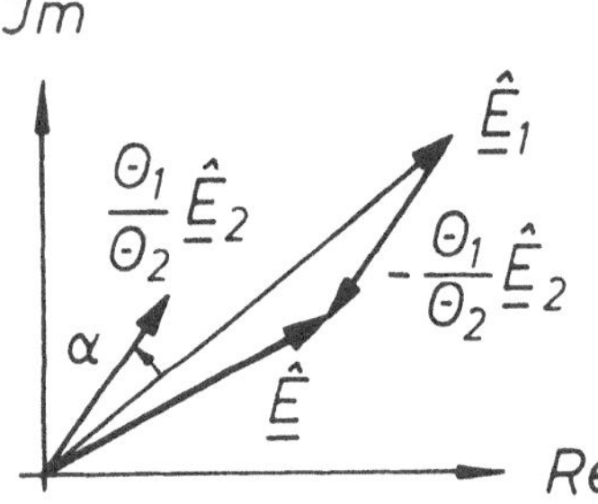

Abb. 6.20. Resultierende Erregung beim 2-Massen-System

stattfindet, sofern man mit α den Phasenverschiebungswinkel zwischen den beiden komplexen Erregeramplituden $\hat{\underline{E}}_1$ und $\hat{\underline{E}}_2$ bezeichnet. Somit besitzen auch die Amplitude $\hat{\Delta}$ und die Amplitude $\hat{T}_{1,2}$ des Torsionsmomentes bei allen Erregerfrequenzen den Wert Null, wenn die Bedingung (6.38 F) erfüllt ist.

Das Verhalten der Amplituden $\hat{\psi}_1$ und $\hat{\psi}_2$ kann man aus einer zweiten Differentialgleichung ableiten, die sich aus der Addition der beiden Gleichungen (6.38 B) ergibt

$$\Theta_1 \ddot{\psi}_1 + \Theta_2 \ddot{\psi}_2 = (\hat{\underline{E}}_1 + \hat{\underline{E}}_2)\, e^{j\Omega t} \quad . \tag{6.39A}$$

Aus (6.39 A) erhält man mit (6.38 A)

$$(\Theta_1 + \Theta_2)\ddot{\psi}_1 - \Theta_2 \ddot{\Delta} = (\hat{\underline{E}}_1 + \hat{\underline{E}}_2)\, e^{j\Omega t} \tag{6.39B}$$

und für den Sonderfall $\alpha = 0$ nach (6.38 F)

$$\ddot{\psi}_1 = \frac{1}{\Theta_1 + \Theta_2}\left(1 + \frac{\Theta_2}{\Theta_1}\right)\hat{\underline{E}}_1 e^{j\Omega t} = \frac{\hat{\underline{E}}_1}{\Theta_1}\, e^{j\Omega t} \quad . \tag{6.39C}$$

Die Lösung der nur für den Sonderfall „Scheinresonanz" zutreffenden Differentialgleichung (6.39 C) ist

$$\psi_1 = \hat{\underline{\psi}}_1\, e^{j\Omega t} \tag{6.40A}$$

$$\text{mit} \quad \hat{\underline{\psi}}_1 = \frac{-\hat{\underline{E}}_1}{\Theta_1 \Omega^2} \tag{6.40B}$$

Da in diesem Fall $\Delta = 0$ und somit $\psi_2 = \psi_1$ ist, besitzen die beiden Drehwinkelamplituden, über der Erregerfrequenz aufgetragen, den durch die Beziehung (6.40) definierten hyperbolischen Verlauf, der bei $\Omega = 0$ mit unendlicher Amplitude beginnt und sich asymptotisch dem Wert Null nähert. Die beiden Massen Θ_1 und Θ_2 des Torsionsschwingungssystems nach Abb. 6.19 verhalten sich damit unter der „Scheinresonanzbedingung" wie das in Abb. 6.21 skizzierte entkoppelte 2-Massen-Torsionsschwingungssystem, das deshalb gleiche Amplituden besitzt, weil die unterschiedlichen Massen gerade durch die unterschiedlichen Erregungen kompensiert werden.

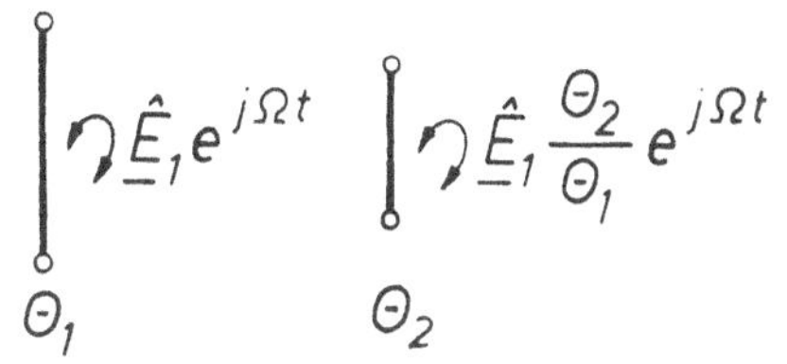

$\hat{\underline{E}}_1 e^{j\Omega t}$ $\qquad$ $\hat{\underline{E}}_1 \frac{\Theta_2}{\Theta_1} e^{j\Omega t}$

Θ_1 $\qquad$ Θ_2

Abb. 6.21. Ersatzsystem für Scheinresonanzbedingung

Die Amplitude $\hat{\underline{T}}_{1,2}$ des Torsionsmomentes ergibt sich in zwei Schritten. Zunächst erhält man mit dem Lösungsansatz

$$\Delta = \hat{\underline{\Delta}}\, e^{j\Omega t} \tag{6.41A}$$

aus der Differentialgleichung (6.38 C) die Amplitude

$$\hat{\underline{\Delta}} = \frac{\Theta_1 \Theta_2}{c_{1,2}(\Theta_1 + \Theta_2)} (\hat{\underline{E}}_1/\Theta_1 - \hat{\underline{E}}_2/\Theta_2)\, \frac{1}{1 - \eta^2 + j d \eta} \tag{6.41B}$$

$$\text{mit} \quad d := \frac{b_{1,2}\,\omega}{c_{1,2}} \quad \text{und} \quad \eta := \frac{\Omega}{\omega} \quad . \tag{6.41C}$$

Damit folgt aus (6.38 D)

$$\hat{\underline{T}}_{1,2} = \frac{\Theta_2}{\Theta_1 + \Theta_2} \left(\hat{\underline{E}}_1 - \frac{\Theta_1}{\Theta_2}\hat{\underline{E}}_2\right) \frac{1 + jd\eta}{1 - \eta^2 + jd\eta} \tag{6.42A}$$

die komplexe Amplitude des Torsionsmomentes, die man unter Verwendung der Bezeichnungen von Abb. 6.11 auch auf die Form

$$\hat{\underline{T}}_{1,2} = \hat{\underline{E}}\ \underline{V}_{4,1,1} \tag{6.42B}$$

$$\text{mit} \quad \hat{\underline{E}} = \frac{\Theta_2}{\Theta_1 + \Theta_2} \left(\hat{\underline{E}}_1 - \frac{\Theta_1}{\Theta_2}\hat{\underline{E}}_2\right)$$

bringen kann.

Als Beispiel werden für das in Abb. 6.19 skizzierte 2-Massen-System bei festgehaltener Erregeramplitude $\hat{E}_2 = 1$ für die 3 verschiedenen reellen Erregeramplituden $\hat{E}_1 = 4$, 5 und 6 die Beträge des Torsionsmomentes und der Drehwinkel der beiden Massen als Funktion des Erregerfrequenzverhältnisses η berechnet. Die Torsionssteifigkeit $c_{1,2}$ wurde so gewählt, daß die Eigenfrequenz $\omega = 1$ ist.

Der Dämpfungskoeffizient $b_{1,2} = 0,08305$ entspricht dem Verlustfaktor $d = 0,1$.

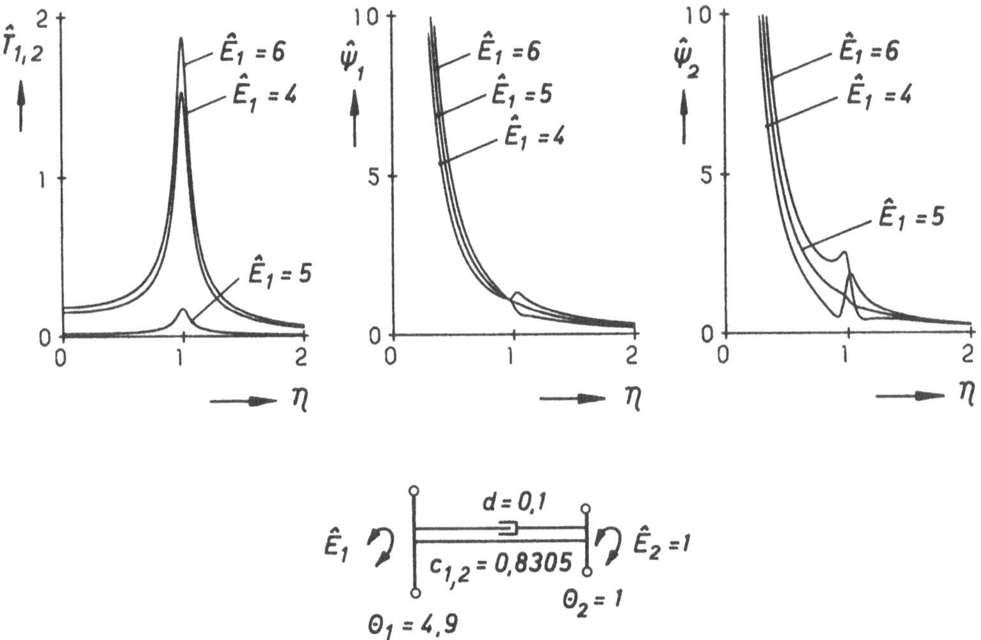

Abb. 6.22. Einfluß einer gleichphasigen Erregung auf ein 2-Massen-System

Aus dem Vergleich der 3 Resonanzkurven, die in jedes der 3 Diagramme von Abb. 6.22 eingezeichnet sind, entnimmt man, daß für $\hat{E}_1 = 5$ nahezu der beschriebene Zustand der Scheinresonanz existiert, bei dem das Torsionsmoment $\hat{T}_{1,2}$ verschwindet. Die zugehörigen Verläufe der Winkelamplituden $\hat{\psi}_1$ und $\hat{\psi}_2$ sind für $\hat{E}_1 = 5$ beinahe gleich und weisen im Resonanzzustand praktisch keinen Anstieg mehr auf im Gegensatz zu den Resonanzkurven für $\hat{E}_1 = 4$ und $\hat{E}_1 = 6$. Da die Erregeramplituden $\hat{E}_1$ und $\hat{E}_2$ gleichphasig sind, würde der Wert $\hat{E}_1 = 4,9$ die Amplitude $\hat{T}_{1,2}$ des Torsionsmomentes gemäß Formel (6.42B) für jedes Frequenzverhältnis η zum Verschwinden bringen und damit exakt dem Zustand der Scheinresonanz entsprechen.

Aus der Schwingungsgeschwindigkeit

$$\dot{\psi}_1 = j\,\Omega\,\underline{\hat{\psi}}_1\,e^{j\Omega t} \quad , \qquad (6.43\,A)$$

die sich aus (6.40A) ergibt, erhält man mit

$$\Omega = q\;\omega_m \qquad (6.43\,B)$$

für die q-te Harmonische aus (6.37) den Ungleichförmigkeitsgrad der 1. Masse

$$\delta_1 = 2q\,\hat{\psi}_1 \quad , \qquad (6.43\,C)$$

wenn man $\dot{\psi}_{max}$ durch $\Omega\,\hat{\psi}_1$ und $\dot{\psi}_{min}$ durch $-\Omega\hat{\psi}_1$ ersetzt. Aus (6.43C) ist ersichtlich, daß der Ungleichförmigkeitsgrad einer sinusförmigen Bewegung nur von der Ordnungszahl und der Drehwinkelamplitude abhängig ist. Der Verlauf des Ungleichförmigkeitsgrades der beiden Massen des Torsionsschwingungssystems nach Abb. 6.19 über dem Erregerfrequenzverhältnis η ist somit dem Verlauf der entsprechenden Drehwinkelamplituden proportional. Man kann deshalb aus den beiden Diagrammen der Drehwinkelamplituden nach Abb. 6.22 allein durch eine Maßstabsänderung der Ordinate die entsprechenden Diagramme des Ungleichförmigkeitsgrades erzeugen. Daraus folgt, daß die Elastizität des Systems einen Einfluß auf den Ungleichförmigkeitsgrad besitzt.

Den Ungleichförmigkeitsgrad infolge einer periodischen Schwingungserregung erhält man aus (6.37), wenn man unter Anwendung der im Kapitel 7 behandelten Methode den periodischen Verlauf der Schwingungsgeschwindigkeit der betrachteten Masse numerisch berechnet und daraus den Maximalwert $\dot{\psi}_{max}$ und den Minimalwert $\dot{\psi}_{min}$ ermittelt.

6.5 Begrenzung erzwungener Schwingungen durch Schwingungsdämpfer

Die periodischen Gas- und Massenkräfte der Brennkraftmaschine können durch die im Kapitel 4.4 behandelte harmonische Analyse in eine Summe aus harmonischen Erregungen zerlegt werden, deren Frequenzen ganzzahlige Vielfache der Periodenfrequenz der Gaskräfte sind. Jede dieser harmonischen Schwingungserregungen erzwingt eine harmonische Antwort des Schwingungssystems, durch das die Kurbelwelle bei der Berechnung ersetzt wird. Die Synthese aller harmonischen Antworten dieses Schwingungssystems ergibt wieder eine periodische Antwort der gleichen Periodenfrequenz wie die Schwingungserregung. Die periodische Antwort des Schwingungssystems erreicht innerhalb des Betriebsdrehzahlbereichs in den sogenannten Resonanzdrehzahlen ihre Maximalwerte, wenn eine der harmonischen Erregerfrequenzen mit einer der Eigenfrequenzen des Schwingungssystems übereinstimmt. Diese Resonanzsituation tritt selbst dann häufig auf, wenn nur eine Eigenfrequenz des Systems bei der Berechnung berücksichtigt wird, wie dies bei der Berechnung der Torsionsschwingungen der Kurbelwelle eines Motors ohne Haupt- und Nebenantriebe üblich ist. Infolge der Eigendämpfung des Motortriebwerks und der Tatsache, daß ein Teil der harmonischen Erregungen sich bei Mehrzylindermotoren durch die Phasenverschiebung teilweise kompensiert, ist die Dauerhaltbarkeit von Kurbelwellen geringer Zylinderzahlen, die hohe Eigenfrequenzen besitzen, im allgemeinen ohne zusätzliche Maßnahmen erzielbar. Gefährdet sind jedoch Motoren großer Zylinderzahl und Baulänge infolge der dadurch bedingten Vergrößerung der Schwingungserregung und der niedrigeren Eigenfrequenzen. In diesen Fällen, in denen die Beanspruchungsspitzen durch einzelne Harmonische verursacht werden, ist die Verwendung von Schwingungsdämpfern eine übliche und effektive Maßnahme zur Begrenzung der Schwingungsbeanspruchung auf zulässige Werte. Die Dimensionierung und die optimale Anpassung eines Torsionsschwingungsdämpfers an einen Motor ist deshalb eine grundlegende Aufgabe der Triebwerksberechnung, mit der sich ein spezielles Kapitel des folgenden Bandes dieser Buchreihe befaßt, in dem die heute üblichen Dämpferkonstruktionen behandelt werden.

6.5.1 Parameter zur Auslegung von Schwingungsdämpfern

Das Vorgehen bei der Auslegung eines Schwingungsdämpfers läßt sich jedoch bereits am Beispiel eines 3-Massen-Systems zeigen. Die dabei gewonnenen Erkenntnisse sind nützliche Hilfen bei der praktischen Auslegung von Torsionsschwingungsdämpfern, obgleich diese mit dem üblichen Mehrmassensystem der Kurbewelle vorgenommen wird.

(A) $c_{1,2}$ Θ_1 Θ_2 $E_2 = \underline{\hat{E}}_2 e^{j\Omega t}$

$$\omega = c_{1,2}\sqrt{\frac{1}{\Theta_1} + \frac{1}{\Theta_2}}$$

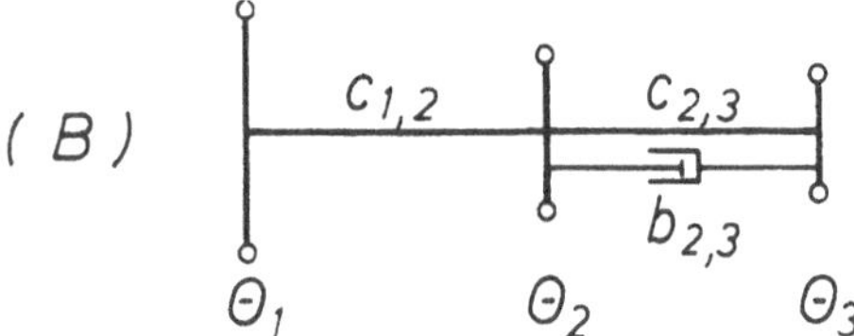

Abb. 6.23. Einfache Torsionsschwingungsmodelle zur Auslegung von Torsionsschwingungsdämpfern

Das 2-Massen-System nach Abb. 6.23 A ist ein stark vereinfachtes Modell für die Berechnung der Torsionsschwingungen der Kurbelwelle eines Motors mit Schwungrad. Θ_1 ist das polare Massenträgheitsmoment des Schwungrades. Θ_2 ist das gesamte polare Massenträgheitsmoment der Kurbelwelle einschließlich der Massenanteile des Kurbelgetriebes. $c_{1,2}$ ist die gesamte Torsionssteifigkeit der Kurbelwelle. Mit ω wird die Eigenkreisfrequenz des Torsionsschwingungssystems (A) bezeichnet. Wenn man an dieses Torsionsschwingungssystem die Masse Θ_3 elastisch über die Torsionssteifigkeit $c_{2,3}$ ankoppelt, dann erhält man ein 3-Massen-System mit den Eigenfrequenzen ω_I und ω_{II}.

Als Torsionsschwingungsdämpfer bezeichnet man im weiteren Sinne solche Bauteile, deren Torsionssteifigkeit $c_{2,3}$, Dämpfungskoeffizient $b_{2,3}$ und Massenträgheitsmoment Θ_3 so dimensioniert werden, daß die Torsionsbeanspruchungen des Systems (B) unter normalen Betriebsbedingungen zulässige Werte nicht überschreiten, obgleich bei dem System (A) in Resonanz unzulässig hohe Torsionsbeanspruchungen auftreten würden. Die Bezeichnung „Schwingungsdämpfer" ist jedoch nur dann zutreffend, wenn die Begrenzung der Schwingungsamplituden vorwiegend durch den Dämpfungseffekt erfolgt. Bei einer elastischen Ankoppelung der Masse Θ_3 ergibt sich noch durch die Aufspaltung der Eigenfrequenz ω des Systems (A) in die beiden Eigenfrequenzen ω_I und ω_{II} des Systems (B) ein zusätzlicher Verlagerungseffekt, der dann besonders wirkungsvoll ist, wenn die Eigenfrequenz des Systems (A) unter Betriebsbedingungen mit der Erregerfrequenz der an der Masse Θ_2 angreifenden Schwingungserregung übereinstimmt. Beruht die Wirkungsweise des Dämpfers vorwiegend auf dem Verlagerungseffekt, dann wird das entsprechende Bauteil als Schwingungstilger bezeichnet.

Bei den nachfolgenden Untersuchungen werden folgende Parameter verwendet:

Verhältnis der Massenträgheitsmomente von Schwungrad und Kurbelwellenersatzmasse $\vartheta_1 := \dfrac{\Theta_1}{\Theta_2}$ (6.44 A)

Verhältnis der Massenträgheitsmomente von angekoppeltem Dämpfer und Kurbelwellenersatzmasse $\vartheta_3 := \dfrac{\Theta_3}{\Theta_2}$ (6.44 B)

Abstimmfaktor als Quotient der Eigenfrequenz der am Motor eingespannten Dämpfermasse und der Eigenfrequenz des Systems (A) nach Abb. 6.23

$$a := \frac{1}{\omega}\sqrt{\frac{c_{2,3}}{\Theta_3}} \tag{6.44 C}$$

dimensionsloser Dämpfungskoeffizient

$$d := \frac{b_{2,3}}{\Theta_3\,\omega} \tag{6.44 D}$$

Eigenfrequenz des Systems (A) nach Abb. 6.23

$$\omega := \sqrt{c_{1,2}\left(\frac{1}{\Theta_1}+\frac{1}{\Theta_2}\right)} \tag{6.44 E}$$

Verhältnis der Erregerkreisfrequenz Ω und der Eigenkreisfrequenz ω nach (6.44 E)

$$\eta := \frac{\Omega}{\omega} \tag{6.44 F}$$

6.5.2 Verlagerungseffekt des elastisch gekoppelten Schwingungsdämpfers

Um den Verlagerungseffekt anschaulich zu machen, sind in Abb. 6.24 für ein festes Massenverhältnis $\vartheta_1 = 3$ über dem Massenverhältnis ϑ_3 die Quotienten ω_I/ω und ω_{II}/ω für konstante Werte des Abstimmfaktors a aufgetragen.

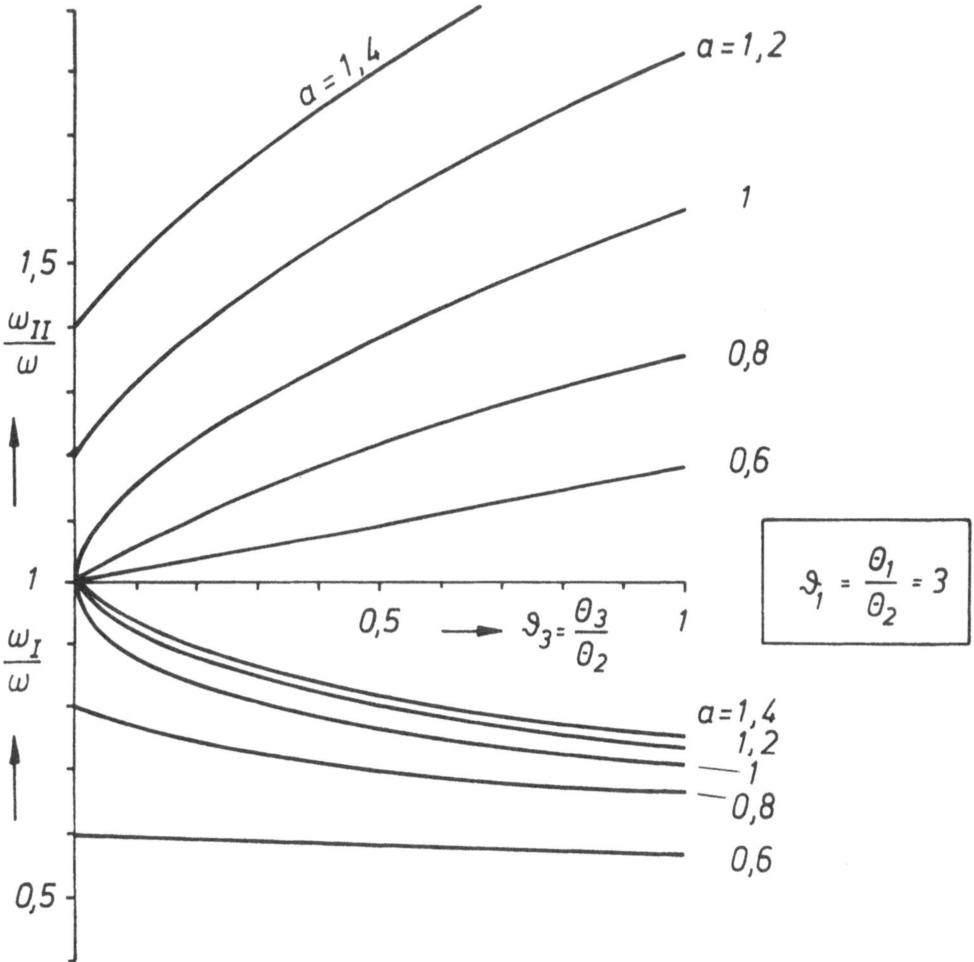

Abb. 6.24. Verlagerung der Eigenfrequenz eines Torsionsschwingungssystems durch elastische Ankoppelung einer Masse

Die Kurven wurden aus den Lösungen der quadratischen Gleichung (5.16) ermittelt. Man entnimmt diesem Bild den mit der Größe der losen Dämpfermasse zunehmenden Verlagerungseffekt. Die dem Abstimmungsverhältnis a = 1 zugeordneten beiden Kurvenäste sind als einzige, allerdings nur für kleine Werte von ϑ_3, symmetrisch zur ϑ_3-Achse. Bei großen Werten von ϑ_3 ist jedoch für a = 1 die Differenz $\omega_{II} - \omega$ wesentlich größer als die Differenz $\omega - \omega_I$. Diese Asymmetrie wird durch das bei der Berechnung verwendete Massenverhältnis $\vartheta_1 = 3$ verursacht. Würde man die Rechnung mit einem unendlich großen Schwungrad wiederholen, dann wären die beiden Äste der a = 1 zugeordneten Kurve symmetrisch zur Achse ϑ_3. Für a > 1 wird die Differenz $\omega_{II} - \omega$ gegenüber der Differenz $\omega - \omega_I$ vergrößert, für a < 1 tritt der umgekehrte Effekt auf.

Die Auswirkung einer harmonischen Schwingungserregung auf das System (B) nach Abb. 6.23 geht aus Abb. 6.25 hervor. Dort sind über dem Frequenzverhältnis η nach Formel (6.44 F) die bei verschiedenen Dämpfungen d nach (6.44) auftretenden, auf die Erregeramplitude $\hat{E}_2 = 1$ bezogenen Amplituden $\hat{T}_{1,2}$ der Torsionsmomente für 3 verschiedene Massenverhältnisse ϑ_3 aufgetragen. Alle 3 Diagramme wurden mit dem konstanten Wert a = 1 des Abstimmfaktors nach (6.44 C) berechnet. Die dimensionslosen Dämpfungskoeffizienten d nach (6.44 D) und die Massenverhältnisse ϑ_3 nach (6.44 B) sind in den Diagrammen der Abb. 6.25 vermerkt. Die Berechnungen wurden unter Verwendung der beiden Unterprogramme A0208 und B0208 ausgeführt. In allen 3 Diagrammen treten die kleinsten Werte der Amplitude $\hat{T}_{1,2}$ bei $\eta \approx 1$ bei den kleinsten Werten des dimensionslosen Dämpfungskoeffizienten d auf. Bei dem ungedämpften System wäre der Kleinstwert $\hat{T}_{1,2min} = 0$. Man bezeichnet diesen Effekt, der bei der Erregerkreisfrequenz $\Omega = \sqrt{c_{2,3}/\Theta_3}$ beobachtet wird, als Tilgereffekt. Durch die Abstimmung a = 1 erscheint der Tilgereffekt gerade bei der Eigenfrequenz des Systems (A) nach Abb. 6.23. Wie aus Abb. 6.25 hervorgeht, ist dieser Tilgereffekt jedoch nur auf *eine* Erregerfrequenz beschränkt und steht im Widerspruch zu der Forderung, den Größtwert der Amplitude $\hat{T}_{1,2}$ zu minimieren. Diese Forderung kann allein durch einen geeigneten Dämpfungskoeffizienten d erreicht werden.

6.5.3 Einfluß von Dämpfungskoeffizient und Dämpfergröße

Bei der Betrachtung der Diagramme nach Abb. 6.25 fallen sofort die beiden von der Größe des Dämpfungskoeffizienten unabhängigen mit A und B bezeichneten Punkte auf, in denen sich alle Resonanzkurven schneiden. Durch geeignete Wahl des Dämpfungskoeffizienten d läßt sich erreichen, daß die Resonanzkurve, die durch den „Festpunkt" A mit dem größeren Wert $\hat{T}_{1,2} = \hat{T}_A$ geht, eine horizontale Tangente besitzt.

In allen 3 Diagrammen der Abb. 6.25 befinden sich Resonanzkurven, die annähernd diese Bedingung erfüllen und außerdem keinen zweiten Maximalwert besitzen, der größer ist als der Wert $\hat{T}_A$. Damit ist der Größtwert des Momentes $\hat{T}_{1,2}$ durch die Amplitude $\hat{T}_A$ im Festpunkt A definiert, sofern sich der für eine horizontale Tangente im Punkt A erforderliche Dämpfungskoeffizient $d = d_A$ technisch durch einen Schwingungsdämpfer realisieren läßt.

Eine Vergrößerung des Massenträgheitsmomentes Θ_3 des Dämpfers und damit der Zahl ϑ_3 hat eine Verkleinerung der Amplituden $\hat{T}_A$ und $\hat{T}_B$ in den Festpunkten und gleichzeitig eine Verschiebung des Frequenzverhältnisses η_A und η_B der Festpunkte zur Folge. Die Festpunkte verschieben sich bei einer Vergrößerung von ϑ_3, gleichartig wie die Eigenfrequenzen ω_I und ω_{II} in Abb. 6.24, relativ zur Eigenfrequenz ω des ursprünglichen Systems nach oben und unten. Wie DEN HARTOG [16] bereits beschreibt, können die Erregerkreisfrequenzen Ω_A und Ω_B der Festpunkte aus der Bedingung berechnet werden, daß der Betrag des Momentes $T_{1,2}$ des dämpfungsfreien 3-Massen-Systems nach Abb. 6.23 B übereinstimmt mit dem Moment in einem 2-Massen-System, das aus dem 3-Massen-System durch starre Ankoppelung der Masse Θ_3 an die Masse Θ_2 entsteht. Diese Bedingung entsteht aus der Überlegung, die beiden Resonanzkurven mit den Dämpfungskoeffizienten d = 0 und d = ∞ zum Schnitt zu bringen. Diese Prozedur läßt sich bei einem 3-Massen-System

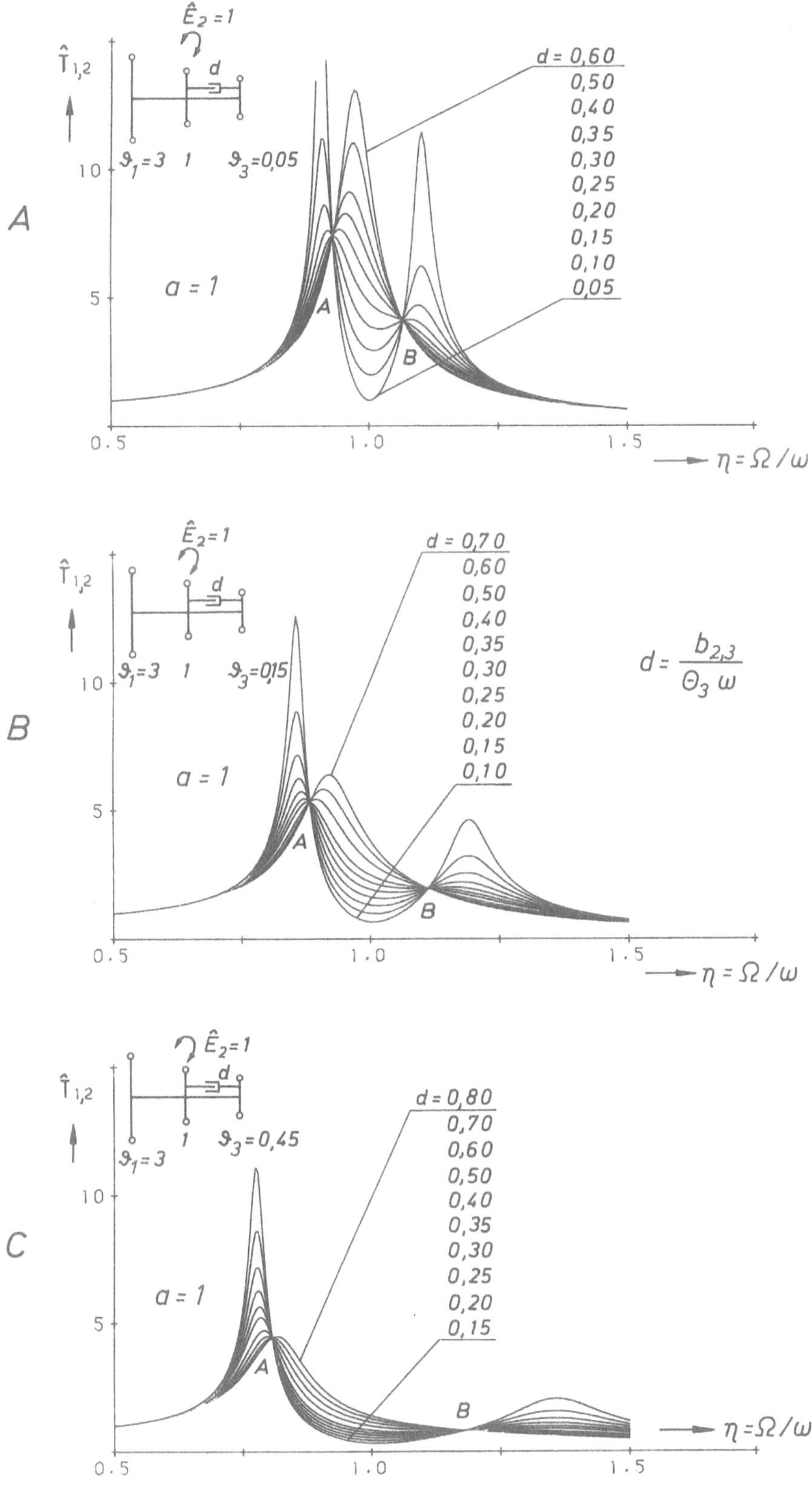

Abb. 6.25. Resonanzkurven für den Betrag der Amplitude $\widehat{T}_{1,2}$ für den Abstimmfaktor a = 1 bei verschiedenen Massenverhältnissen ϑ_3

noch analytisch ausführen und ergibt nach einer längeren Ableitung die biquadratische Gleichung

$$\Omega^4 - \frac{2c_{2,3}\Theta_1(\Theta_2+\Theta_3) + c_{1,2}\Theta_3(2(\Theta_1+\Theta_2)+\Theta_3)}{\Theta_1\Theta_3(2\Theta_2+\Theta_3)}\Omega^2 + 2\frac{c_{1,2}c_{2,3}}{\Theta_1\Theta_3}\frac{\Theta_1+\Theta_2+\Theta_3}{2\Theta_2+\Theta_3} = 0 \quad , \tag{6.45A}$$

deren beide Lösungen die gesuchten Kreisfrequenzen Ω_A und Ω_B der Festpunkte A und B ergeben. Aus den Lösungen dieser Gleichung wurden die Kurven der Abb. 6.26 berechnet, in der gleichartig wie in Abb. 6.24 anstelle der Frequenzverhältnisse ω_I/ω und ω_{II}/ω die Frequenzverhältnisse $\eta_A := \Omega_A/\omega$ und $\eta_B := \Omega_B/\omega$ als Funktion der Parameter ϑ_3 und a für einen festen Wert $\vartheta_1 = 3$ dargestellt sind. Wie erwartet, weisen die Kurven der Diagramme 6.24 und 6.26 gleiche Tendenzen auf.

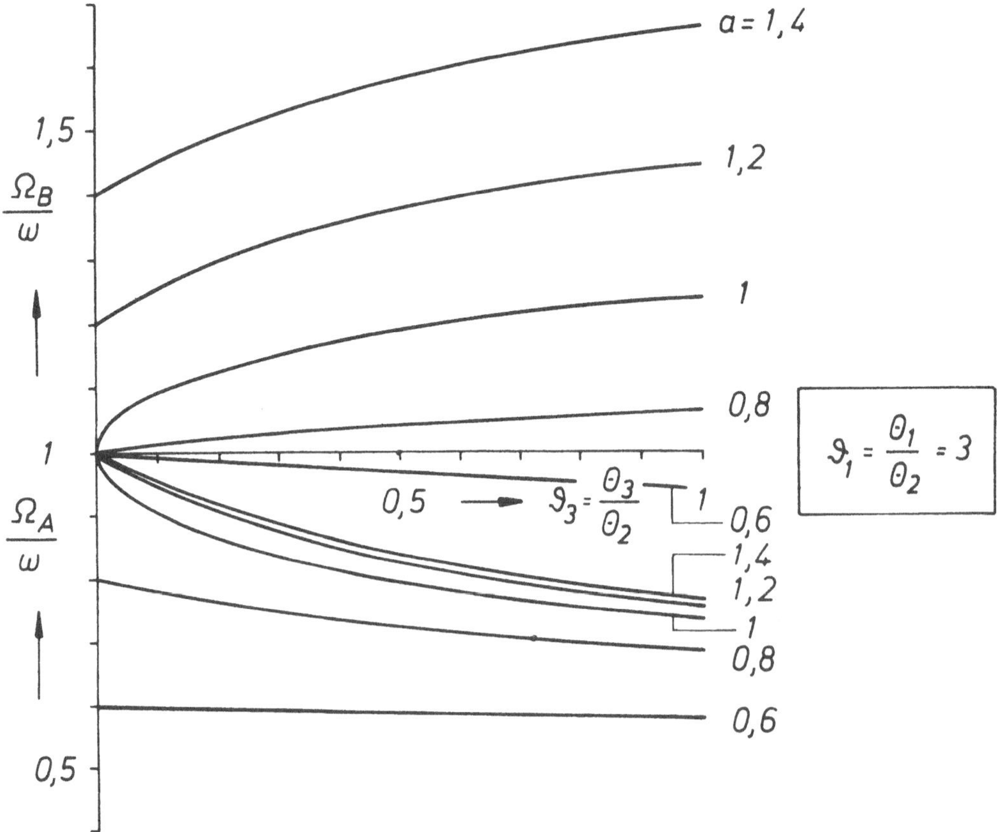

Abb. 6.26. Erregerfrequenzen der dämpfungsunabhängigen Festpunkte eines 3-Massen-Systems

6.5.4 Optimaler Abstimmfaktor bei elastischer Koppelung des Dämpfers

Mit der in Abb. 6.25 demonstrierten Optimierungsstrategie sind noch nicht alle Möglichkeiten ausgeschöpft. Es lassen sich nach DEN HARTOG [16] durch geeignete Wahl des Parameters a bei gleichen Massenverhältnissen ϑ_1 und ϑ_3 noch kleinere Maximalwerte der Torsionsbeanspruchung erzielen als in den Beispielen der Abb. 6.25. Dazu muß der Einfluß des Parameters a auf die

Amplituden $\hat{T}_A$ und $\hat{T}_B$ untersucht werden, was bei einem 3-Massen-System mit Hilfe der Formel

$$\frac{\hat{T}_{A,B}}{\hat{E}_2} = \frac{1}{1 + \frac{\Theta_2 + \Theta_3}{\Theta_1}\left(1 - \frac{\Theta_1 \Omega_{A,B}^2}{c_{1,2}}\right)} \qquad (6.45\,B)$$

möglich ist, die sich aus der gleichen Bedingung wie die Formel (6.45 A) ableiten läßt. Die mit $\Omega_{A,B}$ in dieser Formel bezeichneten Kreisfrequenzen sind die Erregerkreisfrequenzen in den Festpunkten A und B, die man als Lösungen der biquadratischen Gleichung (6.45 A) erhält.

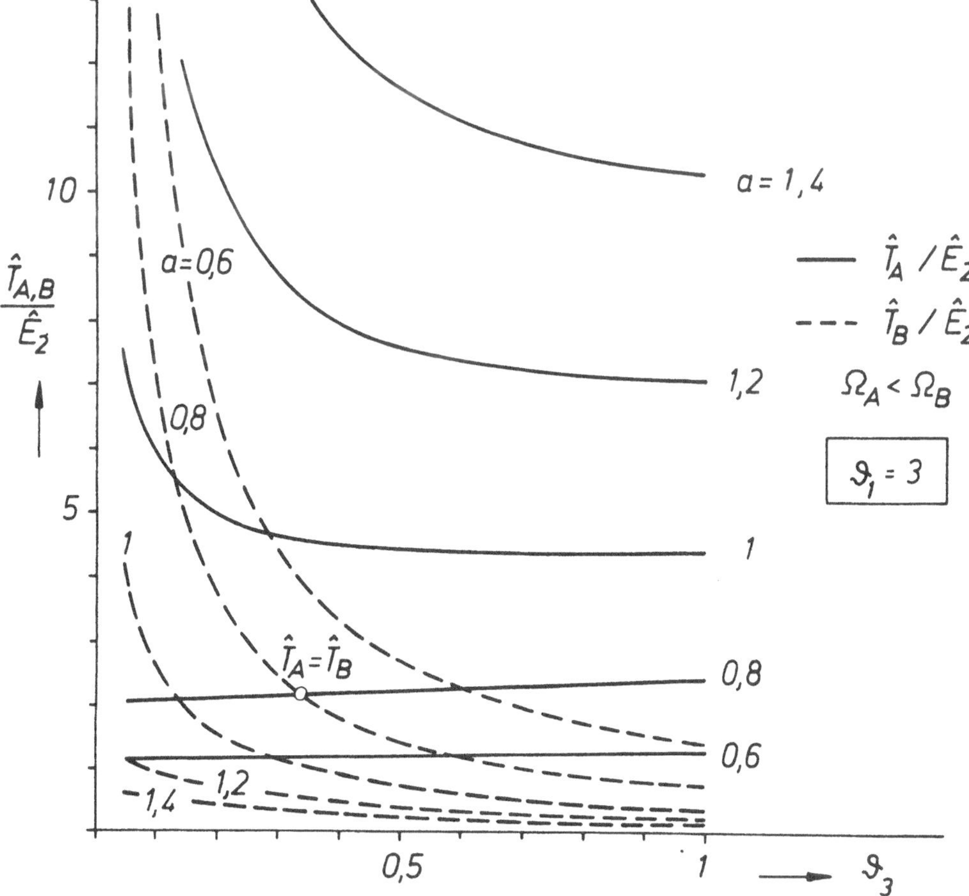

Abb. 6.27. Einfluß der Parameter ϑ_3 und a auf die Amplituden der Festpunkte für $\vartheta_1 = 3$

In Abb. 6.27 sind für ein konstantes Massenverhältnis $\vartheta_1 = 3$ über dem Massenverhältnis ϑ_3 die Amplitudenverhältnisse $\hat{T}_A/\hat{E}_2$ und $\hat{T}_B/\hat{E}_2$ für konstante Werte des Abstimmfaktors a aufgetragen. Die beiden Kurven für a = 0,80 schneiden sich bei dem Massenverhältnis $\vartheta_3 \approx 0,33$. Das bedeutet, daß für dieses Massenverhältnis der kleinstmögliche Maximalwert des Momentes $\hat{T}_{1,2}$ für a = 0,80 dann erreicht wird, wenn die Amplituden $\hat{T}_A$ und $\hat{T}_B$ in den Festpunkten A und B gleich groß sind. Aus der Bedingung

$$\hat{T}_A(\Omega_A) = -\hat{T}_B(\Omega_B) \qquad (6.45\,C)$$

erhält man unter Verwendung von (6.45 B) die Gleichung

$$2\,\frac{\Theta_1+\Theta_2+\Theta_3}{\Theta_1} = \frac{\Theta_2+\Theta_3}{c_{1,2}}\,(\Omega_A^2+\Omega_B^2) \quad . \tag{6.45 D}$$

Das negative Vorzeichen in (6.45 C) ist durch die Ableitung der Formel (6.45 B) aus dem Schnittpunkt zweier ungedämpfter Resonanzkurven bedingt. Die Summe $\Omega_A^2 + \Omega_B^2$ in (6.45 D) ist nach den Regeln der Algebra identisch mit dem negativen Wert des mittleren Koeffizienten der biquadratischen Gleichung (6.45 A). Damit erhält man aus (6.45 D) und (6.45 A) die Beziehung

$$2\,\frac{\Theta_1+\Theta_2+\Theta_3}{\Theta_1} = \frac{\Theta_2+\Theta_3}{c_{1,2}}\;\frac{2\,c_{2,3}\Theta_1(\Theta_2+\Theta_3)+c_{1,2}\Theta_3(2(\Theta_1+\Theta_2)+\Theta_3)}{\Theta_1\,\Theta_3\,(2\,\Theta_2+\Theta_3)} \,, \tag{6.45 E}$$

aus der man den Abstimmfaktor

$$a = a_{opt} = \sqrt{\frac{2(1+\vartheta_1+\vartheta_3)(2+\vartheta_3)-(1+\vartheta_3)(2(1+\vartheta_1)+\vartheta_3)}{2(1+\vartheta_1)(1+\vartheta_3)^2}} \tag{6.45 F}$$

$$\text{mit} \qquad a = \sqrt{\frac{c_{2,3}}{\Theta_3\omega^2}} = \sqrt{\frac{c_{2,3}}{c_{1,2}}\;\frac{\Theta_1\,\Theta_2}{\Theta_3(\Theta_1+\Theta_2)}}$$

$$\vartheta_1 = \frac{\Theta_1}{\Theta_2} \,, \quad \vartheta_3 = \frac{\Theta_3}{\Theta_2}$$

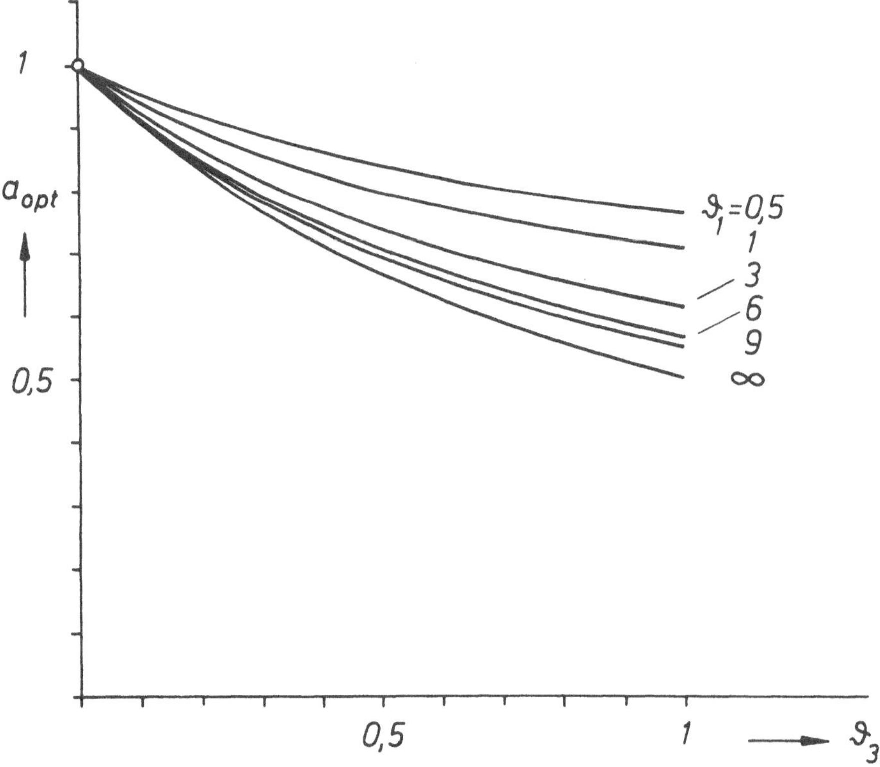

Abb. 6.28. Einfluß der Massenverhältnisse ϑ_3 und ϑ_1 auf den optimalen Abstimmfaktor a_{opt}

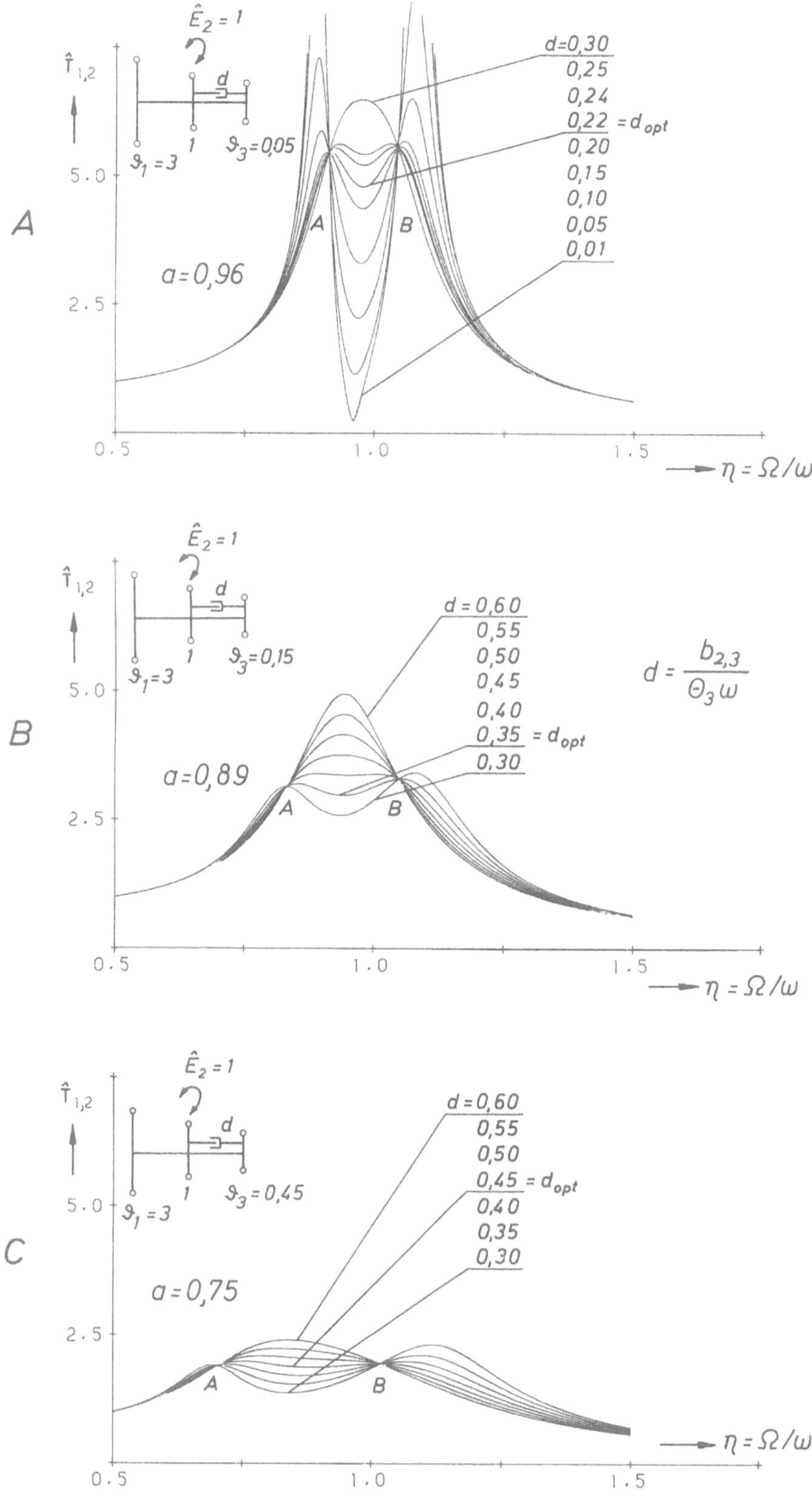

Abb. 6.29. Resonanzkurven für den Betrag der Amplitude $\hat{T}_{1,2}$ für den optimalen Abstimmfaktor a_{opt} bei verschiedenen Massenverhältnissen ϑ_3

berechnen kann, der bei gegebenen Massenverhältnissen ϑ_1 und ϑ_3 zu gleichen Amplituden $\hat{T}_A$ und $\hat{T}_B$ der Festpunkte A und B führt. In Abb. 6.28 ist der optimale Abstimmfaktor über dem Massenverhältnis ϑ_3 aufgetragen, wobei für jede Kurve das Massenverhältnis ϑ_1 konstant gehalten wurde. Alle optimalen Abstimmfaktoren sind kleiner als 1 und nehmen mit wachsendem Massenverhältnis Θ_3 ab. Für den Grenzübergang $\vartheta_1 \rightarrow \infty$ ergibt sich aus (6.45 F) die einfache Formel

$$a_{opt} = \frac{1}{1 + \vartheta_3} , \qquad (6.45\,G)$$

die bereits von DEN HARTOG [16] angegeben wurde. Die aus Formel (6.45 G) berechnete Kurve bildet die untere Begrenzung der in Abb. 6.28 aufgetragenen Kurvenschar.

In Abb. 6.29 sind 3 Diagramme mit Resonanzkurven für die Amplitude $\hat{T}_{1,2}$ enthalten, bei denen die gleichen Massenverhältnisse wie bei den Diagrammen der Abb. 6.25 verwendet wurden. Die Abstimmfaktoren a wurden aber so gewählt, daß die Amplituden $\hat{T}_A$ und $\hat{T}_B$ der Festpunkte annähernd übereinstimmen. Für jedes Diagramm wurde der dimensionslose Dämpfungskoeffizient d variiert. Man entnimmt diesen Resonanzkurven, daß optimale Dämpfungskoeffizienten d_{opt} berechenbar sind, die praktisch zu keiner Überschreitung der Amplituden der Festpunkte führen. Der Betrag des optimalen Dämpfungskoeffizienten wächst mit dem Massenverhältnis ϑ_3. Die zu den Massenverhältnissen gehörenden Abstimmfaktoren können der Abb. 6.29 entnommen werden. Ein Vergleich der Abbildungen 6.25 und 6.29 zeigt, daß durch die optimale Auswahl des Abstimmfaktors a bei allen 3 untersuchten Massenverhältnissen ϑ_3 eine deutliche Reduktion des Größtwertes der Amplitude $\hat{T}_{1,2}$ erzielt wurde, selbst dann, wenn die Dämpfungskoeffzienten nicht genau mit den Optimalwerten übereinstimmen.

6.5.5 Beanspruchung des Torsionsschwingungsdämpfers

Bei der Begrenzung der Torsionsschwingungen von Kurbelwellen durch einen Schwingungsdämpfer müssen sowohl die Dauerhaltbarkeit der Kurbelwelle als auch die Dauerhaltbarkeit des zusätzlichen Bauteils Schwingungsdämpfer erzielt werden. Deshalb ist das Torsionsmoment $T_{2,3}$, das den Schwingungsdämpfer beansprucht und das auch für die Wärmeentwicklung im Dämpfer maßgebend ist, ein zusätzliches zu beachtendes Kriterium. Der Betrag $\hat{T}_{2,3}$ der Amplitude des Dämpfermomentes ist für die drei in Abb. 6.25 untersuchten Fälle unter Verwendung identischer Parameter in Abb. 6.30 aufgetragen. Aus der Abb. 6.30 ist ersichtlich, daß auch bei den Resonanzkurven der Amplitude $\hat{T}_{2,3}$ Festpunkte existieren, die jedoch nicht bei den gleichen Erregerfrequenzen auftreten wie die Festpunkte des Momentes $\hat{T}_{1,2}$. Ein Vergleich zusammengehöriger Diagramme der Abbildungen 6.25 und 6.30 zeigt, daß ein optimaler Dämpfungskoeffizient für die Amplitude $\hat{T}_{1,2}$ auch kleine Amplituden $\hat{T}_{2,3}$ verursacht, obgleich die Optimierungsstrategie die Amplitude $\hat{T}_{2,3}$ überhaupt nicht berücksichtigt.

In Abb. 6.31 sind in 3 Diagrammen die Resonanzkurven für die gleichen optimalen Abstimmfaktoren und die gleichen Massenverhältnisse ϑ_3 aufgezeichnet, die auch den entsprechenden Diagrammen von Abb. 6.29 zugrunde liegen. Ein Vergleich der beiden Abbildungen zeigt, daß die Festpunkte der Amplituden $\hat{T}_{2,3}$ nicht mehr gleich hoch sind und auch in der Frequenz gegenüber den Festpunkten der Abb. 6.29 verschoben sind. Trotzdem führt die für die Amplitude $\hat{T}_{1,2}$ optimale Dämpfung auch zu annähernd optimalen Resonanzkurven der Amplitude $\hat{T}_{2,3}$. Bemerkenswert ist auch der mit der Vergrößerung des Massenverhältnisses ϑ_3 abnehmende Einfluß des Dämpfungskoeffizienten auf den Verlauf der Resonanzkurven bei optimalen Abstimmbedingungen, sowohl bei der Amplitude $\hat{T}_{1,2}$ als auch bei der Amplitude $\hat{T}_{2,3}$. Diese Unempfindlichkeit gegenüber Abweichungen von der optimalen Abstimmung macht die praktische Auslegung von Schwingungsdämpfern erst möglich, weil die theoretischen Sollwerte des Dämpfungskoeffizienten wegen der Fertigungstoleranzen und der betriebsbedingten Temperatureinflüsse im allgemeinen nicht genau erreicht werden können.

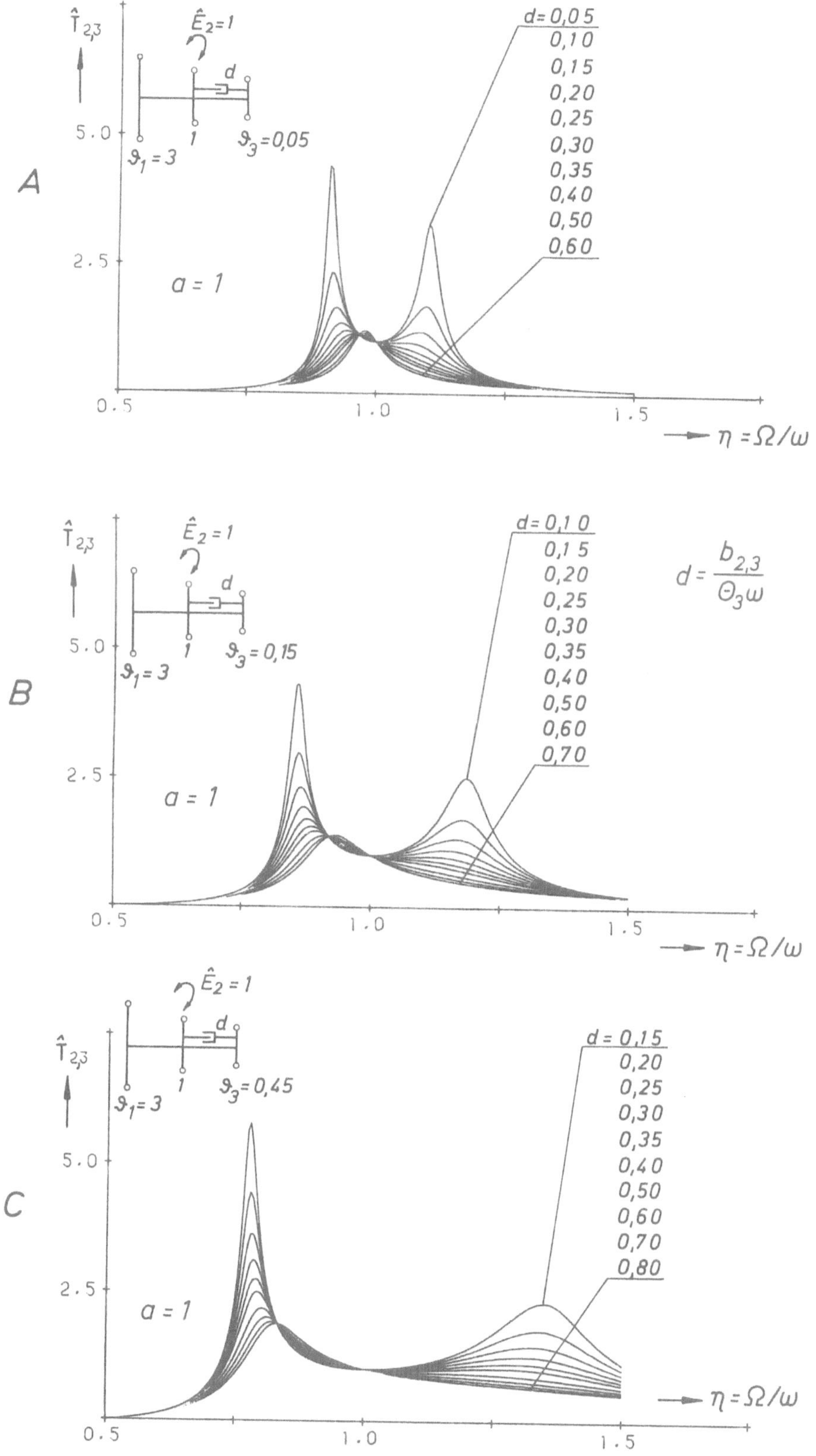

Abb. 6.30. Resonanzkurven für den Betrag der Amplitude $\hat{T}_{2,3}$ für den Abstimmfaktor a = 1 bei verschiedenen Massenverhältnissen ϑ_3

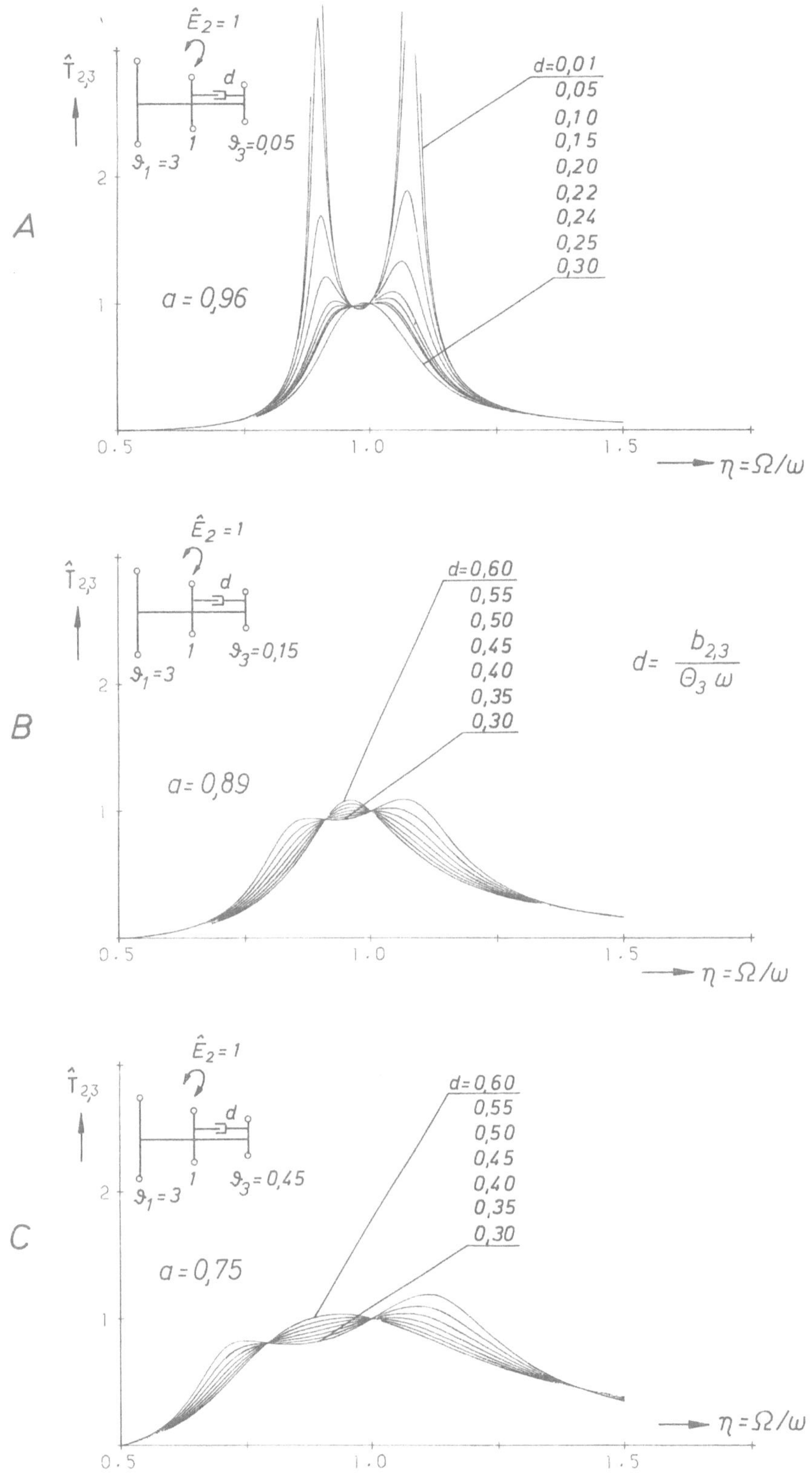

Abb. 6.31. Resonanzkurven für den Betrag der Amplitude $\hat{T}_{2,3}$ für den optimalen Abstimmfaktor a_{opt} bei verschiedenen Massenverhältnissen ϑ_3

6.5.6 Reine Dämpfungskoppelung

Als „reine Dämpfungskoppelung" bezeichnet man den Sonderfall (c_2) des KELVINschen Dämpfungsmodells nach Abb. 2.1, bei dem die Steifigkeit der Feder, die der Dämpfungseinrichtung parallel geschaltet ist, den Wert Null besitzt. Der Viskosedrehschwingungsdämpfer realisiert näherungsweise eine reine Dämpfungskoppelung. Der von einem Gehäuse umschlossene Dämpferschwungring ist nur durch das Silikonöl, das in die Spalträume zwischen Ring und Gehäuse gefüllt wird, mit der Kurbelwelle gekoppelt. Durch die Dimensionierung der Spalte und durch die Wahl der Viskosität des Silikonöls kann der wirksame Dämpfungskoeffizient beeinflußt werden. Nach neueren Forschungsergebnissen von SCHULZ [23] und HARTMANN [24] überträgt das Silikonöl jedoch außer dem dämpfenden auch ein verlustfreies federndes Drehmoment. Deshalb wird bei der Auslegung von Viskosedrehschwingungsdämpfern, die im Band 4 dieser Buchreihe behandelt wird, ein KELVINsches Dämpfungsmodell mit frequenzabhängigem Dämpfungskoeffizienten und einer frequenzabhängigen Steifigkeit verwendet.

Bei der nachfolgenden Untersuchung wird jedoch die Torsionssteifigkeit $c_{2,3} = 0$ gesetzt und mit einem frequenzunabhängigen Dämpfungskoeffizienten $b_{2,3}$ gerechnet, um die charakteristischen Eigenschaften einer reinen Dämpfungskoppelung zu zeigen. Deshalb entfällt der Abstimmparameter a als Auslegungsparameter, übrig bleiben das Massenverhältnis ϑ_3 und der dimensionslose Dämpfungskoeffizient d nach Formel (6.44 D). Mit $c_{2,3} = 0$ ergibt sich aus (6.45 A) die Formel

$$\Omega^2 = \Omega_A^2 = c_{1,2}\,\frac{2(\Theta_1+\Theta_2)+\Theta_3}{\Theta_1(2\Theta_2+\Theta_3)} = c_{1,2}\,\frac{\Theta_1+\Theta_2+\frac{1}{2}\Theta_3}{\Theta_1(\Theta_2+\frac{1}{2}\Theta_3)} \qquad (6.46\,\mathrm{A})$$

für das Quadrat der Erregerkreisfrequenz Ω_A, bei der ein einziger Festpunkt existiert, in dem sich alle Resonanzkurven der Amplitude $\hat{T}_{1,2}$ des Torsionsmomentes schneiden, die mit verschiedenen Dämpfungsparametern d für ein fest vorgegebenes System berechnet werden. Man kann Ω_A als die Eigenkreisfrequenz eines 2-Massen-Systems deuten, bei dem die halbe lose Dämpfermasse starr an die Masse Θ_2 gekoppelt ist. Diese Deutung behält auch dann noch ihre Gültigkeit, wenn das Motorsystem durch ein Mehrmassensystem ersetzt wird. Aus der Beziehung (6.46 A) erhält man den Quotienten

$$\eta_A = \frac{\Omega_A}{\omega} = \sqrt{\frac{2(1+\vartheta_1)+\vartheta_3}{(1+\vartheta_1)(2+\vartheta_3)}} \qquad (6.46\,\mathrm{B})$$

für das Verhältnis der Erregerfrequenz des Festpunktes zur Eigenfrequenz des 2-Massen-Systems nach Abb. 6.23 A. In Abb. 6.32 ist η_A über dem Massenverhältnis ϑ_3 für konstante Werte von ϑ_1 aufgetragen.

Die Kurvenschar wird nach unten begrenzt durch die Funktion

$$\lim_{\vartheta_1 \to \infty} \eta_A = \sqrt{\frac{2}{2+\vartheta_3}} \quad , \qquad (6.46\,\mathrm{C})$$

durch die eine Einspannung an der Stelle der Masse Θ_1 simuliert wird.

Die Amplitude $\hat{T}_A$, die das Moment $T_{1,2}$ im Festpunkt A erreicht, ergibt sich aus Formel (6.45 B), wenn man dort die Kreisfrequenz $\Omega_{A,B}$ durch die Kreisfrequenz Ω_A aus Formel (6.46 A) ersetzt. Man erhält nach einer kurzen Umformung das einfache Resultat

$$\left|\frac{\hat{T}_A}{\hat{E}_2}\right| = 1 + \frac{2}{\vartheta_3} \quad , \qquad (6.46\,\mathrm{D})$$

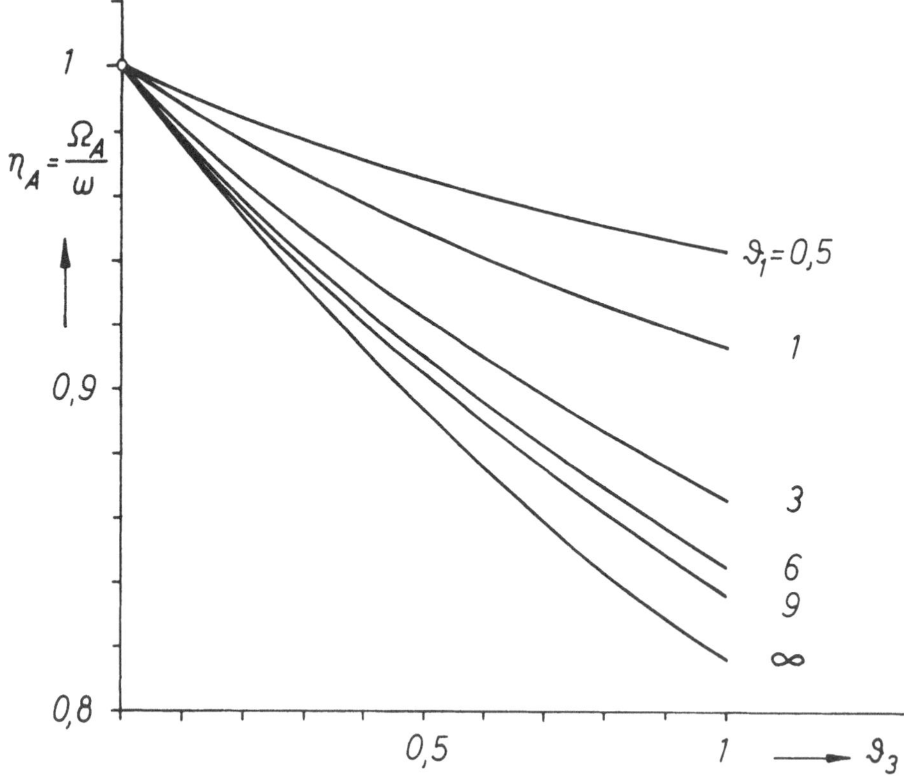

Abb. 6.32. Erregerfrequenzverhältnis η_A für den Festpunkt A der Resonanzkurven $\hat{T}_{1,2}$ bei reiner Dämpfungskoppelung der Masse Θ_3

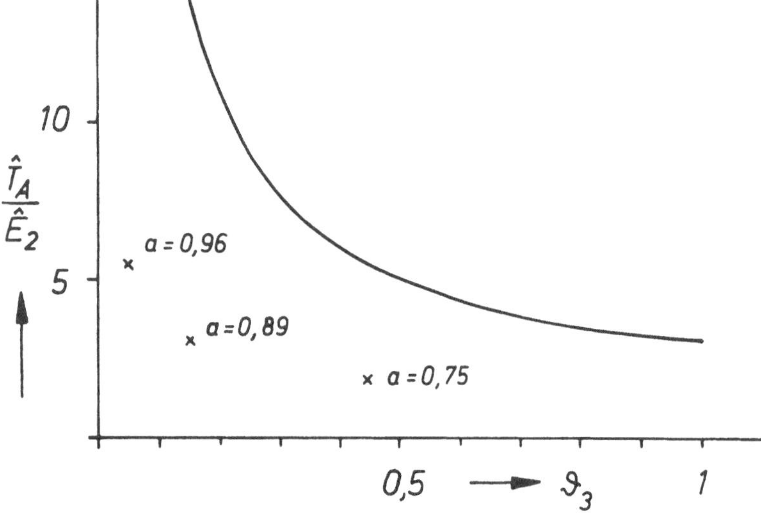

Abb. 6.33. Amplitude $\hat{T}_A$ des Momentes $T_{1,2}$ im Festpunkt A bei reiner Dämpfungskoppelung der Masse Θ_3

das in Abb. 6.33 grafisch dargestellt ist. Eine Verkleinerung des zu minimierenden Maximalwertes der Amplitude $\hat{T}_{1,2}$ ist bei einem Viskosedämpfer allein durch eine Vergrößerung des Massenverhältnisses ϑ_3 möglich. Zum Vergleich mit dem optimal abgestimmten elastisch gekoppelten Dämpfer sind in Abb. 6.33 die 3 Ergebnisse der Abb. 6.29 eingetragen, die bei gleichen Dämpfermassen zu wesentlich kleineren Maximalbeanspruchungen führen.

In Abb. 6.34 sind die Resonanzkurven für die Amplitude $\hat{T}_{1,2}$ eines Systems aufgezeichnet, das sich von dem System C der Abb. 6.29 durch die reine Dämpfungskoppelung der Masse Θ_3 unterscheidet. Es läßt sich ein optimaler Dämpfungskoeffizient so bestimmen, daß der Maximalwert der Amplitude $\hat{T}_{1,2}$ mit der Amplitude des Festpunktes A übereinstimmt. Bei einer Vergrößerung des Dämpfungskoeffizienten verschieben sich die Maximalwerte der Amplitude $\hat{T}_{1,2}$ nach niedrigeren, bei einer Verkleinerung nach höheren Erregerfrequenzen. Verglichen mit der Optimalabstimmung nach Abb. 6.29 ergibt die reine Dämpfungskoppelung wesentlich höhere Torsionsmomente bei gleichen Massen von Motor und Schwingungsdämpfer.

In Abb. 6.35 ist der Betrag der Amplitude $\hat{T}_{2,3}$ des zwischen der losen und festen Masse des Viskosedämpfers zu übertragenden Torsionsmomentes über dem Erregerfrequenzverhältnis η aufge-

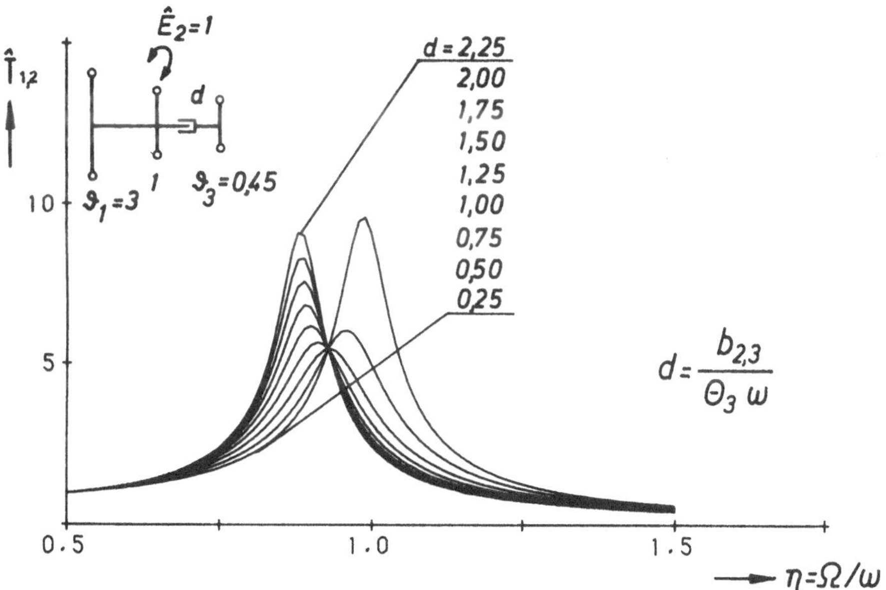

Abb. 6.34. Resonanzkurven für den Betrag der Amplitude $\hat{T}_{1,2}$ bei reiner Dämpfungskoppelung der Masse Θ_3

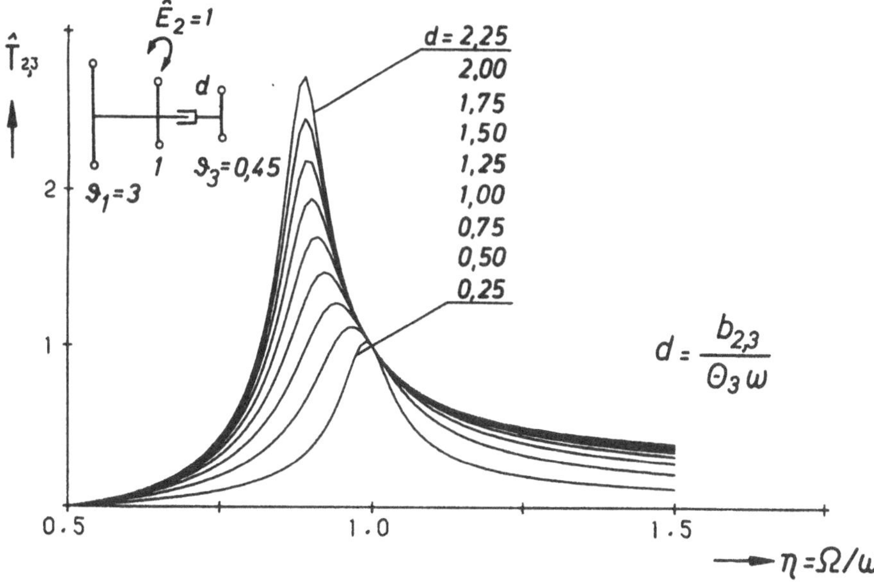

Abb. 6.35. Resonanzkurven für die Amplitude $\hat{T}_{2,3}$ bei reiner Dämpfungskoppelung der Masse Θ_3

tragen. Für jede Kurve der Kurvenschar hat der dimensionslose Dämpfungskoeffizient d einen konstanten Wert. Bei der Beurteilung dieses Diagramms ist der gegenüber der Abb. 6.34 geänderte Maßstab zu berücksichtigen. Die Maximalwerte der einzelnen Kurven wachsen monoton mit dem Dämpfungskoeffizienten d. Der eigenartige Verlauf der Kurvenschar ist durch den von der Dämpfung unabhängigen Festpunkt bei $\eta = 1$ bedingt, in dem die einzelnen Kurven nicht nur identische Ordinaten, sondern auch die gleichen Tangentenrichtungen besitzen.

7 Erzwungene periodische Schwingungen

Bei einem stationären Betriebszustand der Brennkraftmaschine, der durch konstante Drehzahl und konstante Leistung gekennzeichnet ist, erzeugen die Gas- und Massenkräfte in dem Motortriebwerk zeitlich periodisch verlaufende Dehnungs- und Spannungszustände. Wenn das Motortriebwerk sich wie ein annähernd starrer Körper verhalten würde, dann könnte man diese Dehnungen und Spannungen allein mit den Methoden der Elastostatik berechnen. Infolge seiner Elastizität und seiner Masse ist das Motortriebwerk jedoch ein schwingungsfähiges System, das durch einzelne Harmonische der periodischen Erregung in einen Resonanzzustand versetzt werden kann, bei dem die auftretenden größten Spannungen allein durch die Eigendämpfung des Systems begrenzt werden. Von der großen Anzahl der möglichen Resonanzzustände gefährden jedoch nur wenige die Dauerhaltbarkeit der Bauteile. Während die anfänglichen Berechnungsmethoden des Motortriebwerks sich hauptsächlich mit den harmonischen Schwingungen und dem Problem befaßten, die gefährlichen Resonanzzustände zu ermitteln, berechnet man heute den periodischen Verlauf der Spannungen für alle Betriebszustände der Brennkraftmaschine und vergleicht die dabei ermittelten maximalen Spannungsänderungen mit der Dauerwechselfestigkeit des Materials. Deshalb ist die Ermittlung der erzwungenen periodischen Schwingungen ein grundlegendes Problem der Triebwerksberechnung, für dessen Lösung zwei verschiedenartige Methoden bekannt sind. Am häufigsten angewandt wird die auf dem Prinzip der harmonischen Analyse und Synthese beruhende Methode, die nachfolgend beschrieben wird. Als Alternative dazu ist die numerische Integration der Bewegungsgleichungen möglich, die jedoch einen weit größeren numerischen Aufwand erfordert als die erstgenannte Methode.

7.1 Methode der harmonischen Analyse und Synthese

Bei dieser Berechnungsmethode wird im ersten Schritt die periodische Schwingungserregung unter Anwendung der Methode der harmonischen Analyse in einzelne Harmonische zerlegt. Die dazu notwendigen Berechnungsmethoden und FORTRAN-Programme sind im Kapitel 4.4 beschrieben. Die Anzahl M der zu ermittelnden Harmonischen der Schwingungserregung muß mindestens so groß gewählt werden, daß für alle Resonanzdrehzahlen, die innerhalb des zu untersuchenden Betriebsdrehzahlbereichs liegen, die Harmonischen der Schwingungserregung definiert sind. Ein weiteres Kriterium bei der Ermittlung der Zahl M ist das Konvergenzverhalten der FOURIER-Reihe der Schwingungserregung, aus dem sich der Einfluß der Harmonischen größter Ordnungszahl auf das Ergebnis abschätzen läßt. Zur Kontrolle ist eine Wiederholung der gesamten Berechnung mit einer höheren Anzahl M und ein Vergleich der Resultate beider Berechnungen möglich.

Im zweiten Schritt der Berechnung wird für jede Harmonische der Schwingungserregung aus den jetzt bekannten Sinus- und Cosinuskomponenten des trigonometrischen Polynoms eine komplexe Schwingungsamplitude erzeugt. Für alle Harmonischen der Schwingungserregung werden dann unter Anwendung der im Kapitel 6 angegebenen Methoden die komplexen Amplituden der erzwungenen Schwingungen der Systemmassen und die in dem System auftretenden Amplituden der Kräfte und Momente berechnet.

Im dritten Berechnungsgang werden dann aus den jetzt bekannten erzwungenen komplexen Amplituden für alle interessierenden Ergebnisse durch harmonische Synthese periodische zeitliche Verläufe berechnet. Die Berechnungsmethoden und Programme für diesen Berechnungsgang wurden im Kapitel 4.5 behandelt.

Die beschriebene Methode ist allgemein bei Schwingungssystemen mit linearen Feder- und Dämpfungscharakteristiken anwendbar. Sie wird darüber hinaus auch bei schwachen Nichtlinearitäten - die mit Hilfe von frequenzabhängigen Dämpfungskoeffizienten bei der Berechnung berücksichtigt werden - noch angewandt, obgleich dies vom theoretischen Standpunkt aus nicht mehr vertretbar ist, weil dann die Ergebnisse verschiedenartiger Differentialgleichungssysteme superponiert werden. Bei schwach gedämpften Systemen hat die Dämpfung jedoch nur in unmittelbarer Umgebung des Resonanzzustands einen Einfluß auf das Ergebnis. Deshalb erhält man auch bei frequenzabhängigen Dämpfungskoeffizienten mit der beschriebenen Methode im allgemeinen noch physikalisch sinnvolle Ergebnisse.

Bei Anwendung effektiver Programme ist die beschriebene Methode wesentlich schneller als alle anderen bekannten auf numerischer Integration beruhenden Methoden. Der Aufwand zur Berechnung der periodischen erzwungenen Schwingungen ist jedoch selbst bei einfachen Schwingungssystemen so groß, daß er nur mit Hilfe der EDV bewältigt werden kann. Es genügen aber bereits kleine Rechenanlagen, gemessen am heutigen Stand der EDV-Technologie, um das Problem der erzwungenen Triebwerksschwingungen von Kolbenmaschinen zu lösen.

7.2 Beispiel einer periodischen erzwungenen Schwingung

Die Anwendung der beschriebenen Methode wird an einem einfachen aus 2 Massen bestehenden Torsionsschwingungssystem nach Abb. 7.1 vorgeführt. An der Masse Θ_1 dieses Systems wirkt ein stoßartig verlaufendes periodisches äußeres Drehmoment $E_1(t)$ der Amplitude 1 mit der Stoßdauer T_s und der Periodendauer T_{ER}, dessen zeitlicher Ablauf im rechten Teil des Bildes skizziert ist. Die Beschleunigung des Systems über die mittlere Drehzahl hinaus wird durch das an der Masse Θ_2 angreifende konstante Drehmoment E_2 verhindert, das den statischen Gleichgewichtszustand herstellt.

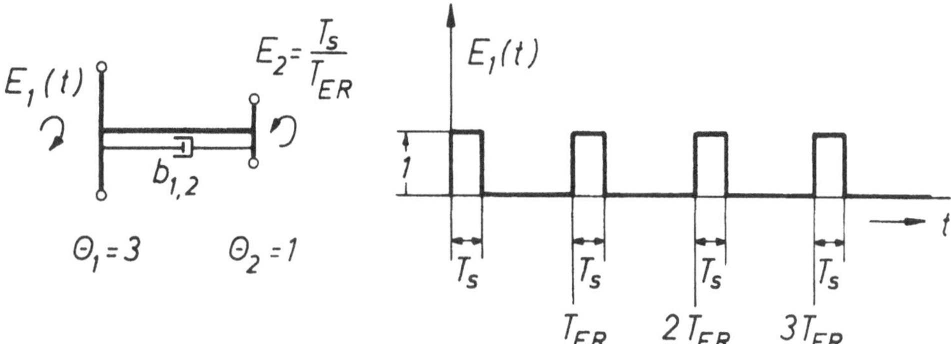

Abb. 7.1. Periodische Stoßerregung eines Torsionsschwingungssystems

Der erste Berechnungsschritt „Harmonische Analyse" kann wegen des einfachen zeitlichen Ablaufs der periodischen Erregung analytisch unter Verwendung der Formeln 4.8 vorgenommen werden. Man erhält daraus das einfache Ergebnis

$$a_k = \frac{1}{k\pi} \sin k\alpha \qquad (7.1)$$

$$b_k = \frac{1}{k\pi}(1 - \cos k\alpha)$$

$$\text{mit} \quad \alpha := 2\pi \frac{T_s}{T_{ER}} \qquad k = 1, 2, \ldots m-1 \qquad a_0 = \frac{T_s}{T_{ER}} = \frac{\alpha}{2\pi} \quad ,$$

wenn man mit a_k, b_k die Amplituden der Cosinus- und Sinuskomponenten der Harmonischen, mit α den auf die Periodendauer bezogenen Phasenwinkel und mit k die Nummer der Harmonischen bezeichnet.

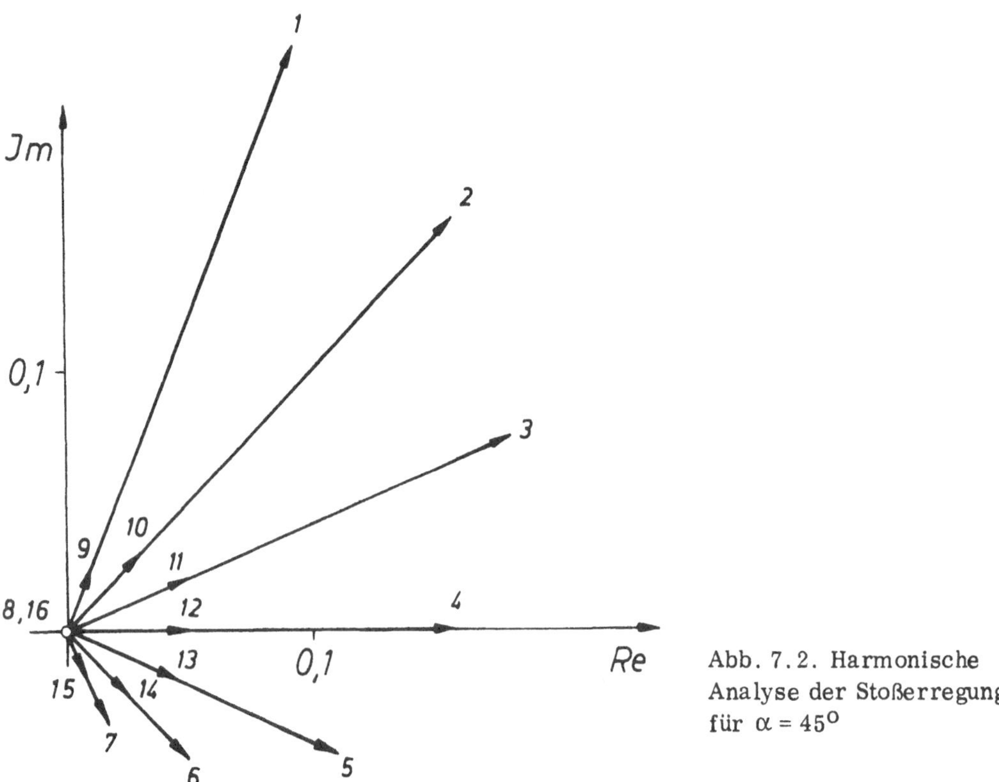

Abb. 7.2. Harmonische Analyse der Stoßerregung für $\alpha = 45^{o}$

In Abb. 7.2 sind für $\alpha = 45^{o}$ die ersten 16 Harmonischen als komplexe Amplituden in der GAUSSschen Zahlenebene dargestellt, wobei die Sinuskomponenten auf der reellen und die Cosinuskomponenten auf der imaginären Achse aufgetragen sind. Die Harmonischen der Nummern 8, 16, 24 ... haben für $\alpha = 45^{o}$ exakt den Wert Null. Die Nullphasenwinkel der Harmonischen mit den Nummern k + 8 sind für $\alpha = 45^{o}$ identisch mit den Nullphasenwinkeln der Harmonischen mit den Nummern k. Die Amplituden der Harmonischen konvergieren auf den Wert Null, ihr Betrag wird mit wachsendem k jedoch nicht gleichmäßig kleiner, sondern erreicht relative Maximalwerte.

Im zweiten Schritt der Berechnung werden mit den Unterprogrammen A0208 und B0208, die im Kapitel 6.3.2 beschrieben sind, die erzwungenen komplexen Amplituden $\hat{\underline{T}}_{1,2,k}$ des Torsionsmomentes für alle nach Formel (7.1) berechneten komplexen Erregeramplituden

$$\hat{\underline{E}}_{1,k} = b_k + j\, a_k \tag{7.2}$$

unter Verwendung der Erregerkreisfrequenzen

$$\Omega_k = k\,\omega_{ER} = k\,\frac{2\pi}{T_{ER}} \qquad k = 1, 2, \dots m-1 \tag{7.3}$$

berechnet. Der konstante Anteil ergibt sich aus der Gleichgewichtsbedingung

$$\hat{T}_{1,2,0} = \frac{\alpha^{o}}{360^{o}} = \frac{T_s}{T_{ER}} \quad . \tag{7.4}$$

Damit sind die m komplexen Koeffizienten eines trigonometrischen Polynoms bekannt, durch das der zeitliche Verlauf des Torsionsmomentes $T_{1,2}(t)$ definiert wird.

Im dritten Schritt werden unter Verwendung der im Kapitel 4.5 beschriebenen Unterprogramme 203 oder 204 n gleichabständig über das Periodenintervall T verteilte Werte der periodischen Funktion $T_{1,2}(t)$ berechnet. Parameter bei diesen Berechnungen sind:

$\alpha = 360^\circ \frac{T_s}{T_{ER}}$ der Phasenwinkel der Stoßdauer T_s

$Q := \frac{\omega}{\omega_{ER}} = \frac{T_{ER}}{T}$ der Quotient aus Eigenfrequenz des Schwingungssystems und Periodenfrequenz der periodischen Schwingungserregung (7.5)

$b_{1,2}$ der Relativdämpfungskoeffizient.

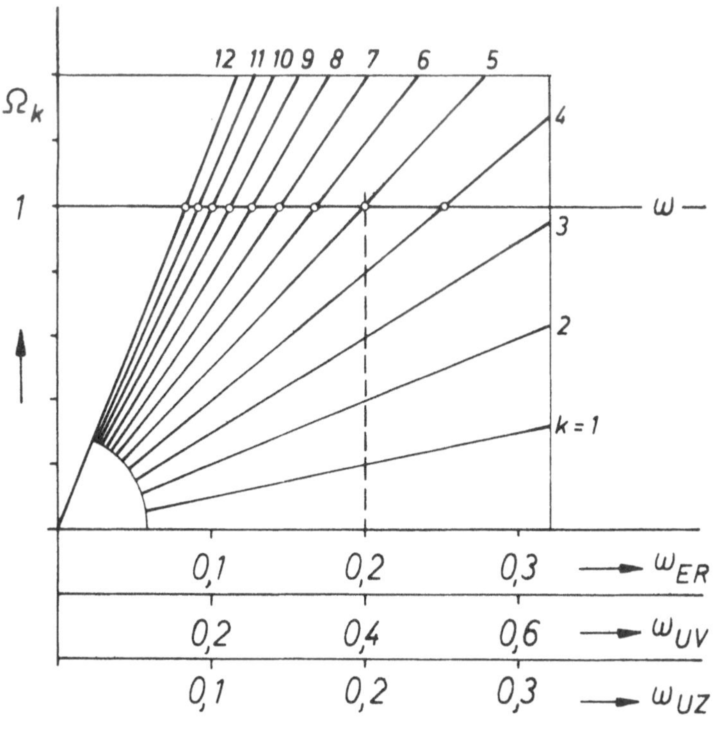

Abb. 7.3. Resonanzdrehzahlen des Systems nach Abb. 7.1

Im Gegensatz zu einer harmonischen Schwingungserregung, bei der nur ein Resonanzzustand pro Eigenfrequenz des Systems möglich ist, sind bei einer allgemeinen periodischen Schwingungserregung theoretisch unendlich viele Resonanzzustände denkbar. Dies geht aus Abb. 7.3 hervor, in der für das behandelte Beispiel, das nur eine Eigenfrequenz $\omega = 1$ besitzt, die Resonanzzustände grafisch dargestellt sind. In dieser Abbildung sind die Geraden $\Omega_k = k\omega_{ER}$ der Erregerfrequenzen, aus denen die periodische Schwingungserregung zusammengesetzt ist, über der Grundkreisfrequenz ω_{ER} der periodischen Schwingungserregung aufgetragen. Die Schnittpunkte dieser Geraden mit einer Parallelen im Abstand ω zur Achse ω_{ER} liegen bei den Erregergrundfrequenzen, bei denen jeweils eine der harmonischen Erregerfrequenzen mit der Eigenfrequenz ω des Schwingungssystems nach Abb. 7.1 übereinstimmt und damit die Resonanzbedingung erfüllt ist. Zwischen der Grundkreisfrequenz ω_{ER} der periodischen Schwingungserregung und der Umlaufkreisfrequenz ω_U der Kurbelwelle eines Kolbenmotors bestehen die folgenden durch die Arbeitsweise des Motors bedingten Beziehungen:

$\omega_U = \omega_{UZ} = \omega_{ER}$ bei Zweitaktverfahren

(7.6)

$\omega_U = \omega_{UV} = 2\omega_{ER}$ bei Viertaktverfahren.

Damit können sich je nach Wahl der Kurbelwellendrehzahl theoretisch beliebig viele, praktisch jedoch eine durch den Betriebsdrehzahlbereich des Motors begrenzte Anzahl von sogenannten Resonanzdrehzahlen einstellen, bei denen die Resonanzbedingung für eine Harmonische der Schwingungserregung erfüllt ist. Wie aus der Beziehung (7.6) und den zusätzlichen beiden Abszissenmaßstäben der Abb. 7.3 hervorgeht, ist die Resonanzdrehzahl eines Viertaktmotors, bei der die k-te Harmonische sich in Resonanz befindet, genau doppelt so groß wie die auf die gleiche Harmonische bezogene Resonanzdrehzahl eines Zweitaktmotors. Es ist jedoch bei der praktischen Berechnung der Triebwerksschwingungen üblich, die Harmonischen nicht mit der fortlaufenden Nummer k, sondern mit der sogenannten Ordnungszahl q zu kennzeichnen, die durch die Beziehung

$$\begin{aligned} \Omega &= q\,\omega_U \\ q &= 1, 2, 3, 4, \dots \textit{ Zweitaktverfahren} \\ q &= \tfrac{1}{2}, 1, \tfrac{3}{2}, 2, \dots \textit{ Viertaktverfahren} \end{aligned} \tag{7.7}$$

definiert ist, wobei ω_U unabhängig vom verwendeten Arbeitsverfahren die Umlaufkreisfrequenz der Kurbelwelle bedeutet. Damit ist die Ordnungszahl q die Anzahl der Perioden der entsprechenden Harmonischen pro Motorumdrehung und nicht wie die Nummer k die Anzahl der Harmonischen pro Arbeitsspiel. Nach dieser Vorgehensweise müßte bei einem Viertaktmotor das Geradenbüschel in Abb. 7.3 über $\omega_{UV} = \omega_U$ aufgetragen werden und mit q = 0,5; 1; 1,5; ... anstatt mit k = 1, 2, 3, ... gekennzeichnet werden. Für einen Zweitaktmotor dagegen wäre die in Abb. 7.3 vorgenommene Beschriftung korrekt, weil hier k und q identisch sind.

In Abb. 7.4 sind für 8 verschiedene Resonanzzustände die Torsionsmomente $T_{1,2}$ des Systems nach Abb. 7.1 über dem Zeitintervall von 0 bis T_{ER} aufgetragen.

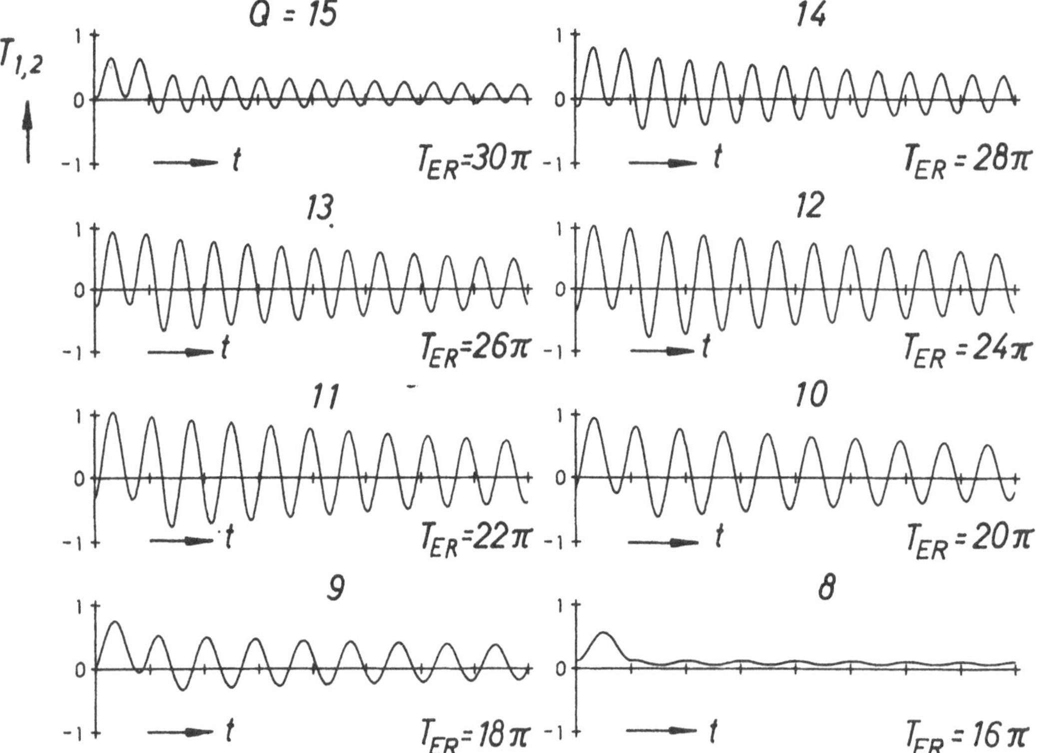

Abb. 7.4. Torsionsmoment $T_{1,2}(t)$ im System nach Abb. 7.1 bei Stoßerregung; $\alpha = 45^{\circ}$; d = 0,02; Q = 15, 14, ..., 8; $\omega = 1$

Die Aufzeichnung der periodischen Schwingungen erfolgt über dem Phasenwinkel $\varphi = \omega_{ER} t$ der Grundfrequenz. Dadurch sind trotz veränderlicher Periodendauer T_{ER} alle Diagramme gleich lang.

Der Phasenwinkel der Stoßdauer ist $\alpha = 45^o$. Der Dämpfungskoeffizient $b_{1,2}$ entspricht einem Verlustfaktor d = 0,02. Die Frequenz der Schwingungserregung ist bei allen Diagrammen ein ganzzahliger Teil der Eigenfrequenz des Systems. Damit werden ausschließlich Resonanzzustände untersucht. Die Grundfrequenz der Erregung wird durch Variation des Parameters Q zwischen 15 und 8 von 1/15 bis auf 1/8 der Eigenfrequenz gesteigert. Mit Ausnahme des letzten Diagramms entspricht der zeitliche Verlauf des Torsionsmomentes einer schwach gedämpften sinusförmigen Schwingung, die durch den Drehmomentenstoß kurzzeitig erregt wird. In allen Diagrammen ist die ganzzahlige Anzahl der Eigenschwingungen pro Periode erkennbar. Die Amplituden dieser Sinusschwingungen sind ungefähr proportional den zugeordneten Erregeramplituden nach Abb. 7.2, die ein relatives Maximum bei $\omega_{ER} = 1/12\ \omega$ erreichen. Die 8. Harmonische der Erregung besitzt den Wert Null. Das dieser Erregerfrequenz zugeordnete letzte Diagramm der Abb. 7.4 hat deshalb auch den Charakter einer Zwangsschwingung, bei der die Auswirkung der Stoßerregung erkennbar ist und bei der die resonanzartige Aufschaukelung fehlt.

Die Auswirkung einer Vergrößerung des Verlustfaktors auf den Wert d = 0,10 geht aus der Abb. 7.5 hervor, in der die Torsionsmomente $T_{1,2}$ für die Resonanzen mit der 13., 12., 11. und 10. Harmonischen aufgezeichnet sind. Infolge der 5fach vergrößerten Dämpfung klingen die am Anfang der Periode stoßartig erregten Schwingungsamplituden während der Periodendauer praktisch auf den Wert Null ab, so daß am Ende der Periode annähernd ein konstantes Drehmoment vorhanden ist.

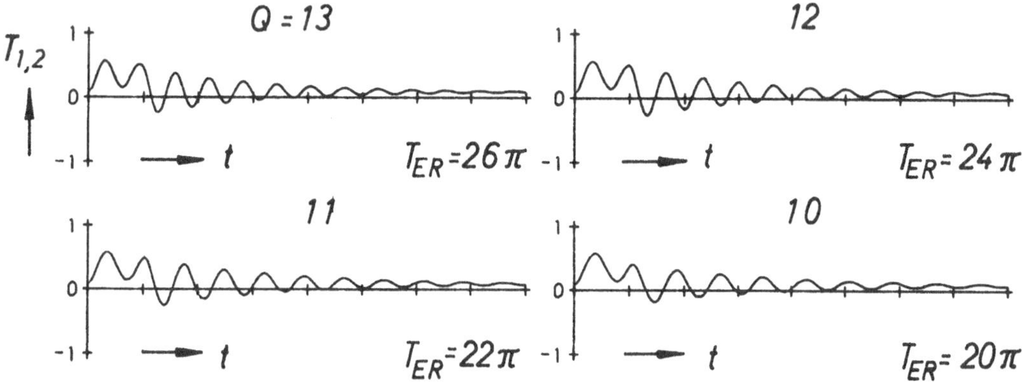

Abb. 7.5. Torsionsmoment $T_{1,2}(t)$ im System nach Abb. 7.1 bei Stoßerregung; $\alpha = 45^o$; d = 0,10; Q = 13, 12, 11, 10; $\omega = 1$

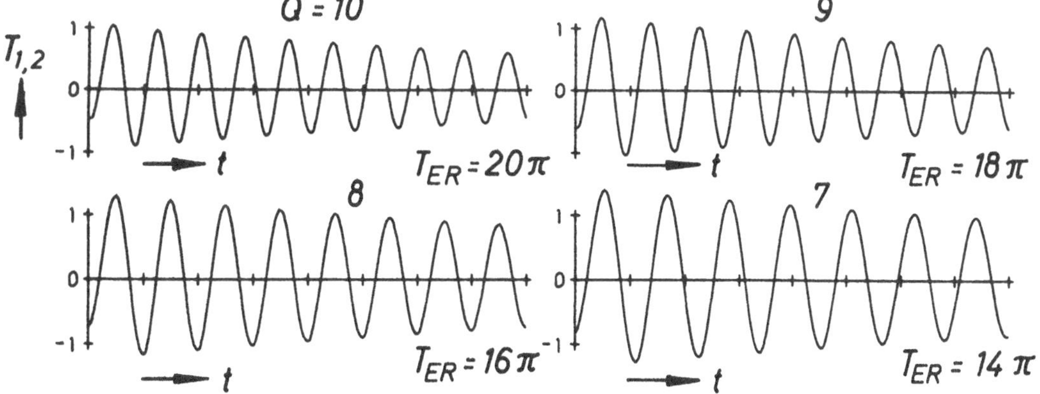

Abb. 7.6. Torsionsmoment $T_{1,2}(t)$ im System nach Abb. 7.1 bei Stoßerregung; $\alpha = 22,5^o$; d = 0,02; Q = 10, 9, 8, 7; $\omega = 1$

Der Einfluß einer Halbierung der Stoßdauer auf den zeitlichen Verlauf des Torsionsmomentes geht aus der Abb. 7.6 hervor, in der für $\alpha = 22,5^{o}$ für das schwach gedämpfte System mit d = 0,02 die Resonanzen mit den Ordnungen 10 bis 7 aufgezeichnet sind. Infolge der Verkleinerung des Phasenwinkels α der Stoßerregung ist jetzt nach Formel (7.1) die 7. Harmonische der Schwingungserregung relativ am größten und verursacht deshalb die größte Aufschaukelung.

8 Erzwungene nichtperiodische Schwingungen

Nichtperiodische Schwingungen des Motortriebwerks können nur bei instationären Betriebszuständen, insbesondere bei stoßartigen Laständerungen und beim Anfahren und Abstellen des Motors auftreten. Diese Schwingungen dauern meistens nur kurze Zeit und haben deshalb gegenüber den periodischen Schwingungen des stationären Betriebszustands eine geringere Bedeutung. Man kann sie mit angenommenen Anfangsbedingungen durch numerische Integration der Bewegungsgleichungen berechnen.

Ein anderer, weniger bekannter Lösungsweg benutzt die im Kapitel 7 beschriebene Methode der harmonischen Analyse und Synthese auch für die Berechnung nichtperiodischer Vorgänge durch Verwendung einer scheinbaren Periode. Dieses Verfahren ist eine Näherungsmethode mit einer im allgemeinen für technische Berechnungen ausreichenden Genauigkeit. Seine Anwendung ist dann besonders vorteilhaft, wenn bereits ein EDV-Programm zur Berechnung erzwungener periodischer Schwingungen existiert, das die im Kapitel 7 behandelte Methode verwendet. Ein solches Programm läßt sich mit relativ geringem Aufwand so modifizieren, daß auch nichtperiodische Schwingungsvorgänge damit erfaßt werden können.

Die Methode ist unabhängig von der Struktur des Schwingungssystems und kann z.B. auf einen elastisch gelagerten starren Körper ebenso angewandt werden wie auf ein Torsions- oder Biegeschwingungssystem. Aus didaktischen Gründen wird die Methode nachfolgend wieder am einfachen Beispiel eines Torsionsschwingungssystems mit einer geringen Anzahl von Massen durchgeführt.

8.1 Einmaliger Drehmomentenstoß

Der Grundgedanke der Berechnungsmethode läßt sich aus dem im Kapitel 7.2 vorgeführten Beispiel der periodischen Stoßerregung ableiten. Man kann nämlich die Diagramme der Abb. 7.5 auch als nichtperiodische Schwingungsvorgänge interpretieren, sofern am Ende der Periode die Schwingungsamplituden infolge der relativ großen Dämpfung praktisch auf den Wert Null abgeklungen sind. Damit hat man gleichzeitig mit der Berechnung des periodischen Vorgangs auch einen aperiodischen Stoßvorgang untersucht, bei dem die Stoßerregung nur einmal im Zeitintervall $0 \leqq t \leqq t_0$ erfolgt. Denn die Wiederholung des Vorgangs wird allein durch den am Beginn der folgenden Periode erneut einsetzenden Impuls erzwungen. Fehlt dieser Impuls, dann bleibt das Schwingungssystem im Ruhezustand. Da das Ergebnis der Berechnung aperiodischer Schwingungsvorgänge außer von der Schwingungserregung auch noch von den Anfangsbedingungen abhängt, entsprechen die Diagramme der Abb. 7.5 einem aperiodischen Stoßvorgang, bei dem das Schwingungssystem nach Abb. 7.1 aus dem Ruhezustand durch einen Rechteckimpuls erregt wird, dessen Dauer bei jedem Diagramm verschieden lang ist. Die Qualität des so gewonnenen Rechenergebnisses ist allein von der Genauigkeit abhängig, mit der die Anfangsbedingungen bei Beginn der neuen Periode erfaßt sind. Deshalb kann man z.B. die Diagramme der Abb. 7.4 für das schwach gedämpfte System nicht als Lösungen des beschriebenen aperiodischen Stoßvorgangs betrachten, weil zur Zeit t = 0 die Schwingungen vom vorhergehenden Stoßvorgang noch nicht abgeklungen sind und damit die Anfangsbedingung „statische Gleichgewichtslage" nicht erfüllt ist. Um auch diesen schwach gedämpften Stoßvorgang aus der statischen Gleichgewichtslage beginnen zu lassen, muß die Anzahl der Eigenschwingungen des Systems pro Periodendauer der Erregung wesentlich vergrößert werden. Gleichzeitig muß aber der für den Ablauf des aperiodischen Vorgangs allein maßgebende Quotient T_s/T aus Stoßdauer T_s und Eigenschwingungsdauer T erhalten bleiben. Dies erreicht man, indem das Produkt der beiden Parameter

$$\frac{\alpha^\circ}{360^\circ} Q = \frac{T_s}{T} \tag{8.1}$$

durch Vergrößerung von Q und entsprechende Verkleinerung von α konstant gehalten wird. Das Ergebnis dieser Operation kann man dem Diagramm von Abb. 8.1 entnehmen, das mit $Q = 48$ und $\alpha = 11{,}25^\circ$ den gleichen Quotienten $T_s/T = 1{,}5$ ergibt wie das mit $Q = 12$ und $\alpha = 45^\circ$ bezeichnete Diagramm in Abb. 7.4. Infolge der 4mal größeren Anzahl von Schwingungen pro Periodendauer T_{ER} ist mehr Zeit für das Abklingen der Schwingung vorhanden. Damit wird die gewünschte statische Gleichgewichtslage als Anfangsbedingung wesentlich besser approximiert als durch das entsprechende Diagramm der Abb. 7.4. Das Diagramm nach Abb. 8.1 enthält einschließlich dem konstanten Anteil des Drehmomentes 60 Harmonische. Bei der harmonischen Synthese wurden 720 Werte verwendet.

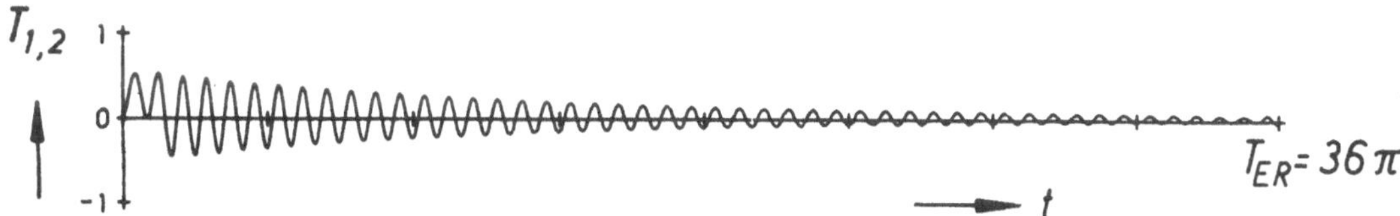

Abb. 8.1. Torsionsmoment $T_{1,2}(t)$ in dem System nach Abb. 7.1 als aperiodischer Stoßvorgang für $T_s/T = 1{,}5$

8.2 Durchfahren von kritischen Drehzahlen

Auch bei einem vollkommen aperiodischen Schwingungsvorgang mit frequenzmodulierter Schwingungserregung wie dem Durchfahren von Resonanzzuständen ist die Methode der harmonischen Analyse und Synthese noch anwendbar. Dies wird mit dem Torsionsschwingungssystem nach Abb. 7.1 vorgeführt, in dem an der Masse Θ_1 eine sinusförmige Schwingungserregung mit linear veränderlicher Frequenz angebracht wird. Um aus der Aufgabenstellung formal ein Problem mit periodischer Schwingungserregung zu machen, wird der zeitliche Ablauf der Erregerkreisfrequenz Ω entsprechend der Abb. 8.2 verändert. Im Intervall $0 \leqq t \leqq T_1$ nimmt die Erregerkreisfrequenz linear auf den Wert Ω_M zu, um dann wieder linear bis auf den Wert Null abzunehmen, der zur Zeit $t = T_2$ erreicht wird, die der Periodendauer T_{ER} der äußeren Erregung entspricht. Maßgebend für die Schwingungserregung ist der Phasenwinkel φ. Man erhält ihn für das erste Intervall $0 \leqq t \leqq T_1$ durch Integration der Funktion

$$\frac{d\varphi_1}{dt} = \Omega_1(t) = \Omega_M \frac{t}{T_1} \tag{8.2}$$

als $$\varphi_1 = \frac{1}{2} \Omega_M \frac{t^2}{T_1} , \tag{8.3}$$

wenn man den Nullphasenwinkel $\varphi_1(0) = 0$ setzt. Entsprechend führt die Integration der Erregerkreisfrequenz

$$\frac{d\varphi_2}{dt} = \Omega_2(t) = \Omega_M \frac{T_2 - t}{T_2 - T_1} \tag{8.4}$$

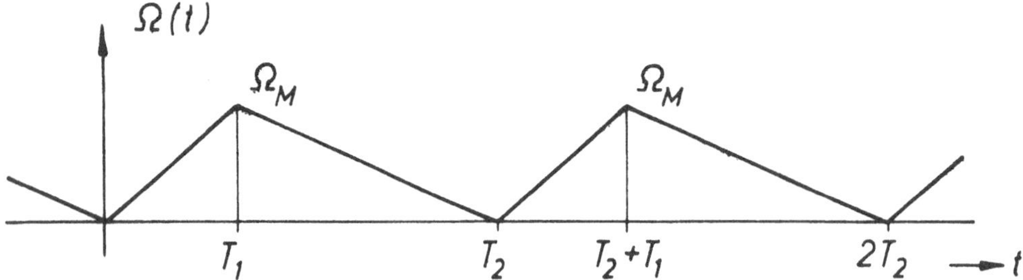

Abb. 8.2. Erregerkreisfrequenz für einen periodisch sich wiederholenden Anfahr- und Abstellvorgang

zu der Beziehung

$$\varphi_2 = \Omega_M \frac{T_2 t}{T_2 - T_1} - \frac{\Omega_M}{2} \frac{t^2}{T_2 - T_1} + C_2 \tag{8.5}$$

für den Phasenwinkel im Bereich $T_1 \leq t \leq T_2$. Die Integrationskonstante C_2 ergibt sich aus der Bedingung

$$\varphi_1(T_1) = \varphi_2(T_1) \tag{8.6}$$

als $$C_2 = -\frac{\Omega_M}{2} \frac{T_1 T_2}{T_2 - T_1} \,. \tag{8.7}$$

Mit den dimensionslosen Variablen

$$x = \frac{t}{T_2} \qquad x_1 = \frac{T_1}{T_2} \tag{8.8}$$

erhält man aus (8.3), (8.5) und (8.7) die beiden Beziehungen

$$0 \leq x \leq x_1 \qquad \varphi_1 = \frac{1}{2} \frac{\Omega_M T_2 x^2}{x_1} \tag{8.9}$$

und $$x_1 \leq x \leq 1 \qquad \varphi_2 = \frac{1}{2} \Omega_M T_2 \frac{2x - x^2 - x_1}{1 - x_1} \tag{8.10}$$

für den Phasenwinkel der sinusförmigen Schwingungserregung.

Die beiden Beziehungen (8.9) und (8.10) ergeben für $x = x_1$ identische Werte und erfüllen damit die Bedingung (8.6). Einen stetigen Übergang der Schwingungserregung am Ende der Periode erhält man für eine nach Abb. 8.2 frequenzmodulierte Sinusschwingung, wenn die Bedingung

$$\varphi_2 = k\pi = \frac{1}{2} \Omega_M T_2 = \pi \frac{T_2}{T_M} \qquad k = 1, 3, 5, \ldots \tag{8.11}$$

erfüllt ist.

Das ist der Fall, wenn der Quotient T_2/T_M aus der Dauer T_2 des An- und Abstellvorgangs und der Periodendauer T_M der maximalen Erregerfrequenz eine ungerade ganze Zahl ist.

```
      SUBROUTINE A0209(N,TM,T1,T2,B,SI)
C SCHWINGUNGSERREGUNG FUER
C EINEN ANFAHR- UND ABSTELLVORGANG
C N   ANZAHL DER TEILE
C TM  SCHWINGUNGSDAUER DER ERREGER-
C     FREQUENZ BEI HOECHSTDREHZAHL IN SEC
C T1  DAUER DES ANFAHRVORGANGS IN SEC
C T2  DAUER DES GESAMTVORGANGS IN SEC
C B   AMPLITUDE DER SINUSFUNKTION SI
C SI  N WERTE DER
C     FREQUENZMODULIERTEN SINUSFUNKTION
C
      DIMENSION SI(1)
      ZW      = 3.141592654*T2/TM
      ZW1     = ZW*T2/T1
      X1      = T1/T2
      ZW2     = ZW/(1.-X1)
      N1      = N*X1
      DX      = 1./N
C
      DO 10 I = 1,N1
      X       = (I-1)*DX
      SI(I)   = SIN(ZW1*X*X)
   10 CONTINUE
C
      N2      = N1+1
      DO 20 I = N2,N
      X       = (I-1)*DX
      SI(I)   = B*SIN(ZW2*(2.*X-X1-X**2))
   20 CONTINUE
      RETURN
      END
```

P-Liste 19
Unterprogramm A0209
Schwingungserregung für einen Anfahr- und Abstellvorgang

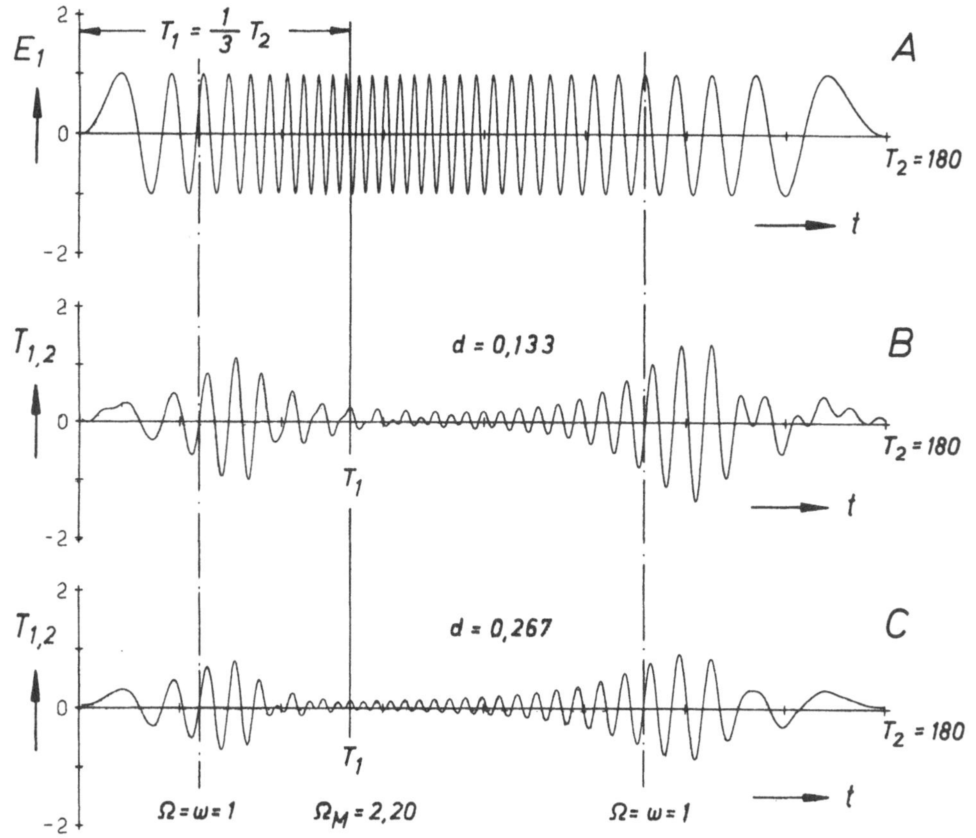

Abb. 8.3. Zeitlicher Verlauf von Schwingungserregung und Torsionsmoment $T_{1,2}$ des Systems nach Abb. 7.1 während eines Anfahr- und Abstellvorgangs mit $\Omega_M = 2,20$

Die Schwingungserregung als frequenzmodulierte Sinusschwingung für einen Anfahr- und Abstellvorgang nach Abb. 8.2 kann mit dem Unterprogramm A0209 über dem Zeitintervall T_2 auf einem gleichabständigen Raster berechnet werden. Die Bedeutung der Parameter wird in dem Unterprogramm beschrieben.

In Abb. 8.3 sind drei instationäre Schwingungsvorgänge über dem Zeitintervall $0 \leq t \leq T_2$ aufgezeichnet. Das Diagramm 8.3 A enthält die als Erregung für das Torsionsschwingungssystem nach Abb. 7.1 verwendete frequenzmodulierte Sinusschwingung, deren Errgerkreisfrequenz Ω (t) nach Abb. 8.2 als Funktion der Zeit verändert wurde. Der Maximalwert der Erregerkreisfrequenz $\Omega_M = 2,2$ wird bei $T_1 = T_2/3$ erreicht. In dem untersuchten Intervall $0 \leq t \leq T_2$ durchläuft die Schwingungserregung 31,5 Schwingungen. In Abb. 8.3 B sind für den Verlustfaktor d = 0,133 und in Abb. 8.3 C für d = 0,267 die Torsionsmomente $T_{1,2}$ über der Zeit t aufgetragen. Betrachtet wird das als Periode angenommene Zeitintervall $0 \leq t \leq T_2$. Die Erregerkreisfrequenz Ω erreicht zweimal die Eigenkreisfrequenz $\omega = 1$ des Torsionsschwingungssystems. Als Folge des raschen Durchfahrens wird die Maximalamplitude beim Beschleunigen bei einer höheren Erregerfrequenz und beim Verzögern bei einer niedrigeren Erregerfrequenz als der Eigenfrequenz des Systems erreicht, wobei alle Amplituden kleiner als bei stationärer Erregung sind. Die maximalen Amplituden des Torsionsmomentes sind beim Beschleunigen kleiner als beim Verzögern, weil der Betrag der Beschleunigung der Erregerfrequenz doppelt so groß wie der Betrag der Verzögerung gewählt wurde. Alle diese Phänomene wurden sowohl qualitativ als auch quantitativ durch eine Untersuchung von K. E. HAFNER [25] bestätigt, deren Ergebnisse durch ein numerisches Verfahren gewonnen wurden, das von der hier vorgeführten Methode abweicht.

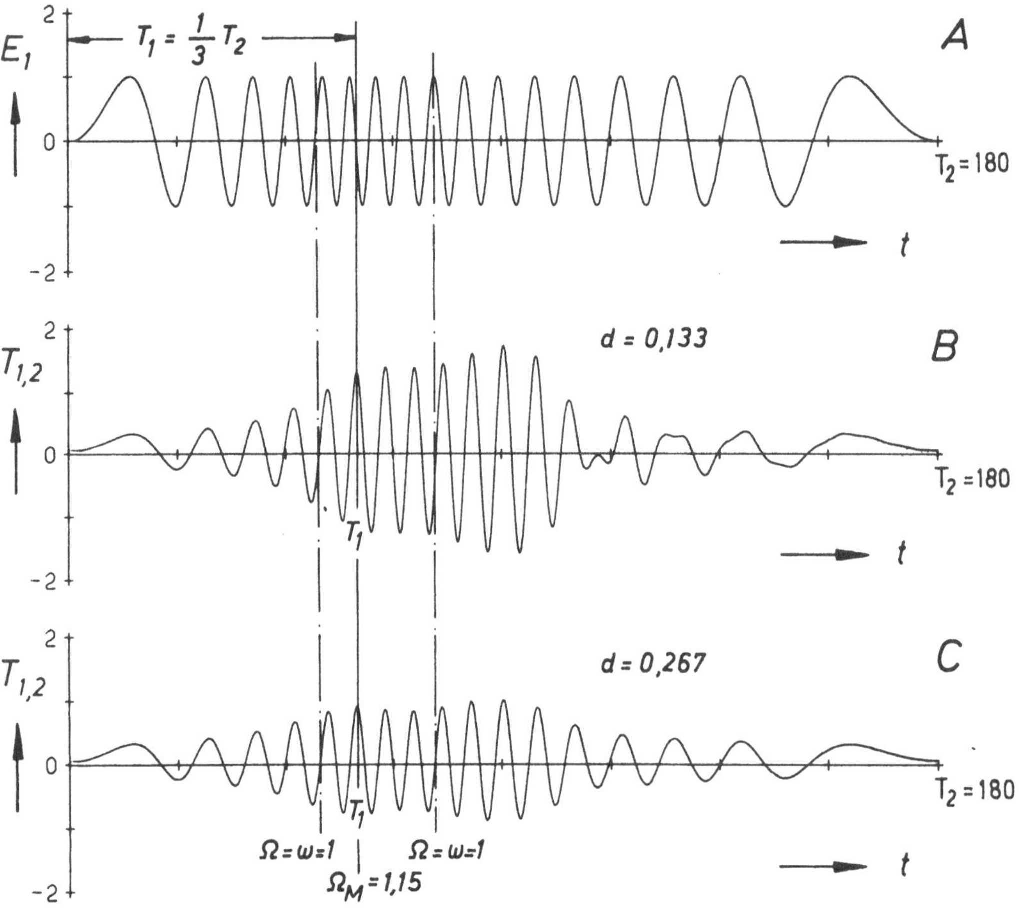

Abb. 8.4. Zeitlicher Verlauf von Schwingungserregung und Torsionsmoment $T_{1,2}$ des Systems nach Abb. 7.1 während eines Anfahr- und Abstellvorgangs mit $\Omega_M = 1,15$

In Abb. 8.4 sind die Ergebnisse eines weiteren Anfahr- und Abstellvorgangs enthalten, bei dem die Erregerkreisfrequenz aber nur den 1,15fachen Wert der Eigenkreisfrequenz als Maximalwert Ω_M erreicht. Dadurch verbleibt das Torsionsschwingungssystem nach Abb. 7.1 relativ lange im Bereich der Resonanzerregung. Die Folge davon ist, daß die maximalen Torsionsmomente $T_{1,2}$, die bei diesen Vorgängen erreicht werden, praktisch mit den im stationären Zustand in Resonanz vorhandenen Torsionsmomenten übereinstimmen. In Abb. 8.4 A ist wieder der zeitliche Ablauf der an der Masse Θ_1 wirkenden Schwingungserregung aufgetragen. Die Abb. 8.4 B und 8.4 C enthalten den zeitlichen Ablauf der Torsionsmomente $T_{1,2}$ für die beiden Verlustfaktoren d = 0,133 und d = 0,267. Die Zeiten, bei denen die Erregerkreisfrequenz den Resonanzwert $\Omega = 1$ erreicht, sind wieder markiert. Auch bei dieser Untersuchung erreicht das Torsionsmoment erst im Verzögerungsteil bei einer kleineren Erregerfrequenz als der Eigenfrequenz seinen Maximalwert. Das Verhältnis $T_1 = 1/3\ T_2$ wurde auch bei dieser Untersuchung beibehalten.

Die Ergebnisse der Abbildungen 8.3 und 8.4 sind das Resultat einer harmonischen Synthese von 172 Harmonischen. Bei der Berechnung der zeitlichen Verläufe wurde das Periodenintervall T_2 in 720 Teile unterteilt.

8.3 Kurzschluß bei Drehstromaggregaten

Nichtperiodische Torsionsschwingungen werden auch im Falle eines Kurzschlusses in den Wellen und in den Antriebselementen von Motor- und Turbinenaggregaten erzwungen. Zur Berechnung dieses Vorgangs ist die beschriebene Methode der harmonischen Analyse und Synthese ebenfalls geeignet.

Als Beispiel wird die Auswirkung des Stoßkurzschlußdrehmomentes auf ein 3-Massen-Torsionsschwingungssystem untersucht, das als Berechnungsmodell für ein Notstromaggregat dient. Das Aggregat besteht aus einem 50-Hz-Drehstromgenerator, der über eine hochdrehelastische Kupplung mit einem Dieselmotor gekoppelt ist. Das Berechnungsmodell dient allein zur Untersuchung der Auswirkung des Kurzschlusses auf die Torsionsbeanspruchung der Generatorwelle und der elastischen Kupplung und ermöglicht keine Aussage über die Beanspruchung der Kurbelwelle. Die Kurbelwelle wird bei der Untersuchung dieses relativ niederfrequenten Vorgangs als ein starrer Körper betrachtet. Unter dieser Voraussetzung genügt für die Untersuchung ein aus 3 Massen bestehendes Torsionsschwingungssystem.

Das Massenträgheitsmoment Θ_1 beinhaltet den Generator, das Massenträgheitsmodell Θ_2 den Sekundärteil der elastischen Kupplung und eine Zusatzmasse, das Massenträgheitsmoment Θ_3 den Primärteil der elastischen Kupplung mit Schwungrad und gesamter Drehmasse des Motors. Mit $c_{1,2}$ wird die Torsionssteifigkeit der Generatorwelle, mit $c_{2,3}$ die Torsionssteifigkeit der elastischen Kupplung bezeichnet.

Bei der Berechnung wird wie üblich angenommen, daß das Aggregat während der Kurzschlußdauer, die mit $T_K = 0,1$ s angenommen wurde, die Drehzahl und damit die Netzfrequenz von 50 Hz konstant hält. Der zeitliche Verlauf des Stoßkurzschlußdrehmomentes E_K ist von der Bauart, der Arbeitsweise des Generators und der Art des Kurzschlusses abhängig und läßt sich nach der Formel

$$E_K = B_{1,1}\, e^{-\gamma_{1,1} t} \sin \Omega t + (B_{0,2} + B_{1,2}\, e^{-\gamma_{1,2} t} + B_{2,2}\, e^{-\gamma_{2,2} t}) \sin 2\Omega t \qquad (8.12)$$

berechnen [26]. In dieser Formel bedeuten

$$\Omega := 2\pi f \qquad (8.13)$$

die Kreisfrequenz des elektrischen Netzes und

$$\gamma_{1,1} := \frac{1}{T_{1,1}}\ ,\quad \gamma_{1,2} := \frac{1}{T_{1,2}}\ ,\quad \gamma_{2,2} := \frac{1}{T_{2,2}} \qquad (8.14)$$

die Reziprokwerte von Zeitkonstanten und $B_{1,1}$, $B_{0,2}$, $B_{1,2}$, $B_{2,2}$ konstante Koeffizienten, die aufgrund theoretischer Überlegungen oder durch Messungen ermittelt werden können.

Zur Berechnung von N Werten des Stoßkurzschlußdrehmomentes dient das Programm B0209, das außer den obengenannten Daten noch die fiktive Periodendauer T_P und die Kurzschlußdauer T_K in seiner Parameterliste enthält. Der mit SKM bezeichnete Datenbereich enthält nach Aufruf des Unterprogramms N Werte des Stoßkurzschlußdrehmomentes, wobei N eine durch 4 teilbare Zahl sein sollte, um die harmonische Analyse mit Hilfe der Unterprogramme 202 durchführen zu können.

```
              SUBROUTINE B0209(N,F,TP,TK,G11,G12,G22,B11,B02,B12,B22,SKM)
      C  N    ANZAHL DER WERTE SKM
      C  F    (HZ)  NETZFREQUENZ
      C  TP   (S)   PERIODENDAUER
      C  TK   (S)   KURZSCHLUSSDAUER
      C  G11  (1/S) REZIPROKWERTE
      C  G12  (1/S) DER
      C  G22  (1/S) ZEITKONSTANTEN
      C  B11  (MN)  KOEFFI-
      C  B02  (MN)  ZIENTEN
      C  B12  (MN)  DER
      C  B22  (MN)  DREHMOMENTFORMEL
      C  SKM  (MN)  DREHMOMENTWERTE
              DIMENSION SKM(1)
              DT     =TP/N
              DO 20 I=1,N
              T      = (I-1)*DT
              IF(T.GT.TK) GOTO 10
              FI1    = 6.283185308*F*T
              FI2    = 2.*FI1
              S1     = B11*EXP(-T*G11)*SIN(FI1)
              S2     = (B02+B12*EXP(-T*G12)+B22*EXP(-T*G22))*SIN(FI2)
              SKM(I) = S1+S2
              GOTO 20
      10      SKM(I) = 0.
      20      CONTINUE
              RETURN
              END
```

P-Liste 20 Unterprogramm B0209
Kurzschlußdrehmoment

In dem Beispiel wurden bei der Berechnung des Stoßkurzschlußdrehmomentes die Koeffizienten

$$\begin{array}{llll} B_{1,1} = 4900 & [mN] & \gamma_{1,1} = 57 & [1/s] \\ B_{0,1} = 0 & & & \\ B_{1,2} = -2450 & [mN] & \gamma_{1,2} = 47{,}6 & [1/s] \\ B_{2,2} = 0 & & T_K = 0{,}1 & [s] \\ & & T_P = 1 & [s] \end{array} \tag{8.15}$$

verwendet.

Das Torsionsschwingungssystem ist durch die Daten

$$
\begin{array}{llll}
\Theta_1 = 1{,}950 \; [kg\,m^2] & c_{1,2} = 1{,}667 \cdot 10^6 \; [mN/rad] \\
\Theta_2 = 1{,}063 \; [kg\,m^2] & c_{2,3} = 0{,}026 \cdot 10^6 \; [mN/rad] \\
\Theta_3 = 3{,}386 \; [kg\,m^2] & b_{1,2} = 53 \; [mNs/rad] \\
 & b_{2,3} = 12 \; [mNs/rad]
\end{array}
\tag{8.16}
$$

definiert. Das Ergebnis der Berechnungen ist in den 3 Diagrammen der Abb. 8.5 enthalten. Das oberste Diagramm enthält das Stoßkurzschlußdrehmoment $E_K(t)$, die beiden folgenden Diagramme zeigen die Drehmomente $T_{1,2}(t)$ und $T_{2,3}(t)$, die durch den Kurzschluß in der Generatorwelle und der drehelastischen Kupplung erzeugt werden. Da der Koeffizient $B_{0,2} = 0$ gesetzt wurde, besitzt das Stoßkurzschlußdrehmoment einen auf den Wert Null asymptotisch abklingenden zeitlichen Verlauf, der von dem Programm B0209 für $t > T_K$ durch den Wert Null ersetzt wird. Deshalb kann

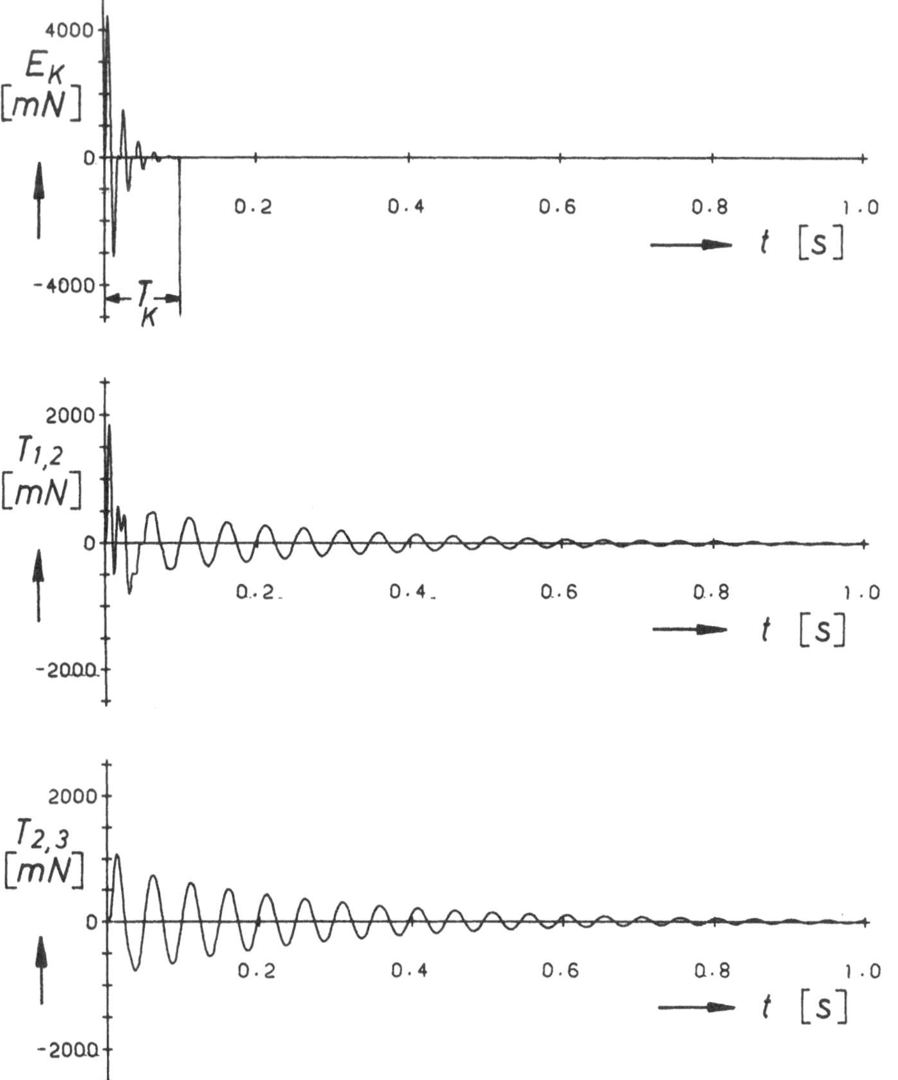

Abb. 8.5. Zeitlicher Verlauf des Stoßkurzschlußdrehmomentes E_K und der Momente $T_{1,2}$ und $T_{2,3}$ in Generatorwelle und Kupplung

das Schwingungssystem nach dem Abschalten der äußeren Erregung nur noch freie Schwingungen ausführen, die infolge der Dämpfung abklingen.

Wenn die Periodendauer T_P so groß gewählt wird, daß das Schwingungssystem nach der Zeit T_P praktisch den Ruhezustand erreicht hat, dann hat man wieder einen in Wahrheit instationären Stoßvorgang mit Hilfe eines auf periodische Schwingungen spezialisierten Verfahrens berechnet. Die Anfangsbedingung des simulierten instationären Zustands entspricht dem Ruhezustand des Torsionsschwingungssystems. Ein Vergleich der Ergebnisse der Abbildung 8.5, die wieder mit 172 Harmonischen erzeugt wurden, mit den Ergebnissen einer numerischen Integration der Bewegungsgleichungen des 3-Massen-Systems ergibt deckungsgleiche Diagramme. Bei einer zur Kontrolle vorgenommenen Reduktion der fiktiven Periodendauer auf 0,72 Sekunden wurden praktisch die gleichen Ergebnisse erzeugt wie mit der Periodendauer von 1 Sekunde.

9 Biegeschwingungen des Motortriebwerks

9.1 Vorbemerkungen

Ein biegestarrer rotationssymmetrischer Rotor der Masse m, dessen Schwerpunkt S den Abstand E von seiner Drehachse besitzt und um diese mit der Winkelgeschwindigkeit Ω rotiert, wird durch die im Schwerpunkt angreifende Fliehkraft

$$F_S = E\, m\, \Omega^2 \qquad (9.1\text{A})$$

belastet, die gleichsinnig mit der Welle rotiert. Bei einer statisch bestimmten Lagerung des Rotors in zwei Lagern erhält man die beiden ebenfalls rotierenden Lagerkräfte aus dem Kräfte- und Momentengleichgewicht. Die Fliehkraft F_S und damit auch die Lagerkräfte wachsen quadratisch mit der Drehzahl. Die Lagerkräfte besitzen aus der Sicht eines ortsfesten Beobachters einen harmonischen Verlauf und machen sich als sogenannte Laufunruhe besonders dann bemerkbar, wenn sie andere schwingungsfähige elastische Körper in deren Eigenfrequenzen erregen. Die Beseitigung der Lagerkräfte durch geeignete Ausgleichsgewichte, die in zwei senkrecht auf der Wellenachse stehenden Ebenen angeordnet sind, wird als Auswuchten bezeichnet. Alle rasch rotierenden Bauteile des Maschinenbaus werden heute ausgewuchtet. Trotzdem verbleiben noch kleine Restunwuchten, deren Betrag von der Genauigkeit des Wuchtvorgangs abhängt.

Der biegestarre Rotor ist ein fiktives Modell. Alle Wellen des Maschinenbaus sind biegeelastisch. Nur bei niedrigen Drehzahlen verhalten sich die Maschinenwellen annähernd wie biegestarre Rotoren. Das Kräftegleichgewicht am biegeelastischen Rotor geht aus Abb. 9.1 hervor.

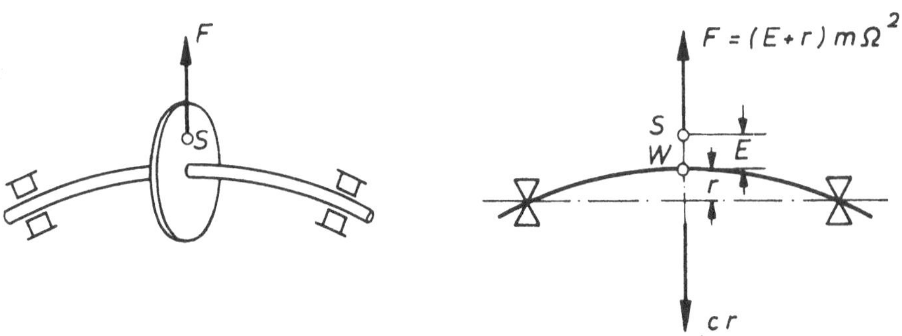

Abb. 9.1. Kräftegleichgewicht am elastischen Rotor

Die Fliehkraft F wird durch die Durchbiegung r der Welle vergrößert auf

$$F = (E + r)\, m\, \Omega^2 \qquad . \tag{9.1B}$$

Aus der Bedingung, daß die elastische Rückstellkraft c r der Welle und die Fliehkraft F identisch sein müssen, folgt

$$c\, r = (E + r)\, m\, \Omega^2 \qquad , \tag{9.1C}$$

wobei mit c die örtliche Biegesteifigkeit der Welle am Lastangriffspunkt bezeichnet wird. Aus (9.1C) erhält man für die Durchbiegung r die Beziehung

$$r = \frac{E m \Omega^2}{c - m \Omega^2} = E \frac{(\frac{\Omega}{\omega})^2}{1 - (\frac{\Omega}{\omega})^2} \qquad , \tag{9.1D}$$

wobei durch

$$\omega = \sqrt{\frac{c}{m}} \tag{9.1E}$$

die Eigenkreisfrequenz eines Schwingers der Masse m und der Biegesteifigkeit c definiert wird. Der Quotient Ω/ω aus der Winkelgeschwindigkeit der Welle und der Eigenkreisfrequenz ω hat einen wesentlichen Einfluß auf das Verhalten des Rotors, wie aus Formel (9.1D) hervorgeht. Für $\Omega = \omega$ wächst die Wellendurchbiegung bei konstant gehaltener Winkelgeschwindigkeit Ω unbegrenzt bis zum Bruch oder bis zur Berührung des Rotors am Gehäuse an, sofern ein solches den Rotor umgibt. Man bezeichnet deshalb die Winkelgeschwindigkeit ω nach (9.1E) als die kritische Winkelgeschwindigkeit oder, nach entsprechender Umrechnung, als die kritische Drehzahl des Rotors. Für sehr große Werte Ω/ω im sogenannten „überkritischen Lauf" nähert sich r asymptotisch dem Grenzwert r = -E. Damit konvergiert die Fliehkraft F nach (9.1B) auf den Wert Null. Dieses Phänomen wird als die „Selbstzentrierung" der Rotormasse bezeichnet. Bei sehr kleinen Werten von Ω ist r klein, und die Fliehkräfte F_S des starren und F des elastischen Rotors unterscheiden sich nur wenig.

Die Formel (9.1D) wurde unter der Annahme abgeleitet, daß der Schwerpunkt S der Masse und der Durchstoßpunkt W Kreise um die unverformte Wellenachse beschreiben. Daß dies tatsächlich der Fall ist, wird im nachfolgenden Abschnitt am Modell des LAVAL-Läufers, der mit einer Masse besetzten Welle, bewiesen. Anschließend wird der Einfluß einer dämpfungsfreien elastischen Lagerung auf den LAVAL-Läufer untersucht und dabei auf das Phänomen des Gleich- und Gegenlaufes eingegangen.

Die am einfachen Modell des LAVAL-Läufers mit relativ bescheidenem mathematischem Aufwand beweisbaren typischen Phänomene der Rotordynamik sind für den Strömungsmaschinen- und Elektromaschinenbau von fundamentaler Bedeutung. Da bei diesen Maschinen, insbesondere bei Wälzlagerungen, nur geringe Dämpfungen vorhanden sind, ist ein Fahren in der Umgebung der kritischen Drehzahlen nicht möglich. Es muß deshalb beim Entwurf dieser Maschinen durch die Dimensionierung der Wellen und Rotoren dafür gesorgt werden, daß die Betriebsdrehzahl möglichst weit von der - oder bei Mehrmassensystemen - von den kritischen Drehzahlen entfernt ist.

Bei Gleitlagerungen von Turbomaschinen gibt es außer dem bereits beschriebenen Problem der unwuchterregten erzwungenen Schwingungen das Problem der selbsterregten eigenfrequenten Schwingungen [27]. Dieses Phänomen ist durch einen abrupten Anstieg der Läuferamplituden beim Überschreiten einer bestimmten Grenzdrehzahl gekennzeichnet. Die Frequenz dieser selbsterregten Schwingung stimmt jedoch nicht mit der Umlauffrequenz der Welle, wie bei den unwuchterregten Schwingungen, sondern ungefähr mit der Umlauffrequenz der kritischen Drehzahl der starr gelagerten Welle überein. Der Wert dieser Grenzdrehzahl ist bei einem LAVAL-Läufer von der statischen relativen Exzentrizität $\varepsilon = s/s_R$ der Wellenmittelpunkte in den Gleitlagerschalen und von dem Verhältnis $\mu = f/s_R$ der statischen Wellendurchbiegung f unter dem Eigengewicht der Welle und dem radialen Gleitlagerspiel s_R abhängig. Die Grenzdrehzahl steigt mit wachsendem μ und - bei großen relativen Exzentrizitäten - mit wachsendem ε. Im Normalfall ist das Verhältnis der Grenzdrehzahl zur kritischen Drehzahl der Welle größer als 1,8.

Zur Lösung der Probleme der Rotordynamik der Elektro- und Strömungsmaschinen existiert eine allgemein anerkannte Theorie, deren Grundlagen bereits Anfang dieses Jahrhunderts bekannt waren [28],[21]. Diese Theorie wurde in neuerer Zeit auf gleitgelagerte Rotoren erweitert [27]. Zur Lösung des wesentlich komplizierteren Problems der dynamischen Biegebeanspruchung der Kurbelwelle von Kolbenmaschinen unter Berücksichtigung der Gleitlagerung gibt es heute noch keine vergleichbare allgemein angewandte Theorie. Obgleich bekannt ist, daß die Biegung und die Torsion der Kurbelwelle durch die Grundlagerkräfte gekoppelt sind, werden beide unabhängig voneinander berechnet. Die Torsionsbeanspruchung wird mit Hilfe der allgemein akzeptierten Theorie der Torsionsschwingungen der Kurbelwelle dynamisch berechnet. Die Biegebeanspruchung der Kurbelwelle und die Lagerkräfte werden dagegen nicht unter Berücksichtigung von Schwingungen, sondern für jede Kurbelstellung mit den Methoden der Statik oder der Elastostatik ermittelt. Gerechtfertigt ist dieses Verfahren einmal durch die gute Übereinstimmung der berechneten und der gemessenen Torsionseigenfrequenzen der Kurbelwelle. Zum anderen sind die Kurbelwellen heutiger Bauart durch ihre im Vergleich zu den Durchmessern der Wellen- und Hubzapfen kleinen Lagerabstände so biegesteif, daß die fliehkrafterregten kritischen Drehzahlen genügend weit oberhalb des Betriebsdrehzahlbereichs liegen und deshalb nicht beachtet werden müssen.

Bei Kolbenmaschinen können jedoch stationäre Biegeschwingungen, bei denen die Biegelinie um einen ganzzahligen Faktor schneller als die Kurbelwelle in oder gegen ihre Drehrichtung rotiert, durch die Gas- und Massenkräfte des Motors erzwungen werden. Von W. BENZ [5],[6] wurden diese Biegeschwingungen, die auch unter der Bezeichnung „Schwungradflattern" bekannt sind, erstmalig an freifliegend gelagerten Schwungrädern beobachtet und theoretisch begründet. Das von W. BENZ verwendete Berechnungsmodell ersetzt die Kurbelwelle durch eine Ersatzwelle mit kreiszylindrischem Querschnitt und berücksichtigt den Kreiseleffekt des Schwungrades, der dazu führt, daß die kritischen Drehzahlen des Gleich- und Gegenlaufs verschieden sind.

Die durch die Gas- und Massenkraft der Kolbenmotoren erregten Biegeschwingungen müssen auch bei Dieselmotorenaggregaten beachtet werden, bei denen die Generatorwelle am Schwungrad angeflanscht und nur einfach im Generatorgehäuse gelagert ist. Bei diesen sogenannten Einlagergeneratoren erzwingt die von der Verbrennung und den Trägheitskräften des Motors verursachte Schwingungserregung ebenfalls Biegeschwingungen des Gleich- und Gegenlaufs.

Ziel dieses Kapitels ist eine Einführung in die Berechnung der erzwungenen Biegeschwingungen von rotierenden Wellen, die mit einer Masse besetzt sind, unter besonderer Berücksichtigung der von Kolbenmotoren verursachten Schwingungserregung. Zur Vereinfachung wird die Kurbelwelle durch eine Welle mit durchgehend rotationssymmetrischen Querschnitten ersetzt. Obgleich diese Voraussetzung bei Kurbelwellen nicht erfüllt ist, können mit der auf dieser Annahme basierenden Theorie das von W. BENZ beobachtete „Schwungradflattern" und die Biegeschwingungen der Generatorwellen von Kolbenmotorenaggregaten begründet und die kritischen Drehzahlen berechnet werden. Eine Vorausberechnung der in den kritischen Drehzahlen zu erwartenden Schwingungsamplituden setzt jedoch voraus, daß die Dämpfung bekannt ist. Bei gleitgelagerten Kurbelwellen leistet die durch eine radiale Zapfenbewegung verursachte Ölverdrängung den entscheidenden Beitrag zur Dämpfung der Biegeschwingungen. Diese Dämpfung ist jedoch extrem nichtlinear und nur mit einem numerisch aufwendigen Berechnungsmodell erfaßbar.

Das erwähnte Problem der selbsterregten Schwingungen existiert nur bei s t a t i o n ä r belasteten gleitgelagerten Wellen, nicht aber bei den extrem i n s t a t i o n ä r belasteten Gleitlagern der Kurbelwellen von Kolbenmaschinen. Da das hier behandelte Thema die Schwingungen der Kolbenmaschinen sind, wird der an selbsterregten Schwingungen bei Strömungsmaschinen interessierte Leser auf die in dieses Gebiet einführende Literatur [27] hingewiesen.

9.2 Starr gelagerter LAVAL-Läufer unter Unwuchterregung

Durch die Bezeichnung „LAVAL-Läufer"[1)] wird ein Berechnungsmodell definiert, bei dem die als masselos betrachtete Welle mit Kreisquerschnitten mit einem einzigen Läufer besetzt ist, dessen Kreiselwirkung vernachlässigbar ist. Dies ist dann der Fall, wenn eine Querkraftbelastung am Sitz der Scheibe zu keiner Schrägstellung der Scheibe führt. Der in Wellenmitte angeordnete Rotor A nach Abb. 9.2 kann sich nicht schräg stellen, sofern auch die Welle symmetrisch zur Scheibenmittelebene ist. Die Schrägstellung des Rotors läßt sich auch im Fall B durch geeignete Dimensionierung der Welle verhindern. Der Fall C, die „freifliegende" Schwungradlagerung, erfordert jedoch die Berücksichtigung der Kreiselwirkung, weil sich die Schrägstellung nicht vermeiden läßt, und ist deshalb kein LAVAL-Läufer. Die Lagerung des Läufers wird als starr und spielfrei vorausgesetzt.

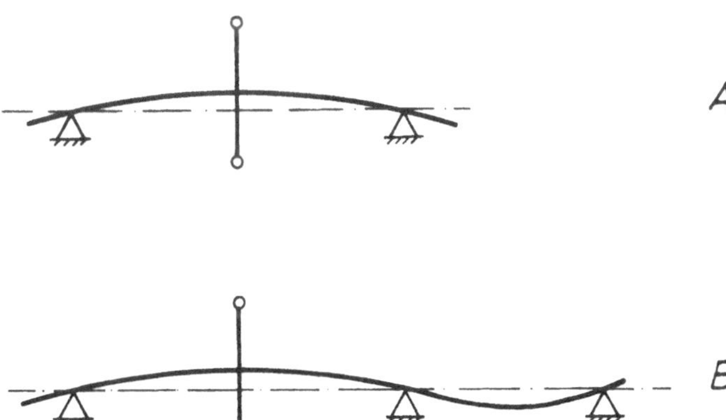

Abb. 9.2. Einfluß der Anordnung des Rotors auf der Welle auf die Schrägstellung der Scheibe

Das Ziel dieses Kapitels ist eine kurze Einführung in die Aufstellung und Lösung der Bewegungsgleichungen von Rotoren, die an der Rotordynamik von R. GASCH und H. PFÜTZNER [27] orientiert ist. Auf dieses Buch wird auch für ein weiterführendes Studium der Rotordynamik hingewiesen. Die hier verwendeten Koordinatensysteme sind bei Kolbenmaschinen üblich und unterscheiden sich geringfügig von den von [27] verwendeten. Dadurch sind formale Unterschiede bei gleichen Formeln vorhanden. Aus didaktischen Gründen wird zunächst die einfache Unwuchterregung betrachtet, obgleich für Kolbenmaschinen die Erregung durch die Gas- und Massenkräfte des Triebwerks von größerer Bedeutung ist.

---

1) DE LAVAL, C. G. P., 1845-1913, Erfinder der nach ihm benannten einstufigen Gleichdruckaxialdampfturbine

9.2.1 Bewegungsablauf im raumfesten Koordinatensystem

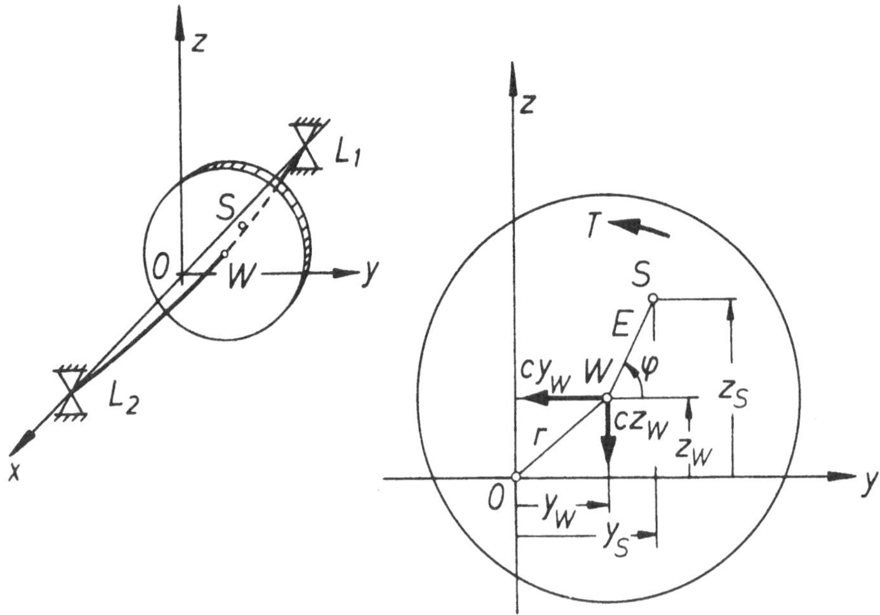

Abb. 9.3. Koordinaten von Scheibenschwerpunkt S und Wellendurchstoßpunkt W im raumfesten Koordinatensystem

Die x-Achse des raumfesten Koordinatensystems nach Abb. 9.3 verbindet die Lagermitten L_1 und L_2 der spiellosen Lagerung der Welle und damit die Nullstellen der Biegelinie. Die y- und z-Achse liegen in der Mittelebene der Scheibe. Der Ursprung 0 des Koordinatensystems ist der Durchstoßpunkt der Geraden L_1, L_2 mit der Scheibenmittelebene. Der Wellendurchstoßpunkt W der Biegelinie mit der Scheibenmittelebene hat die Koordinaten y_W, z_W, der Schwerpunkt S die Koordinaten y_S, z_S. Der feste Abstand E der Punkte W und S ist die Exzentrizität des Schwerpunktes. Bei einem ausgewuchteten Rotor ist E sehr klein im Vergleich zu den Scheibenabmessungen. Als Unwucht wird das Produkt

$$U = mE \tag{9.2}$$

bezeichnet.

Die momentane Lage des Schwerpunktes S der Scheibe wird durch seine Koordinaten y_S und z_S definiert. Zwischen den Koordinaten der Punkte W und S gelten die Beziehungen

$$\begin{aligned} y_S &= y_W + E\cos\varphi \\ z_S &= z_W + E\sin\varphi \quad , \end{aligned} \tag{9.3 A}$$

die aus Abb. 9.3 abgelesen werden können. Damit ist die Lage des Schwerpunktes S in der Scheibenmittelebene durch die beiden Koordinaten y_W, z_W und den Drehwinkel φ der Welle eindeutig definiert, und die Scheibe besitzt somit drei Freiheitsgrade.

Auf den Punkt W wirkt in Richtung W0 die elastische Rückstellkraft cr der Welle, die der Durchbiegung $r = \overrightarrow{W0}$ der Welle und deren Federsteifigkeit c gegenüber dieser Durchbiegung proportional ist. Das Kräftegleichgewicht bezogen auf den Schwerpunkt S zwischen den Komponenten der Massenkraft und der Rückstellkraft der Welle liefert die beiden Differentialgleichungen

$$\begin{aligned} m\ddot{y}_S &= -c\,y_W \\ m\ddot{z}_S &= -c\,z_W \quad . \end{aligned} \tag{9.3 B}$$

Differenziert man (9.3 A) zweimal nach der Zeit t, dann folgt

$$\ddot{y}_S = \ddot{y}_W - E\ddot{\varphi}\sin\varphi - E\dot{\varphi}^2\cos\varphi$$
$$\ddot{z}_S = \ddot{z}_W + E\ddot{\varphi}\cos\varphi - E\dot{\varphi}^2\sin\varphi \quad . \qquad (9.3\,C)$$

Mit Hilfe von (9.3 B) und (9.3 C) erhält man dann die Bewegungsgleichungen des Punktes W

$$m\ddot{y}_W + c\,y_W = Em\dot{\varphi}^2\cos\varphi + Em\ddot{\varphi}\sin\varphi$$
$$m\ddot{z}_W + c\,z_W = Em\dot{\varphi}^2\sin\varphi - Em\ddot{\varphi}\cos\varphi \quad . \qquad (9.3\,D)$$

Der Drehimpulssatz, angewandt auf eine durch den Schwerpunkt S gehende senkrecht auf der Scheibe stehende Achse, ergibt die Beziehung

$$\Theta\ddot{\varphi} = -(z_S - z_W)\,c\,y_W + (y_S + y_W)\,c\,z_W + T \quad , \qquad (9.3\,E)$$

wobei mit Θ das Massenträgheitsmoment der Scheibe bezüglich seiner Drehachse und mit T ein als bekannt vorausgesetztes äußeres Drehmoment bezeichnet wird. Betrachtet man weiterhin nur stationäre Zustände, dann ist T = 0, und man erhält mit der Abkürzung

$$\omega := \sqrt{\frac{c}{m}} \qquad (9.3\,F)$$

und nach Einführung des Trägheitsradius k durch die Beziehung

$$\Theta = m\,k^2 \qquad (9.3\,G)$$

aus (9.3 A) und (9.3 E) für den Winkel φ die Differentialgleichung

$$\ddot{\varphi} = \frac{E}{k}\,\omega^2\left(-\frac{y_W}{k}\sin\varphi + \frac{z_W}{k}\cos\varphi\right) \quad . \qquad (9.3\,H)$$

Bei einem ausgewuchteten Rotor sind die Exzentrizität E und die Durchbiegung r und damit auch die Koordinaten des Punktes W sehr klein im Verhältnis zum Trägheitsradius k. Deshalb gelten in guter Näherung die Beziehungen

$$\ddot{\varphi} = 0$$
$$\dot{\varphi} = \Omega$$
$$\varphi = \Omega t + \beta \quad . \qquad (9.3\,I)$$

Damit ergeben sich aus (9.3 D), (9.3 F) und (9.3 I) die Bewegungsgleichungen

$$\ddot{y}_W + \omega^2 y_W = E\Omega^2\cos(\Omega t + \beta)$$
$$\ddot{z}_W + \omega^2 z_W = E\Omega^2\sin(\Omega t + \beta) \qquad (9.3\,J)$$

des Wellendurchstoßpunktes W. Die allgemeine Lösung der linearen Differentialgleichungen (9.3 J) setzt sich aus der Lösung

$$y_{W0} = C_y\cos(\omega t + \gamma_y)$$
$$z_{W0} = C_z\cos(\omega t + \gamma_z) \qquad (9.4\,A)$$

der homogenen Differentialgleichungen ohne Rechtsglied und einem partikulären Integral der vollständigen Differentialgleichungen zusammen. Die Richtigkeit der Lösung (9.4 A) kann durch Einsetzen in die homogenen Differentialgleichungen (9.3 J) leicht bestätigt werden. Sie beschreibt eine elliptische Bahn des Punktes W um den Nullpunkt des Koordinatensystems mit der Umlaufkreisfrequenz ω nach (9.3 F), deren Form von den Anfangsbedingungen abhängt. Infolge der stets vorhandenen schwachen Dämpfung, die in dem Ansatz nicht berücksichtigt wurde, klingt diese Bewegung ab. Übrig bleibt das partikuläre Integral, das man mit dem Ansatz für erzwungene Schwingungen

$$\begin{aligned} y_W &= \hat{y}_W \cos(\Omega t + \beta) \\ z_W &= \hat{z}_W \sin(\Omega t + \beta) \end{aligned} \tag{9.4 B}$$

gewinnt. Die unbekannten Amplituden $\hat{y}_W$, $\hat{z}_W$ der durch die Fliehkraft erzwungenen Bewegung des Wellendurchstoßpunktes W erhält man mit diesem Ansatz aus den vollständigen Differentialgleichungen (9.3 J) als

$$\hat{y}_W = \hat{z}_W = E \frac{\Omega^2}{\omega^2 - \Omega^2} \tag{9.4 C}$$

Addiert man die zuvor quadrierten Gleichungen (9.4 B) und berücksichtigt (9.4 C), dann erhält man die Gleichung eines Kreises

$$y_W^2 + z_W^2 = \left(E \frac{\Omega^2}{\omega^2 - \Omega^2}\right)^2 \tag{9.4 D}$$

in der y-z-Ebene, dessen Radius mit den frequenzabhängigen Amplituden $\hat{y}_W = \hat{z}_W$ nach (9.4 C) übereinstimmt. Das bedeutet, daß der Wellendurchstoßpunkt W nach dem Abklingen der durch die Anfangsbedingungen eingeleiteten Störung auf einer K r e i s b a h n mit der Winkelgeschwindigkeit Ω der Welle um die unverformte Wellenachse umläuft. Mit dem dimensionslosen Frequenzverhältnis

$$\eta := \frac{\Omega}{\omega} \tag{9.4 E}$$

läßt sich die Bewegung des Punktes W durch die beiden Beziehungen

$$\begin{aligned} y_W &= E \frac{\eta^2}{1 - \eta^2} \cos(\Omega t + \beta) \\ z_W &= E \frac{\eta^2}{1 - \eta^2} \sin(\Omega t + \beta) \end{aligned} \tag{9.4 F}$$

beschreiben. Aus ihnen folgen mit (9.3 A) und (9.3 I) die Koordinaten

$$\begin{aligned} y_S &= \frac{E}{1 - \eta^2} \cos(\Omega t + \beta) \\ z_S &= \frac{E}{1 - \eta^2} \sin(\Omega t + \beta) \end{aligned} \tag{9.4 G}$$

des Schwerpunktes S, der ebenfalls auf einer Kreisbahn mit der Winkelgeschwindigkeit Ω um den Nullpunkt 0 des Koordinatensystems rotiert. Die Radien r_W und r_S der Kreisbahnen der Punkte W und S verhalten sich wie

$$\frac{r_W}{r_S} = \eta^2 \tag{9.4 H}$$

Ein Fahrstrahl vom Punkt W zum Punkt S geht entgegen der Darstellung nach Abb. 9.3 auch durch den Punkt 0, weil die Beziehung

$$\tan\gamma = \frac{z_W}{y_W} = \frac{z_S}{y_S} = \tan(\Omega t + \beta) \tag{9.4 I}$$

gilt. Der Winkel γ zwischen einer Parallelen zur positiven y-Achse durch den Punkt W und diesem Fahrstrahl ist

$$\gamma = \Omega t + \beta \quad . \tag{9.4 J}$$

Der Fahrstrahl, auf dem die beiden Punkte W und S liegen, rotiert mit der Geschwindigkeit

$$\dot{\gamma} = +\Omega \quad , \tag{9.4 K}$$

unabhängig vom Frequenzverhältnis η, gleichsinnig mit der Winkelgeschwindigkeit Ω der Welle um den Punkt 0.

Die Abhängigkeit der Radienverhältnisse r_W/E und r_S/E vom Frequenzverhältnis η ist in Abb. 9.4 dargestellt. Im unterkritischen Drehzahlbereich $\Omega<\omega$ ist der Radius der Bahn des Schwerpunktes S größer als der Radius der Bahn des Wellendurchstoßpunktes. Bei $\Omega=\omega$, in der sogenannten kritischen Drehzahl, ist kein stationärer Zustand möglich, und die beiden Radien wachsen unbegrenzt bis zur Berührung zwischen dem Rotor und dem Gehäuse an, sofern die kritische Drehzahl

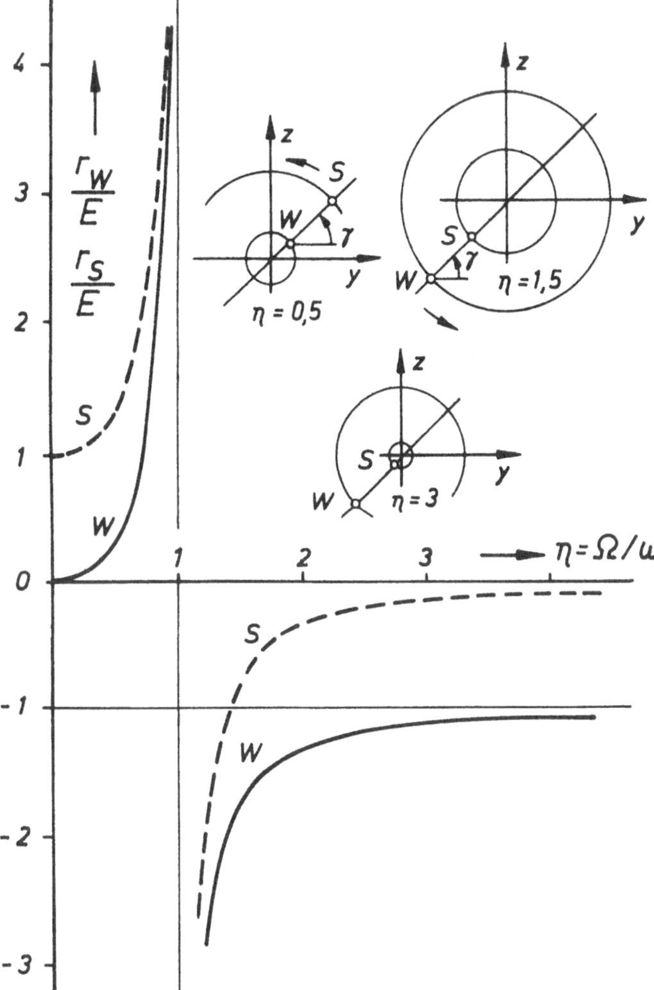

Abb. 9.4. Beschreibung der Bahnen des Wellendurchstoßpunkes W und des Schwerpunktes S abhängig vom Frequenzverhältnis η

nicht schnell genug durchfahren wird. Beim Übergang vom unterkritischen in den überkritischen Bereich $\Omega > \omega$ findet ein Phasensprung statt, der sich durch einen Vorzeichenwechsel der Koordinaten der Punkte W und S bei gleichem Winkel γ bemerkbar macht. Im überkritischen Bereich ist der Radius r_S kleiner als der Radius r_W. Der Schwerpunkt S wandert dann mit wachsendem Ω in den Nullpunkt des Koordinatensystems, und der Radius r_W nähert sich asymptotisch dem Wert E.

Die Lagerkräfte konvergieren mit wachsendem Ω im überkritischen Bereich auf den Wert cE. Da der Verformungszustand bei jedem Frequenzverhältnis η gleichsinnig mit der Welle rotiert, wird die Welle statisch, also nicht wechselnd beansprucht.

Aus der zulässigen Biegebeanspruchung der Welle oder der zulässigen Spalthöhe r_z zwischen Rotor und Gehäuse kann eine zulässige Wellendurchbiegung r_W ermittelt werden. Aus der Bedingung $r_z < |r_W|$ ergibt sich dann der unzulässige Bereich

$$\sqrt{\frac{c}{m}\,\frac{r_z}{r_z+E}} < \Omega < \sqrt{\frac{c}{m}\,\frac{r_z}{r_z-E}} \tag{9.5}$$

der Winkelgeschwindigkeit Ω der Welle.

9.2.2 Verwendung der komplexen Zahlenebene

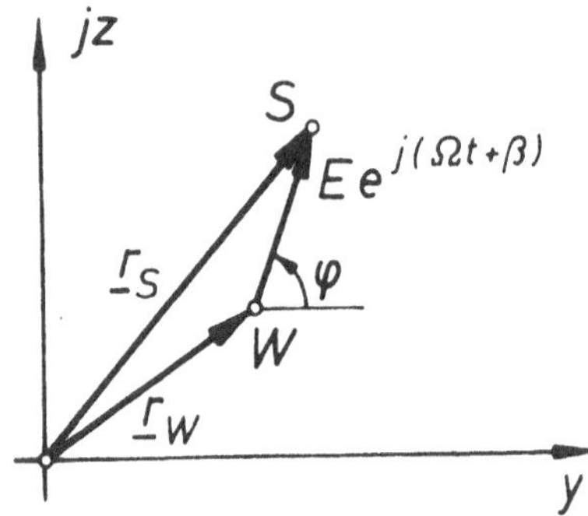

Abb. 9.5. Raumfestes komplexes Koordinatensystem

Ersetzt man das Koordinatensystem nach Abb. 9.3 durch die von GAUSS eingeführte komplexe Zahlenebene, bei der in y-Richtung der Realteil und in z-Richtung der Imaginärteil der komplexen Zahl aufgetragen wird, dann definiert jede komplexe Zahl eindeutig einen Punkt in dieser Ebene. Der Wellendurchstoßpunkt W und der Schwerpunkt S können dann nach Abb. 9.5 durch die komplexen Zahlen

$$\begin{aligned} \underline{r}_W &= y_W + j\,z_W \\ \underline{r}_S &= z_S + j\,z_S \end{aligned} \qquad j^2 = -1 \tag{9.6 A}$$

dargestellt werden, die zur Unterscheidung von reellen Zahlen unterstrichen wurden. Sind die Real- und Imaginärteile der komplexen Zahlen, wie in dem vorliegenden Fall, Funktionen der Zeit, dann werden aus den komplexen Zahlen komplexe Funktionen, durch die Bahnkurven in der y-z-Ebene beschrieben werden.

Mit Hilfe der im Kapitel 3 für komplexe Zahlen und Funktionen beschriebenen Additionsregel liest man aus Abb. 9.5 unmittelbar die Beziehung

$$\underline{r}_S = \underline{r}_W + E\,e^{j(\Omega t+\beta)} \tag{9.6 B}$$

ab, die für den stationären Zustand $\varphi = \Omega\,t + \beta$ gilt. Die Bewegungsgleichung der Masse m lautet in dieser Darstellung

$$m\ddot{\underline{r}}_S + c\,\underline{r}_W = 0 \quad . \tag{9.6 C}$$

Die Bewegungsgleichung des Punktes W erhält man nach zweimaligem Differenzieren von (9.6 B) und Ersetzen von $\ddot{r}_S$ in (9.6 C) als

$$m\ddot{\underline{r}}_W + c\underline{r}_W = mE\Omega^2 e^{j(\Omega t+\beta)} \quad . \tag{9.6 D}$$

Die so gewonnene Bewegungsgleichung für die komplexe Variable r_W stimmt mit den beiden Bewegungsgleichungen (9.3 J) überein. Man könnte die Bewegungsgleichungen (9.3 J) durch Aufspalten der Beziehung (9.6 D) in einen Real- und einen Imaginärteil wieder erzeugen. Dies wäre jedoch nicht sinnvoll, denn ein wesentlicher Vorteil der komplexen Darstellung gegenüber der reellen Darstellung ist gerade die Halbierung der Anzahl der Gleichungen, die zur Beschreibung Bewegungsablaufs notwendig sind.

Ein weiterer Vorteil der komplexen Darstellung ist die anschauliche Interpretationsmöglichkeit der Ergebnisse, die am Beispiel der Lösung der homogenen Differentialgleichung (9.6 D)

$$m\ddot{\underline{r}} + c\underline{r} = 0 \tag{9.7 A}$$

vorgeführt wird. Ihre Lösung erhält man mit dem Ansatz

$$r = \hat{\underline{r}}\, e^{\lambda t} \quad , \tag{9.7 B}$$

der unter Verwendung von (9.3 F) auf die Beziehung

$$\lambda^2 + \omega^2 = 0 \tag{9.7 C}$$

führt. Diese Gleichung hat die beiden Lösungen $\lambda = \pm j\omega$. Deshalb ist die allgemeine Lösung der Gleichung (9.7 A)

$$\underline{r} = \hat{\underline{r}}_1 e^{j\omega t} + \hat{\underline{r}}_2 e^{-j\omega t} \quad , \tag{9.7 D}$$

wobei durch die komplexen Amplituden $\hat{\underline{r}}_1$ und $\hat{\underline{r}}_2$ die Anfangsbedingungen des Bewegungsablaufs festgelegt werden können.

Die komplexen Amplituden $\hat{\underline{r}}_1$ und $\hat{\underline{r}}_2$ können auch in der Form

$$\begin{aligned} \hat{\underline{r}}_1 &= \hat{r}_1\, e^{j\alpha_1} \\ \hat{\underline{r}}_2 &= \hat{r}_2\, e^{j\alpha_2} \end{aligned} \tag{9.7 E}$$

unter Verwendung der Beträge $\hat{r}_1$ und $\hat{r}_2$ der Amplituden dargestellt werden.

Aus (9.7 D) und(9.7 F) folgt

$$\underline{r} = \hat{r}_1\, e^{j(\alpha_1+\omega t)} + \hat{r}_2\, e^{j(\alpha_2-\omega t)} = \underline{r}_1 + \underline{r}_2 \quad . \tag{9.7 F}$$

Jeder der beiden Terme, aus denen sich die komplexe Funktion $\underline{r}$ zusammensetzt, beschreibt eine Kreisbahn um den Nullpunkt des Koordinatensystems nach Abb. 9.6 mit den Radien $\hat{r}_1$ und $\hat{r}_2$. Die durch den ersten Term definierte Bahn wird entgegen, die durch den zweiten Term definierte Bahn wird in Richtung des Uhrzeigersinns durchlaufen. Durch die Addition beider Terme entsteht eine elliptische Bahn. Bezeichnet man mit $\varphi_1 = \alpha_1 + \omega t$ und $\varphi_2 = \alpha_2 - \omega t$ die Phasenwinkel der beiden Fahrstrahlen der Kreisbahnen mit den Radien $\hat{r}_1$ und $\hat{r}_2$, dann ergibt sich die Zeit T_1, bei der die große Hauptachse der Ellipse erreicht wird, aus der Bedingung $\varphi_1 = \varphi_2$ als

$$\omega T_1 = \frac{\alpha_2 - \alpha_1}{2} \quad . \tag{9.7 G}$$

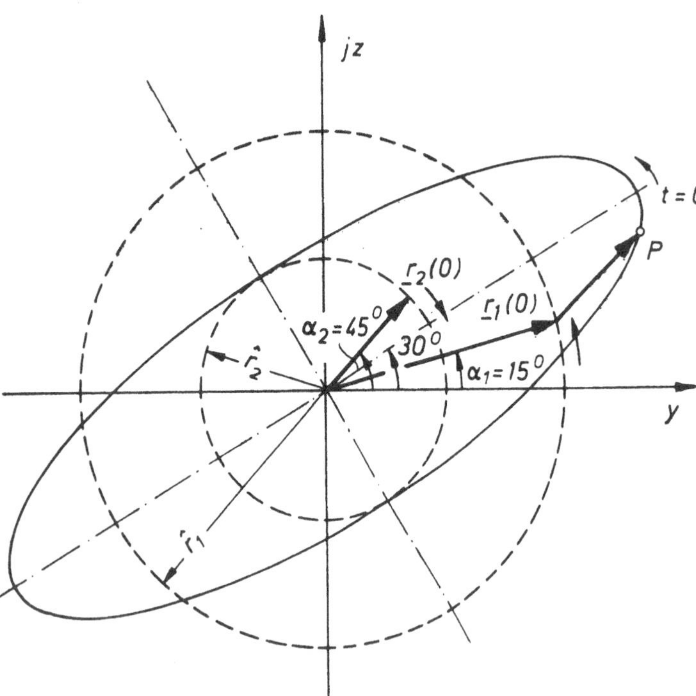

Abb. 9.6. Entstehung einer Ellipsenbahn durch Überlagerung zweier entgegengesetzt durchlaufenen Kreisbahnen

Addiert man dazu die Winkel $\frac{\pi}{2}$, π und $\frac{3}{2}\pi$, dann erhält man die Phasenwinkel für die übrigen Hauptachsenstellungen des rotierenden Zeigers $\underline{r}$. Für $t = T_1$ folgt aus (9.7 F) mit (9.7 G)

$$\underline{r}(T_1) = (\hat{r}_1 + \hat{r}_2)\, e^{j(\frac{\alpha_1+\alpha_2}{2})} \quad . \tag{9.7H}$$

Das bedeutet, daß der Winkel zwischen der großen Hauptachse und der y-Achse $\alpha = 0{,}5\,(\alpha_1 + \alpha_2)$ der Mittelwert aus den Winkeln α_1 und α_2 ist, durch die die Positionen der beiden Zeiger $\underline{r}_1$ und $\underline{r}_2$ nach (9.7 F) zur Zeit $t = 0$ definiert werden.

Der Umlaufsinn des Punktes P auf der Ellipsenbahn nach Abb. 9.6 ergibt sich aus der nach der Zeit t differenzierten Funktion (9.7 F)

$$\dot{\underline{r}} = j\omega\hat{r}_1 e^{j(\alpha_1+\omega t)} - j\omega\hat{r}_2 e^{j(\alpha_2-\omega t)} \quad , \tag{9.7I}$$

wenn man t mit Hilfe von (9.7 G) durch T_1 ersetzt

$$\dot{\underline{r}}(T_1) = j\omega(\hat{r}_1 - \hat{r}_2)\, e^{j(\frac{\alpha_1+\alpha_2}{2})} \quad . \tag{9.7J}$$

Aus (9.7 J) ist ersichtlich, daß das Vorzeichen der Geschwindigkeit eines auf der Ellipse umlaufenden Punktes zur Zeit T_1 durch das Vorzeichen von $\hat{r}_1 - \hat{r}_2$ bestimmt wird. Ist der Radius des im positiven Drehsinn entgegen dem Uhrzeigersinn rotierenden Zeigers 1 größer als der Radius des entgegengesetzt rotierenden Zeigers 2, dann rotiert der Punkt P in Abb. 9.6 entgegen dem Uhrzeigersinn, sonst im Uhrzeigersinn.

Für $\hat{r}_1 = \hat{r}_2$ ist nach (9.7 J) $\dot{r}(T_1) = 0$. Das bedeutet, daß die Umfangsgeschwindigkeit des Punktes P in der großen Hauptachse verschwindet. Die Ellipse nach Abb. 9.6 entartet dann in eine um den Winkel $0{,}5\,(\alpha_1 + \alpha_2)$ gegenüber der y-Achse geneigten Strecke der Länge $4\,\hat{r}_1$. Das bedeutet, daß man mit Hilfe der Funktion (9.7 F) auch eine harmonisch veränderliche Kraft vorgegebener Richtung darstellen kann. Davon wird noch Gebrauch gemacht werden.

Mit dem Ansatz

$$\underline{r}_W = \hat{r}_W \, e^{j(\Omega t + \beta)} \tag{9.8 A}$$

erhält man aus (9.6 D) die partikuläre Lösung

$$\underline{r}_W = \frac{mE\Omega^2}{c - m\Omega^2} \, e^{j(\Omega t + \beta)} \quad , \tag{9.8 B}$$

durch die die bereits ausführlich behandelten fliehkrafterregten erzwungenen Schwingungen des Rotors beschrieben werden. Der Radius $\hat{r}_W$ der Kreisbahn des Punktes W, die durch (9.8 A) beschrieben wird, kann unter Verwendung von (9.3 F) und (9.4 E) auf die Form

$$\hat{r}_W = E \, \frac{\eta^2}{1 - \eta^2} \tag{9.8 C}$$

gebracht werden. Den Radius $\hat{r}_S$ erhält man als die Amplitude der aus (9.6 B) und (9.8 A) gewonnenen komplexen Funktion

$$\underline{r}_S = (\hat{r}_W + E) \, e^{j(\Omega t + \beta)} \tag{9.8 D}$$

als

$$\hat{r}_S = E \, \frac{1}{1 - \eta^2} \quad . \tag{9.8 E}$$

Damit werden die in 9.2.1 bereits abgeleiteten und interpretierten Ergebnisse bestätigt.

Die komplexe Darstellung des Bewegungsablaufs kann auch in einem mitrotierenden Koordinatensystem erfolgen. Dieses Koordinatensystem wird z.B. bei der Berechnung des zeitlichen Verlaufs der Biegebeanspruchung rotierender Wellen benötigt. Die momentane Lage des Punktes P in dem ortsfesten komplexen y-z-Koordinatensystem ist nach Abb. 9.7 durch die komplexe Zahl

$$\underline{r} = y + jz = a \, e^{j(\Omega t + \gamma)} \tag{9.9 A}$$

definiert. In dem mitrotierenden komplexen ξ-η-Koordinatensystem wird der Punkt P durch die komplexe Zahl

$$\underline{\varrho} = \xi + j\eta = a \, e^{j\gamma} \tag{9.9 B}$$

beschrieben, wobei η jetzt eine Ordinate und nicht mehr ein Frequenzverhältnis kennzeichnet.

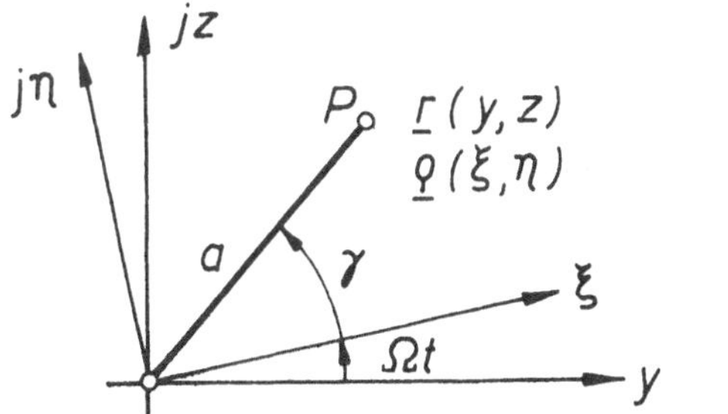

Abb. 9.7. Mitrotierendes komplexes Koordinatensystem

Aus (9.9 A) und (9.9 B) erhält man durch Elimination von a die Beziehung

$$\underline{r} = \underline{\varrho} \, e^{j\Omega t} \tag{9.9 C}$$

mit der sich die in dem ortsfesten System gemessene Funktion $\underline{r} = \underline{r}_W$ in der Differentialgleichung (9.6 D) durch die in dem rotierenden System gemessene Funktion $\varrho = \varrho_W$ ersetzen läßt. Durch Differenzieren nach der Zeit t folgt aus (9.9 C)

$$\dot{\underline{r}} = (\dot{\underline{\varrho}} + j\Omega\underline{\varrho})\, e^{j\Omega t} \tag{9.9 D}$$

$$\ddot{\underline{r}} = (\ddot{\underline{\varrho}} + 2j\Omega\dot{\underline{\varrho}} - \Omega^2\underline{\varrho})\, e^{j\Omega t} \quad . \tag{9.9 E}$$

Die von links nach rechts betrachteten Terme in (9.9 E) sind die Relativbeschleunigung, die Coriolisbeschleunigung und die Führungsbeschleunigung. Aus (9.6 D), (9.9 C) und (9.9 E) erhält man mit $\varrho = \varrho_W$ nach Division durch $e^{j\Omega t}$ die Bewegungsgleichung

$$\ddot{\underline{\varrho}}_W + 2j\Omega\dot{\underline{\varrho}}_W + (\omega^2 - \Omega^2)\underline{\varrho}_W = E\Omega^2 e^{j\beta} \tag{9.9 F}$$

im mitrotierenden Koordinatensystem. Die Lösung der homogenen Differentialgleichung ohne Rechtsglied ergibt sich wieder mit dem Ansatz

$$\underline{\varrho}_0 = \hat{\underline{\varrho}}\, e^{\lambda t} \quad , \tag{9.10 A}$$

der zu der quadratischen Gleichung

$$\lambda^2 + 2j\Omega\lambda + \omega^2 - \Omega^2 = 0 \tag{9.10 B}$$

führt, welche die rein imaginären Lösungen

$$\begin{aligned} \lambda_1 &= j(\omega - \Omega) \\ \lambda_2 &= -j(\omega + \Omega) \end{aligned} \tag{9.10 C}$$

besitzt, aus denen sich die gesuchte komplexe Funktion

$$\underline{\varrho}_0 = e^{-j\Omega t}(\hat{\underline{\varrho}}_1 e^{j\omega t} + \hat{\underline{\varrho}}_2 e^{-j\omega t}) \tag{9.10 D}$$

im rotierenden Koordinatensystem ergibt. Für $\Omega = 0$ stimmt diese Lösung mit der im raumfesten Koordinatensystem abgeleiteten Lösung (9.7 D) überein.

Das Rechtsglied der Differentialgleichung (9.9 F) ist eine Konstante. Damit ist der konstante komplexe Radius

$$\hat{\underline{\varrho}}_W = \frac{E\Omega^2}{\omega^2 - \Omega^2} e^{j\beta} = E\,\frac{\eta^2}{1 - \eta^2}\, e^{j\beta} \tag{9.10 E}$$

eine Lösung der vollständigen Differentialgleichung (9.9 F).

Der Betrag dieses Radius

$$\hat{\varrho}_W = E\left|\frac{\eta^2}{1 - \eta^2}\right| \tag{9.10 F}$$

stimmt mit (9.8 C) überein. Er ist in dem mit der Welle rotierenden Koordinatensystem eine von der Zeit unabhängige Größe, weil die Biegelinie nach Abb. 9.4 gleichsinnig mit der Welle um die x-Achse des Koordinatensystems rotiert. In den Gleichungen (9.10 E) und (9.10 F) hat η wieder die ursprüngliche Bedeutung eines Frequenzverhältnisses.

9.3 Darstellung und Auswirkung einer harmonischen Krafterregung mit raumfester Richtung

9.3.1 Darstellung der Kolbenmotorenerregung mit Hilfe komplexer Zahlen

Die Pleuelstange eines Kolbenmotors überträgt eine in Stangenrichtung wirkende Kraft auf den Hubzapfen der Kurbelwelle, die in Abb. 9.8 mit F_S bezeichnet ist. Infolge der pendelnden Bewegung der Pleuelstange ändert diese Kraft ihre Richtung abhängig von der Kurbelstellung ψ. Diese Kraft F_S kann man in eine Komponente U in Richtung der Zylinderachse und in eine dazu senkrecht gerichtete Komponente V zerlegen. Dann ist die Wirkung der nicht raumfesten Stangenkraft durch zwei Kräfte mit raumfester Richtung ersetzt. Bei V- und Sternmotoren werden die Komponenten U und V für jeden mit dem Hubzapfen verbundenen Zylinder gebildet.

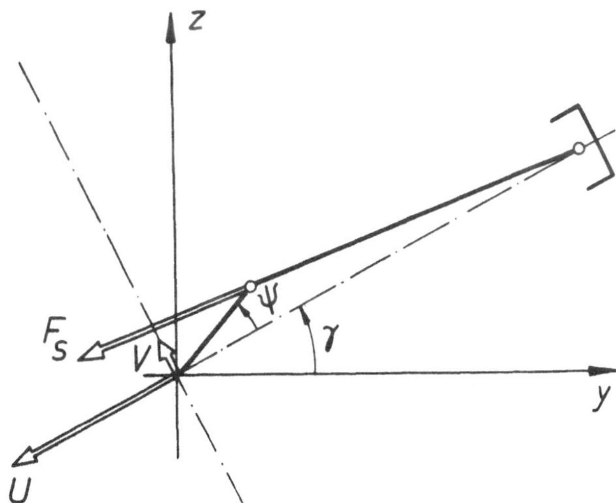

Abb. 9.8. Kräfte des Kurbelgetriebes

Die Stangenkraft F_S und ihre Komponenten U und V sind periodische Funktionen der Zeit, deren Periodendauer beim Zweitaktmotor mit der Dauer einer und bei Viertaktmotoren mit der Dauer von zwei Umdrehungen der Kurbelwelle übereinstimmt. Deshalb kann man mit Hilfe der im Kapitel 4 beschriebenen Methoden die periodischen Funktionen U und V durch FOURIER-Polynome und damit durch eine Summe von harmonischen Funktionen ersetzen. Dadurch kann die Auswirkung der komplizierten periodischen Erregung der Biegeschwingungen von Kurbelwellen mit den gleichen einfachen Methoden berechnet werden, die im Kapitel 9.2 bei der Fliehkrafterregung angewandt wurden.

Würde man die Bewegungsgleichungen in ortsfesten reellen kartesischen Koordinaten wie im Kapitel 9.2.1 aufstellen, dann müßte man aus allen Komponenten U und V resultierende Kräfte F_y und F_z bilden, die in Richtung der positiven Achsen des Koordinatensystems nach Abb. 9.8 wirken. Aus der harmonischen Analyse der periodischen Kräfte F_y und F_z würde man dann die Harmonischen der im Kolbenmotor erzeugten Schwingungserregung erhalten, die auf der rechten Seite der Bewegungsgleichungen (9.3 B) anzusetzen wären.

Anschaulicher und für das physikalische Verständnis der Kräfte und Bewegungen hilfreicher ist jedoch die Verwendung des raumfesten komplexen Koordinatensystems nach Abb. 9.5. Ebenso wie man den geometrischen Ort eines Punktes, der eine harmonische Bewegung auf einer Geraden in der komplexen Zahlenebene ausführt, durch die Beziehung (9.7 F) mit $\hat{r}_1 = \hat{r}_2$ beschreiben kann, läßt sich auch eine harmonische Kraft der Amplitude $\hat{F}$ mit vorgegebener Richtung durch die äquivalente Beziehung

$$\underline{F} = \frac{1}{2}\hat{F}\left(e^{j(\alpha_1+\Omega t)} + e^{j(\alpha_2-\Omega t)}\right) \tag{9.11 A}$$

definieren. Die Kreisfrequenz

$$\Omega = k\,\omega_g \qquad k = 1, 2, 3, \ldots \tag{9.11 B}$$

dieses harmonischen Kraftverlaufs ist ein ganzzahliges Vielfaches der Grundkreisfrequenz ω_g der periodischen Kraft. Zwischen den Umlaufkreisfrequenzen ω_U und ω_g bestehen abhängig von dem Kreisprozeß des Motors die Beziehungen

$$\begin{aligned} &\text{Viertaktverfahren} \quad \omega_g = \frac{1}{2}\,\omega_U \\ &\text{Zweitaktverfahren} \quad \omega_g = \omega_U \quad . \end{aligned} \tag{9.11 C}$$

Durch die auf die Umlauffrequenz ω_U bezogene Ordnungszahl q folgt aus (9.11 B) und (9.11 C) die auch bei der Behandlung der Torsionsschwingungen übliche Darstellung der Erregerfrequenz

$$\begin{aligned} &\Omega = q\,\omega_U \\ &\text{Viertaktverfahren} \quad q = \frac{1}{2}, 1, \frac{3}{2}, \ldots \\ &\text{Zweitaktverfahren} \quad q = 1, 2, 3, \ldots \quad . \end{aligned} \tag{9.11 D}$$

Durch die Phasenverschiebungswinkel α_1 und α_2 der beiden Terme in der Formel (9.11 A) werden die Richtungen der entgegengesetzt umlaufenden Kräfte der Amplitude 0,5 $\hat{F}$ zur Zeit t = 0 definiert. Für den Phasenwinkel $\Omega T_1 = 0{,}5\,(\alpha_2 - \alpha_1)$ addieren sich nach (9.7 G) die beiden Kräfte, und die Wirkungslinie der komplexen Kraft

$$\underline{F}(\Omega T_1) = \underline{F}\left(\frac{\alpha_1 + \alpha_2}{2}\right) = \hat{F}\,e^{j\frac{\alpha_1+\alpha_2}{2}} \tag{9.11 E}$$

ist um den Winkel

$$\gamma = \frac{\alpha_1 + \alpha_2}{2} \tag{9.11 F}$$

gegenüber der positiven y-Achse geneigt. Diese Neigung behält die Kraft zu jedem Zeitpunkt t bei, weil die Phasenwinkel

$$\begin{aligned} \varphi_1 &= \alpha_1 + \Omega t \\ \varphi_2 &= \alpha_2 - \Omega t \end{aligned} \tag{9.11 G}$$

der entgegengesetzt umlaufenden Terme die Bedingung

$$\varphi_2 - \gamma = \gamma - \varphi_1 \tag{9.11 H}$$

unabhängig von der Zeit erfüllen.

In Abb. 9.9 ist die Entstehung der komplexen Kräfte $\underline{F}(0)$, $\underline{F}(\Omega T_1)$ und $\underline{F}(t)$ aus den entgegengesetzt umlaufenden Kräften der halben Amplitude $\hat{F}$ grafisch in einer „komplexen Kraftebene" dargestellt. Da $\alpha_1 > \alpha_2$ gewählt wurde, ist ΩT_1 positiv, und die Kraft $\underline{F}(\Omega T_1)$ weist in den ersten Quadranten. Bei Vertauschung von α_1 und α_2 würde sie in den dritten Quadranten weisen.

Sind aus einer harmonischen Analyse die Amplituden A und B der Kraft

$$F = A\cos\Omega t + B\sin\Omega t \tag{9.12 A}$$

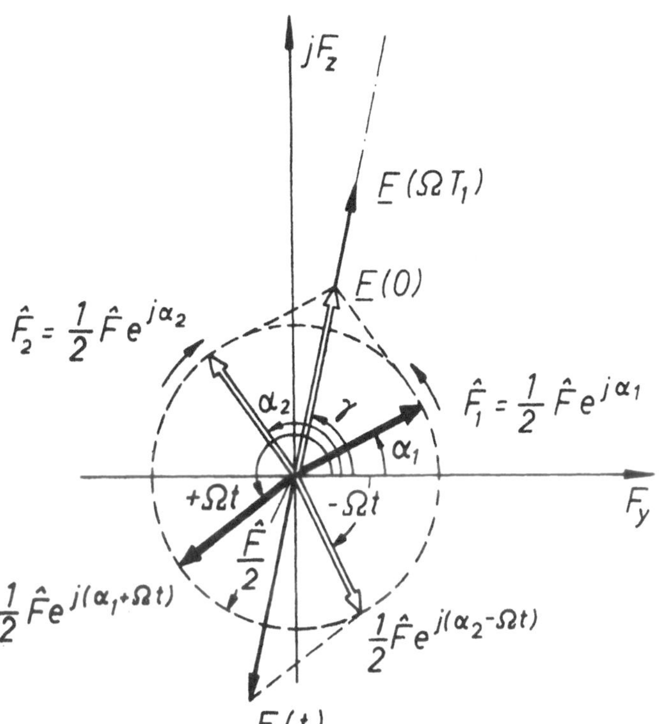

Abb. 9.9. Erzeugung einer harmonischen Kraft der Richtung γ

bekannt, dann kann die Amplitude $\hat{F}$ in (9.11 A) aus der Beziehung

$$\hat{F} = \sqrt{A^2 + B^2} \tag{9.12 B}$$

berechnet werden. Die Forderung, daß die Amplitude $\hat{F}$ zur Zeit $t = T_1$ erreicht wird, lautet

$$\hat{F} = A \cos \Omega T_1 + B \sin \Omega T_1 \quad . \tag{9.12 C}$$

Da $t = T_1$ einem Extremwert der Funktion F(t) entspricht, gilt $\dot{F}(T_1) = 0$ oder

$$0 = -A \sin \Omega T_1 + B \cos \Omega T_1 \quad . \tag{9.12 D}$$

Aus (9.12 D) und (9.7 G) folgt

$$\Omega T_1 = \arctan \frac{B}{A} = \frac{1}{2}(\alpha_2 - \alpha_1) \quad . \tag{9.12 E}$$

Aus (9.11 F) und (9.12 E) ergeben sich dann die Beziehungen

$$\begin{aligned} \alpha_1 &= \gamma - \arctan \frac{B}{A} \\ \alpha_2 &= \gamma + \arctan \frac{B}{A} \end{aligned} \quad , \tag{9.12 F}$$

mit denen die unbekannten Phasenverschiebungswinkel α_1 und α_2 der komplexen Funktion $\underline{F}$ nach (9.11 A) berechnet werden können, um den zeitlichen Verlauf der harmonischen Kraft $\hat{F}$ für einen vorgegebenen Richtungswinkel γ in der komplexen Zahlenebene darstellen zu können.

Die Beziehung (9.11 A) kann man auch auf die für numerische Berechnungen nützliche Form

$$\underline{F} = \hat{\underline{F}}_1 e^{j\Omega t} + \hat{\underline{F}}_2 e^{-j\Omega t} \tag{9.13 A}$$

bringen, in der die Amplituden

$$\hat{\underline{F}}_1 = \frac{1}{2}\hat{F}e^{j\alpha_1} = \frac{1}{2}\hat{F}(\cos\alpha_1 + j\sin\alpha_1)$$
$$\hat{\underline{F}}_2 = \frac{1}{2}\hat{F}e^{j\alpha_2} = \frac{1}{2}\hat{F}(\cos\alpha_2 + j\sin\alpha_2) \tag{9.13 B}$$

komplexe Zahlen sind. Die unbekannten Winkel α_1 und α_2 ergeben sich aus (9.12 E) und (9.12 F) als

$$\alpha_1 = \gamma - \Omega T_1$$
$$\alpha_2 = \gamma + \Omega T_1 \quad . \tag{9.13 C}$$

Aus (9.12 C) und (9.12 D) folgen die beiden Beziehungen

$$A = \hat{F}\cos\Omega T_1$$
$$B = \hat{F}\sin\Omega T_1 \quad . \tag{9.13 D}$$

Ersetzt man in (9.13 B) α_1 und α_2 durch (9.13 C), dann erhält man mit Hilfe der Additionstheoreme der trigonometrischen Funktionen unter Verwendung der Beziehungen (9.13 D) die Formeln,

$$\hat{\underline{F}}_1 = \frac{1}{2}\left[A\cos\gamma + B\sin\gamma + j(A\sin\gamma - B\cos\gamma)\right]$$
$$\hat{\underline{F}}_2 = \frac{1}{2}\left[A\cos\gamma - B\sin\gamma + j(A\sin\gamma + B\cos\gamma)\right] \quad , \tag{9.13 E}$$

aus denen die komplexen Amplituden $\hat{\underline{F}}_1$ und $\hat{\underline{F}}_2$ der Beziehung (9.13 A) bei gegebenen Amplituden A, B und Winkel γ berechnet werden können. Zur Kontrolle erhält man aus (9.13 E) die Beträge

$$\hat{F}_1 = \frac{1}{2}\sqrt{A^2+B^2} = \frac{1}{2}\hat{F}$$
$$\hat{F}_2 = \frac{1}{2}\sqrt{A^2+B^2} = \frac{1}{2}\hat{F} \tag{9.13 F}$$

der komplexen Amplituden $\hat{\underline{F}}_1$ und $\hat{\underline{F}}_2$, die, wie bereits bekannt, halb so groß sind wie der Betrag $\hat{F}$ nach (9.12 B).

Die Formel (9.13 A) ist für die Superposition von harmonischen Kräften gleicher Frequenzen, aber verschiedener Richtungen geeignet. Dieses Problem tritt infolge der Pendelbewegung der Pleuelstange bereits bei dem Kurbelgetriebe nach Abb. 9.8 auf, hat jedoch bei V-Motoren noch größere Bedeutung. Bezeichnet man mit $\hat{\underline{F}}_{1,i}$ und $\hat{\underline{F}}_{2,i}$ die der i-ten harmonischen Kraft zugeordneten komplexen Amplituden, dann entsteht die aus n Kräften gebildete Summe

$$\hat{\underline{F}}_R = \hat{\underline{F}}_{R1}e^{j\Omega t} + \hat{\underline{F}}_{R2}e^{-j\Omega t} \quad , \tag{9.14 A}$$

die ebenso wie die Beziehung (9.13 A) aussagt, daß die resultierende Kraft zu jedem Zeitpunkt die vektorielle Summe zweier entgegengesetzt rotierender Kräfte ist. Die Kräfte

$$\hat{\underline{F}}_{R1} = \sum_{i=1}^{n}\underline{F}_{1,i}$$
$$\hat{\underline{F}}_{R2} = \sum_{i=1}^{n}\underline{F}_{2,i} \tag{9.14 B}$$

haben jedoch im allgemeinen verschiedene Amplituden. Deshalb ist die Bahnkurve in einer „komplexen Kraftebene" der Pfeilspitze der Kraft $\underline{\hat{F}}_R$ nach (9.14 A) eine Ellipse, die in einen konzentrischen Kreis, eine Gerade durch den Nullpunkt begrenzter Länge oder einen Punkt entarten kann. Zwischen dem Drehsinn eines mit der Winkelgeschwindigkeit Ω umlaufenden Vektors und dem Drehsinn der Pfeilspitze des rotierenden Vektors $\underline{\hat{F}}_R$ nach (9.14 A) besteht nach den Ausführungen des Kapitels 9.2.2 folgende Beziehung

$$\begin{array}{ll} \hat{F}_{R1} > \hat{F}_{R2} & \text{gleicher Drehsinn} \\ \hat{F}_{R1} < \hat{F}_{R2} & \text{entgegengesetzter Drehsinn} \end{array} \quad . \tag{9.14 C}$$

Das zunächst verblüffende Ergebnis, daß durch die Überlagerung zweier harmonischer Kräfte mit verschiedenen Wirkungslinien als Sonderfall eine rotierende Kraft entstehen kann, wird durch das Beispiel nach Abb. 9.10 plausibel. Im Fall A löschen sich die beiden rechtsdrehenden Komponenten, im Fall B die beiden linksdrehenden Komponenten der zu addierenden Kräfte, die beide den gleichen Betrag besitzen. Deshalb bleibt im Fall A nur die linksdrehende Komponente $\underline{\hat{F}}_{R1}$ und im Fall B die rechtsdrehende Komponente $\underline{\hat{F}}_{R2}$ übrig. Die für diesen Sonderfall notwendige Voraussetzung gleicher Beträge der zu addierenden Kräfte ist bei V-Motoren erfüllt, sofern man bei der Berechnung die üblichen idealisierenden Annahmen macht.

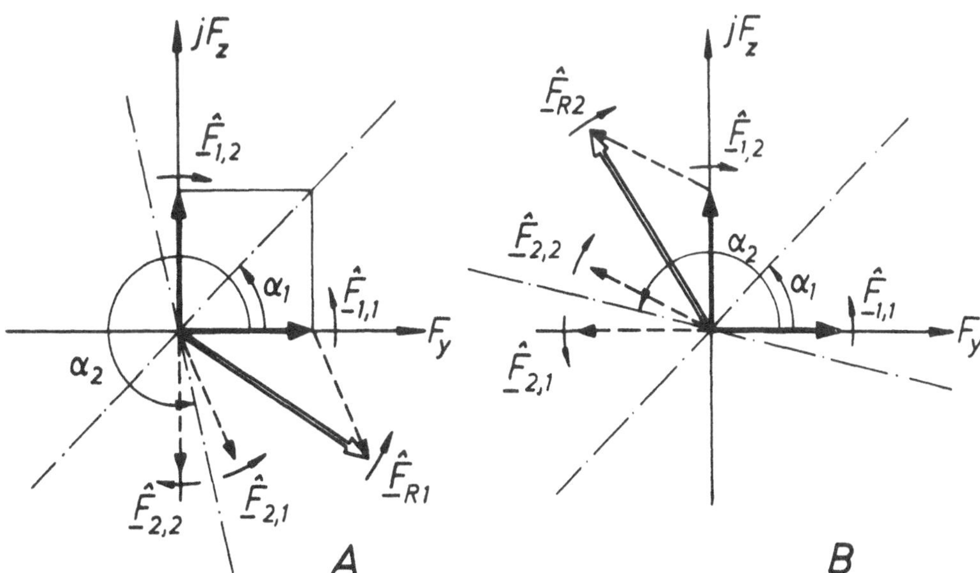

Abb. 9.10. Entstehung rotierender Kräfte aus der Überlagerung zweier oszillierender Kräfte

9.3.2 Auswirkung der Kolbenmotorenerregung auf eine rotierende Welle mit punktförmiger Masse

Ziel der Untersuchung ist wie im Kapitel 9.2 ein Biegeschwingungssystem mit einer Masse, deren Neigung vernachlässigt wird. An dieser Masse wirkt eine einzige Harmonische der beschriebenen Kolbenmotorenerregung. Da die praktisch interessierenden Harmonischen dieser Erregung wesentlich höher als die Umlauffrequenz der Welle sind, wird die bereits untersuchte Fliehkrafterregung nicht berücksichtigt. Das bedeutet, daß die Punkte W und S in Abb. 9.3 zusammenfallen und die Radien $r_W = r_S = r$ identisch sind.

Der Bewegungsablauf des Punktes W ist mit minimalem Aufwand in dem ortsfesten komplexen Koordinatensystem nach Abb. 9.5 überschaubar. Die Bewegungsgleichung

$$m\ddot{\underline{r}} + c\,\underline{r} = \underline{\hat{F}}_{R1}\, e^{jq\omega_u t} + \underline{\hat{F}}_{R2}\, e^{-jq\omega_u t} \tag{9.15 A}$$

in diesem Koordinatensystem unterscheidet sich nur durch die rechte Seite von der Bewegungsgleichung (9.6 D). Diese beschreibt eine aus mehreren Kräften resultierende harmonische Kraft $\underline{\hat{F}}_R$ der Erregerkreisfrequenz $\Omega = q\omega_u$. Mit dem Lösungsansatz

$$\underline{r} = \underline{\hat{r}}_1 e^{jq\omega_U t} + \underline{\hat{r}}_2 e^{-jq\omega_U t} \tag{9.15 B}$$

erhält man aus (9.15 A) die Beziehungen

$$\underline{\hat{r}}_1 = \frac{1}{1-\left(\frac{q\omega_U}{\omega}\right)^2}\,\frac{\underline{\hat{F}}_{R1}}{c} \qquad \underline{\hat{r}}_2 = \frac{1}{1-\left(\frac{q\omega_U}{\omega}\right)^2}\,\frac{\underline{\hat{F}}_{R2}}{c} \tag{9.15 C}$$

$$\text{mit} \quad \omega^2 = \frac{c}{m}$$

für die Amplituden der partikulären Lösung der vollständigen Differentialgleichung (9.15 A). Die partikuläre Lösung (9.15 B) beschreibt nach dem Abklingen eines Einschwingvorgangs die periodische Bahn des Wellendurchstoßpunktes W in der komplexen y-z-Ebene unter der Wirkung einer Harmonischen der Gas- und Massenkräfte eines Kolbenmotors. Die komplexen Amplituden $\underline{\hat{r}}_1$ und $\underline{\hat{r}}_2$ sind nach (9.15 C) proportional zu den komplexen Amplituden $\underline{\hat{F}}_{R1}$ und $\underline{\hat{F}}_{R2}$ der Erregerkräfte und außerdem proportional zu einem von der Winkelgeschwindigkeit der Welle und der Ordnungszahl q nach (9.11 D) abhängigen Vergrößerungsfaktor, der bei den kritischen Umlaufkreisfrequenzen

$$\omega_U = \omega_{Uq} = \frac{1}{q}\sqrt{\frac{c}{m}} \tag{9.15 D}$$

der Welle unbegrenzt wächst. Für q = 1 stimmt Formel (9.15 D) mit der Formel (9.1 E) für die durch Fliehkräfte erregte kritische Drehzahl überein. Wie bereits erwähnt, werden jedoch die Kurbelwellen und die Generatorwellen von Einlagergeneratoren so biegesteif ausgeführt, daß die kritischen Drehzahlen 1. und 2. und zum Teil auch 3. Ordnung oberhalb des Betriebsdrehzahlbereichs liegen, wie dies in Abb. 9.11 angedeutet ist.

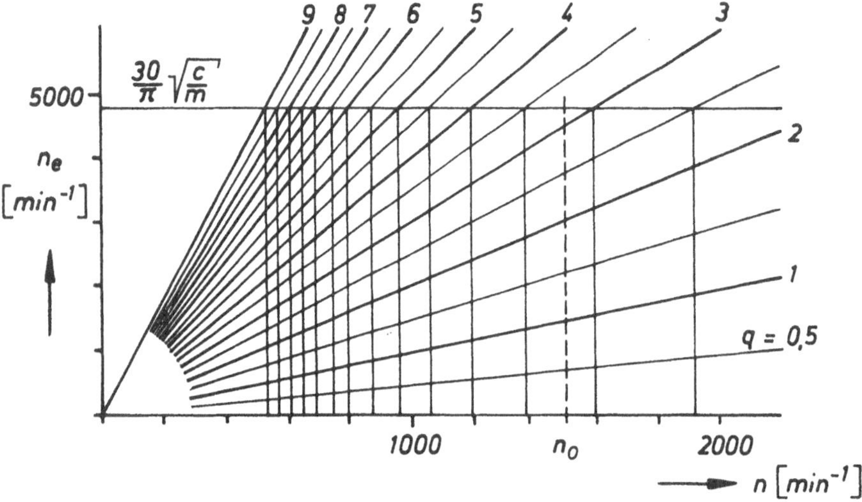

Abb. 9.11. Resonanzdrehzahl-Spektrum eines Viertaktmotors

Dort sind über der Motordrehzahl $n = \frac{30}{\pi}\,\omega_U$ die minutlichen Erregerfrequenzen qn eines Viertaktmotors aufgetragen. Die kritischen Drehzahlen, die man auch Resonanzdrehzahlen nennen kann, sind nach Formel (9.15 D) die Schnittpunkte einer Parallelen zur Abszisse dieses Diagramms im Abstand $\frac{30}{\pi}\sqrt{\frac{c}{m}}$ mit den Geraden qn. Die Betriebsdrehzahl n_0 sollte möglichst in der Mitte zwischen zwei Resonanzdrehzahlen liegen.

Da die harmonische Analyse des Zylinderdruckverlaufs theoretisch unendlich viele Harmonische besitzt, ist die Anzahl der Resonanzdrehzahlen nach unten nicht wie in Abb. 9.11 begrenzt. Infolge der Konvergenz der FOURIER-Reihen nehmen die Beträge der Harmonischen $\hat{F}_{R1}$ und $\hat{F}_{R2}$ jedoch mit wachsender Ordnungszahl ab. Deshalb sind bei der Erregung der Biegeschwingungen ebenso wie bei der Erregung der Torsionsschwingungen die Harmonischen niedriger Ordnungszahlen gefährlicher als die Harmonischen hoher Ordnungszahlen. In dem Beispiel nach Abb. 9.11 liegt die Betriebsdrehzahl n_0 zwischen den Resonanzdrehzahlen der 3. und 3,5. Ordnung. Die Resonanzdrehzahlen 3. und niedrigerer Ordnungszahl liegen oberhalb der Betriebsdrehzahl. Die Resonanzdrehzahlen 3,5. und höherer Ordnung werden nur beim Anlassen und Abstellen des Motors durchfahren.

Außerhalb einer Resonanzdrehzahl kann die Bahn des Wellendurchstoßpunktes W unter der Wirkung einer harmonischen Krafterregung mit Hilfe der Formeln (9.15 B) und (9.15 C) berechnet werden. Aus diesen Formeln geht aufgrund der vorhergehenden Betrachtungen sofort hervor, daß der Punkt W eine elliptische Bahn nach Abb. 9.6 durchläuft, deren Umlaufsinn nach (9.14 C) durch die Beträge $\underline{\hat{F}}_{R1}$ und $\underline{\hat{F}}_{R2}$ der harmonischen Erregerkraft bestimmt wird. Der erste Term der Schwingungserregung auf der rechten Seite der Differentialgleichung wird deshalb als G l e i c h l a u f e r r e g u n g, der zweite Term als G e g e n l a u f e r r e g u n g bezeichnet. Sind die Beträge dieser beiden Erregungen identisch, dann entartet die Ellipse in eine unter dem Winkel γ gegenüber der y-Achse geneigten Geraden durch den Nullpunkt des Koordinatensystems. Ist nur eine der beiden Erregungen vorhanden, dann durchläuft der Punkt W eine Kreisbahn in dem durch die Erregung vorgegebenen Drehsinn.

Bei einer nicht rotierenden Welle, die unter der Wirkung einer harmonischen Erregerkraft mit raumfester Wirkungslinie in der Kraftebene Biegeschwingungen ausführt, würde man mit einem Dehnungsmeßstreifen einen ebenfalls harmonischen Dehnungsverlauf messen, dessen Frequenz mit der Erregerfrequenz übereinstimmt. Läßt man die gleiche Kraft auf die rotierende Welle einwirken, dann bleibt die Biegeschwingungsebene erhalten und der Dehnungsmeßstreifen rotiert in einer Ebene, die senkrecht auf der Biegeschwingungsebene steht. Dadurch ist das von dem Dehnungsmeßstreifen gemessene zeitliche Signal periodisch, aber nicht mehr rein harmonisch wie bei der stillstehenden Welle. Diese Behauptung läßt sich durch eine Transformation der Bewegungsgleichung (9.15 A) in ein komplexes Koordinatensystem nach Abb. 9.12 beweisen, das mit der Welle mit der Umlaufkreisfrequenz ω_U rotiert.

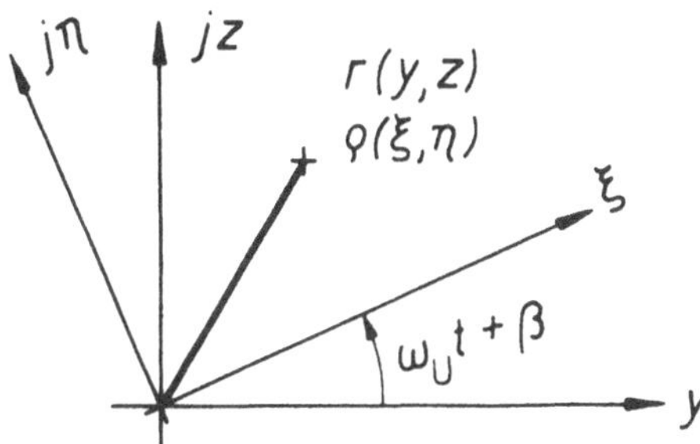

Abb. 9.12. Wellenfestes komplexes Koordinatensystem

Dieses Koordinatensystem unterscheidet sich von dem Koordinatensystem 9.7 durch den Phasenverschiebungswinkel β, durch den die ξ- und η-Achse gegenüber ihrer Stellung zum Zeitpunkt t = 0 gedreht ist, und durch die jetzt mit ω_U bezeichnete Umlauffrequenz. Mit den Bezeichnungen nach Abb. 9.12 entsteht aus (9.9 C) die Beziehung

$$\underline{r} = \underline{\rho}\, e^{j(\omega_U t + \beta)} \qquad (9.16\,A)$$

zwischen den Variablen $\underline{r}$ des ortsfesten und $\underline{\rho}$ des wellenfesten Koordinatensystems. Daraus erhält man unter Verwendung der entsprechend (9.9D) und (9.9E) gebildeten Ableitungen nach der Zeit aus der Differentialgleichung (9.15A) die Bewegungsgleichung

$$\ddot{\underline{\varrho}} + 2j\omega_U\dot{\underline{\varrho}} + (\omega^2 - \omega_U^2)\underline{\varrho} = \frac{1}{m}\left[\hat{\underline{F}}_{R1}e^{j(\Omega_1 t - \beta)} + \hat{\underline{F}}_{R2}e^{-j(\Omega_2 t + \beta)}\right] \qquad (9.16\,B)$$

mit

$$\Omega_1 = (q-1)\omega_U$$

$$\Omega_2 = (q+1)\omega_U$$

$$\omega^2 = \frac{c}{m}$$

des Wellendurchstoßpunktes in einem fest mit der Welle verbundenen rotierenden Koordinatensystem. Das wesentliche Ergebnis dieser Transformation ist der Unterschied zwischen den Erregerfrequenzen der harmonischen Krafterregung im ruhenden und im rotierenden Koordinatensystem. Die Gleichlauferregung der Ordnung q wird durch den Übergang in das rotierende System zur (q - 1)-ten Ordnung und die Gegenlauferregung zur (q + 1)-ten Ordnung transformiert. Dadurch enthält die Lösung

$$\underline{\varrho} = \hat{\underline{\varrho}}_1 e^{j((q-1)\omega_U t - \beta)} + \hat{\underline{\varrho}}_2 e^{-j((q+1)\omega_U t + \beta)} \qquad (9.16\,C)$$

der Differentialgleichung (9.16B) zwei unterschiedliche Frequenzen, die beide nicht mit der Erregerfrequenz $q\,\omega_U$ der harmonischen Krafterregung übereinstimmen. Die Real- und Imaginärteile der komplexen Lösung (9.16C) sind deshalb nur im Ausnahmefall $\hat{\underline{\varrho}}_1 = 0$ oder $\hat{\underline{\varrho}}_2 = 0$ harmonische Funktionen, im allgemeinen aber periodische Funktionen der Zeit. Die komplexen Amplituden

$$\hat{\underline{\varrho}}_1 = \frac{1}{1 - \left(\frac{q\omega_U}{\omega}\right)^2}\,\frac{\hat{\underline{F}}_{R1}}{c} \qquad \hat{\underline{\varrho}}_2 = \frac{1}{1 - \left(\frac{q\omega_U}{\omega}\right)^2}\,\frac{\hat{\underline{F}}_{R2}}{c}\,, \qquad (9.16\,D)$$

die sich aus (9.16B) mit (9.16C) ergeben, sind jedoch identisch mit den entsprechenden Amplituden (9.15C) der im raumfesten Koordinatensystem ermittelten Lösung. Unterschiedlich ist damit allein der zeitliche Verlauf beider Lösungen.

Dies wird an einem einfachen Beispiel gezeigt, bei dem in (9.16C)

$$\hat{\underline{\varrho}}_1 = \hat{\underline{\varrho}}_2 = \frac{1}{2} \qquad (9.16\,E)$$

$$\beta = 0 \qquad q = 4$$

gesetzt wird. Dies entspricht dem im Teil A von Abb. 9.13 angedeuteten Bewegungsablauf, bei dem der Punkt W auf der raumfesten y-Achse eine cosinusförmige harmonische Bewegung der Frequenz $4\,\omega_U$ mit der Amplitude 1 ausführt. Die Drehung des wellenfesten ξ-η-Koordinatensystems in den extremen Lagen des Punktes W geht aus dem Diagramm A hervor. Im Teil B ist der Bewegungsablauf in dem mitrotierenden ξ-η-System dargestellt. Die 8 Schleifen dieses Diagramms werden entgegen der Wellendrehrichtung durchlaufen und erreichen bei den angegebenen Phasenwinkeln $\omega_U t$ den Abstand 1 vom Nullpunkt des Koordinatensystems. Das Diagramm C zeigt den zeitlichen, nicht mehr sinusförmigen Verlauf der Koordinaten ξ und η des Wellendurchstoßpunktes im rotierenden System. Die mit ξ und η bezeichneten zeitlichen Verläufe sind proportional den zeitlichen Signalen, die man mit zwei Dehnungsmeßstreifen erfassen würde, die in den Durchstoßpunkten der ξ- und η-Achse auf die Wellenoberfläche geklebt sind. Sie sind damit proportional der Biegebeanspruchung der Welle. Interessant an den zeitlichen Verläufen ist die Tatsache, daß der 4fache Lastwechsel der Erregerkraft pro Wellenumdrehung nur zu einem 1fachen

Lastwechsel der Amplitude 1 führt. Die Lastwechselhäufigkeit der Biegebeanspruchung wird damit durch die Rotation der Welle reduziert, nicht aber der Betrag der Amplitude. Die Erregerfrequenz 4 ω_U der Biegeschwingung im ortsfesten System ist nach (9.16) in dem auf der rotierenden Welle gemessenen Signal nicht mehr vorhanden.

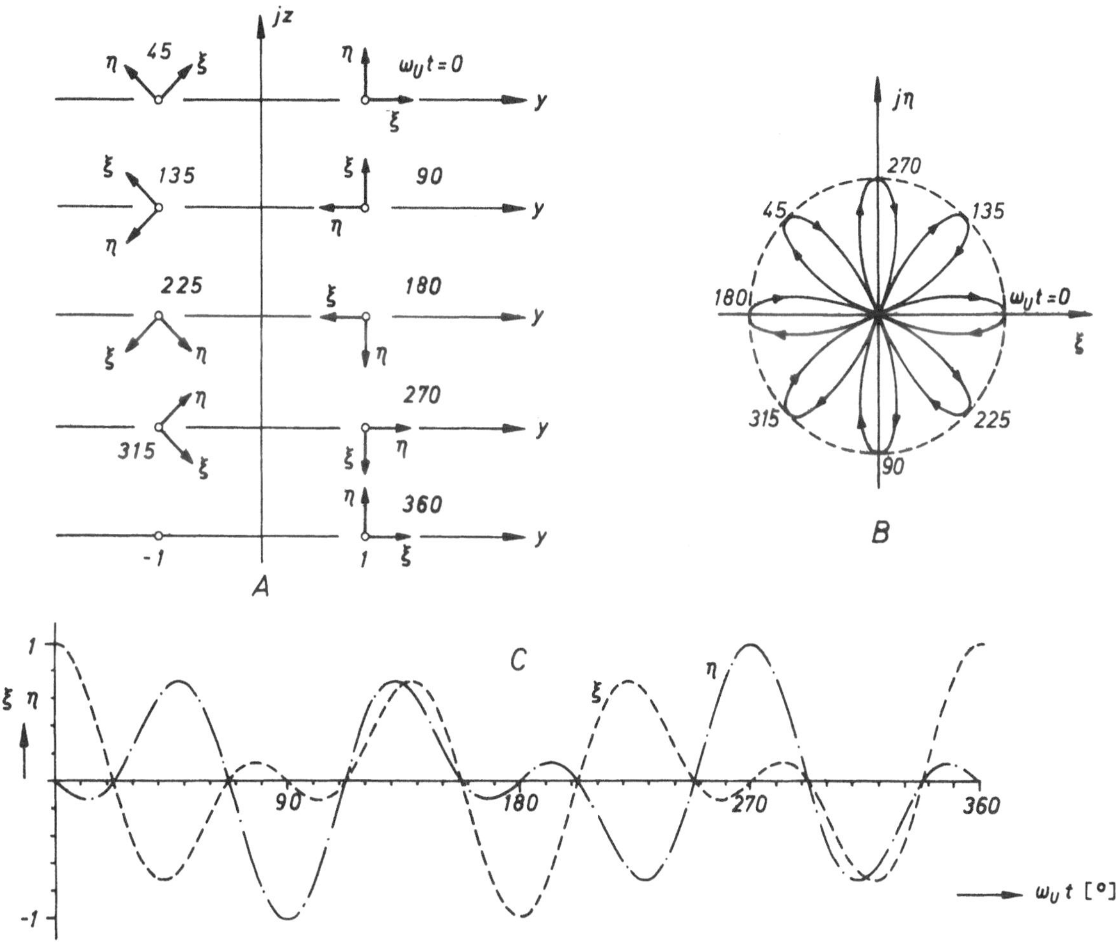

Abb. 9.13. Zeitlicher Verlauf der wellenfesten Koordinaten ξ und η bei einer Biegeschwingung 4. Ordnung in Richtung der y-Achse

Setzt man in (9.16 D) die Amplitude der Gegenlauferregung $\hat{\underline{F}}_{R2} = 0$ und ersetzt für q = 1 die Amplitude der Gleichlauferregung durch die Fliehkraftamplitude $\hat{\underline{F}}_{R1} = mE\,\omega_U^2\,e^{2j\beta}$, dann geht die Lösung (9.16 C) in die bereits früher im rotierenden Koordinatensystem abgeleitete Lösung (9.10 E) für die Unwuchterregung über. Aus Gleichung (9.16 C) ist erkennbar, daß die konstante Biegebeanspruchung der Welle allein im Gleichlauf bei der Ordnungszahl q = 1 möglich ist. Einen rein harmonischen Verlauf der Biegebeanspruchung der Welle erhält man nur dann, wenn eine der beiden Amplituden der Gleich- oder der Gegenlauferregung verschwindet.

9.3.3 Harmonische der Biegeschwingungserregung von Kolbenmotoren

Auf den Kolbenbolzen des einfachen Schubkurbelgetriebes nach Abb. 9.14 wirkt in der Zylinderachse in Richtung der positiven η-Achse die Kraft

$$F_\eta = -(p-p_0)A - m_{osz}\ddot{\eta} = F_{G\eta} + F_{M\eta} \quad , \tag{9.17A}$$

die sich aus der Gaskraft $F_{G\eta}$ und der Massenkraft $F_{M\eta}$ zusammensetzt. Die auf die Kolbenfläche A wirkende Gaskraft $F_{G\eta}$ entsteht aus der Druckdifferenz von Zylinderdruck p und Atmo-

sphärendruck p_0. Die Massenkraft $F_{M\eta}$ wird durch die Beschleunigung $\ddot{\eta}$ der oszillierenden Masse m_{osz} des Kurbelgetriebes in Richtung der positiven η-Achse erzeugt. Die oszillierende Masse

$$m_{osz} = m_K + \frac{l_1}{l} m_P \tag{9.17B}$$

setzt sich aus der Masse m_K des kompletten Kolbens und aus dem oszillierenden Anteil der in 2 Massen aufgeteilten Pleuelstangenmasse m_P zusammen [22].

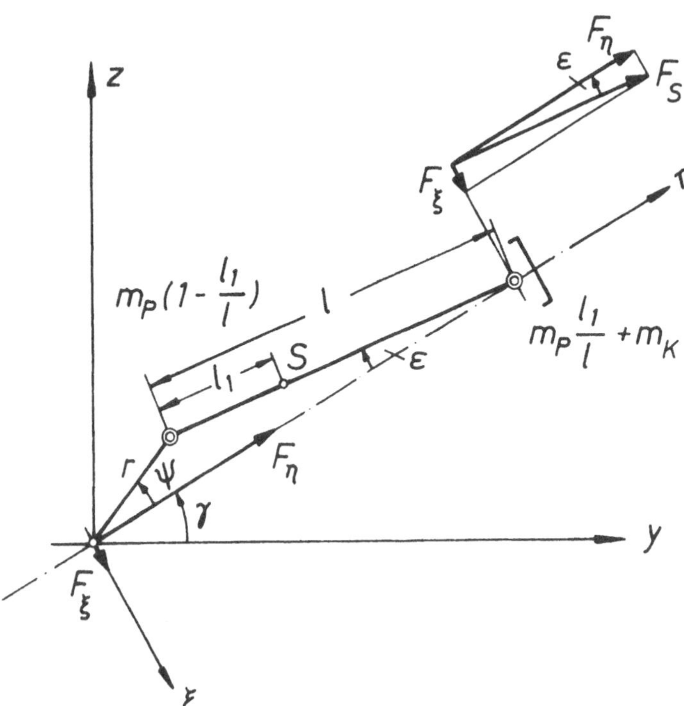

Abb. 9.14. Komponenten der Biegeschwingungen erregenden Kräfte

Die Erregung der Biegeschwingungen erfolgt durch die auf den Hubzapfen in Richtung der Pleuelstange wirkende Stangenkraft F_S, die nach Abb. 9.14 aus den Komponenten F_ξ und F_η entsteht. Die Komponente

$$F_\xi = F_\eta \tan\varepsilon = -(p-p_0)A \tan\varepsilon - m_{osz}\ddot{\eta} \tan\varepsilon = F_{G\xi} + F_{M\xi} \tag{9.17C}$$

ist die Reaktion auf die Kolbenseitenkraft. Sie kann mit Hilfe der aus Abb. 9.14 ablesbaren geometrischen Beziehungen

$$\tan\varepsilon = \frac{\sin\varepsilon}{\cos\varepsilon} = \frac{\lambda \sin\psi}{\sqrt{1-\lambda^2\sin^2\psi}} \tag{9.17D}$$

aus der Kraft F_η berechnet werden, wobei mit

$$\lambda = \frac{r}{l} \tag{9.17E}$$

das Schubstangenverhältnis bezeichnet ist.

Die Kolbenbeschleunigung für eine gleichmäßige Drehung

$$\psi = \omega_U t \tag{9.17F}$$

der Kurbelwelle mit konstanter Winkelgeschwindigkeit ω_U erhält man aus der Koordinate

$$\eta = r\cos\psi + l\cos\varepsilon$$
$$\eta = r\left(\cos\psi + \frac{1}{\lambda}\sqrt{1-\lambda^2\sin^2\psi}\right) \qquad (9.17\,G)$$

des Kolbenbolzens nach zweimaligem Differenzieren nach der Zeit zu

$$\ddot{\eta} = -r\,\omega_U^2\left(\cos\psi + \lambda\,\frac{(1-\lambda^2\sin^2\psi)\cos 2\psi + \left(\frac{\lambda}{2}\sin 2\psi\right)^2}{(1-\lambda^2\sin^2\psi)^{\frac{3}{2}}}\right)\ . \qquad (9.17\,H)$$

Die harmonische Analyse des Kolbenwegs und damit auch der Kolbenbeschleunigung ist für $\lambda < 1$ auf analytischem Wege möglich [22]. Die FOURIER-Reihe

$$\ddot{\eta} = -r\,\omega_U^2\left(A_1\cos\psi + A_2\cos 2\psi + A_4\cos 4\psi + \ldots\right) \qquad (9.17\,I)$$

$$A_1 = 1$$
$$A_2 = \lambda + \frac{1}{4}\lambda^3 + \frac{15}{128}\lambda^5 + \ldots$$
$$A_4 = -\frac{1}{4}\lambda^3 - \frac{3}{16}\lambda^5 - \ldots$$
$$A_6 = \frac{9}{128}\lambda^5 + \ldots$$

enthält nur Cosinusterme und konvergiert für die bei Kolbenmotoren üblichen Schubstangenverhältnisse λ schnell. Deshalb können höhere Harmonische der Massenkraft

$$F_{M\eta} = -m_{osz}\,\ddot{\eta} = +m_{osz}\,r\,\omega_U^2\left(A_1\cos\psi + A_2\cos 2\psi + A_4\cos 4\psi + \ldots\right) \qquad (9.17\,J)$$

vernachlässigt werden. Die Massenkraft

$$F_{M\xi} = -m_{osz}\,\ddot{\eta}\tan\varepsilon = +m_{osz}\,r\,\omega_U^2\left(B_1\sin\psi + B_2\sin 2\psi + B_3\sin 3\psi + \ldots\right) \qquad (9.17\,K)$$

$$B_1 = -\frac{1}{2}\lambda^2 - \frac{3}{8}\lambda^4 - \ldots$$
$$B_2 = \frac{1}{2}\lambda + \frac{1}{8}\lambda^3 + \frac{15}{256}\lambda^5 + \ldots$$
$$B_3 = +\frac{1}{2}\lambda^2 + \frac{7}{16}\lambda^4 + \ldots$$
$$B_4 = -\frac{1}{16}\lambda^3 - \frac{3}{64}\lambda^5$$

in Richtung der ξ-Achse enthält nur Sinusterme. Sie wird allein durch die Pendelbewegung der Pleuelstange verursacht. Ihr maximaler Betrag ist ungefähr um den Faktor λ kleiner als der Betrag der Massenkraft $F_{M\eta}$.

Die Komponenten

$$p_\xi = \quad p - p_0 \quad = \sum_q (a_{\xi q} \cos q\psi + b_{\xi q} \sin q\psi)$$
$$p_\eta = (p-p_0)\tan\varepsilon = \sum_q (a_{\eta q} \cos q\psi + b_{\eta q} \sin q\psi) \tag{9.18A}$$

$$q = 0, \frac{1}{2}, 1, \frac{3}{2}, \ldots \text{ Viertaktverfahren}$$
$$q = 0, 1, 2, 3, \ldots \text{ Zweitaktverfahren}$$

des wirksamen Zylinderdrucks werden durch harmonische Analyse in trigonometrische Polynome entwickelt, aus denen die periodischen Kräfte

$$F_\xi = -A \sum_q (a_{\xi q} \cos q\psi + b_{\xi q} \sin q\psi) + m_{osz}\, r\, \omega_U^2 \sum_k B_k \sin k\psi$$
$$F_\eta = -A \sum_q (a_{\eta q} \cos q\psi + b_{\eta q} \sin q\psi) + m_{osz}\, r\, \omega_U^2 \sum_l A_l \cos l\psi \tag{9.18B}$$

$$k = 1, 2, 3, 4 \qquad \text{und} \quad q \text{ nach } (9.18\,A)$$
$$l = 1, 2, 4, 6$$

berechnet werden können, die sich aus den Gas- und Massenkräften zusammensetzen. Durch Zusammenfassen der Gas- und Massenkraftanteile können die Terme q-ter Ordnung in der Reihe (9.18 B) in der Form

$$F_{\xi q} = A_{\xi q} \cos q\psi + B_{\xi q} \sin q\psi$$
$$F_{\eta q} = A_{\eta q} \cos q\psi + B_{\eta q} \sin q\psi \tag{9.18C}$$

angeschrieben werden. Aus (9.18 B) und (9.18 C) erhält man für die Koeffizienten dieser Terme die Beziehungen

$$A_{\xi q} = -A a_{\xi q}$$
$$B_{\xi q} = -A b_{\xi q} + m_{osz}\, r\, \omega_U^2 B_k$$
$$A_{\eta q} = -A a_{\eta q} + m_{osz}\, r\, \omega_U^2 A_l \tag{9.18D}$$
$$B_{\eta q} = -A b_{\eta q}$$

$$\text{mit} \quad A_l = 0 \quad \text{für } l \neq q \quad \text{und} \quad l \neq 1, 2, 4, 6$$
$$B_k = 0 \quad \text{für } k \neq q \quad \text{und} \quad k \neq 1, 2, 3, 4$$
$$\text{und} \quad q \text{ nach } (9.18\,A)$$

Bei der Superposition der Schwingungserregung mehrerer Zylinder mit identischen Druckverläufen und gleichen Massen muß noch die Phasenverschiebung durch den Zündwinkel α berücksichtigt werden, die nach den Ausführungen des Kapitels 4.6 durch Ersetzen des Winkels ψ durch $\psi - \alpha$ berücksichtigt werden kann. Damit folgen aus (9.18 C) die Beziehungen

$$F_{\xi q} = A_{\xi q} \cos q(\psi - \alpha) + B_{\xi q} \sin q(\psi - \alpha) = \bar{A}_{\xi q} \cos q\psi + \bar{B}_{\xi q} \sin q\psi$$
$$F_{\eta q} = A_{\eta q} \cos q(\psi - \alpha) + B_{\eta q} \sin q(\psi - \alpha) = \bar{A}_{\eta q} \cos q\psi + \bar{B}_{\eta q} \sin q\psi \qquad (9.18\,E)$$

$$\text{mit} \quad \bar{A}_{\xi q} = A_{\xi q} \cos q\alpha - B_{\xi q} \sin q\alpha$$
$$\bar{B}_{\xi q} = B_{\xi q} \cos q\alpha + A_{\xi q} \sin q\alpha$$
$$\bar{A}_{\eta q} = A_{\eta q} \cos q\alpha - B_{\eta q} \sin q\alpha$$
$$\bar{B}_{\eta q} = B_{\eta q} \cos q\alpha + A_{\eta q} \sin q\alpha \quad .$$

Das gesuchte Endresultat, die komplexen Koeffizienten des Gleich- und Gegenlaufs für die gegenüber der y-Achse um den Winkel γ geneigten Zylinderachse unter Berücksichtigung des Zündwinkels α, erhält man durch sinngemäßes Ersetzen der Koeffizienten A und B in Gleichung (9.13 E) durch die Koeffizienten (9.18 E). Daraus ergibt sich zunächst der Erregungsanteil des Gleich- und Gegenlaufs in Richtung der η-Achse nach Abb. 9.14 als

$$\hat{\underline{F}}_{1\eta} = \frac{1}{2} \left[A_{\eta q} \cos\gamma_1 + B_{\eta q} \sin\gamma_1 + j\,(A_{\eta q} \sin\gamma_1 - B_{\eta q} \cos\gamma_1\,) \right]$$
$$\hat{\underline{F}}_{2\eta} = \frac{1}{2} \left[A_{\eta q} \cos\gamma_2 - B_{\eta q} \sin\gamma_2 + j\,(A_{\eta q} \sin\gamma_2 + B_{\eta q} \cos\gamma_2\,) \right] \qquad (9.18\,F)$$

$$\text{mit} \quad \gamma_1 = \gamma - q\alpha$$
$$\gamma_2 = \gamma + q\alpha \quad , \qquad (9.18\,G)$$

in dem wieder die Koeffizienten (9.18 D) des Bezugszylinders enthalten sind. Bei der Berechnung der Gleich- und Gegenlauferregung in Richtung der ξ-Achse muß der Winkel γ in (9.13 E) durch den Winkel $\gamma - \frac{\pi}{2}$ ersetzt werden. Dann folgt aus (9.13 E), (9.18 E) und (9.18 G) die Beziehung

$$\hat{\underline{F}}_{1\xi} = \frac{1}{2} \left[A_{\xi q} \sin\gamma_1 - B_{\xi q} \cos\gamma_1 - j\,(A_{\xi q} \cos\gamma_1 + B_{\xi q} \sin\gamma_1\,) \right]$$
$$\hat{\underline{F}}_{2\xi} = \frac{1}{2} \left[A_{\xi q} \sin\gamma_2 + B_{\xi q} \cos\gamma_2 + j\,(-A_{\xi q} \cos\gamma_2 + B_{\xi q} \sin\gamma_2\,) \right] \quad . \qquad (9.18\,H)$$

Die gesuchte Gleich- und Gegenlauferregung q-ter Ordnung e i n e s Motorzylinders unter Berücksichtigung der Neigung γ der Zylinderachse und des Zündwinkels α ist damit mit Hilfe der Beziehung

$$\underline{F}_q = (\hat{\underline{F}}_{1\xi} + \hat{\underline{F}}_{1\eta}\,)\, e^{jq\omega_u t} + (\hat{\underline{F}}_{2\xi} + \hat{\underline{F}}_{2\eta})\, e^{-jq\omega_u t} \qquad (9.18\,I)$$

und den vorhergehend abgeleiteten Formeln berechenbar. Der Einfluß mehrerer Zylinder kann nach (9.14 A) und (9.14 B) durch die Summation der Komponenten $\hat{\underline{F}}_{1i}$ und $\hat{\underline{F}}_{2i}$ berücksichtigt werden.

In Abb. 9.15 ist das Ergebnis der harmonischen Analyse des Kolbenseitendrucks $p_{\xi q}$ und des Zylinderdrucks $p_{\eta q}$ eines nichtaufgeladenen Viertakt-Dieselmotors mit einem Verdichtungsverhältnis von 18 und einem Schubstangenverhältnis von 0,274 bei einem mittleren indizierten Druck von 9,5 bar und einem Spitzendruck von 85 bar dargestellt. Die Längen der Pfeile entsprechen dem Betrag der Amplituden der Harmonischen der angegebenen Ordnungszahl q. Die Abszisse der Pfeilspitze ist die Sinuskomponente, die Ordinate die Cosinuskomponente der entsprechenden Ordnungszahl. Die Amplituden der Harmonischen der Kolbenseitendrücke sind annähernd 10mal kleiner als die Amplituden der Harmonischen der Zylinderdrücke. Der Betrag der Harmonischen nimmt mit wachsender Ordnungszahl ab, jedoch nicht monoton. Die Harmonische 1. Ordnung des Kolbenseitendrucks hat z.B. einen größeren Betrag als die Harmonische 0,5. Ordnung.

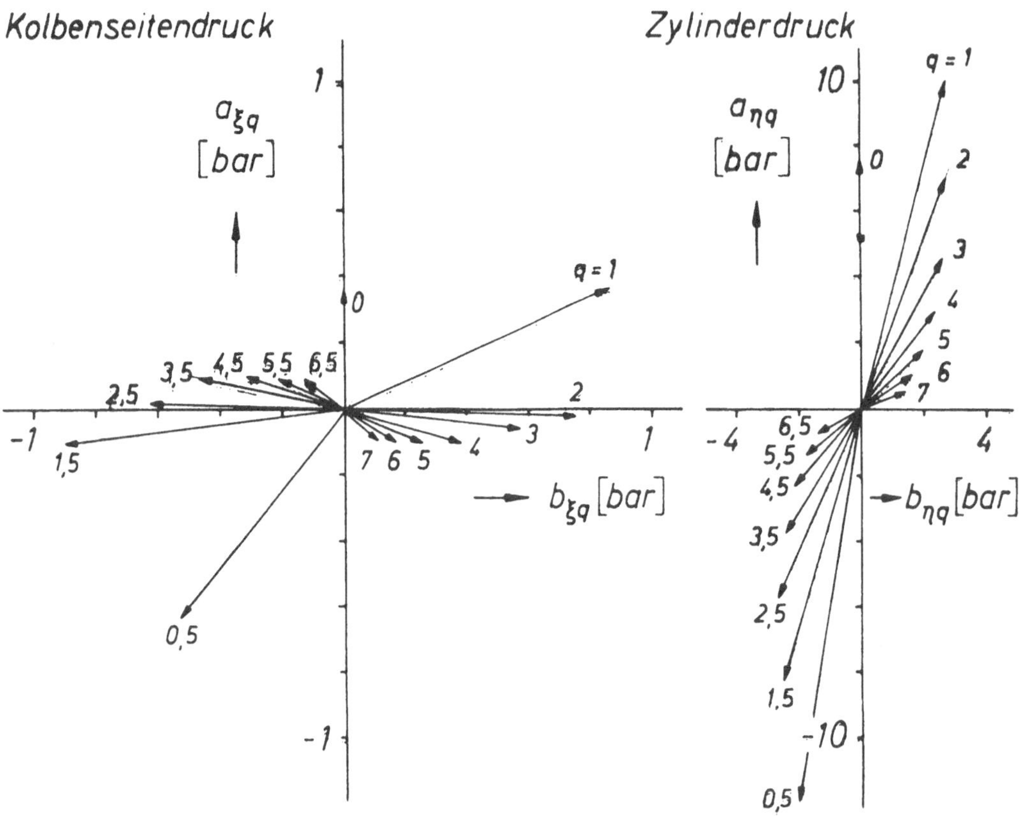

Abb. 9.15. Harmonische Analyse des Kolbenseiten- und des Zylinderdrucks eines nichtaufgeladenen Viertakt-Dieselmotors bei Vollast

Die wesentlichen Parameter, die die harmonische Analyse des Zylinderdrucks und des Kolbenseitendrucks beeinflussen, sind der mittlere indizierte Druck, der Spitzendruck, das Verdichtungsverhältnis, der Ansaug- oder Ladedruck und das Schubstangenverhältnis. Bei der praktischen Berechnung der Biegeschwingungserregung sollten diese Einflüsse berücksichtigt werden. Im Band 2 [22] dieser Buchreihe ist ein FORTAN-Programm (H0301) veröffentlicht, mit dem Zylinderdruckverläufe unter Berücksichtigung der genannten Einflüsse berechnet werden können.

9.4 Einfluß der Kreiselwirkung des Rotors

9.4.1 Trägheitswirkung des Rotors

Bei der Aufstellung der Bewegungsgleichungen der Rotoren wurde bis jetzt das Momentengleichgewicht um die y- und z-Achse des raumfesten Koordinatensystems nicht beachtet. Dies ist zulässig, wenn die Drehachsen der Rotoren ihre Richtungen im Raum trotz der Verformung der Trägerwelle beibehalten.

Das trifft bei den Läufern A und B nach Abb. 9.2 zu. Bei der für Schwungräder typischen Lagerung nach Bild C dürfen jedoch die durch die Schrägstellung der Welle verursachten Momente nicht vernachlässigt werden.

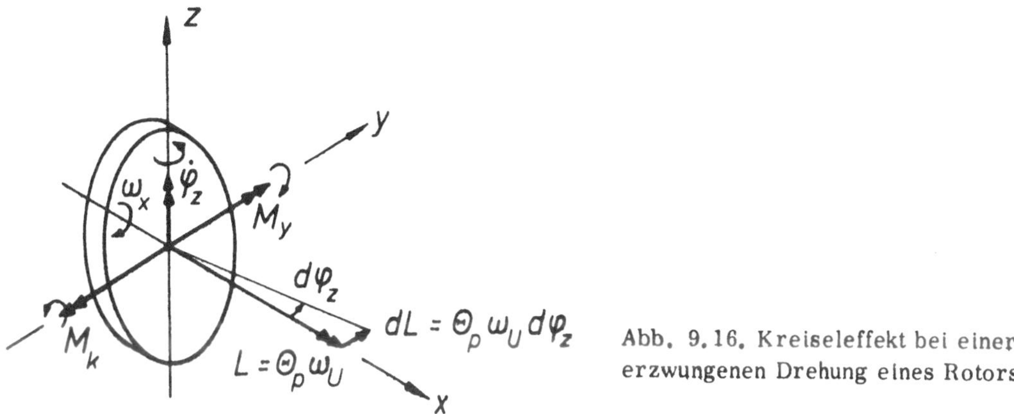

Abb. 9.16. Kreiseleffekt bei einer erzwungenen Drehung eines Rotors

Zum Verständnis der Momente, die durch eine Drehung der Rotationsachse verursacht werden, ist in Abb. 9.16 ein Rotor skizziert, der sich um die x-Achse mit der konstanten Winkelgeschwindigkeit ω_U dreht und bezüglich dieser Achse das Massenträgheitsmoment Θ_p besitzt. Erzwingt man bei diesem Rotor eine Drehung um die z-Achse mit der ebenfalls konstanten Winkelgeschwindigkeit $\dot{\varphi}_z$, die im Verhältnis zu ω_U sehr klein ist, dann ist dazu nach dem Drallsatz ein Moment

$$\frac{dL}{dt} = \Theta_p \omega_U \frac{d\varphi_z}{dt} = \Theta_p \omega_U \dot{\varphi}_z = M_y \tag{9.19}$$

erforderlich, das parallel zur Änderung $dL = \Theta_p \omega_U d\varphi_z$ des Drallvektors gerichtet ist und deshalb um die y-Achse dreht. Als Kreiselmoment wird das Moment $M_k = -M_y$ bezeichnet. Es hat eine analoge Bedeutung wie die Fliehkraft oder die Corioliskraft, weil es die Wirkung auf einen Beobachter beschreibt, der die Drehung $\dot{\varphi}_z$ mitmacht. Die Richtung des Kreiselmomentes ergibt sich aus seiner Definition als Vektorprodukt aus dem Drehimpulsvektor L und dem Vektor der Zwangsdrehung [29].

Die gleiche Überlegung hätte man auch bezüglich einer Zwangsdrehung um die y-Achse anstellen können. Dann hätte sich ein um die z-Achse drehendes Moment ergeben, das proportional dem Produkt $\omega_U \dot{\varphi}_y$ ist. Wesentlich ist dabei einmal, daß durch die Berücksichtigung der Kreiselwirkung des Rotors die Umlauffrequenz ω_U des Rotors in der linken Seite der Bewegungsgleichungen erscheint. Dadurch werden die Eigenfrequenzen rotierender Wellen von ihrer Drehzahl abhängig. Zum anderen erhöht die Berücksichtigung des Momentengleichgewichts die Anzahl der Freiheitsgrade und damit die Anzahl der Eigenfrequenzen und Eigenschwingungsformen gegenüber einer Behandlung der Rotoren als Massenpunkte. Der dadurch verursachte höhere Schwierigkeitsgrad bei der Lösung des Problems muß jedoch in Kauf genommen werden, um die in der Praxis beobachteten Biegeschwingungen der Kurbelwellenenden theoretisch begründen zu können. Durch die Beschränkung auf eine einfach besetzte Welle ist eine analytische Behandlung möglich, aus der sich die wesentlichen physikalischen Phänomene ableiten lassen.

Bei der Aufstellung der Bewegungsgleichungen wird von einem rotationssymmetrischen Rotor ausgegangen, dessen Trägheitswirkung sich durch das polare Massenträgheitsmoment Θ_p bezüglich seiner Drehachse und das axiale Massenträgheitsmoment Θ_a bezüglich einer senkrecht auf der Drehachse stehenden und durch den Schwerpunkt gehenden Achse beschreiben läßt. Der Drehimpuls dieses Rotors in einem rotorfesten, durch den Schwerpunkt des Rotors gehenden Koordinatensystem, das die Verschiebungen y, z und die Drehungen $\dot{\varphi}_y$ und $\dot{\varphi}_z$, nicht aber die Drehung um die x-Achse mitmacht, ist

$$\begin{aligned} L_x' &= \Theta_p(\omega_U + \dot{\varphi}_x) \\ L_y' &= \Theta_a \dot{\varphi}_y \\ L_z' &= \Theta_a \dot{\varphi}_z \quad . \end{aligned} \tag{9.20A}$$

Die Winkelgeschwindigkeiten $\omega_U + \dot{\varphi}_x$, $\dot{\varphi}_y$ und $\dot{\varphi}_z$ werden als Drehvektoren in dem positiv orientierten kartesischen Koordinatensystem nach Abb. 9.17 betrachtet. Die Projektionen der Drallkomponenten (9.20A) in das raumfeste Koordinatensystem, in dem die Bewegungsgleichungen aufgestellt werden, sind

$$\begin{aligned} L_y &= \Theta_a \dot{\varphi}_y + \Theta_p(\omega_U + \dot{\varphi}_x)\varphi_z \\ L_z &= \Theta_a \dot{\varphi}_z - \Theta_p(\omega_U + \dot{\varphi}_x)\varphi_y \quad , \end{aligned} \tag{9.20B}$$

sofern die Winkel φ_y und φ_z kleine Größen sind. Unter dieser Voraussetzung können auch die Produkte $\dot{\varphi}_x \varphi_z$ und $\dot{\varphi}_x \varphi_y$ vernachlässigt werden, und man erhält nach dem Drallsatz aus (9.20B) die Komponenten

$$\begin{aligned} M_y &= \dot{L}_y = \Theta_a \ddot{\varphi}_y + \Theta_p \omega_U \dot{\varphi}_z \\ M_z &= \dot{L}_z = \Theta_a \ddot{\varphi}_z - \Theta_p \omega_U \dot{\varphi}_y \end{aligned} \tag{9.20C}$$

der Massenmomente. Sie enthalten außer den bereits begründeten Komponenten der Kreiselmomente die durch die Drehung um die y- oder z-Achse verursachten Massenmomente. Infolge der Linearisierung der Bewegungsgleichungen entfällt eine Koppelung der Drehschwingung der Rotormasse mit der Biegeschwingung durch Trägheitseinflüsse. Das Momentengleichgewicht um die x-Achse kann deshalb getrennt als Drehschwingungsproblem behandelt werden.

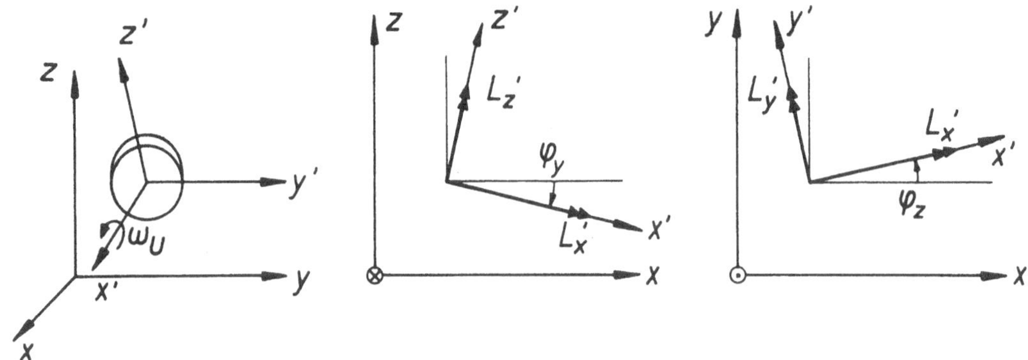

Abb. 9.17. Rotor- und raumfestes Koordinatensystem mit Drallkomponenten

Zur Reduktion der Freiheitsgrade werden wieder die komplexen raumfesten Variablen

$$\underline{\varphi} = \varphi_y + j\varphi_z \tag{9.21A}$$

$$\underline{M} = M_y + jM_z \tag{9.21B}$$

eingeführt. Damit können die beiden Komponenten (9.20C) der Momente durch ein komplexes Moment

$$\underline{M} = \Theta_a \ddot{\underline{\varphi}} - j\Theta_p \omega_U \dot{\underline{\varphi}} \tag{9.21C}$$

ersetzt werden, das die Trägheitswirkung des Rotors erfaßt.

9.4.2 Bewegungsgleichungen der einfach besetzten Welle

Werden an einer durch die x-Koordinaten definierten Stelle einer Welle eine Kraft und ein Moment eingeleitet, dann ist die durch diese Belastung entstehende Biegelinie von der Lagerung der Welle abhängig. Zwischen den Komponenten der am Lastangriffspunkt gemessenen Verschiebung und Drehung und der dort eingeleiteten Belastung bestehen in dem kartesischen Koordinatensystem nach Abb. 9.18 bei einer Welle mit kreiszylindrischen Querschnitten die folgenden Beziehungen:

$$\begin{pmatrix} y \\ \varphi_z \end{pmatrix} = \begin{bmatrix} \alpha & \beta \\ \beta & \gamma \end{bmatrix} \begin{pmatrix} F_y \\ M_z \end{pmatrix} \qquad (9.22A)$$

$$\begin{pmatrix} z \\ \varphi_y \end{pmatrix} = \begin{bmatrix} \alpha & -\beta \\ -\beta & \gamma \end{bmatrix} \begin{pmatrix} F_z \\ M_y \end{pmatrix} , \qquad (9.22B)$$

wenn man mit α, β und γ die MAXWELLschen Einflußzahlen bezeichnet [29]. Diese sind die Koeffizienten der symmetrischen Nachgiebigkeitsmatrix und können als die Verformungen von Einheitsbelastungen mit Hilfe der Stabbiegetheorie der Festigkeitslehre berechnet werden [14]. Die Symmetrie der Nachgiebigkeitsmatrizen in den Beziehungen (9.22) ist die Folge des MAXWELLschen Reziprozitätssatzes für die von einem Einheitsmoment verursachte Verschiebung und die von einer Einheitskraft verursachte Verdrehung [29].

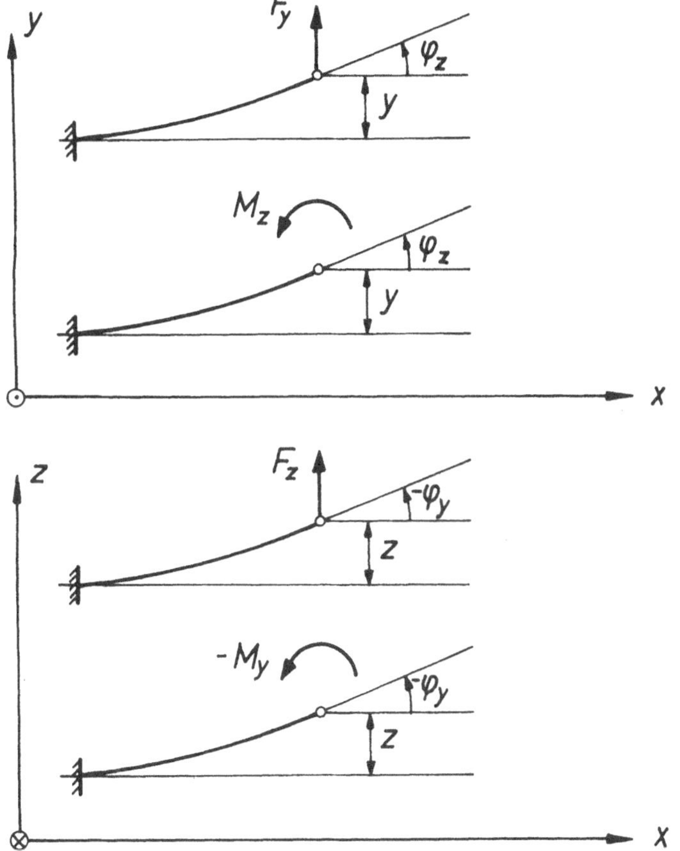

Abb. 9.18. Belastungen zur Ermittlung der Einflußzahlen eines Kragträgers

Unter Verwendung der komplexen Verformungen und Belastungen

$$\begin{aligned} \underline{r} &= y + jz \\ \underline{\varphi} &= \varphi_y + j\varphi_z \\ \underline{F} &= F_y + jF_z \\ \underline{M} &= M_y + jM_z \end{aligned} \qquad (9.23\,A)$$

können die beiden Beziehungen (9.22) durch eine komplexe Nachgiebigkeitsbeziehung

$$\begin{pmatrix} \underline{r} \\ \underline{\varphi} \end{pmatrix} = \begin{bmatrix} \alpha & -j\beta \\ j\beta & \gamma \end{bmatrix} \begin{pmatrix} \underline{F} \\ \underline{M} \end{pmatrix} \qquad (9.23\,B)$$

ersetzt werden. Betrachtet man die Beziehung (9.23 B) als ein lineares Gleichungssystem für die beiden Unbekannten $\underline{F}$ und $\underline{M}$, dann erhält man als Lösung dieses Gleichungssystems die linearen Steifigkeitsbeziehungen

$$\begin{pmatrix} \underline{F} \\ \underline{M} \end{pmatrix} = \begin{bmatrix} c_1 & -jc_3 \\ jc_3 & c_2 \end{bmatrix} \begin{pmatrix} \underline{r} \\ \underline{\varphi} \end{pmatrix} \qquad (9.24\,A)$$

für den Bezugspunkt der Welle. Die Koeffizienten der Steifigkeitsmatrix können aus den Einflußzahlen mit Hilfe der Beziehungen

$$\begin{aligned} N &= \alpha\gamma - \beta^2 \\ c_1 &= \frac{\gamma}{N} \\ c_2 &= \frac{\alpha}{N} \\ c_3 &= \frac{-\beta}{N} \end{aligned} \qquad (9.24\,B)$$

berechnet werden. Dies ist der bequemere Weg, denn die direkte Berechnung der Steifigkeitskoeffizienten ist komplizierter. Wie aus Abb. 9.19 hervorgeht, müssen zur Berechnung der Steifigkeitskoeffizienten im Bezugspunkt der Welle eine Querkraft und ein Moment angebracht werden. Das Verhältnis von Querkraft zu Moment ist so zu bestimmen, daß nur die Verformung existiert, deren Steifigkeitskoeffizient gesucht ist.

Die Bewegungsgleichungen werden - wie im Kapitel 9.3.2 - unter der Annahme aufgestellt, daß der Wellendurchstoßpunkt W und der Schwerpunkt S zusammenfallen. Als äußere Erregung wird die Gleich- und Gegenlaufkrafterregung nach (9.13 A) im Punkt W angesetzt. Wenn die Erregung nicht an der Masse m wirkt, deren Bewegungsgleichung aufgestellt wird, dann kann sie durch eine an der Masse m angreifende äquivalente Erregung ersetzt werden, auf deren Ermittlung bei der Berechnung der erzwungenen Schwingungen noch eingegangen wird. Damit erhält man aus den Gleichgewichtsbedingungen für die komplexe Kraft und das komplexe Moment im Punkt W unter Verwendung der Beziehungen (9.21 C) und (9.24 A) die gesuchten Bewegungsgleichungen

$$\begin{aligned} m\ddot{\underline{r}} + c_1\underline{r} - jc_3\underline{\varphi} &= \hat{\underline{F}}_1 e^{j\Omega t} + \hat{\underline{F}}_2 e^{-j\Omega t} \\ \Theta_a\ddot{\underline{\varphi}} - j\Theta_p\omega_U\dot{\underline{\varphi}} + jc_3\underline{r} + c_2\underline{\varphi} &= 0 \end{aligned} \qquad (9.25)$$

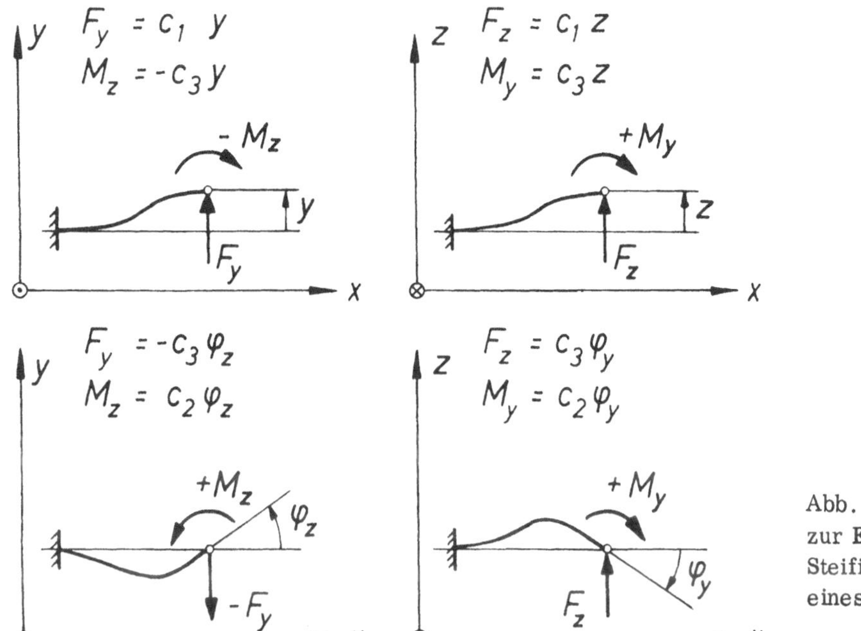

Abb. 9.19. Belastungen zur Ermittlung der Steifigkeitskoeffizienten eines Kragträgers

in komplexer Form. Aus ihren komplexen Lösungen können die y- und z-Komponenten der Verschiebungen der Masse und der Neigung der Masse als Funktionen der Zeit berechnet werden. Damit ist auch die Beanspruchung der Welle berechenbar.

9.4.3 Eigenfrequenzen der rotierenden Welle

In den kritischen Drehzahlen der Welle ist die Erregerfrequenz der harmonischen Schwingungserregung identisch mit einer Eigenfrequenz des schwingungsfähigen Systems. Um diese Behauptung zu beweisen, werden zunächst die Lösungen der Differentialgleichungen (9.25) ohne äußere Erregung mit dem Ansatz

$$\underline{r} = \hat{\underline{r}}\, e^{j\omega t}$$
$$\underline{\varphi} = \hat{\underline{\varphi}}\, e^{j\omega t} \qquad (9.26\,\mathrm{A})$$

ermittelt, der zu dem homogenen linearen Gleichungssystem

$$\begin{bmatrix} c_1 - m\omega^2 & -jc_3 \\ jc_3 & c_2 + \Theta_p \omega_U \omega - \Theta_a \omega^2 \end{bmatrix} \begin{pmatrix} \hat{\underline{r}} \\ \hat{\underline{\varphi}} \end{pmatrix} = 0 \qquad (9.26\,\mathrm{B})$$

führt. Dieses Gleichungssystem kann nur dann eine von Null verschiedene Lösung haben, wenn seine Systemdeterminante verschwindet. Aus dieser Bedingung erhält man die Frequenzgleichung

$$m\Theta_a \omega^4 - m\Theta_p \omega_U \omega^3 - (mc_2 + \Theta_a c_1)\omega^2 + \Theta_p c_1 \omega_U \omega + c_1 c_2 - c_3^2 = 0 \qquad (9.26\,\mathrm{C})$$

des Systems. Um diese Gleichung überschaubar zu machen, wird sie mit Hilfe der Abkürzungen

$$\omega_I^2 := \frac{c_1}{m}$$
$$\omega_{II}^2 := \frac{c_2}{\Theta_a} \qquad (9.26\,\mathrm{D})$$
$$\omega_{III}^2 := \frac{c_1 c_2 - c_3^2}{m c_2} = \frac{1}{\alpha m}$$

auf die Form

$$\omega^4 - \frac{\Theta_p}{\Theta_a}\omega_U\omega^3 - (\omega_I^2 + \omega_{II}^2)\omega^2 + \frac{\Theta_p}{\Theta_a}\omega_I^2\omega_U\omega + \omega_{II}^2\omega_{III}^2 = 0 \qquad (9.26\,\mathrm{E})$$

gebracht. Die Lösungen dieser Gleichung 4. Grades für die Unbekannte ω sind die Eigenkreisfrequenzen ω der rotierenden Welle. Daß die Gleichung (9.26 E) 4 reelle Lösungen für jede Drehzahl der Welle besitzt, läßt sich durch Auflösung der Beziehung (9.26 E) nach der Winkelgeschwindigkeit der Welle

$$\omega_U = \frac{\Theta_a}{\Theta_p}\,\frac{\omega^4 - (\omega_I^2 + \omega_{II}^2)\omega^2 + \omega_{II}^2\omega_{III}^2}{\omega(\omega^2 - \omega_I^2)} \qquad (9.26\,\mathrm{F})$$

zeigen. Sind die Massen, Massenträgheitsmomente und die Steifigkeitskoeffizienten bekannt, dann wird durch die Beziehung (9.26 F) eine rationale Funktion der unabhängigen Variablen ω definiert, die 3 Unendlichkeitsstellen $-\omega_I$, 0 und $+\omega_I$ besitzt und sich bei großen negativen und bei großen positiven Werten von ω asymptotisch der Geraden

$$\omega_U = \frac{\Theta_a}{\Theta_p}\omega \qquad (9.26\,\mathrm{G})$$

nähert. Beachtet man außerdem, daß für jeden Wert von ω die für eine ungerade Funktion charakteristische Beziehung

$$\omega_U(-\omega) = -\omega_U(+\omega) \qquad (9.26\,\mathrm{H})$$

gilt, dann erhält man den in Abb. 9.20 skizzierten typischen Verlauf der über ω aufgetragenen Funktion ω_U. Die 4 Eigenfrequenzen bei einer Winkelgeschwindigkeit ω_U der Welle erhält man aus diesem Diagramm als die Abszissen der Schnittpunkte einer Parallelen zur ω-Achse im Abstand ω_U mit den 4 Kurvenästen. Ändert man die Drehrichtung der Welle, dann erhält man wegen der Beziehung (9.26 H) bei gleichem Betrag von ω_U die gleichen Eigenfrequenzen. Sie ergeben sich jedoch nach Abb. 9.20 gegenüber der positiven Drehrichtung in umgekehrter Reihenfolge. Für $\omega_U = 0$, im Stillstand der Welle, existieren trotz des fehlenden Kreiselmomentes infolge des

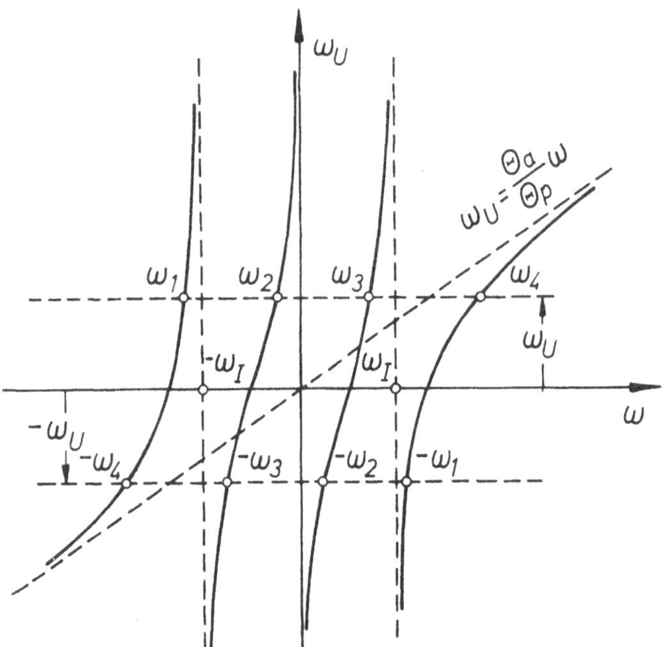

Abb. 9.20. Eigenfrequenzen der rotierenden Welle

axialen Massenträgheitsmomentes Θ_a des Rotors 4 Eigenfrequenzen, von denen je 2 sich nur durch das Vorzeichen unterscheiden. Die zur ω_U-Achse parallelen Asymptoten entsprechen der Eigenfrequenz ω_I eines Systems, bei dem der Rotor durch eine Zwangsführung an der Schrägstellung gehindert wird. Im Bereich $0 < |\omega| < |\omega_I|$ vergrößert das Kreiselmoment die Verformung der Welle, im Bereich $|\omega| > |\omega_I|$ wirkt das Kreiselmoment verformungsbehindernd. Das Verhältnis Θ_a/Θ_p der beiden Massenträgheitsmomente des Rotors beeinflußt die Steigung der durch den Nullpunkt des Koordinatensystems verlaufenden Asymptote und den Verlauf der 4 Kurvenzweige der Abb. 9.20. Das Verhältnis Θ_a/Θ_p ist vom Durchmesser-Breiten-Verhältnis des Rotors abhängig, aber stets größer als 0,5.

Sind die Eigenfrequenzen bekannt, dann können die zugehörigen Eigenschwingungsformen aus (9.26 B) ermittelt werden. Aus der ersten Gleichung folgt die komplexe Beziehung

$$\underline{\hat{\varphi}} = -j\,\frac{c_1 - m\omega^2}{c_3}\,\underline{\hat{r}} \,, \tag{9.27 A}$$

aus der man mit (9.23 A) die beiden reellen Beziehungen

$$\hat{\varphi}_y = \hat{z}\,\frac{c_1 - m\omega^2}{c_3} \tag{9.27 B}$$

$$\hat{\varphi}_z = -\hat{y}\,\frac{c_1 - m\omega^2}{c_3} \tag{9.27 C}$$

erhält. Die Schwingungsform ist damit als das Verhältnis von φ_y/z und φ_z/y für jede Eigenfrequenz ω berechenbar. Die zweite Gleichung (9.26 B) ist wegen (9.26 C) zwangsläufig erfüllt, wenn ω eine Eigenfrequenz des Systems ist.

9.4.4 Erzwungene ungedämpfte Biegeschwingungen und Resonanzdrehzahlen des Gleich- und Gegenlaufs

Um den Einfluß der Gleich- und Gegenlauferregung mit einer Formel erfassen zu können, werden die Bewegungsgleichungen (9.25) in der Form

$$\begin{aligned} m\ddot{\underline{r}} + c_1\underline{r} - j c_3\underline{\varphi} &= \underline{\hat{F}}\,e^{j\Omega t} \\ \Theta_a\ddot{\underline{\varphi}} - j\,\Theta_p\,\omega_U\dot{\underline{\varphi}} + j c_3\underline{r} + c_2\underline{\varphi} &= 0 \end{aligned} \tag{9.28 A}$$

$$\begin{aligned} \text{mit}\quad & \Omega = q\,\omega_U \\ & q > 0 \qquad \underline{\hat{F}} = \underline{\hat{F}}_1 \quad \text{Gleichlauf} \\ & q < 0 \qquad \underline{\hat{F}} = \underline{\hat{F}}_2 \quad \text{Gegenlauf} \end{aligned} \tag{9.28 B}$$

untersucht. Damit wird die Gegenlauferregung durch n e g a t i v e Ordnungszahlen gekennzeichnet. Mit dem Ansatz

$$\begin{aligned} \underline{r} &= \underline{\hat{r}}\,e^{j\Omega t} \\ \underline{\varphi} &= \underline{\hat{\varphi}}\,e^{j\Omega t} \end{aligned} \tag{9.29 A}$$

erhält man das lineare Gleichungssystem

$$\begin{bmatrix} c_1 - m\Omega^2 & -jc_3 \\ jc_3 & c_2 + \Theta_p \omega_U \Omega - \Theta_a \Omega^2 \end{bmatrix} \begin{pmatrix} \hat{\underline{r}} \\ \hat{\underline{\varphi}} \end{pmatrix} = \begin{pmatrix} \hat{\underline{F}} \\ 0 \end{pmatrix} \quad . \qquad (9.29\,B)$$

Als Lösungen dieses Gleichungssystems ergeben sich die Formeln

$$\hat{\underline{r}} = \frac{c_2 + \Theta_p \omega_U \Omega - \Theta_a \Omega^2}{N} \hat{\underline{F}}$$

$$\hat{\underline{\varphi}} = \frac{-j\,c_3}{N} \hat{\underline{F}} \qquad (9.29\,C)$$

$$N = (c_1 - m\Omega^2)(c_2 + \Theta_p \omega_U \Omega - \Theta_a \Omega^2) - c_3^2 \quad ,$$

aus denen man die komplexen erzwungenen Amplituden $\hat{\underline{r}}$ und $\hat{\underline{\varphi}}$ bei jeder Erregerfrequenz Ω berechnen kann, bei der $N \neq 0$ ist.

Die Determinanten der linearen Gleichungssysteme (9.26 B) und (9.29 B) sind identisch, wenn die Erregerfrequenz Ω der erzwungenen Schwingungen mit der Erregerfrequenz ω der rotierenden Welle übereinstimmt. Deshalb werden die kritischen Winkelgeschwindigkeiten ω_{Uq} der Welle durch die Resonanzbedingung

$$\Omega_q = \omega_{Uq}\, q = \omega(\omega_{Uq}) \qquad (9.30)$$

definiert, die sich von der Resonanzbedingung (9.15 D) des LAVAL-Läufers dadurch unterscheidet, daß die Eigenfrequenz selbst von der zu berechnenden Umlauffrequenz abhängig ist.

Die Ermittlung der Resonanzdrehzahlen läßt sich mit Hilfe des Diagramms 9.20 anschaulich deuten. Dazu ist in Abb. 9.21 die drehzahlabhängige Eigenkreisfrequenz ω jetzt über der Abszisse ω_U aufgetragen, im Gegensatz zu der Darstellung nach Abb. 9.20, die aus der Formel (9.26 F) entstanden ist. Außerdem sind in Abb. 9.21 die durch (9.28 B) definierten Geraden der

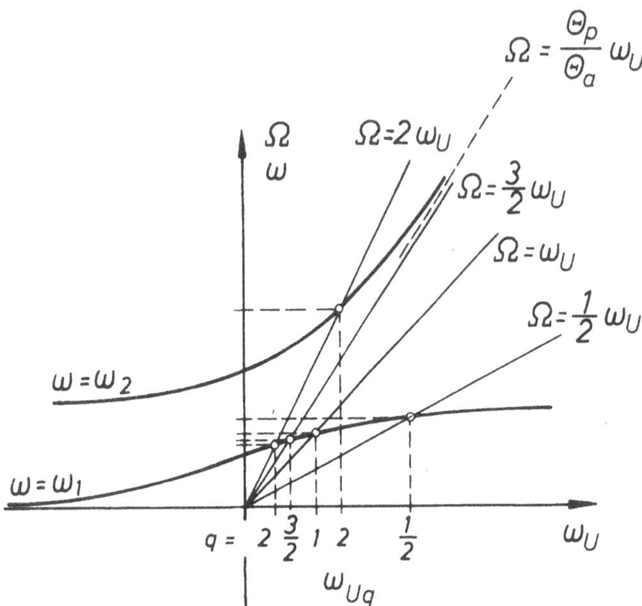

Abb. 9.21. Resonanzdrehzahlen des Gleichlaufs

Erregerkreisfrequenzen Ω für 4 verschiedene Ordnungszahlen q in das Diagramm eingezeichnet. Die Schnittpunkte dieser Geraden mit den Kurven der drehzahlabhängigen Eigenfrequenzen definieren die Resonanzbedingung (9.30). Die Abszissen dieser Schnittpunkte sind die Winkelgeschwindigkeiten ω_{Uq} nach Abb. 9.21 und entsprechen bis auf einen konstanten Faktor den kritischen Drehzahlen der Welle, die auch als Resonanzdrehzahlen bezeichnet werden. Die Ordinaten der Schnittpunkte sind die Eigenkreisfrequenzen, die im Gegensatz zu der analogen Darstellung für den LAVAL-Läufer nach Abb. 9.11 drehzahlabhängig sind.

Die Berücksichtigung der Trägheitswirkung des Rotors gegenüber einer Winkeländerung im Raum hat damit mehrere Auswirkungen. Einmal ist die Beziehung „Ordnungszahl · Resonanzdrehzahl = Eigenschwingungszahl", die bei allen von Kolbenmotoren erregten Schwingungen von fundamentaler Bedeutung ist, nicht mehr gültig, weil die Eigenfrequenz der Welle infolge der Kreiselwirkung des Rotors drehzahlabhängig ist. Zum anderen wird die Anzahl der Freiheitsgrade und damit die Anzahl der möglichen Resonanzdrehzahlen erhöht. Infolge des asymptotischen Verhaltens der über der Drehzahl aufgetragenen Eigenfrequenzen muß jedoch nicht für jede Ordnungszahl und jede Eigenfrequenz ein Resonanzzustand nach (9.30) existieren. So gibt es in dem Beispiel von Abb. 9.21 für die Ordnungszahlen q = 1/2, 1, 3/2 keinen Schnittpunkt mit dem 2. Ast der drehzahlabhängigen Eigenfrequenz, deren Asymptote

$$\Omega = \frac{\Theta_p}{\Theta_a} \omega_U$$

von dem Verhältnis des polaren und axialen Massenträgheitsmomentes abhängig ist. Dieses Verhältnis wird durch die Gestalt des Rotors definiert und besitzt bei einer unendlich dünnen Scheibe den Wert 2. Bei einem Zylinder, dessen Breite das 0,866fache seines Durchmessers beträgt, ist $\Theta_p = \Theta_a$. Für diesen Fall würde die Asymptote des oberen Kurvenastes in Abb. 9.21 mit der Geraden $\Omega = \omega_U$ zusammenfallen. Damit wäre im Gegensatz zu der in Abb. 9.21 dargestellten Situation bei Viertaktmotoren ein Resonanzzustand für q = 3/2 möglich.

Eine weitere wesentliche Auswirkung des Kreiseleffekts ist der Unterschied zwischen den Resonanzdrehzahlen, die durch eine Gleichlauf- oder eine Gegenlauferregung verursacht werden. Da die für Kolbenmotoren typische Erregung nach 9.3.1 sich aus beiden Erregungsarten zusammensetzt, müssen die Resonanzzustände des Gegenlaufs gleichfalls beachtet werden. Man erhält die Resonanzdrehzahlen des Gegenlaufs nach Abb. 9.22 als Schnittpunkte der Geraden der Erreger-

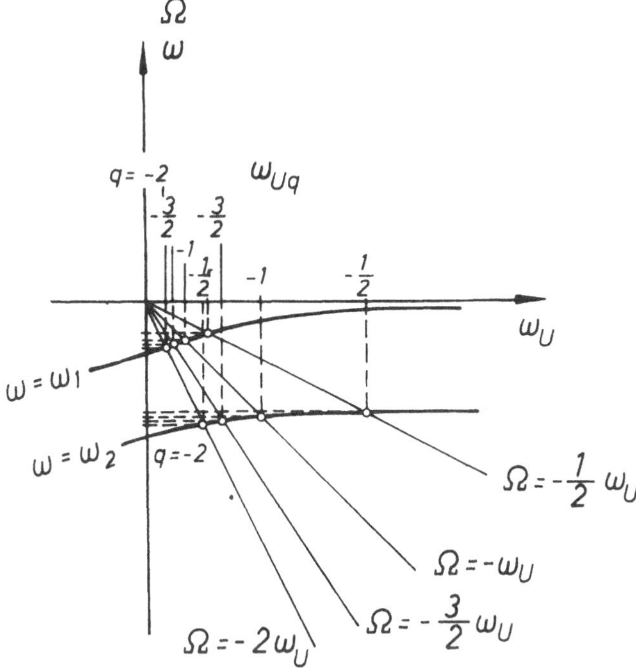

Abb. 9.22. Resonanzdrehzahlen des Gegenlaufs

frequenzen negativer Ordnungszahlen mit den negativen Zweigen der drehzahlabhängigen Eigenfrequenzen.

Ein Vergleich der Abb. 9.21 und 9.22 zeigt, daß die Eigenfrequenzen des Gleichlaufs stets höher sind als die Eigenfrequenzen der nicht rotierenden Welle. Die Eigenfrequenzen des Gegenlaufs und damit auch ihre Resonanzdrehzahlen werden jedoch durch die Rotation der Welle erniedrigt. Dieser Effekt wird durch das bei Gleich- und Gegenlaufschwingungen entgegengesetzte Vorzeichen des Kreiselmomentes verursacht, das die Neigung des Rotors bei Gleichlauf verkleinert und bei Gegenlauf vergrößert. Die Resonanzdrehzahlen des Gegenlaufs sind, bedingt durch die horizontalen Asymptoten der beiden Kurvenäste in Abb. 9.22, bei jedem Verhältnis Θ_p/Θ_a lückenlos vorhanden. Als Folge der beschriebenen Phänomene muß die Gegenlauferregung bei Kolbenmaschinen besonders beachtet werden.

Die Abb. 9.20 bis 9.22 dienen zum Verständnis der Entstehung der Resonanzzustände infolge einer gleich- oder gegenläufigen Schwingungserregung, sie sind aber nicht als Anleitung zur Berechnung der drehzahlabhängigen Eigenfrequenzen gedacht. Diese lassen sich relativ bequem als Lösungen der biquadratischen Gleichung

$$\omega^4 - \left(\frac{c_1}{m} + \frac{c_2}{\Theta_a - \frac{\Theta_p}{q}} \right) \omega^2 + \frac{c_1 c_2 - c_3^2}{m c_2} \, \frac{c_2}{\Theta_a - \frac{\Theta_p}{q}} = 0 \qquad (9.32\text{A})$$

berechnen, die man aus (9.26 C) erhält, wenn man dort die Winkelgeschwindigkeit ω_U der Welle durch die kritische Winkelgeschwindigkeit $\omega_U = \omega/q$ ersetzt. Wird die Erregerfrequenz Ω in (9.29 C) durch eine der Lösungen der Gleichung (9.32 A) ersetzt, dann wird dort $N(\Omega) = 0$. Somit ist die Resonanzbedingung (9.30 A) für $\Omega = \omega$ erfüllt. Mit den zu (9.26 D) analogen Abkürzungen

$$\omega_I^2 := \frac{c_1}{m} \qquad \omega_{II}^2 := \frac{c_2}{\Theta_a - \frac{\Theta_p}{q}} \qquad \omega_{III}^2 := \frac{c_1 c_2 - c_3^2}{m c_2} = \frac{1}{\alpha m} \qquad (9.32\text{B})$$

läßt sich die Gleichung (9.32 A) auf die einfache Form

$$\omega^4 - (\omega_I^2 + \omega_{II}^2)\,\omega^2 + \omega_{II}^2\,\omega_{III}^2 = 0 \qquad (9.32\text{C})$$

bringen, welche die Lösungen

$$\omega_1 = \sqrt{\frac{\omega_I + \omega_{II}}{2} - \sqrt{\left(\frac{\omega_I + \omega_{II}}{2}\right)^2 - \omega_{II}^2\,\omega_{III}^2}}$$
$$\omega_2 = \sqrt{\frac{\omega_I + \omega_{II}}{2} + \sqrt{\left(\frac{\omega_I + \omega_{II}}{2}\right)^2 - \omega_{II}^2\,\omega_{III}^2}} \qquad (9.32\text{D})$$

besitzt. Wie bereits erwähnt, besitzt diese biquadratische Gleichung mindestens eine reelle Lösung. Ist der Radikand der äußeren Wurzel von ω_1 positiv, dann sind 2 positive Wurzeln vorhanden. Der Radikand der inneren Wurzel ist immer positiv. Die Resonanzdrehzahlen des Gleich- und Gegenlaufs können nach (9.28 B) aus den Erregerfrequenzen mit Hilfe der Beziehungen

$$\omega_{UR1} = \frac{\omega_1}{|q|} \qquad \omega_{UR2} = \frac{\omega_2}{|q|} \qquad (9.32\text{E})$$

berechnet werden.

Um die Auswirkungen des Kreiseleffekts zu zeigen, wird ein zweifach gelenkig gelagerter Läufer untersucht, dessen Rotor wie die Schwungräder von Fahrzeugmotoren außerhalb der Lager am auskragenden Ende der Welle montiert ist. Der Lagerabstand ist mit a, der Abstand vom Außenlager zum Rotorschwerpunkt mit b bezeichnet. Zur Vereinfachung der Formeln ist das Produkt EI aus Elastizitätsmodul und äquatorialem Flächenträgheitsmoment für die ganze Welle als konstant angenommen. Die Einflußzahlen für diese Welle sind

$$\alpha = \frac{b^2}{3EI}(a+b)$$
$$\beta = \frac{b}{6EI}(2a+3b) \qquad (9.33\,A)$$
$$\gamma = \frac{1}{3EI}(a+3b) \quad .$$

Daraus erhält man mit Hilfe der Beziehungen (9.24 B) die Steifigkeiten

$$c_1 = 12\,\frac{EI}{b^3}\,\frac{a+3b}{4a+3b}$$
$$c_2 = 12\,\frac{EI}{b}\,\frac{a+b}{4a+3b} \qquad (9.33\,B)$$
$$c_3 = -6\,\frac{EI}{b^2}\,\frac{2a+3b}{4a+3b} \quad .$$

Um dimensionslose Beziehungen zu schaffen, wird die Eigenkreisfrequenz ω durch das Frequenzverhältnis

$$\eta := \frac{\omega}{\omega_{III}} = \omega\sqrt{\alpha m} \qquad (9.34\,A)$$

ersetzt. Damit erhält man aus (9.32 C) die dimensionslose Frequenzgleichung

$$\eta^4 - \left[\left(\frac{\omega_I}{\omega_{III}}\right)^2 + \left(\frac{\omega_{II}}{\omega_{III}}\right)^2\right]\eta^2 + \left(\frac{\omega_{II}}{\omega_{III}}\right)^2 = 0 \quad , \qquad (9.34\,B)$$

deren Parameter sich mit Hilfe von (9.32 B) für das untersuchte Beispiel auf die Form

$$\left(\frac{\omega_I}{\omega_{III}}\right)^2 = 4\,\frac{(1+\xi)(1+3\xi)}{\xi(4+3\xi)}$$
$$\left(\frac{\omega_I}{\omega_{III}}\right)^2 = 4\,\frac{\xi(1+\xi)^2}{4+3\xi}\,\frac{1}{\mu} \qquad (9.34\,C)$$

$$\text{mit} \quad \xi := \frac{b}{a} \,, \quad \Theta_p = m k_p^2$$
$$\mu := \left(\frac{k_p}{a}\right)^2\left(\frac{\Theta_a}{\Theta_p} - \frac{1}{q}\right) \qquad (9.34\,D)$$

bringen lassen. Die Bezugskreisfrequenz ω_{III} ist nach (9.32 B) die Eigenfrequenz des untersuchten Systems mit punktförmiger Masse und ist deshalb auch von dem Parameter $\xi = b/a$ abhängig. Transparentere Ergebnisse erhält man mit der Bezugsfrequenz

$$\omega_0 := \sqrt{\frac{48\,EI}{ma^3}} \qquad (9.35\,A)$$

die der Eigenfrequenz eines LAVAL-Läufers entspricht, bei dem die Masse in Wellenmitte um den

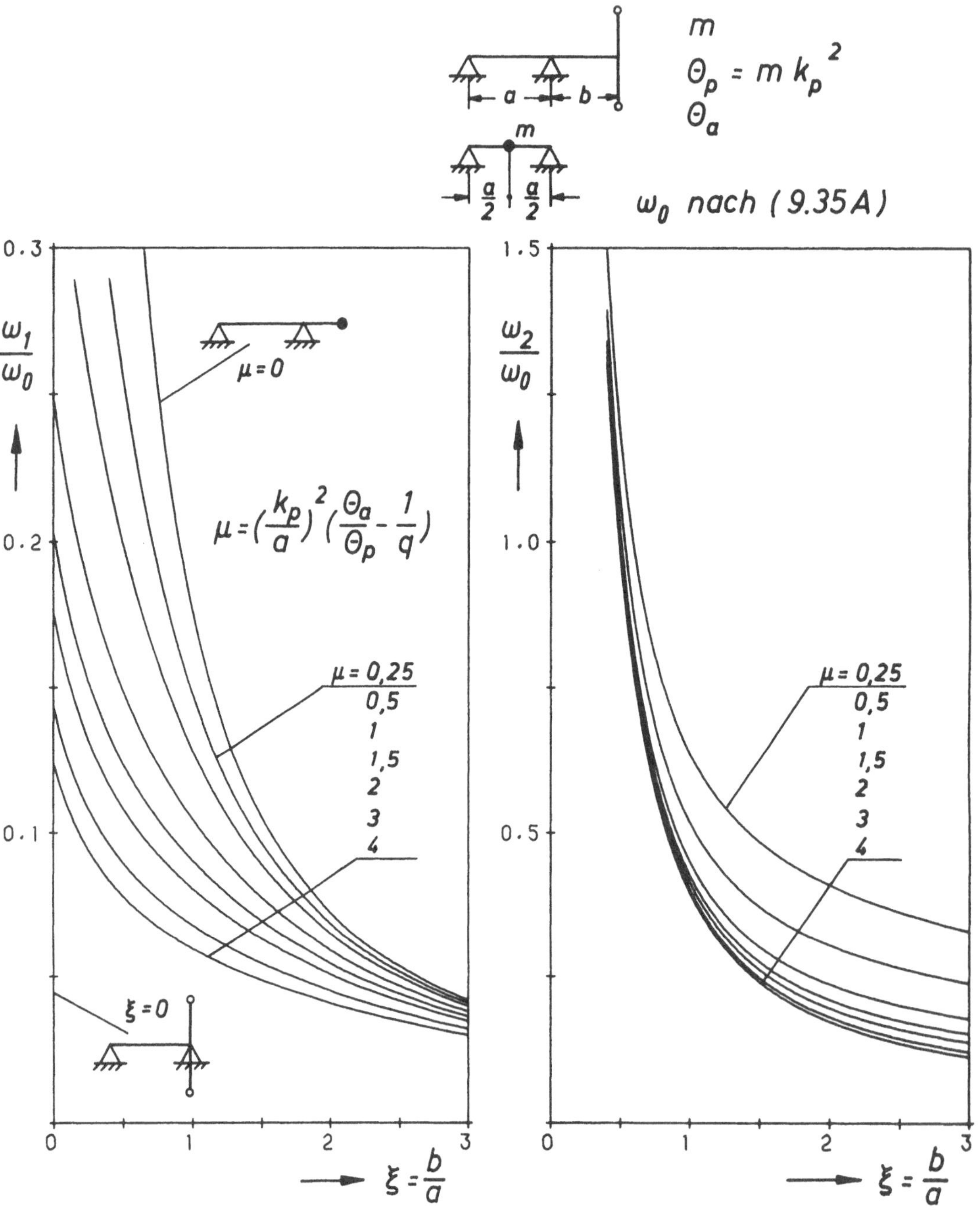

Abb. 9.23. Abhängigkeit der Eigenfrequenzen eines fliegend gelagerten Rotors von den Parametern ξ und μ

Abstand a/2 von den beiden Lagern angeordnet ist. Deshalb werden alle Eigenkreisfrequenzen ω in der dimensionslosen Form

$$\frac{\omega}{\omega_0} = \frac{\omega_{III}}{\omega_0}\,\eta = \frac{1}{4\xi\,\sqrt{1+\xi}}\,\eta \tag{9.35 B}$$

dargestellt.

Aus den Gleichungen (9.34) und (9.35) geht hervor, daß das Eigenfrequenzverhältnis ω/ω_0 nur von den zwei Parametern ξ und μ abhängig ist. Diese Abhängigkeit ist in Abb. 9.23 dargestellt. Aufgetragen sind dort über der Abszisse ξ die Frequenzverhältnisse ω_1/ω_0 und ω_2/ω_0 für verschiedene Werte des Parameters μ, die mit Hilfe der Beziehung (9.35 B) aus den beiden Lösungen der biquadratischen Gleichung (9.34 B) berechnet wurden. Die Eigenfrequenzverhältnisse ω_1/ω_0 und ω_2/ω_0 sind in Abb. 9.23 in zwei verschiedenen Diagrammen unter Verwendung unterschiedlicher Maßstäbe dargestellt, weil sie sich stark unterscheiden. Die mit $\mu = 0$ bezeichnete Kurve gilt für eine Punktmasse, deren Trägheitsradien den Wert Null besitzen. Diese Kurve trennt die beiden Kurvenscharen der 1. und 2. Eigenfrequenz. Das bedeutet, daß durch die Berücksichtigung der Neigung des Rotors die Grundfrequenz der Punktmasse in eine niedrigere und eine höhere Eigenfrequenz aufgesplittet wird. Dabei ist bei der fliegenden Lagerung von Schwungrädern in erster Linie die niedrigere Eigenfrequenz von praktischer Bedeutung.

Ist der Abstand des Schwerpunktes vom Lager b = 0, dann erreicht das Frequenzverhältnis der ersten Eigenfrequenz den endlichen Wert

$$\frac{\omega_1}{\omega_0} = \frac{1}{4}\,\frac{1}{\sqrt{\mu}}\,, \tag{9.36}$$

der aus den Grundgleichungen (9.26) mit $\underline{r} = 0$, nicht aber aus der Beziehung (9.34 B) abgeleitet werden kann. Die zweite Eigenfrequenz wächst dagegen bei dem Grenzübergang $\xi \to 0$ unbegrenzt. Die Abnahme der Eigenfrequenzen bei einer Vergrößerung von ξ und damit die Schädlichkeit großer Schwerpunktsabstände des Rotors vom Lager geht aus der Abb. 9.23 deutlich hervor. Der Einfluß des Parameters μ, der die Massenträgheitsmomente des Rotors und die Ordnungszahl erfaßt, ist bei der ersten Eigenfrequenz um so größer, je kleiner der Schwerpunktsabstand b ist.

Der Parameter μ wird durch die Beziehung (9.34 D) definiert. Er enthält drei unabhängige Einflußgrößen, deren Auswirkung auf die Eigenfrequenzen nachfolgend untersucht wird. Will man das Diagramm nach Abb. 9.23 zur Abschätzung einer Resonanzdrehzahl q-ter Ordnung verwenden, dann ist zunächst der Parameter μ nach (9.34 D) zu berechnen. Für diesen Wert des Parameters entnimmt man der Abb. 9.23 durch Interpolation das Frequenzverhältnis ω_i/ω_0 und kann dann aus der Formel

$$\eta_{qi} = \frac{30}{\pi}\,\frac{1}{|q|}\,\frac{\omega_i}{\omega_0}\sqrt{\frac{48\,EI}{m a^3}} \qquad [\mathrm{min}^{-1}] \quad i = 1,2 \tag{9.37}$$

die minutlichen Resonanzdrehzahlen berechnen. Genauere Ergebnisse erhält man unter Benutzung der Formeln (9.34) und (9.35).

In Abb. 9.24 sind die Frequenzverhältnisse ω_i/ω_0 für die konstant gehaltenen Parameter $k_p/a = 1$ und $\Theta_a/\Theta_p = 0{,}55$ für verschiedene Ordnungszahlen q über der Abszisse ξ aufgetragen. Am deutlichsten sind die Unterschiede zwischen den Eigenfrequenzen und damit zwischen den Resonanzdrehzahlen des Gleichlaufs ($q > 0$) und des Gegenlaufs ($q < 0$). Wie bereits erwähnt, sind die Resonanzdrehzahlen des Gegenlaufs niedriger als die Resonanzdrehzahlen gleicher Ordnungszahl des Gleichlaufs. Im Gegenlauf wächst die Eigenfrequenz bei einer Vergrößerung des Betrags der Ordnungszahl. Im Gleichlauf ist es gerade umgekehrt. Wie aus Formel (9.36) hervorgeht, nimmt der Einfluß von q auf den Parameter μ und damit auf die Eigenfrequenzen mit dem Betrag der Ordnungszahl ab. Bei hohen Ordnungszahlen hängen die Eigenfrequenzen des Systems nur geringfügig von der Ordnungszahl ab.

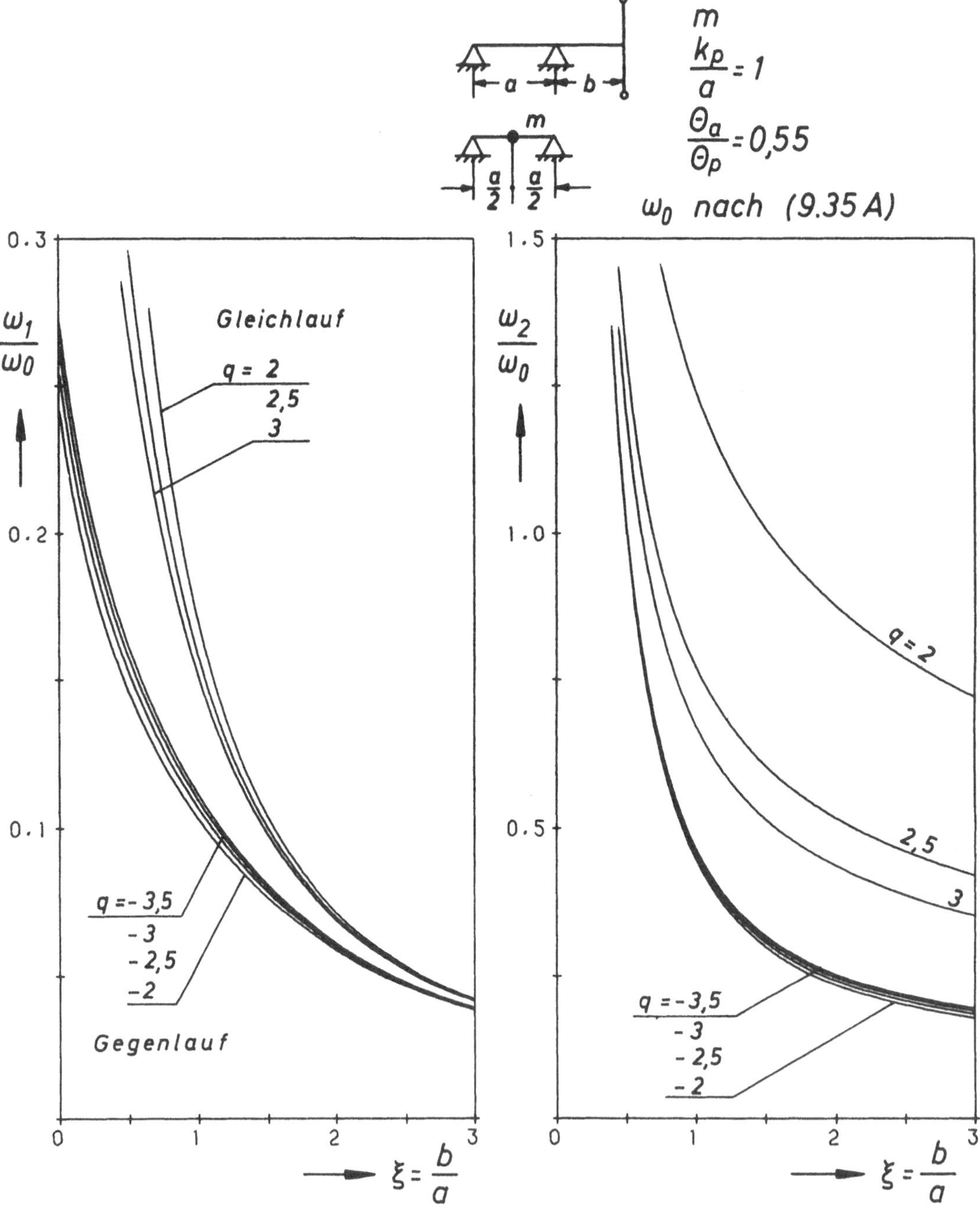

Abb. 9.24. Abhängigkeit der Eigenfrequenzen eines freifliegend gelagerten Rotors von der Ordnungszahl q für $k_p/a = 1$ und $\Theta_a/\Theta_p = 0,55$

Einen großen Einfluß auf die Resonanzdrehzahlen hat das polare Massenträgheitsmoment Θ_p des Rotors. Dies geht aus Abb. 9.25 hervor. Dort wurde das Verhältnis k_p/a vom Trägheitsradius des polaren Massenträgheitsmomentes zum Lagerabstand als Parameter verwendet. Untersucht wurde der Einfluß auf die 2. Ordnung des Gegenlaufs für das Verhältnis $\Theta_a/\Theta_p = 0,55$. Vergrößert man den Trägheitsradius k_p bei konstantem Lagerabstand und bei konstant gehaltenem Verhältnis Θ_a/Θ_p, dann werden die Resonanzdrehzahlen 2. Ordnung des Gegenlaufs reduziert.

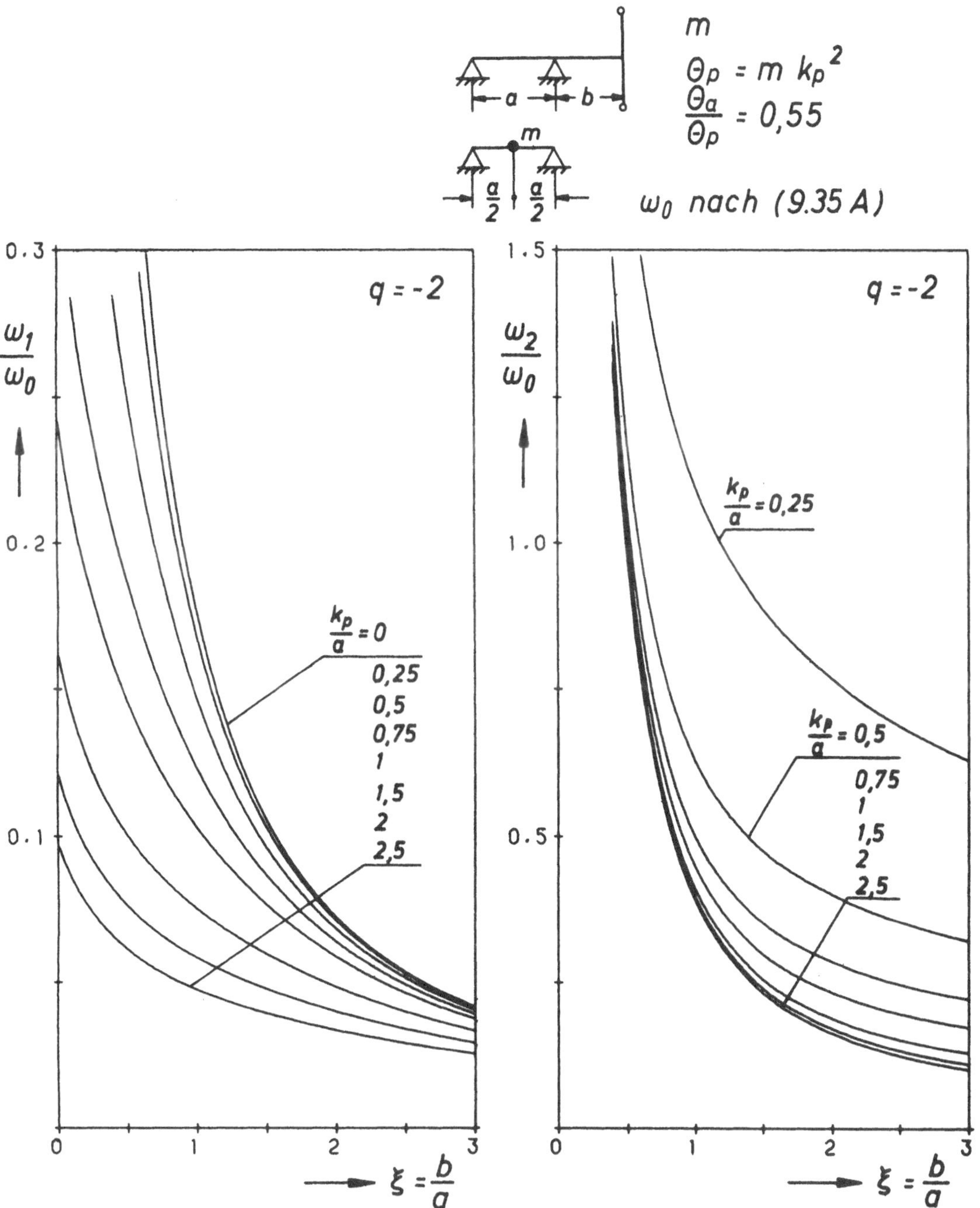

Abb. 9.25. Abhängigkeit der Eigenfrequenzen eines freifliegend gelagerten Rotors von dem polaren Massenträgheitsmoment des Rotors für q = -2 und Θ_a/Θ_p = 0,55

Nicht so stark wie der Einfluß von k_p/a ist der Einfluß des Verhältnisses Θ_a/Θ_p von axialem zu polarem Massenträgheitsmoment auf die Resonanzdrehzahlen der 2. Ordnung des Gegenlaufs. Dies geht aus Abb. 9.26 hervor, bei der für das konstante Verhältnis $k_p/a = 1$ das Verhältnis Θ_a/Θ_p als Parameter verwendet wurde. Erhöht man das Verhältnis Θ_a/Θ_p, dann werden nach Abb. 9.26 beide Eigenfrequenzen und damit auch die Resonanzdrehzahlen 2. Ordnung des Gegenlaufs gesenkt. Verursacht wird diese Tendenz durch die Vergrößerung des Parameters μ nach Formel (9.36) mit wachsendem Θ_a/Θ_p, die nach Abb. 9.23 zu der Senkung der Eigenfrequenzen führt.

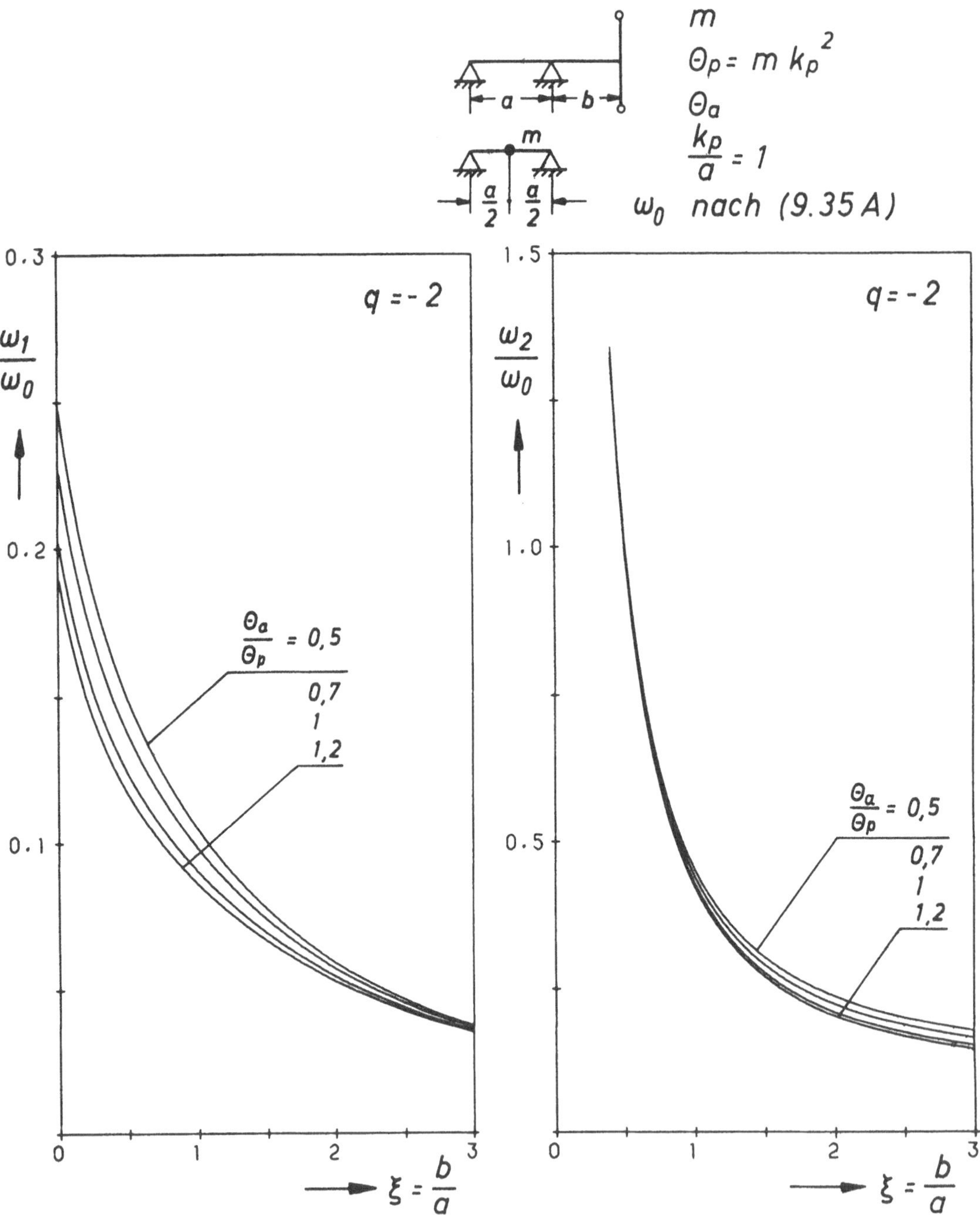

Abb. 9.26. Abhängigkeit der Eigenfrequenzen eines freifliegend gelagerten Rotors von dem Verhältnis Θ_a/Θ_p für q = -2 und $\frac{k_p}{a} = 1$

9.5 Bemerkungen zu den Biegeschwingungen der Kurbelwellen

9.5.1 Berechnungsmodelle

Wie bereits erwähnt, gibt es für die Biegung der Kurbelwellen noch kein dynamisches Berechnungsmodell, das so gesicherte Ergebnisse liefert wie das Torsionsschwingungsmodell. Die Gründe hierfür sind die komplizierte Gestalt der Kurbelwelle, ihre mehrfach statisch unbestimmte Lagerung in Gleitlagern und die Koppelung von Biegung und Torsion. Hinzu kommt, daß die quasistatische Berechnung der Biegebeanspruchung der Kurbelwelle in vielen Fällen zu brauchbaren Ergebnissen führt, die durch die Praxis nicht widerlegt werden. Bekannt ist jedoch seit langem [5] , [6], daß bei freifliegend gelagerten Schwungrädern und bei Einlagergeneratoren Biegeschwingungen des Gegen- und Gleichlaufs auftreten können, die durch die Gas- und Massenkräfte der Kolbenmotoren erregt werden.

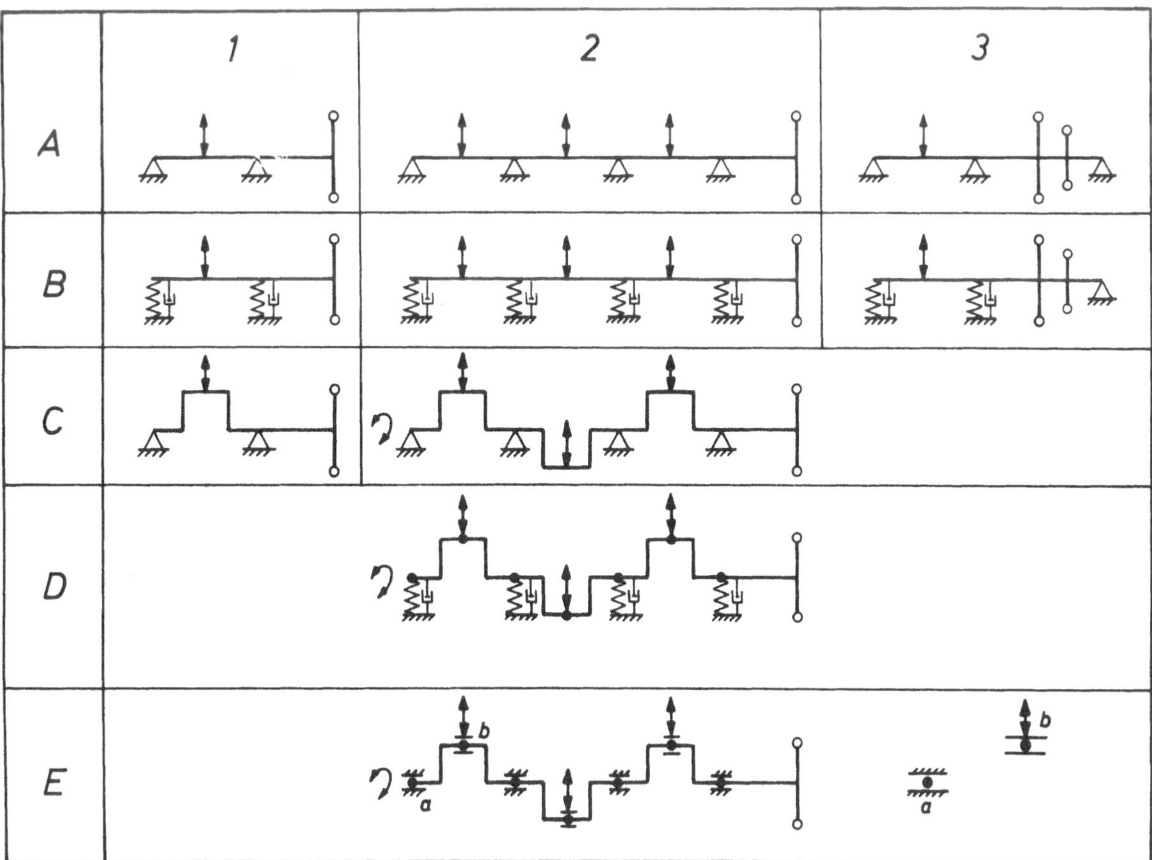

Abb. 9.27. Modelle zur Berechnung der Biegeschwingungen von Kurbelwellen

In Abb. 9.27 sind einige Schwingungssysteme zusammengestellt, mit denen Biegeschwingungen von Kurbelwellen berechnet werden können.

Bei den Systemen der Zeilen A und B wird die Kurbelwelle durch eine zylindrische Welle ersetzt. Die Biegesteifigkeit dieser Ersatzwelle wird so ermittelt, daß die an der Kurbelwelle durch die Zündkraft in Richtung der Kröpfungsebene verursachte Durchbiegung und die entsprechende Durchbiegung der Ersatzwelle übereinstimmen. Als Maß für die Biegesteifigkeit der Ersatzwelle ist ein Faktor üblich, mit dem das äquatoriale Flächenträgheitsmoment des Hubzapfens multipliziert werden muß, um die Ersatzbiegesteifigkeit zu erhalten. Dieser Faktor ist kleiner als 1 und meist größer als 0,5. Die Biegesteifigkeit der überhängenden Welle, an der das Schwungrad montiert ist, oder die Biegesteifigkeit der Generatorwelle bei den Systemen A3 und B3 wird unter Berücksichtigung der wahren Wellendurchmesser ermittelt. Die Systeme A1, A2 und B1, B2 dienen zur Untersuchung fliegend gelagerter Schwungräder und enthalten nur einen Rotor, dessen polares und axiales Massenträgheitsmoment entsprechend den Ausführungen von Kapitel 9.4 berücksichtigt wird. Die Systeme A3 und B3 dienen zur Untersuchung der Biegeschwingungen von Einlagergeneratoren und berücksichtigen mindestens zwei Rotoren, das Schwungrad und den Generator. Mit den Modellen der Zeile A können die biegekritischen Drehzahlen des Gleich- und Gegenlaufs berechnet werden. Dabei ist es üblich, die Wellen so zu dimensionieren, daß einmal die biegekritische Drehzahl 2. Ordnung des Gegenlaufs oberhalb der Betriebsdrehzahl zu liegen kommt und zum anderen keine Resonanzdrehzahl nahe bei der Betriebsdrehzahl liegt. Unter diesen Voraussetzungen können die erzwungenen Bewegungen des Rotors unter der Wirkung der im Kapitel 9.3 behandelten Gleich- und Gegenlauferregung und damit auch die Biegebeanspruchung der Welle bei der Betriebsdrehzahl ohne Kenntnis der Dämpfung mit der im Kapitel 9.4.4 behandelten Methode berechnet werden. Das Modell A1 geht von einer statisch bestimmten Lagerung aus und berücksichtigt bei der Schwingungserregung nur den Einfluß der ersten auf das Schwungrad folgenden Motorkröpfung. Das Modell A2 berücksichtigt bei der Berechnung der Steifigkeitskoeffizienten der Welle eine spiellose statisch unbestimmte Lagerung und erfaßt bei der Schwingungserregung den Einfluß weiterer Motorkröpfungen.

Die Berechnungsmodelle der Zeile B berücksichtigen die Lagerdämpfung durch eine geschwindigkeitsproportionale Dämpfung. Bei gleitgelagerten Kurbelwellen ist die durch das seitlich austretende Öl bewirkte Quetschöldämpfung jedoch extrem nichtlinear und infolge der periodischen Bewegung der Wellenzapfen in den Grundlagern, der sogenannten Zapfenbahn, eine periodische Funktion der Zeit. Diese Einflüsse erfaßt die geschwindigkeitsproportionale Dämpfung jedoch nicht. Sie wird allein deshalb verwendet, weil sie zu einfachen analytischen Lösungen der Bewegungsgleichung führt. Die Dämpfungskoeffizienten werden meist empirisch aus Meßergebnissen ermittelt und sind deshalb nur für den untersuchten Fall zutreffend. Ist eine realistische Dämpfung bekannt, dann können mit den Modellen der Zeile B die erzwungenen Biegeschwingungen und damit auch die Biegebeanspruchung der Welle in den Resonanzdrehzahlen für einzelne Harmonische der Schwingungserregung berechnet werden. Die Nachgiebigkeiten der Lagerstühle kann durch die Steifigkeitskoeffizienten der Lagerfedern berücksichtigt werden.

Die Modelle der Zeile C unterscheiden sich von den Modellen A und B in der Berücksichtigung der elastischen Eigenschaften der Kurbelwelle. Sie berücksichtigen die Tatsache, daß die Biegesteifigkeit der Welle bei Belastung durch Kräftepaare, die senkrecht zur Kröpfungsebene gerichtet sind, um einen Faktor 1,5 bis 2 größer ist als bei Belastung durch Kräftepaare, die in der Kröpfungsebene liegen. Außerdem berücksichtigen diese Modelle den Einfluß eines Torsionsmomentes auf die Erregung der Biegeschwingungen, auf den W. BENZ [7] erstmalig hingewiesen hat. Das Modell besitzt jedoch nur einen Rotor und kann deshalb allein zur Untersuchung der Biegeschwingungen von Kurbelwellenenden verwendet werden, bei denen der Rotor das Schwungrad oder einen Schwingungsdämpfer oder Riemenscheiben ersetzt.

Das Modell D wird in dem von PARLEVLIET [30] entwickelten Rechnerprogramm verwendet. Es dient zur Berechnung der gekoppelten Biege- und Torsionsschwingungen von Kurbelwellen. Die Kurbelwelle wird aus Halbkröpfungen zusammengesetzt, deren Richtungen durch die Kröpfungsfolge des Motors definiert sind. Jede Halbkröpfung endet in einem massebehafteten Knoten, an dem erregende und dämpfende Kräfte wirken können. Die Pleuelmassen werden durch einen dämpfungs- und federgekoppelten Ring ersetzt. Die Knoten besitzen 6 Freiheitsgrade. Deshalb können mit diesem Modell Torsions-, Biege- und Längsschwingungen erfaßt werden. Die Nachgiebigkeitskoeffizienten der Kurbelkröpfungen müssen durch Messung oder mit Hilfe von Finite-Element-Berechnungen ermittelt werden. Die Dämpfungen der Grund- und Pleuellager sind geschwindigkeitsproportional.

Das Modell E, das bisher in der Literatur noch nicht behandelt ist, unterscheidet sich von dem Modell D durch die Berücksichtigung der Nichtlinearität der Gleitlager. Die Bewegungsgleichungen dieses Modells können wegen der Nichtlinearität des Ölfilms nur durch numerische Integration gelöst werden. Dadurch ist der notwendige Rechenaufwand im Vergleich zu dem Modell D erheblich größer.

9.5.2 Ersatzerregerkraft

Alle Formeln zur Berechnung erzwungener Biegeschwingungen wurden bis jetzt unter der Voraussetzung abgeleitet, daß die Schwingungserregung im Schwerpunkt des Rotors oder im Wellendurchstoßpunkt wirkt. Bei den Biegeschwingungen der Kurbelwellenenden befinden sich die Angriffspunkte der Erregerkräfte und der Schwerpunkt des Rotors jedoch an ganz verschiedenen Stellen der elastischen Welle. Dadurch wird die effektive, auf die Masse wirkende Schwingungserregung durch die elastischen Eigenschaften der Welle beeinflußt. Wie sich die elastischen Eigenschaften auf die effektive Schwingungserregung auswirken, läßt sich an dem System A nach Abb. 9.28 zeigen. Der Ort der Masse ist dort mit 1 und der Ort der Erregung mit 2 bezeichnet.

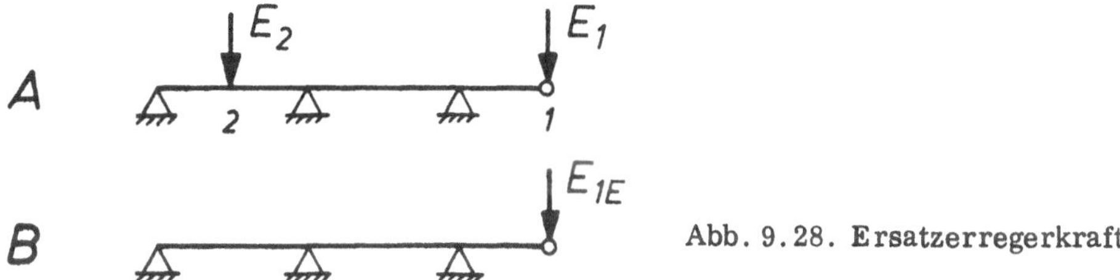

Abb. 9.28. Ersatzerregerkraft

Die Bewegungsgleichungen dieses Systems kann man unter Verwendung der bereits verwendeten MAXWELLschen Einflußzahlen in der Form

$$\begin{aligned} y_1 &= \alpha_{1,1} F_1 + \alpha_{1,2} F_2 \\ y_2 &= \alpha_{2,1} F_1 + \alpha_{2,2} F_2 \\ F_1 &= E_1 - m_1 \ddot{y}_1 \\ F_2 &= E_2 - m_2 \ddot{y}_2 \end{aligned} \tag{9.38A}$$

anschreiben. Dabei sind die an den Stellen 1 und 2 der Welle wirkenden Erregerkräfte mit E_1 und E_2 bezeichnet. Die Einflußzahlen $\alpha_{i,k}$ sind die Verschiebungen y an der Stelle i, die unter dem alleinigen Einfluß einer an der Stelle k wirkenden Einheitskraft entstehen. Setzt man nun in (9.38A) $m_2 = 0$, dann lautet die Bewegungsgleichung der Masse 1

$$\ddot{y}_1 + \frac{1}{m_1 \alpha_{1,1}} y_1 = \frac{1}{m_1} \left(E_1 + \frac{\alpha_{1,2}}{\alpha_{1,1}} E_2 \right) = \frac{1}{m} E_{1E} \quad . \tag{9.38B}$$

Daraus geht hervor, daß man die an den Stellen 2 und 1 wirkenden Erregungen durch eine einzige Erregung

$$E_{1E} = E_1 + \frac{\alpha_{1,2}}{\alpha_{1,1}} E_2 \tag{9.38C}$$

ersetzen kann, die an der Stelle 1 wirkt, sofern die Masse $m_2 = 0$ ist.

Wirken an n Knotenpunkten des Systems n verschiedene Erregerkräfte E_i und sind alle Massen $m_i = 0$ mit Ausnahme der Masse m_1, dann kann man durch eine analoge Überlegung die Formel

$$E_{1E} = E_1 + \frac{\alpha_{1,2}}{\alpha_{1,1}} E_2 + \frac{\alpha_{1,3}}{\alpha_{1,1}} E_3 + \ldots + \frac{\alpha_{1,n}}{\alpha_{1,1}} E_n \tag{9.38D}$$

für die an der Stelle 1 wirkende Ersatzerregung ermitteln. Aus dieser Formel geht hervor, daß die Auswirkung entfernter Erregungen, die an masselosen Knotenpunkten wirken, von den Einflußzahlen und damit von der Biegesteifigkeit der Welle und der Art ihrer Lagerung abhängig ist.

Als Beispiel wird ein mehrfach gelagerter Träger nach Abb. 9.29 mit konstanter Stützweite a und konstanter Biegesteifigkeit untersucht, bei dem die Masse 1 an einem Kragarm im Abstand b vom Außenlager befestigt ist. Auf dieses einfache Modell einer mehrfach gelagerten Kurbelwelle wirkt in Feldmitte e i n e Erregung, deren Abstand von Punkt 1 variiert wird. Der Faktor, mit dem die Erregung an der Stelle k zu multiplizieren ist, wenn man sie an die Stelle 1 reduzieren will, ist

$$\frac{E_{1E}}{E_k} = \frac{\alpha_{1,k}}{\alpha_{1,1}} \quad . \tag{9.39A}$$

Mit Hilfe der Stabbiegetheorie [14] lassen sich für dieses Beispiel die Formeln

$$\xi := \frac{b}{a}$$

$$\frac{E_{1E}}{E_2} = -\frac{3}{16}\,\frac{1}{\xi(1+\xi)} \qquad \frac{E_{1E}}{E_3} = \frac{3}{8}\,\frac{1}{\xi(7+8\xi)} \qquad \frac{E_{1E}}{E_4} = -\frac{3}{8}\,\frac{1}{\xi(26+30\xi)} \tag{9.39B}$$

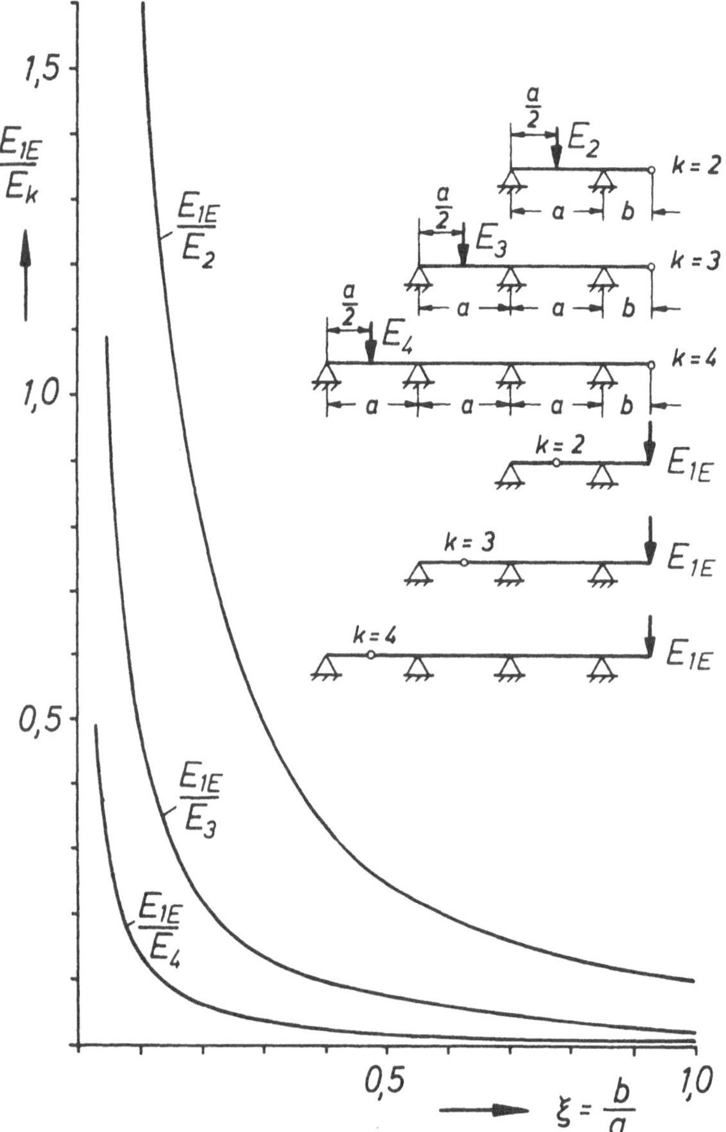

Abb. 9.29. Ersatzerregerkraft am Kragarm eines spiellos gelagerten Durchlaufträgers

ableiten, die in Abb. 9.29 grafisch dargestellt sind. Man entnimmt diesem Diagramm, daß die Wirksamkeit der Erregung mit dem Abstand von der Masse schnell abnimmt. Der Vorzeichenwechsel der Formel (9.39 B) wird durch die Umkehr der Richtung der Verschiebung des Punktes 1 beim Wechsel der Kraft auf das nächste Feld verursacht. Für b = 0 konvergieren die Kurven auf den Wert unendlich, weil die Ersatzkraft E_{1E} dann unwirksam wird und durch ein Moment ersetzt werden müßte.

9.5.3 Anisotrope Biegesteifigkeit der Kurbelwelle

Der Ersatz der Kurbelwelle durch einen Biegeträger mit konstanter Biegesteifigkeit ist eine grobe Näherung. In Wirklichkeit verhält sich eine einzelne Kurbelkröpfung orthotrop und besitzt zwei Hauptsteifigkeitsrichtungen, die mit einer in der Kröpfungsebene liegenden ξ-Achse und einer senkrecht auf dieser Ebene stehenden η-Achse zusammenfallen. Für eine Kurbelkröpfung nach Abb. 9.30, die am Knoten A durch Kräfte und Momente in ξ- und η-Richtung und durch ein Torsionsmoment M_x belastet ist, erhält man für die Belastung in der Kröpfungsebene die Nachgiebigkeitsbeziehungen

$$\begin{pmatrix} \xi \\ \varphi_\eta \end{pmatrix} = \begin{bmatrix} a_{1,1} & a_{1,2} \\ a_{2,1} & a_{2,2} \end{bmatrix} \begin{pmatrix} F_\xi \\ M_\eta \end{pmatrix} \quad . \qquad (9.40\text{A})$$

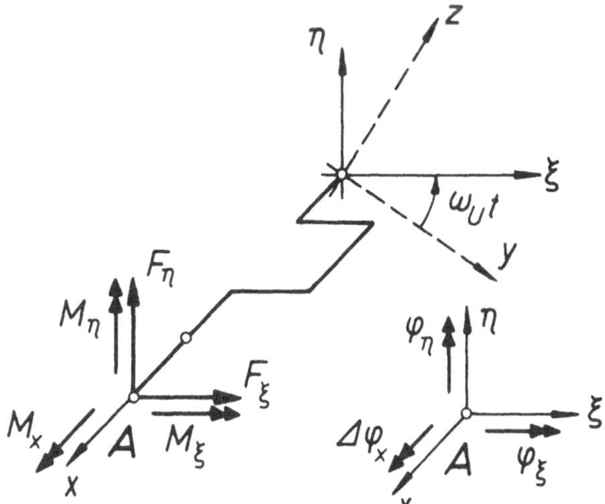

Abb. 9.30. Wellenfestes Koordinatensystem einer Kurbelkröpfung

Dabei sind mit ξ und φ_η die Verformung in Richtung der oder die Drehung um die entsprechende Achse bezeichnet. Für die Belastung senkrecht zur Kröpfungsebene erhält man für die Verformung η und die Drehungen φ_ξ, $\Delta\varphi_x$ die Beziehungen

$$\begin{pmatrix} \eta \\ \varphi_\xi \\ \Delta\varphi_x \end{pmatrix} = \begin{bmatrix} b_{1,1} & b_{1,2} & b_{1,3} \\ b_{2,1} & b_{2,2} & 0 \\ b_{3,1} & 0 & b_{3,3} \end{bmatrix} \begin{pmatrix} F_\eta \\ M_\xi \\ M_x \end{pmatrix} \quad , \qquad (9.40\text{B})$$

die sich nicht nur durch andere Einflußzahlen, sondern auch durch die Koppelung mit der Torsion von (9.40 A) unterscheidet. Nach den MAXWELLschen Sätzen sind die Nachgiebigkeitsmatrizen symmetrisch. Aus Abb. 9.31 geht hervor, daß eine Belastung der einseitig eingespannten Kurbelkröpfung durch ein positives Torsionsmoment M_x den Knoten A in Richtung der negativen η-Achse verschiebt. Der nur auf Torsion beanspruchte eingespannte Wellenzapfen verursacht eine Drehung der Wange W_1, die zusammen mit der Biegeverformung dieser Wange die Hubzapfenachse parallel zur ξ-x-Ebene in Richtung der positiven η-Achse verschiebt. Die gegenüber der Torsion des eingespannten Wellenzapfens weit größere Torsion des Hubzapfens verursacht zusammen mit der Biegeverformung der Wange W_2 eine Verschiebung des freien Wellenzapfens in Richtung der negativen η-Achse, bei der die Wellenzapfenachse parallel zur x- ξ-Ebene gerichtet bleibt. Die Verschiebung des Punktes A in Richtung der ξ-Achse ist im Vergleich zur Verschiebung in η-Richtung so klein, daß sie unbedenklich vernachlässigt werden kann. Die beschriebene zur x-Achse parallele Verschiebung des freien Wellenzapfens bewirkt, daß bei einer Torsionsbeanspruchung keine Drehung um die ξ-Achse erfolgt. Deshalb sind in der Nachgiebigkeitsmatrix (9.40B) die Einflußzahlen $b_{2,3} = b_{3,2} = 0$.

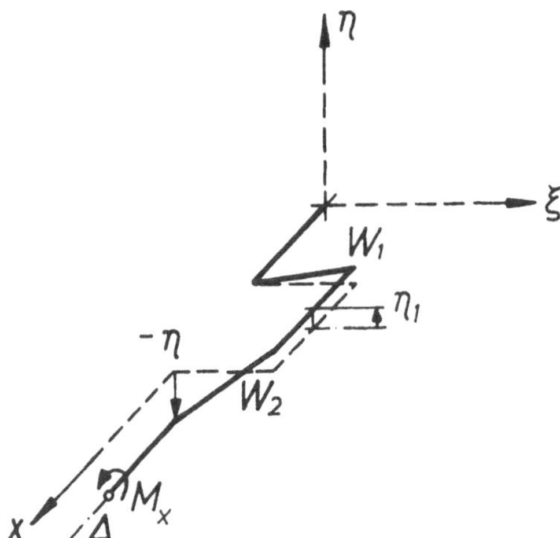

Abb. 9.31. Durch Torsion verursachte Verformung einer Kurbelkröpfung

Durch Inversion der Nachgiebigkeitsbeziehungen (9.40A) und (9.40B) erhält man die Steifigkeitsbeziehungen

$$\begin{pmatrix} F_\xi \\ M_\eta \end{pmatrix} = \begin{bmatrix} c_{1,1} & c_{1,2} \\ c_{2,1} & c_{2,2} \end{bmatrix} \begin{pmatrix} \xi \\ \varphi_\eta \end{pmatrix} \tag{9.40C}$$

und

$$\begin{pmatrix} F_\eta \\ M_\xi \\ M_x \end{pmatrix} = \begin{bmatrix} d_{1,1} & d_{1,2} & d_{1,3} \\ d_{2,1} & d_{2,2} & d_{2,3} \\ d_{3,1} & d_{3,2} & d_{3,3} \end{bmatrix} \begin{pmatrix} \eta \\ \varphi_\xi \\ \Delta\varphi_x \end{pmatrix} . \tag{9.40D}$$

Damit können die Koeffizienten der Steifigkeitsmatrix (9.40C) unter Berücksichtigung der Symmetriebedingung $a_{1,2} = a_{2,1}$ mit den Formeln

$$N = a_{1,1} a_{2,2} - a_{1,2}^2$$

$$c_{1,1} = \frac{a_{2,2}}{N} \qquad c_{2,2} = \frac{a_{1,1}}{N} \tag{9.40E}$$

$$c_{1,2} = c_{2,1} = \frac{-a_{1,2}}{N}$$

aus den Einflußzahlen $a_{i,k}$ berechnet werden. Für die Koeffizienten der Matrix (9.40D) erhält man aus (9.40B) ebenfalls unter Berücksichtigung der Symmetrie der Nachgiebigkeitsmatrix die Beziehungen

$$\begin{aligned} N &= b_{1,1} b_{2,2} b_{3,3} - b_{2,2} b_{1,3}^2 - b_{3,3} b_{1,2}^2 \\ d_{1,1} &= \frac{b_{2,2} b_{3,3}}{N} \qquad d_{2,2} = \frac{b_{1,1} b_{3,3} - b_{1,3}^2}{N} \qquad d_{3,3} = \frac{b_{1,1} b_{2,2} - b_{1,2}^2}{N} \\ d_{1,2} &= d_{2,1} = -\frac{b_{1,2} b_{3,3}}{N} \qquad d_{1,3} = d_{3,1} = -\frac{b_{1,3} b_{2,2}}{N} \\ d_{2,3} &= d_{3,2} = \frac{b_{1,3} b_{2,1}}{N} \quad . \end{aligned} \tag{9.40F}$$

Die Steifigkeitskoeffizienten der Kurbelkröpfung nach Abb. 9.30 - bezogen auf ein raumfestes y-z-Koordinatensystem - sind periodische Funktionen, die man durch Zerlegung der im wellenfesten ξ-η-System gemessenen Kräfte und Verformungen in ihre y- und z-Komponenten aus den Steifigkeitskoeffizienten $c_{i,k}$ und $d_{i,k}$ des wellenfesten Systems berechnen könnte. Die unter Verwendung dieser Koeffizienten aufgestellten Bewegungsgleichungen haben jedoch periodische Funktionen der Zeit als Koeffizienten und sind deshalb nicht so einfach lösbar wie die Differentialgleichungen mit konstanten Koeffizienten. Diese Schwierigkeit läßt sich durch Verwendung eines mitrotierenden ξ-η-Koordinatensystems umgehen.

Die Transformation der Massenmomente des Rotors in ein mit der Winkelgeschwindigkeit ω_U rotierendes Koordinatensystem kann mit Hilfe der Beziehungen

$$\underline{\varphi} = \underline{\Phi}\, e^{j\omega_U t} \tag{9.41A}$$

$$\begin{aligned} \underline{\varphi} &= \varphi_y + j\varphi_z \\ \underline{\Phi} &= \varphi_\xi + j\varphi_\eta \end{aligned} \tag{9.41B}$$

erfolgen. Aus (9.41A) folgt

$$\begin{aligned} \dot{\underline{\varphi}} &= (\dot{\underline{\Phi}} + j\omega_U \underline{\Phi})\, e^{j\omega_U t} \\ \ddot{\underline{\varphi}} &= (\ddot{\underline{\Phi}} + 2j\omega_U \dot{\underline{\Phi}} - \omega_U^2 \underline{\Phi})\, e^{j\omega_U t} \quad . \end{aligned} \tag{9.41C}$$

Aus (9.21C) erhält man mit (9.41C) die Beziehung

$$\underline{M} = \left[\Theta_a \ddot{\underline{\Phi}} + j(2\Theta_a - \Theta_p)\omega_U \dot{\underline{\Phi}} + (\Theta_p - \Theta_a)\omega_U^2 \underline{\Phi}\right] e^{j\omega_U t} \tag{9.41D}$$

für das durch die Drehung $\underline{\Phi}$ des Rotors verursachte komplexe Massenmoment

$$\underline{M} = M_\xi + jM_\eta \tag{9.41E}$$

bezogen auf das mitrotierende ξ-η-System. Die Komponenten

$$\begin{aligned} M_\xi &= \left[\Theta_a \ddot{\varphi}_\xi - (2\Theta_a - \Theta_p)\omega_U \dot{\varphi}_\eta + (\Theta_p - \Theta_a)\omega_U^2 \varphi_\xi\right] e^{j\omega_U t} \\ M_\eta &= \left[\Theta_a \ddot{\varphi}_\eta + (2\Theta_a - \Theta_p)\omega_U \dot{\varphi}_\xi + (\Theta_p - \Theta_a)\omega_U^2 \varphi_\eta\right] e^{j\omega_U t} \end{aligned} \tag{9.41F}$$

der Massenmomente erhält man aus (9.41 D) durch Zerlegung des komplexen Momentes $\underline{M}$ in seinen Real- und Imaginärteil. Die Komponenten

$$F_\xi = m(\ddot{\xi} - 2\dot{\eta}\omega_U - \omega_U^2\xi)\, e^{j\omega_U t}$$
$$F_\eta = m(\ddot{\eta} + 2\dot{\xi}\omega_U - \omega_U^2\eta)\, e^{j\omega_U t} \qquad (9.41\,G)$$

der Massenkraft ergeben sich aus den Beziehungen (9.9) mit $\Omega = \omega_U$.

Die Bewegungsgleichungen des ungedämpften mit einem Rotor besetzten Systems C1 nach Abb. 9.27 lassen sich im mitrotierenden Koordinatensystem analog wie die Gleichung (9.16 B) aufstellen. Mit Hilfe von (9.41 F) und (9.41 C) erhält man unter Verwendung der Steifigkeitsbeziehungen (9.40 C) und (9.40 D) die Differentialgleichungen

$$\ddot{\xi} - 2\omega_U\dot{\eta} + \left(\frac{c_{1,1}}{m} - \omega_U^2\right)\xi + \frac{c_{1,2}}{m}\varphi_\eta = \frac{1}{m}B_1 e^{j\Omega_1 t} + \frac{1}{m}B_2 e^{-j\Omega_2 t}$$
$$\ddot{\eta} + 2\omega_U\dot{\xi} + \left(\frac{d_{1,1}}{m} - \omega_U^2\right)\eta + \frac{d_{1,2}}{m}\varphi_\xi = -\frac{d_{1,3}}{m}\Delta\varphi_x + \frac{1}{m}A_1 e^{j\Omega_1 t} + \frac{1}{m}A_2 e^{-j\Omega_2 t}$$
$$\ddot{\varphi}_\xi - \vartheta_1\omega_U\dot{\varphi}_\eta + \left(\frac{d_{2,2}}{\Theta_a} + \vartheta_2\omega_U^2\right)\varphi_\xi + \frac{d_{2,1}}{\Theta_a}\eta = -\frac{d_{2,3}}{\Theta_a}\Delta\varphi_x \qquad (9.41\,H)$$
$$\ddot{\varphi}_\eta + \vartheta_1\omega_U\dot{\varphi}_\xi + \left(\frac{c_{2,2}}{\Theta_a} + \vartheta_2\omega_U^2\right)\varphi_\eta + \frac{c_{2,1}}{\Theta_a}\xi = 0$$

mit

$$\vartheta_1 := 2 - \frac{\Theta_p}{\Theta_a}$$
$$\vartheta_2 := \frac{\Theta_p}{\Theta_a} - 1$$
$$\Omega_1 := (q-1)\,\omega_U$$
$$\Omega_2 := (|q|+1)\,\omega_U$$
$$A_l := \mathrm{Jm}(\hat{\underline{F}}_{Rl}) \qquad l = 1 \quad \text{Gleichlauf}$$
$$B_l := \mathrm{Re}(\hat{\underline{F}}_{Rl}) \qquad l = 2 \quad \text{Gegenlauf}$$

für die Koordinaten des mit dem Wellendurchstoßpunkt zusammenfallenden Schwerpunktes des Rotors im mitrotierenden Koordinatensystem.

Die Koordinate $\Delta\varphi_x$ auf der rechten Seite der Bewegungsgleichungen (9.41 H) besitzt im mitrotierenden System bei einer gleichmäßigen Drehung der Welle den Wert Null. Führt der Rotor jedoch Drehschwingungen aus, dann kann der zeitlich periodische Verlauf der Relativverdrehung dem Ergebnis einer Drehschwingungsberechnung entnommen werden. Die q-te Harmonische der Relativverdrehung

$$\Delta\varphi_x = \Delta\hat{\underline{\Phi}}_x\, e^{jq\omega_U t} \qquad (9.41\,I)$$

ist dann für das Differentialgleichungssystem (9.41 H) eine harmonische Erregung, worauf bereits W. BENZ [7] hingewiesen hat. Die gesamte Erregung auf der rechten Seite der Bewegungsgleichungen (9.41 H) setzt sich somit aus den Realteilen Re $(\hat{\underline{F}}_{Rl})$ und den Imaginärteilen Jm $(\hat{\underline{F}}_{Rl})$ der mit Hilfe der Formeln (9.13) und (9.14) berechenbaren Gleichlauf- ($l = 1$) und Gegenlauferregung ($l = 2$) zusammen. Durch die Transformation in das mitrotierende Koordinatensystem besitzt die Gleichlauferregung die Erregerfrequenz $(q - 1)\omega_U$ und die Gegenlauferregung die Erregerfrequenz $(q + 1)\omega_U$. Betrachtet man die Auswirkung einer Harmonischen der Ordnungszahl q der Gas- und Massenkräfte auf das dynamische Verhalten des Systems, dann müssen die Bewegungsgleichungen (9.41 H) mit dem Ansatz

$$\begin{aligned} \xi &= \underline{\hat{\xi}}\ e^{j\lambda t} \\ \eta &= \underline{\hat{\eta}}\ e^{j\lambda t} \\ \varphi_\xi &= \hat{\varphi}_\xi\ e^{j\lambda t} \\ \varphi_\eta &= \hat{\varphi}_\eta\ e^{j\lambda t} \end{aligned} \tag{9.42}$$

für die 3 Erregerfrequenzen $\lambda = (q - 1)\,\omega_U$, $\lambda = q\,\omega_U$ und $\lambda = (q + 1)\,\omega_U$ gelöst werden. Der periodische Verlauf, der sich aus der harmonischen Synthese dieser 3 Lösungen ergibt, bestimmt den zeitlichen Verlauf der 4 Koordinaten im mitrotierenden Koordinatensystem. Die Biegebeanspruchung der Kurbelkröpfung ist dann mit Hilfe der Steifigkeitsbeziehungen (9.40 C) und (9.40 D) ebenfalls im mitrotierenden Koordinatensystem berechenbar und kann direkt mit Dehnungsmessungen an der rotierenden Welle verglichen werden. Durch die Berücksichtigung der ersten m Harmonischen der Schwingungserregung bei der Berechnung der erzwungenen Schwingungen und bei der harmonischen Synthese kann der zeitlich periodische Verlauf mit der Periode 2π bei Zweitakt- oder 4π bei Viertaktmotoren ermittelt werden. Da die Bewegungsgleichungen keinen Dämpfungseinfluß berücksichtigen, können die erzwungenen Schwingungen nicht bei den Resonanzfrequenzen berechnet werden.

Für einen LAVAL-Läufer, bei dem die Neigungen φ_ξ und φ_η vernachlässigt werden, erhält man aus (9.41 H) die beiden Differentialgleichungen

$$\begin{aligned} \ddot{\xi} - 2\omega_U\dot{\eta} + \left(\frac{c_{1,1}}{m} - \omega_U^2\right)\xi &= \frac{1}{m} B\, e^{j\Omega t} \\ \ddot{\eta} + 2\omega_U\dot{\xi} + \left(\frac{d_{1,1}}{m} - \omega_U^2\right)\eta &= \frac{1}{m} A\, e^{j\Omega t} \end{aligned} \tag{9.43 A}$$

wenn man von einer gleichmäßigen Rotation der Welle ($\Delta\varphi_x = 0$) ausgeht und wenn man die Gleich- und Gegenlauferregung durch die unterschiedliche Bedeutung

$$\begin{array}{ll} \textit{Gleichlauf} & \textit{Gegenlauf} \\ \Omega = \Omega_1 = (q-1)\,\omega_U & \Omega = \Omega_2 = -(|q|+1)\,\omega_U \\ A = A_1 \qquad B = B_1 & A = A_2 \qquad B = B_2 \end{array} \tag{9.43 B}$$

der Erregerkreisfrequenz Ω und der Amplituden A und B der Erregerkräfte berücksichtigt. Mit den Abkürzungen

$$\begin{array}{ll} \omega_1^2 := \dfrac{c_{1,1}}{m} & \omega_m^2 := \dfrac{\omega_1^2 + \omega_2^2}{2} \\ \omega_2^2 := \dfrac{d_{1,1}}{m} & \mu := \dfrac{\omega_2^2 - \omega_1^2}{\omega_1^2 + \omega_2^2} = \dfrac{d_{1,1} - c_{1,1}}{c_{1,1} + d_{1,1}} \end{array} \tag{9.43 C}$$

erhält man aus (9.43 A) die in der Literatur [27] übliche Form

$$\begin{aligned} \ddot{\xi} - 2\omega_U\dot{\eta} + \left[(1-\mu)\omega_m^2 - \omega_U^2\right]\xi &= \frac{1}{m} B\, e^{j\Omega t} \\ \ddot{\eta} + 2\omega_U\dot{\xi} + \left[(1+\mu)\omega_m^2 - \omega_U^2\right]\eta &= \frac{1}{m} A\, e^{j\Omega t} \end{aligned} \tag{9.43 D}$$

der Bewegungsgleichungen eines LAVAL-Läufers mit orthotroper Wellensteifigkeit. Mit dem Lösungsansatz

$$\begin{aligned} \xi &= \hat{\xi}\, e^{j\Omega t} & \dot{\xi} &= j\Omega\hat{\xi}\, e^{j\Omega t} & \ddot{\xi} &= -\Omega^2\hat{\xi}\, e^{j\Omega t} \\ \eta &= \hat{\eta}\, e^{j\Omega t} & \dot{\eta} &= j\Omega\hat{\eta}\, e^{j\Omega t} & \ddot{\eta} &= -\Omega^2\hat{\eta}\, e^{j\Omega t} \end{aligned} \tag{9.43 E}$$

erhält man aus (9.43 D) das lineare Gleichungssystem

$$\begin{bmatrix} (1-\mu)\omega_m^2 - \omega_U^2 - \Omega^2 & -2j\omega_U\Omega \\ 2j\omega_U\Omega & (1+\mu)\omega_m^2 - \omega_U^2 - \Omega^2 \end{bmatrix} \begin{pmatrix} \hat{\xi} \\ \hat{\eta} \end{pmatrix} = \begin{pmatrix} \frac{1}{m} B \\ \frac{1}{m} A \end{pmatrix} \tag{9.43 F}$$

für die Amplituden $\hat{\xi}$ und $\hat{\eta}$ der Koordinaten der zusammenfallenden Punkte W und S, gemessen im mitrotierenden Koordinatensystem.

Die Resonanzfrequenzen erhält man wieder aus der Bedingung, daß die Determinante

$$DET = \begin{vmatrix} (1-\mu)\omega_m^2 - \omega_U^2 - \Omega^2 & -2j\omega_U\Omega \\ 2j\omega_U\Omega & (1+\mu)\omega_m^2 - \omega_U^2 - \Omega^2 \end{vmatrix} = 0 \tag{9.44 A}$$

des Gleichungssystems (9.43 F) den Wert Null besitzt. Daraus folgt die biquadratische Gleichung

$$\Omega^4 - 2(\omega_m^2 + \omega_U^2)\Omega^2 + (1-\mu^2)\omega_m^4 - 2\omega_m^2\omega_U^2 + \omega_U^4 = 0 \tag{9.44 B}$$

für die kritische Erregerkreisfrequenz Ω, die man durch Division mit ω_m^4 auf die dimensionslose Form

$$\left(\frac{\Omega}{\omega_m}\right)^4 - 2(1+\nu^2)\left(\frac{\Omega}{\omega_m}\right)^2 + 1 - \mu^2 - 2\nu^2 + \nu^4 = 0 \tag{9.44 C}$$

$$\text{mit} \quad \nu := \frac{\omega_U}{\omega_m}$$

bringen kann. Sie besitzt 4 Lösungen

$$\frac{\Omega}{\omega_m} = \pm\sqrt{1 + \nu^2 \pm \sqrt{4\nu^2 + \mu^2}} \quad , \tag{9.44 D}$$

die sich aus der Kombination der Vorzeichen der beiden Wurzeln ergeben.

Für eine Welle mit isotroper Steifigkeit ist der Parameter $\mu = 0$, weil die durch (9.43 C) definierten Kreisfrequenzen ω_1 und ω_2 identisch sind. Für $\mu = 0$ sind die 4 Lösungen der Gleichung (9.44 B)

$$\Omega = \pm(\omega_m \pm \omega_U) \quad . \tag{9.44 E}$$

Ersetzt man Ω durch Ω_1 und Ω_2 nach (9.43 B), dann erhält man aus zweien der 4 Lösungen die bereits bekannten Beziehungen

$$\omega_U = \pm \frac{\omega_m}{q} \qquad (9.44\ F)$$

für die kritischen Winkelgeschwindigkeiten q-ter Ordnung des Gleich- und Gegenlaufs eines LAVAL-Läufers mit runder Welle.

Die kritischen Winkelgeschwindigkeiten der anisotropen Welle können aus zwei biquadratischen Gleichungen 4. Grades für die Winkelgeschwindigkeit ω_U berechnet werden, die man durch Ersetzen von Ω in (9.44 B) durch Ω_1 nach (9.43 B) für den Gleichlauf und durch Ω_2 für den Gegenlauf erhält. Die Lösungen dieser Gleichungen lassen sich anschaulich mit Hilfe der beiden aus (9.43 B) und (9.44 D) gewonnenen Beziehungen

$$\text{Gleichlauf:} \quad (q-1)\nu = \frac{\Omega}{\omega_m} \qquad \nu := \frac{\omega_U}{\omega_m} \qquad (9.45\ A)$$

$$\text{Gegenlauf:} \quad -(|q|+1)\nu = \frac{\Omega}{\omega_m} \qquad (9.45\ B)$$

als Schnittpunkte von Geraden mit einer von ν abhängigen Funktion deuten. In Abb. 9.32 ist die durch (9.44 D) definierte Funktion Ω/ω_m für die Werte $0 \leqq \mu \leqq 1$ des Parameters μ über der Abszisse ν aufgetragen. In das gleiche Diagramm sind die durch die linken Seiten der beiden Gleichungen (9.45) definierten Geraden eingetragen und durch die Ordnungszahl q gekennzeichnet. Aus den Abszissen ν_S der Schnittpunkte dieser Geraden mit den durch die Zahl μ gekennzeichneten Kurven können die kritischen Winkelgeschwindigkeiten aus der Beziehung

$$\omega_U = \nu_S \sqrt{\frac{c_{1,1} + d_{1,1}}{2m}} \qquad (9.45\ C)$$

berechnet werden, die sich aus der Definition von ν nach (9.44 C) mit Hilfe von (9.43 C) ergibt. Der nur von den beiden Steifigkeiten abhängige Parameter μ wird in den Beziehungen (9.43 C) definiert.

Nach (9.45 A) sind für die Resonanzdrehzahlen 1. Ordnung des Gleichlaufs die Schnittpunkte der Kurvenschar mit der Abszisse die gesuchten Lösungen, für die man aus (9.44 D) mit $\Omega/\omega_m = 0$ die einfachen Formeln

$$\omega_{U1} = \omega_m \sqrt{1-\mu} \qquad (9.45\ D)$$

$$\omega_{U2} = \omega_m \sqrt{1+\mu} \qquad (9.45\ E)$$

ableiten kann. Aus ihnen geht hervor, daß der LAVAL-Läufer mit unrunder Welle zwei biegekritische Drehzahlen 1. Ordnung besitzt, die durch Fliehkräfte verursacht werden können. Im mitrotierenden System ist dann $\Omega = 0$ und die rechten Seiten der Bewegungsgleichungen (9.43 A) sind von der Zeit unabhängige konstante Werte. Für den zwischen den beiden kritischen Drehzahlen liegenden Bereich

$$\sqrt{1-\mu} \leq \frac{\omega_U}{\omega_m} \leq \sqrt{1+\mu} \qquad (9.45\ F)$$

besitzt das Differentialgleichungssystem (9.43 A) ohne rechte Seite eine mit der Zeit anwachsende Lösung und ist deshalb nicht stabil [27]. Physikalisch bedeutet dies, daß in dem durch (9.45 F) definierten Drehzahlbereich ohne Dämpfung keine Selbstzentrierung der Welle stattfinden kann. Aus Abb. 9.32 geht jedoch hervor, daß der durch die beiden Nullstellen der Funktion Ω/ω_m begrenzte unstabile Drehzahlbereich (9.45 F) für Werte des Parameters $\mu \leqq 0{,}3$, wie sie bei Kurbelwellen vorkommen, oberhalb der kritischen Drehzahlen 2. Ordnung des Gegenlaufs liegt. Da

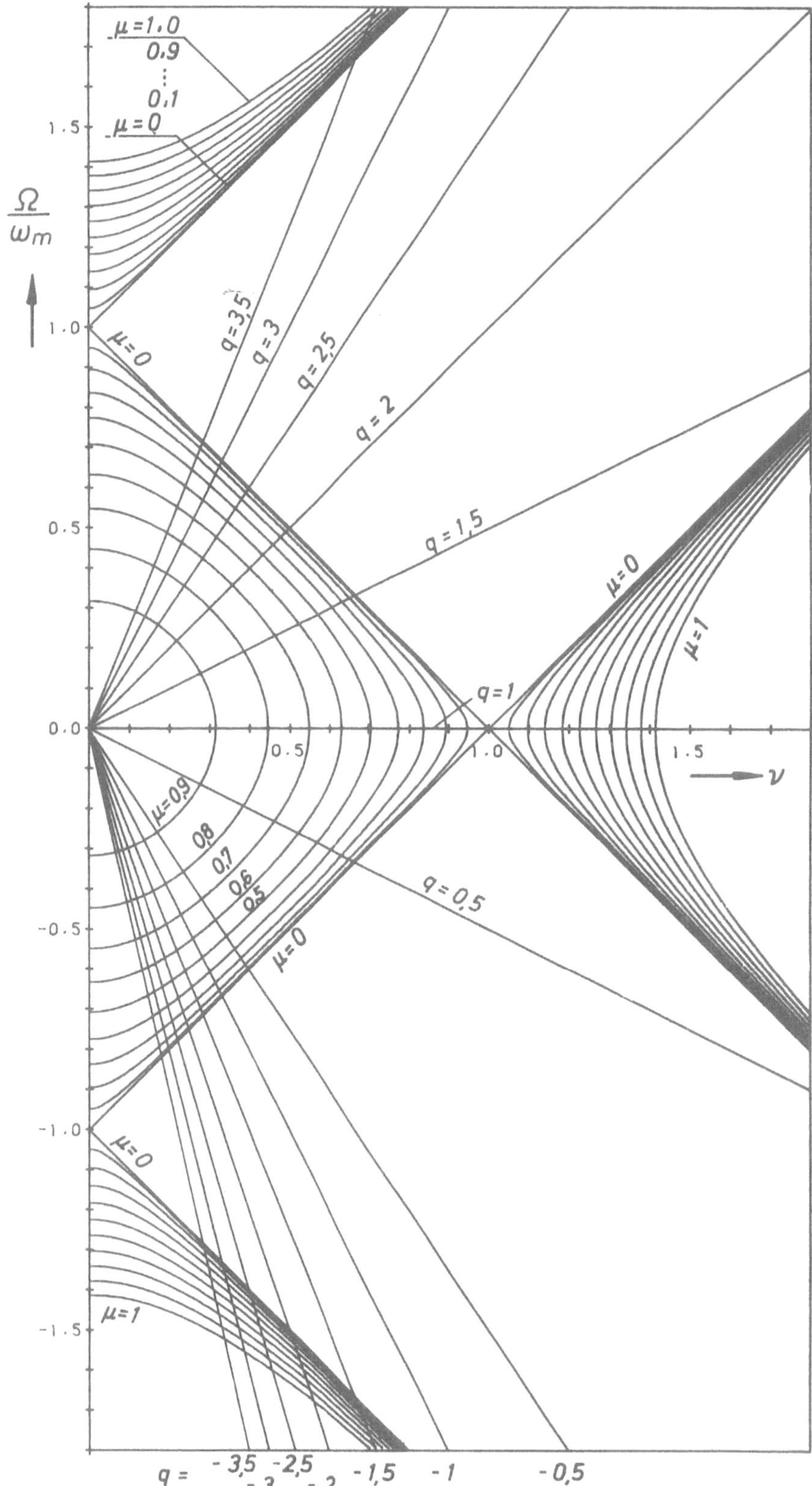

Abb. 9.32. Kritische Winkelgeschwindigkeiten des Gleich- und Gegenlaufs einer mit einer Punktmasse besetzten Welle mit orthotroper Steifigkeit

diese kritischen Drehzahlen normalerweise oberhalb der höchsten Betriebsdrehzahl des Motors liegen, ist das Instabilitätsproblem bei Kurbelwellen ohne Bedeutung.

Interessant ist noch die Ausnahmesituation der kritischen Drehzahl 2. Ordnung des Gleichlaufs, bei der zu jedem Wert μ nur eine Resonanzdrehzahl existiert, weil hier wegen des asymptotischen Verlaufs der Kurvenscharen nur ein Schnittpunkt möglich ist. Bei allen anderen Ordnungszahlen existieren zwei Resonanzdrehzahlen, die durch die anisotrope Steifigkeit der Welle verursacht werden. Die Schnittpunkte für die höhere Resonanzdrehzahl liegen jedoch bei den niedrigen Ordnungszahlen außerhalb des Bildes.

10 Torsionsschwingungsmodelle des Motortriebwerks

10.1 Vorbemerkungen

Die Torsionsschwingungen der Kurbelwelle sind das bedeutendste Schwingungsphänomen des Motortriebwerks. Sie können unter Verwendung eines einfachen Berechnungsmodells, der Torsionsschwingungskette, bei einiger Erfahrung mit verblüffender Treffsicherheit vorausberechnet werden. Diese Tatsache ist schwer verständlich, wenn man das komplizierte reale Triebwerk in Abb. 10.1, das nicht nur umlaufende, sondern auch oszillierende Massen enthält, mit dem einfachen Torsionsschwingungssystem vergleicht, das nur einen Freiheitsgrad pro Masse besitzt. Die permanente Aktualität dieses einfachen Torsionsschwingungsmodells, das man bereits in den ersten Lehrbüchern der Motordynamik [1] - [4] findet, kann nur durch die brauchbare Über-

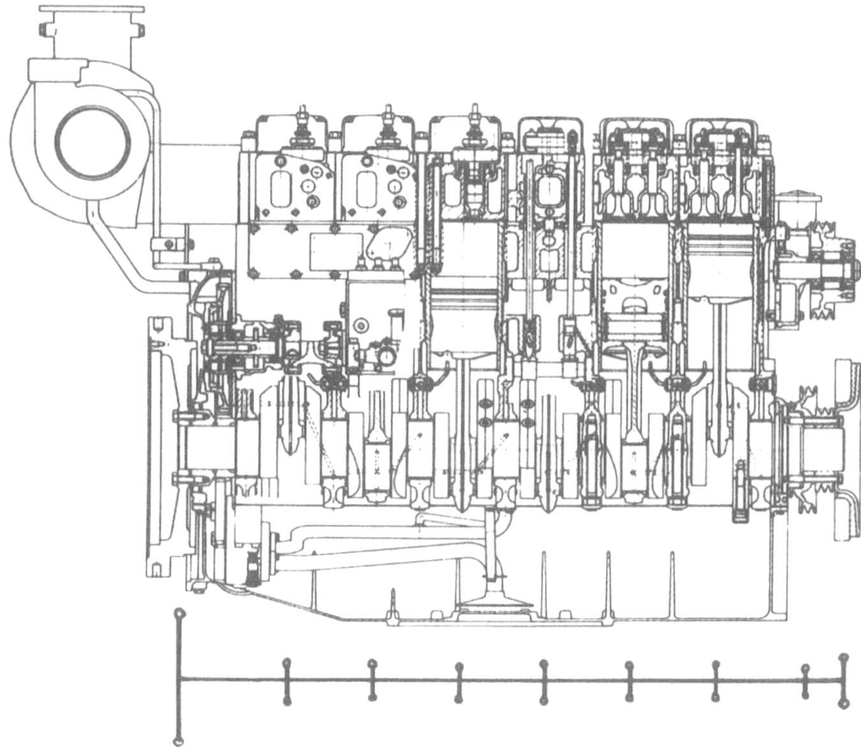

Abb. 10.1. Triebwerk eines 6-Zylinder-Viertakt-Reihendieselmotors mit zugehörigem Torsionsschwingungsmodell

einstimmung zwischen Rechnung und Messung und durch die damit verbundene Treffsicherheit bei der Konstruktion der Motoren begründet werden. Diese Treffsicherheit ist nicht nur bei der Vorausberechnung der Eigenfrequenzen und damit der Resonanzdrehzahlen erzielbar. Auch die periodische Torsionswechselbeanspruchung der Kurbelwelle kann heute unter Verwendung experimentell ermittelter Dämpfungskoeffizienten vorausberechnet werden.

Der von R. GRAMMEL 1933 unternommene Versuch, durch Einführung der sogenannten Torsion 2. Art [31] die einfach verknüpfte Torsionsschwingungskette durch eine kompliziertere Struktur zu ersetzen, hat zu keiner entscheidenden Verbesserung der Berechnungsergebnisse geführt. Von A. KIMMEL [32] wurde 1939 nachgewiesen, daß die mit dem heute noch verwendeten Torsionsschwingungssystem berechneten niedrigsten Eigenfrequenzen der Kurbelwelle mit den unter Berücksichtigung der Torsion 2. Art berechneten praktisch übereinstimmen. Da bei den Kolbenmotoren heutiger Bauart nur solche Schwingungsformen von praktischem Interesse sind, bei denen zwischen den beiden Flanschen der Kurbelwelle nur ein Schwingungsknoten vorhanden ist, wird der Begriff Torsion 2. Art nur noch im Zusammenhang mit der experimentellen Ermittlung der Torsionssteifigkeiten in der Literatur [33], [34] und auch in diesem Buch erwähnt.

Die Trägheitswirkung der oszillierenden Triebwerksmassen wird bei dem konventionellen Berechnungsmodell des Motortriebwerks durch eine Vergrößerung des Massenträgheitsmomentes der rotierenden Bauteile und durch eine zusätzliche quadratisch mit der Drehzahl wachsende Schwingungserregung berücksichtigt, die als Massendrehmoment oder Massendrehkraft bezeichnet wird. Die erzwungenen harmonischen Schwingungen dieses Modells lassen sich als partikuläre Lösung eines linearen Differentialgleichungssystems mit konstanten Koeffizienten relativ einfach berechnen. Eine genauere Berücksichtigung der oszillierenden Massen führt jedoch auf ein lineares Gleichungssystem, das periodische Funktionen der Zeit als Koeffizienten besitzt, die man physikalisch als periodisch veränderliche Massenträgheitsmomente deuten kann.

Als Folge dieser periodischen Massenträgheitsmomente gibt es theoretisch instabile Drehzahlbereiche, in denen beim Unterschreiten eines Grenzwertes der Dämpfung selbsterregte Schwingungen auftreten, bei denen die Schwingungsamplituden auch ohne die Gas- und Massenkrafterregung unbegrenzt anwachsen. In der Praxis werden diese selbsterregten Schwingungen, die auch als parametererregte Schwingungen bezeichnet werden [8], bei Brennkraftmaschinen jedoch nicht beobachtet. Bei den Motoren heutiger Bauart genügt die stets vorhandene Dämpfung, um innerhalb des Betriebsdrehzahlbereichs instabile Zustände zu vermeiden.

In diesem Kapitel werden die Bewegungsgleichungen der Massen des Motortriebwerks unter Berücksichtigung der erwähnten periodischen Massenträgheitsmomente aufgestellt. Die Stabilität der Torsionsschwingungen der Kurbelwellen von Brennkraftmaschinen heutiger Bauart und die Berücksichtigung der periodischen Massenträgheitsmomente bei der Berechnung der erzwungenen Torsionsschwingungen werden in einem speziellen Kapitel des 4. Bandes dieser Buchreihe behandelt. Das wesentliche Ergebnis dieser Untersuchung ist, daß der Einfluß der periodischen Massenträgheitsmomente des Motortriebwerks in den meisten Fällen bereits von dem konventionellen Torsionsschwingungssystem durch die erwähnte Vergrößerung der Massenträgheitsmomente und durch die Massendrehkraft mit ausreichender Genauigkeit erfaßt wird. Eine Ausnahme bildet nur der 4-Zylinder-Viertaktmotor mit ebener Kurbelwelle, sofern er ungewöhnlich große oszillierende Massen besitzt oder mit extrem hohen Kolbengeschwindigkeiten gefahren wird [35], [36].

Das Thema dieses Kapitels sind die Struktur und die Bewegungsgleichungen der Torsionsschwingungsmodelle des Motortriebwerks einschließlich der Hilfsantriebe des Motors, sofern diese mit der Theorie der Schwingungen von Systemen mit linearer Feder- und Dämpfungscharakteristik erfaßt werden können. Die Torsionsschwingungen des gesamten Antriebssystems, das neben dem Motor auch die Arbeitsmaschinen und die Antriebselemente, wie elastische Kupplungen, Antriebswellen, Zahnrad- oder Riemengetriebe, enthält, können mit den gleichen - entsprechend vergrößerten - Torsionsschwingungsmodellen berechnet werden. Sowohl bei der Berücksichtigung der Motorhilfsantriebe als auch bei der Betrachtung des gesamten Antriebssystems reicht das einfach zusammenhängende Kettensystem nicht mehr aus. Für diese Anwendungsfälle wird eine allgemeinere Systemstruktur definiert, die als „offen verzweigtes System" bezeichnet wird [37]. Bei Ketten- und Riemengetrieben entstehen geschlossene Systemzweige, deren Berücksichtigung eine noch allgemeinere Systemstruktur erfordert.

Die Ermittlung der Parameter Massenträgheitsmoment, Torsionssteifigkeit, Dämpfungskoeffizienten und Schwingungserregung der Torsionsschwingungssysteme des Motortriebwerks wird im Band 4 dieser Buchreihe behandelt.

10.2 Modelle der Kurbelkröpfung

In Abb. 10.2 wird die geometrische Zuordnung von Torsionsschwingungssystem und Kurbelkröpfung durch 4 Bilder erläutert. Im Bild A ist die reale Kurbelkröpfung mit 7 Schnittebenen skizziert, die senkrecht auf der mit x bezeichneten Drehachse stehen und die mit 1 bis 7 numeriert sind. Die Ebenen 1 und 7 sind die Mittelebenen der Grundlager, die Ebenen 2 und 6 die Mittelebenen der Wangen, die Ebenen 3 und 5 die Mittelebenen der nebeneinander angeordneten Pleuellager eines V-Motors, die Ebene 4 ist die Mittelebene der Kröpfung, die bei einem Reihenmotor meist mit der Mittelebene der Pleuelstange übereinstimmt. Bei jeder Kröpfung existieren 4 Möglichkeiten, die Gegengewichte an der linken oder rechten, oder an beiden, oder an keiner Wange anzubringen.

Im Bild B ist die Skelettlinie der Kurbelkröpfung skizziert. Die möglichen Kraftangriffspunkte der äußeren Erregerkräfte sind bei einem V-Motor mit direkter Pleuelanlenkung die Schnittpunkte c und e der Ebenen 3 und 5 mit dem Skelett der Kröpfung, bei einem Reihenmotor der entsprechende Schnittpunkt d mit der Ebene 4.

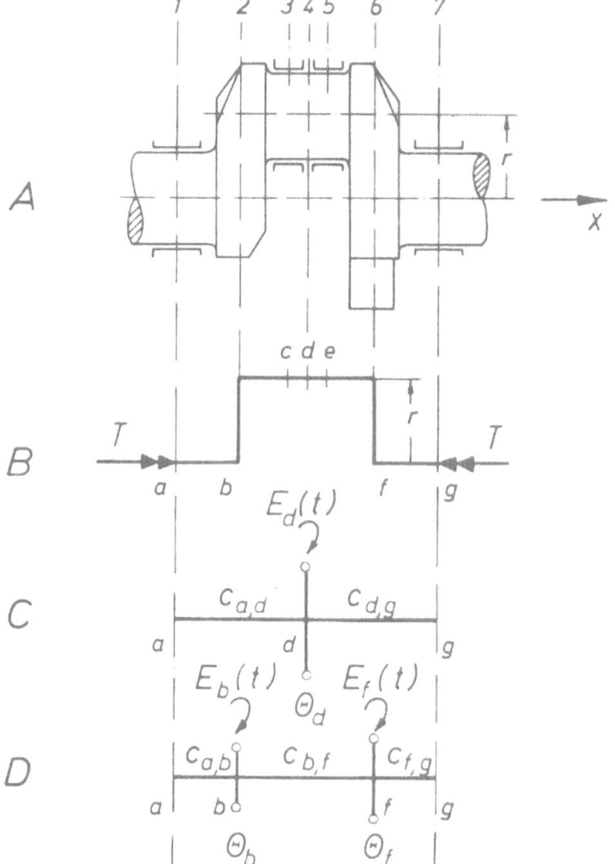

Abb. 10.2. Berechnungsmodelle einer Kurbelkröpfung

Bild C von Abb. 10.2 beschreibt die konventionelle Vorgehensweise bei dem Ersatz der Kurbelkröpfung durch eine in der Ebene 4 angeordnete Scheibe. Das Massenträgheitsmoment Θ_d dieser Scheibe berücksichtigt alle rotierenden Massen der Kurbelkröpfung und enthält einen Zuschlag, der alle an der Kröpfung direkt oder indirekt angelenkten Pleuelstangen und Kolben erfaßt. Die mit $c_{a,d}$ und $c_{d,g}$ bezeichneten Torsionssteifigkeiten werden durch die Beziehungen

$$T = c_{a,d}(\varphi_a - \varphi_d) = c_{d,g}(\varphi_d - \varphi_g) \tag{10.1}$$

definiert, wobei T ein am Punkt a am Wellenzapfen eingeleitetes Torsionsmoment bedeutet, das ebenfalls am Wellenzapfen am Endpunkt g der Kröpfung abgenommen wird. Die Drehwinkel φ werden als in der x-Achse liegende Drehvektoren betrachtet. Von R. GRAMMEL [31] wird diese Torsionsbeanspruchung als Torsion 1. Art bezeichnet. Die als Funktion der Zeit bekannte Schwingungserregung $E_d(t)$ ist ein Torsionsmoment, das durch äußere Kräfte erzeugt wird, die am Hubzapfen angreifen und senkrecht zur Kröpfungsebene gerichtet sind. Die Funktion $E_d(t)$ entsteht durch phasengerechte Addition aller Gas- und Massendrehkräfte, die den Hubzapfen der betrachteten Kröpfung senkrecht zur Kröpfungsebene belasten.

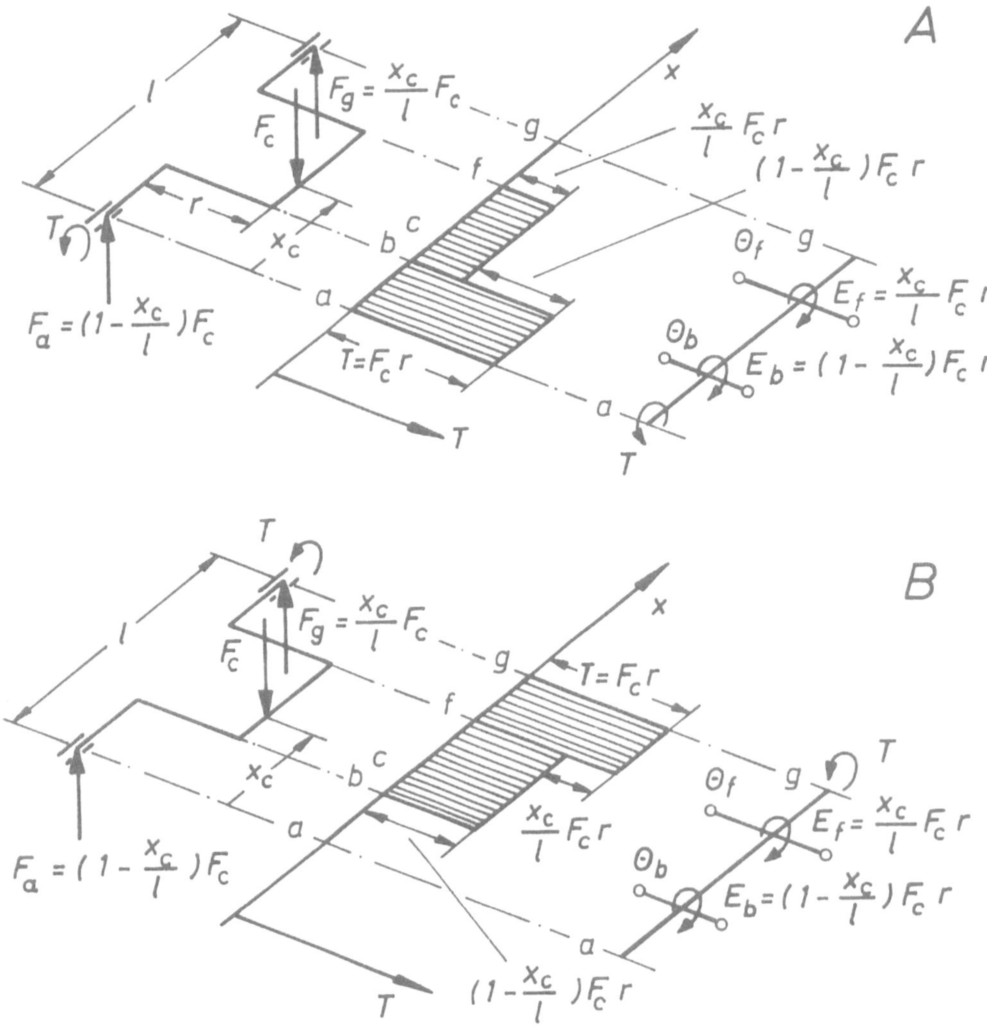

Abb. 10.3. Torsion einer Kurbelkröpfung durch eine senkrecht zur Kröpfungsebene gerichtete Kraft F

Bild D von Abb. 10.2 beschreibt den Ersatz der Kurbelkröpfung durch zwei Scheiben, die in den Mittelebenen 2 und 6 der beiden Wangen angeordnet sind. Bei diesem Modell sind die Massenträgheitsmomente an den Sprungstellen des Torsionsmomentes angeordnet. Das geht aus dem Verlauf des Torsionsmomentes T über der x-Achse hervor, der in Abb. 10.3 für eine am Hubzapfen im Abstand x_c vom Nullpunkt des Koordinatensystems angreifende Einzelkraft F_c aufgetragen ist. Die senkrecht zur Kröpfungsebene gerichtete Kraft F_c verursacht das Torsionsmoment $T = F_c r$, das im Bild A an der Stelle x = 0 und im Bild B an der Stelle x = l wirkt.

Die Lagerkräfte F_a und F_g können unter der Voraussetzung einer statisch bestimmten Lagerung aus den Gleichgewichtsbedingungen berechnet werden. Damit ist der in Abb. 10.3 skizzierte Verlauf des Torsionsmomentes über der Skelettlinie der Kurbelkröpfung in Abhängigkeit vom Ort der Einspannung gegenüber Torsion berechenbar. In beiden Bildern findet an der Stelle b der Sprung

$$E_b = \left(1 - \frac{x_c}{l}\right) F_c\, r \tag{10.2}$$

und an der Stelle f der Sprung

$$E_f = \frac{x_c}{l} F_c\, r \tag{10.3}$$

des Torsionsmomentes statt.

Dies gilt unabhängig davon, ob das Momentengleichgewicht um die x-Achse durch ein Torsionsmoment T an der Stelle x = 0 oder an der Stelle x = l erzielt wird. Das weiterhin als „Wangenmodell" bezeichnete System nach Bild D der Abb. 10.2 besitzt deshalb gegenüber dem konventionellen Modell nach Bild C der gleichen Abbildung nicht nur den Vorteil, die physikalische Massenverteilung besser zu simulieren, sondern ergibt auch pro Kurbelkröpfung zwei Sprünge der Torsionsmomente, entsprechend der physikalischen Realität. Die beiden Verläufe der Torsionsmomente über der x-Achse, die in den Bildern A und B von Abb. 10.3 skizziert sind, gelten sowohl für die durch Kräfte belastete Kröpfung als auch für das nur durch Torsionsmomente beanspruchte Wangenmodell, wenn man an der Masse Θ_b die Erregung E_b nach (10.2) und an der Masse Θ_f die Erregung E_f nach (10.3) und das für das Gleichgewicht notwendige Torsionsmoment T gleichartig wie an den Kurbelkröpfungen nach Abb. 10.3 A/B anbringt. Greifen mehrere senkrecht zur Kröpfungsebene gerichtete Kräfte F_c in verschiedenen Abständen x_c am Hubzapfen an, dann erhält man die daraus resultierenden Erregungen aus den Formeln

$$E_b = r \sum_c \left(1 - \frac{x_c}{l}\right) F_c \tag{10.4}$$

$$E_f = r \sum_c \frac{x_c}{l} F_c \tag{10.5}$$

durch Summation über alle Kräfte F_c. Für den Spezialfall, daß nur eine Kraft $F_c = F$ genau in der Mitte der Kröpfung am Hubzapfen angreift, ergeben sich gleich große Erregungen $E_b = E_f = 0{,}5\, r F$. Das Wangenmodell berücksichtigt jedoch nicht die zusätzlichen Biegemomente, die an den Enden a und g der Kröpfung infolge der statisch unbestimmten Lagerung der Welle vorhanden sind.

10.3 Kurbelwelle mit Kurbelgetrieben

Das Torsionsschwingungssystem des Motortriebwerks kann aus einem der beiden Modelle nach Abb. 10.2 unter Beachtung zusätzlicher Drehmassen, wie Schwungräder, Schwingungsdämpfer und Riemenscheiben, zusammengesetzt werden. Es entstehen dann einfach zusammenhängende Schwingungsketten, die noch durch Dämpfungselemente ergänzt werden müssen, um erzwungene Schwingungen in Resonanz berechnen zu können. In Abb. 10.4 wird der Aufbau des Torsionsschwingungssystems in 3 Schritten vollzogen, wobei das mit A bezeichnete konventionelle Torsionsschwingungssystem aus dem Kröpfungsmodell nach Bild C von Abb. 10.2 zusammengesetzt ist und das mit B bezeichnete Modell aus dem Wangenmodell nach Bild D von Abb. 10.2 entsteht. Als Beispiel wurde eine ebene Kurbelwelle mit 4 Kröpfungen ausgewählt, die bei 4-Zylinder-Reihenmotoren verwendet wird. Die Bildreihe (1) enthält das Skelett der Kurbelwelle mit den Gleitlagerstellen, einer Riemenscheibe R und dem Schwungrad S. In der Bildreihe (2) ist ein Strukturschema dargestellt, das dazu dient, den Zusammenhang zwischen den Massenträgheitsmomenten, Torsionssteifigkeiten und Relativdämpfungen des Berechnungsmodells einerseits und den Bauelementen des Motortriebwerks andererseits leichter erkennbar zu machen. Die Massenträgheitsmomente des Systems A sind jeweils in der Mitte der Kröpfungen entsprechend Abb. 10.2C angeordnet. Da jede Kröpfung ein Gegengewicht besitzt, das in dem Massenträgheitsmoment der Kröpfung enthalten ist, sind alle Massenträgheitsmomente der Motorkröpfungen gleich groß, sofern keine Unterschiede in den Wangen- oder Gegengewichtsabmessungen vorhanden sind. Bei dem System B dagegen sind die Massenträgheitsmomente innerhalb der Kurbelwelle in der Mitte der Wangen nach Abb. 10.2D angeordnet. Deshalb ist die Verteilung der Gegengewichte direkt an dem Betrag des Massenträgheitsmomentes erkennbar. Die Dämpfungselemente sind in dem Strukturschema der Bildreihe (2) zwischen den Wangenmittelebenen angeordnet, um die Auswirkung der Ölverdrängung in den Gleitlagern der Wellenzapfen auf die Torsionsschwingungen zu simulieren. Diese Anordnung entsteht aus der Vorstellung, daß die senkrecht zur Kurbelkröpfung gerichteten Bewegungen der Wellenzapfen - die eine Ölverdrängung verursachen - allein aus der Torsion des Hubzapfens und der beiden zugehörigen Wangen entstehen.

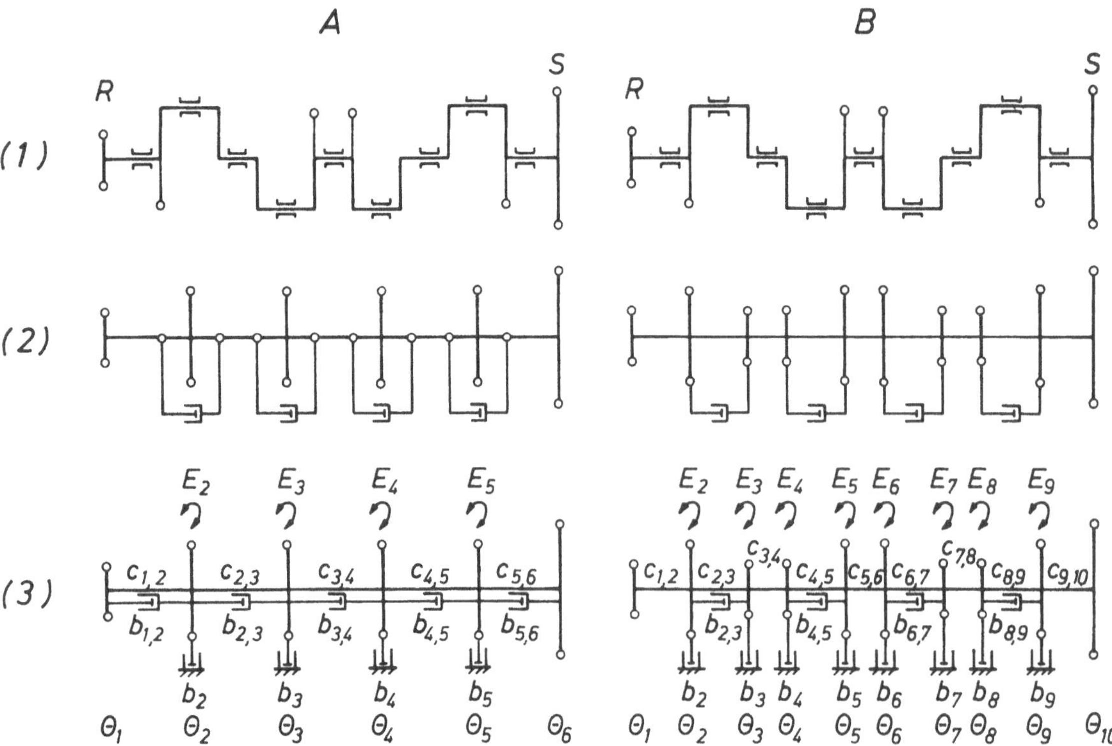

Abb. 10.4. Torsionsschwingungssysteme eines 4-Zylinder-Motortriebwerks

Die Bildreihe (3) der Abb. 10.4 enthält die symbolische Darstellung von zwei Torsionsschwingungssystemen des Motortriebwerks und die Parameter, deren Zahlenwerte die beiden Systeme beschreiben. Das mit A bezeichnete konventionelle System ist eine aus 6 Massen bestehende Torsionsschwingungskette, die sowohl Absolutdämpfungen als auch Relativdämpfungen enthält und damit die Berücksichtigung aller Dämpfungseinflüsse, wie z.B. Kolben- oder Lagerreibung, ermöglicht. Das mit B bezeichnete 10-Massen-System ist gleichfalls eine Torsionsschwingungskette und unterscheidet sich von dem System A allein durch eine unterschiedliche Systemaufteilung, die aus den bereits begründeten Überlegungen entstanden ist. Beide Systeme werden durch 4 unterschiedliche Daten beschrieben: die Massenträgheitsmomente Θ, die Torsionssteifigkeiten c, die Dämpfungskoeffizienten b und die Erregungen E.

10.4 Hilfsantriebe

Schließt man in den Begriff „Motortriebwerk" auch noch die Hilfsantriebe ein, ohne die ein Motor nicht funktionsfähig ist, dann entstehen kompliziertere Strukturen als bei Betrachtung der Kurbelwelle allein. Für einen 4-Zylinder-Dieselmotor, der zum Antrieb eines Fahrzeugs dient, enthält Abb. 10.5 einen Strukturplan für das vollständige Torsionsschwingungssystem. Für die Massenaufteilung der Kurbelkröpfungen wurde dabei das konventionelle System A nach Abb. 10.4 verwendet. Die Nockenwelle, die Einspritzpumpe und die Schmierölpumpe werden über einen Zahnriemen angetrieben. Dadurch entsteht ein geschlossener Zweig des Torsionsschwingungssystems, der an die Torsionsschwingungskette des eigentlichen Motortriebwerks über eine Masse am freien Wellenende angekoppelt ist. Ein zweiter geschlossener Zweig entsteht durch den Antrieb von Lichtmaschine und Wasserpumpe über Keilriemen. Zusätzliche Erregungen werden durch die Einspritzpumpe und die Nockenwelle zur Ladungswechselsteuerung in das System eingeleitet.

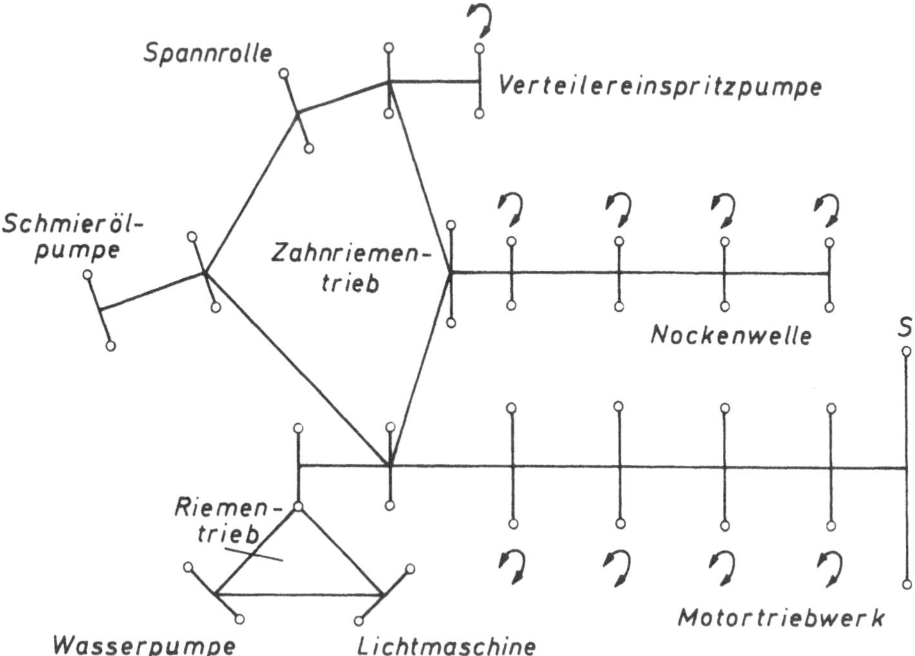

Abb. 10.5. Vollständiges Torsionsschwingungssystem eines 4-Zylinder-Fahrzeug-Dieselmotors

Abb. 10.6 zeigt das vollständige Torsionsschwingungssystem eines luftgekühlten 12-Zylinder-V-Motors, der ebenfalls zum Antrieb von Fahrzeugen dient. Durch die Nockenwelle, die Einspritzpumpe und das Kühlgebläse entstehen drei Nebenzweige, die über ein Zahnradgetriebe auf der Schwungradseite angetrieben werden. Am freien Wellenende werden über zwei getrennte Riemengetriebe ein Kompressor und eine Lichtmaschine angetrieben. Außerdem ist ein Viskosedrehschwingungsdämpfer am freien Kurbelwellenende angeflanscht.

Betrachtet man das gesamte aus Motor und Arbeitsmaschinen bestehende Antriebssystem, dann entstehen noch kompliziertere Strukturen, die in vielen Fällen als gekoppeltes Gesamtsystem behandelt werden müssen. Bei der Aufstellung der Bewegungsgleichungen von Torsionsschwingungssystemen im Kapitel 10.6 werden deshalb allgemeinere Strukturen behandelt als die einfach zusammenhängende Torsionsschwingungskette nach Abb. 10.4.

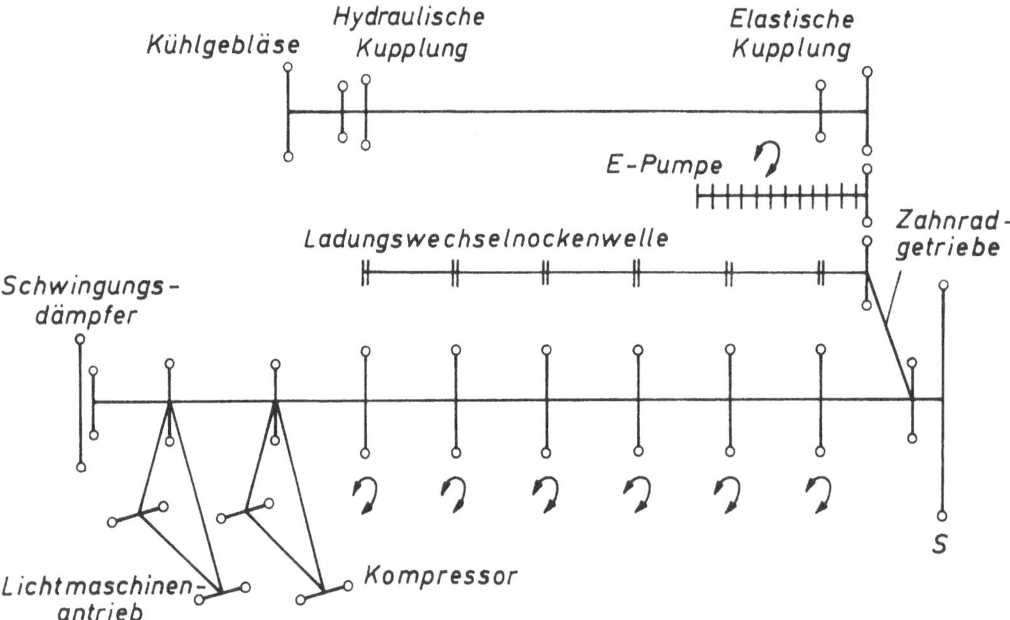

Abb. 10.6. Vollständiges Torsionsschwingungssystem eines 12-Zylinder-V-Motors

10.5 Analyse der Systemstrukturen

Die einfachste Systemstruktur besitzt die sogenannte Torsionsschwingungskette. Sie entsteht durch Hintereinanderreihung von Massen. Abb. 10.7 zeigt zwei verschiedene symbolische Darstellungen einer Torsionsschwingungskette.

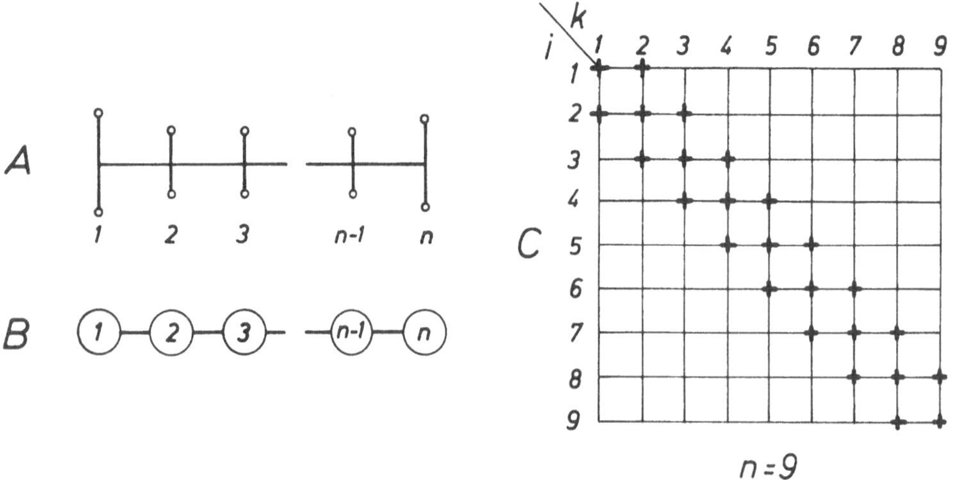

Abb. 10.7. Strukturschemas einer Schwingungskette

Das mit A bezeichnete Bild entspricht der konventionellen Darstellungsart, die auch in den Abbildungen 10.4 bis 10.6 verwendet wurde. Das mit B bezeichnete Strukturschema ist eine Vereinfachung von A. Die natürlichste Numerierung der Massen dieses Systems ist die in diesen Bildern verwendete fortlaufende Numerierung benachbarter Massen, beginnend mit der Nummer 1 an einem freien Ende des Systems und endend mit der Nummer n an der letzten Systemmasse. In Bild C von Abb. 10.7 ist die sogenannte V e r k n ü p f u n g s m a t r i x skizziert. Sie entsteht bei einem n-Massen-System durch Ankreuzen von Schnittpunkten eines quadratischen Gitters, das aus n horizontalen und n vertikalen äquidistanten Linien besteht, nach folgender Regel: Angekreuzt werden zunächst die n Punkte der Hauptdiagonale, die durch den Schnitt der horizontalen Linien der Nummer i mit den vertikalen Linien der gleichen Nummer k = i entstehen. Ausgehend von diesen Schnittpunkten werden für jede horizontale Linie der Nummer i alle diejenigen Schnittpunkte mit den vertikalen Linien markiert, deren Nummern mit den Nummern derjenigen Massen übereinstimmen, die mit der Masse i durch Torsionssteifigkeiten oder Dämpfungen gekoppelt sind. Die nach dieser Regel erzeugte Verknüpfungsmatrix ist bei der Schwingungskette eine sogenannte Tridiagonalmatrix, die aus der Haupt- und zwei Nebendiagonalen besteht. Man beachte, daß diese Matrix jedoch nur bei der gewählten fortlaufenden Numerierung der Massen entsteht.

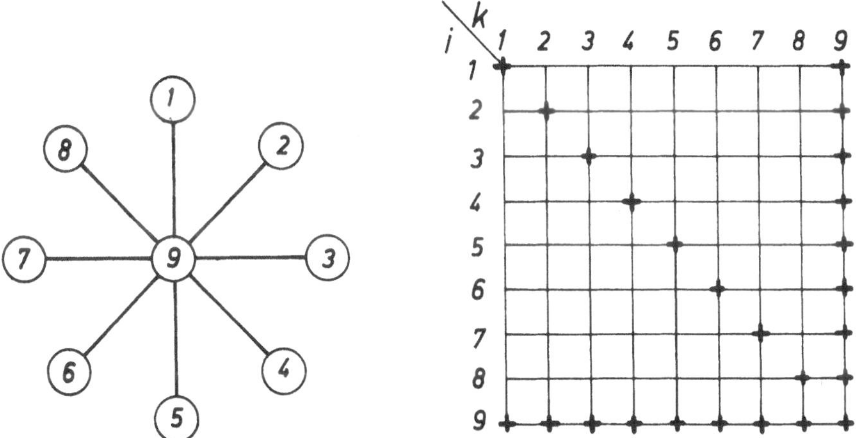

Abb. 10.8. Strukturschema und Verknüpfungsmatrix eines Sternsystems

Eine andere Verknüpfungsmatrix ergibt das in Abb. 10.8 dargestellte Sternsystem, bei dem n - 1 Massen mit der n-ten zentralen Masse gekoppelt sind. Dieses System besitzt n - 1 an freien Enden angeordnete Massen, die nur mit einer einzigen Masse gekoppelt sind und weiterhin als freie Enden bezeichnet werden. Das Kettensystem hat dagegen nur zwei freie Enden. Die Nummern der freien Endmassen können aus der Verknüpfungsmatrix abgelesen werden. Es sind die Zeilen- oder Spaltennummern derjenigen Diagonalelemente, bei denen sowohl in der gleichen Spalte als auch in der gleichen Zeile nur ein weiteres Element der Verknüpfungsmatrix vorhanden ist.

Ein aus n Massen aufgebautes Kettensystem nach Abb. 10.7 und ein aus n Massen zusammengesetztes Sternsystem nach Abb. 10.8 besitzen beide n - 1 Koppelungselemente, die durch ihre Steifigkeits- und Dämpfungskoeffizienten beschrieben werden können. Diese beiden Systemstrukturen kann man als Grenzfälle einer weit allgemeineren Systemstruktur betrachten [37]. Diese weiterhin als „Offene Verzweigung" bezeichnete Struktur ist dadurch definiert, daß ein aus n Massen zusammengesetztes System genau n - 1 Koppelungen besitzt. Das Kettensystem ist das System mit der geringsten Anzahl freier Endmassen und das Sternsystem das System mit der größten Anzahl freier Endmassen innerhalb der Systemklasse „Offene Verzweigung". Die Richtigkeit dieser Behauptung ist leicht einzusehen. Ein gekoppeltes System muß mindestens 2 Massen besitzen und hat als 2-Massen-System 2 freie Enden. Ein 3-Massen-System mit 2 Verknüpfungen kann nur ein Kettensystem mit 2 freien Enden sein. Ein 4-Massen-System hat 2 oder 3 freie Enden, je nachdem, ob die an das 3-Massen-System angekoppelte 4. Masse an einem freien Ende oder im Inneren des Systems angekoppelt wird. Bei einer Ankoppelung am freien Ende bleibt aber die Systemstruktur „Kettensystem" erhalten. Diese Argumentation läßt sich beliebig fortsetzen. Dadurch ist bewiesen, daß das Kettensystem innerhalb der Strukturklasse „Offene Verzweigung" das System mit der geringsten Anzahl von freien Enden ist. Würde man an ein Sternsystem nach Abb. 10.8 eine weitere Masse ankoppeln, dann gibt es nur zwei Möglichkeiten: Entweder wird die Masse an einem freien Ende angekoppelt, dann ist die Anzahl der freien Enden dieses Systems n - 2, sofern man mit n die Anzahl der Massen des neuentstandenen Systems bezeichnet - oder die Masse wird an der zentralen Masse angekoppelt, dann bleiben die Systemstruktur und die Anzahl n - 1 der freien Enden erhalten. Damit ist bewiesen, daß das Sternsystem das System mit der maximal möglichen Anzahl freier Enden innerhalb der Systemklasse „Offene Verzweigung" ist. Alle übrigen Systeme dieser Systemklasse, die weder ein Kettensystem noch ein Sternsystem sind, besitzen eine Anzahl von freien Enden, die größer als 2 und kleiner als n - 1 ist.

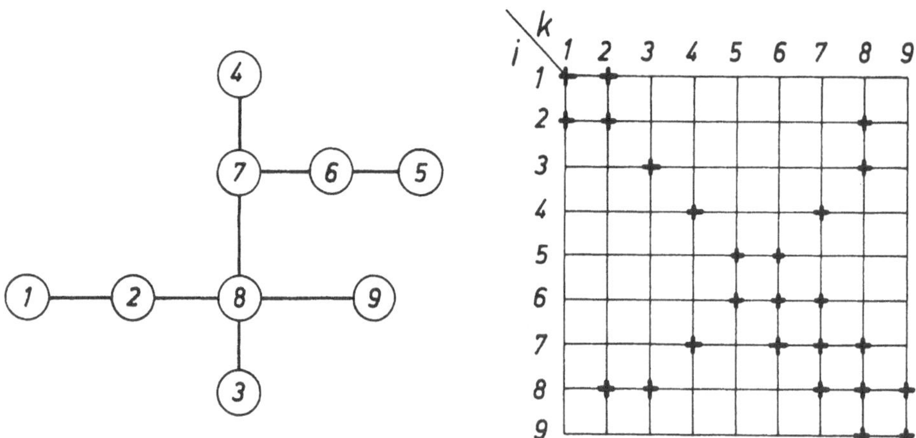

Abb. 10.9. Strukturschema und Verknüpfungsmatrix eines offen verzweigten Systems

In Abb. 10.9 sind als Beispiel für ein System der Strukturklasse „Offene Verzweigung" das Strukturschema und die Verknüpfungsmatrix eines 9-Massen-Systems mit 5 freien Enden dargestellt. Ebenso wie die Verknüpfungsmatrizen der Abbildungen 10.7 und 10.8 besitzt auch die Verknüpfungsmatrix des Systems nach Abb. 10.9 eine zur Hauptdiagonale symmetrische Anordnung der markierten Koeffizienten. Weiter ist allen drei Verknüpfungsmatrizen der bisher behandelten Systeme gemeinsam, daß rechts der Hauptdiagonale nur ein markierter Koeffizient vorhanden ist. Diese Eigenschaft besitzen die Verknüpfungsmatrizen aber nur dann, wenn bei der Numerierung des Systems die folgende Regel beachtet wird: Jede Systemmasse darf höchstens mit einer Systemmasse verknüpft sein, die eine höhere Nummer besitzt. Praktisch erfüllt man diese Bedingung, indem man die Numerierung an den freien Enden beginnt und die Massen mit mehrfachen Verzweigungen zuletzt numeriert. Nach dieser Regel erhält die zentrale Masse eines n-Massen-Sternsystems nach Abb. 10.8 stets die Nummer n. Diese Numerierungsregel kann bei der Strukturklasse „Offene Verzweigung" immer eingehalten und durch ein Rechnerprogramm überprüft werden. Es ist außerdem möglich, einen Verstoß gegen diese Numerierungsregel maschinell zu korrigieren.

Bei der Berechnung der Torsionsschwingungen von Kolbenmotoren und der von Kolbenmotoren angetriebenen Anlagen kommt man - abgesehen von einigen Ausnahmen - mit der als „Offene Verzweigung" bezeichneten Systemstruktur aus. Für diese spezielle Systemstruktur lassen sich relativ einfache, numerisch stabile und schnelle Rechnerprogramme erstellen, die im 4. Band dieser Buchreihe entwickelt werden. Die entscheidende Grundlage für diese Rechnerprogramme ist die genannte Numerierungsvorschrift, die von den sonst bei linearen Problemen üblichen Strategien - die eine Minimierung der Bandbreite der Verknüpfungsmatrix erzielen sollen - wesentlich abweicht.

Torsionsschwingungssysteme mit geschlossenen Zweigen, wie sie durch Riementriebe oder leistungsverzweigende Getriebe entstehen, erfüllen nicht mehr die Bedingung, daß bei einem n-Massen-System genau n - 1 Verknüpfungen der Massen existieren. So hat z.B. das 19-Massen-System nach Abb. 10.5 20 Massenverknüpfungen, also 2 Verknüpfungen mehr als ein entsprechendes offen verzweigtes System. Das bedeutet, daß in dem System zwei geschlossene Zweige vorhanden sind, die durch den Zahnriementrieb und durch den Riementrieb zum Antrieb von Lichtmaschine und Wasserpumpe entstehen. Die Auswirkung von geschlossenen Zweigen auf die Verknüpfungsmatrix wird in Abb. 10.10 an dem Beispiel von Abb. 10.9 demonstriert, das durch die zusätzlichen Massenkoppelungen 3-9 und 4-5 so modifiziert wurde, daß es zwei geschlossene Zweige besitzt. Das hat zur Folge, daß die Zeilen 3 und 4 der Verknüpfungsmatrix rechts der Hauptdiagonale je 2 Eintragungen enthalten, die sich durch keine Umnumerierung auf die Anzahl 1 reduzieren lassen. Die durch die beiden geschlossenen Zweige entstandenen zusätzlichen Eintragungen in die Verknüpfungsmatrix sind in Abb. 10.10 durch das Zeichen * markiert.

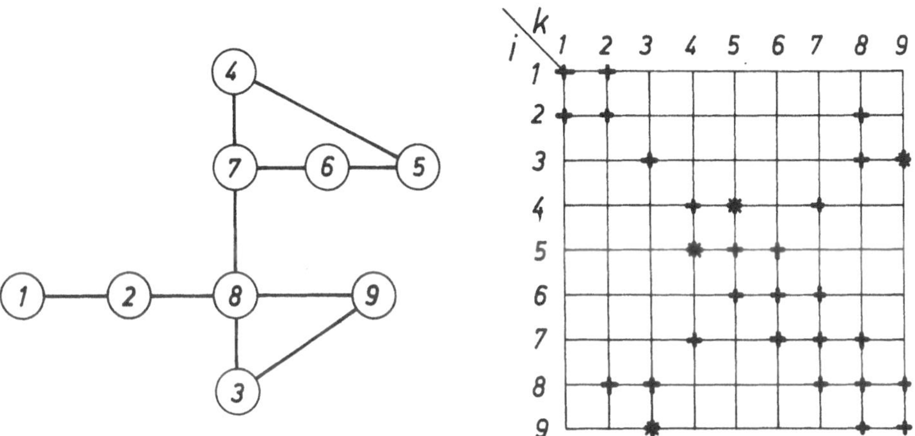

Abb. 10.10. Strukturschema und Verknüpfungsmatrix eines verzweigten Systems mit 2 geschlossenen Zweigen

Da die Anzahl der geschlossenen Zweige bei den heute bekannten Torsionsschwingungssystemen klein ist, ist es nicht sinnvoll, Berechnungsmethoden für das allgemeinste System zu verwenden, bei dem jede Masse mit jeder beliebigen anderen Masse verknüpft sein kann. Es genügt, die für die Strukturklasse „Offene Verzweigung" entwickelten Algorithmen so zu erweitern, daß eine geringe Anzahl geschlossener Systeme in dem Gesamtsystem enthalten sein kann.

Die in den Abb. 10.7 bis 10.10 enthaltenen Verknüpfungsmatrizen sind in ihrer Struktur identisch mit den Koeffizientenmatrizen der linearen Gleichungssysteme, die bei der Berechnung der erzwungenen harmonischen Torsionsschwingungen und bei der Berechnung der Eigenfrequenzen und Eigenschwingungsformen auftreten. Bei der Behandlung dieser Probleme kann deshalb auf die in diesem Abschnitt vorgenommene Analyse der Systemstrukturen verwiesen werden.

10.6 Aufstellung der Bewegungsgleichungen der Massen

Torsionsschwingungssysteme sind Systeme mit einem Freiheitsgrad pro Masse. Das bedeutet, daß der Schwingungszustand eines n-Massen-Torsionsschwingungssystems zu jedem Zeitpunkt t durch n Koordinaten

$$\psi_i = \omega_i t + \varphi_i \qquad (10.6)$$

eindeutig beschrieben werden kann. Der Drehwinkel ψ_i der i-ten Masse wird in einem ortsfesten lokalen Koordinatensystem gemessen und setzt sich aus zwei Anteilen zusammen. Der erste Term der rechten Seite der Beziehung (10.6) beschreibt die als bekannt vorausgesetzte Drehung der i-ten Masse um ihre Rotationsachse. Der zweite Term ist gegenüber dem ersten sehr klein und definiert den gesuchten Drehschwingungszustand der i-ten Masse. Der Drehwinkel ψ_i kann als Drehvektor in einem lokalen Koordinatensystem gedeutet werden. Es ist zweckmäßig, die Umkehr des Vorzeichens der Drehrichtung, die bei Zahnradgetrieben verursacht wird, durch geeignete Wahl der Koordinatensysteme zu kompensieren. Die Vorgehensweise wird durch das in Abb. 10.11 skizzierte Beispiel erläutert. Es enthält drei mit x_I, x_{II}, x_{III} bezeichnete lokale Koordinatensysteme, deren Richtungen gerade so gewählt wurden, daß die positive Drehrichtung bei jeder der 5 Systemmassen mit der durch die Getriebekinematik erzwungenen Drehrichtung übereinstimmt.

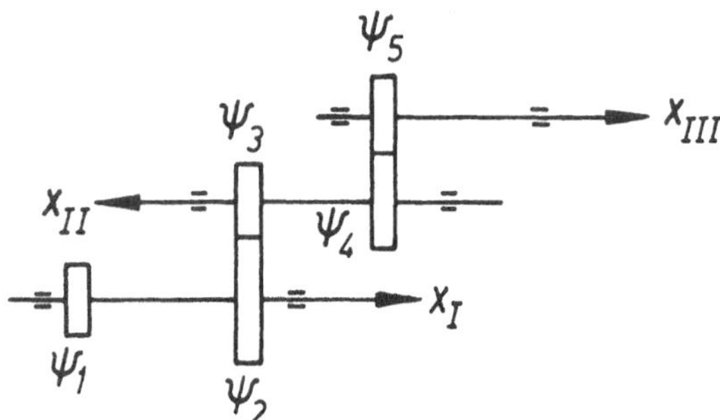

Abb. 10.11. Lokale Koordinatensysteme bei Zahnradgetrieben

Jede Drehmasse des Torsionsschwingungssystems befindet sich zu einem bestimmten Zeitpunkt t in einem Gleichgewichtszustand, der durch den Drehimpulssatz der Mechanik definiert wird. Ist die Drehmasse ein sogenannter Rotor, dessen momentaner Bewegungszustand durch die Drehung aller Massenelemente um eine einzige ortsfeste Drehachse beschrieben werden kann, dann wird die Trägheitswirkung der i-ten Masse durch das Massenmoment

$$M_i = \Theta_i \frac{d^2\psi_i}{dt^2} = \Theta_i \ddot{\psi}_i \tag{10.7}$$

definiert. Dabei ist

$$\Theta_i = \int_m r^2 dm \tag{10.8}$$

das polare Massenträgheitsmoment des Rotors bezüglich seiner Drehachse, das mit Hilfe des Integrals (10.8) berechnet werden kann, wobei die Integration über die gesamte Masse m erfolgen muß. Mit $\ddot{\psi}_i$ wird die 2. Ableitung des Drehwinkels ψ_i nach der Zeit bezeichnet.

Komplizierter werden die Verhältnisse bei den Kurbelgetrieben des Motors, deren Trägheitswirkung nicht mehr allein mit einem konstanten Massenträgheitsmoment erfaßbar ist. Eine übliche Lösung dieses Problems besteht in der Einführung eines von der Kurbelstellung ψ_i und damit von der Zeit abhängigen Massenträgheitsmomentes $J_i(\psi_i)$ [21]. Das Massenmoment erhält man dann aus der LAGRANGEschen Beziehung

$$M_i = \frac{d}{dt}\left(\frac{\partial K_i}{\partial \dot{\psi}_i}\right) - \frac{\partial K_i}{\partial \psi_i} , \tag{10.9}$$

wobei mit K_i der Momentanwert der kinetischen Energie der i-ten Masse bezeichnet wird, die man aus der Beziehung

$$K_i = \frac{1}{2} J_i(\psi_i)\, \dot{\psi}_i^2 \tag{10.10}$$

berechnen kann. Aus (10.10) können die partiellen Ableitungen

$$\frac{\partial K_i}{\partial \psi_i} = \frac{1}{2} J_i' \dot{\psi}_i^2 \qquad \frac{\partial K_i}{\partial \dot{\psi}_i} = J_i \dot{\psi}_i \tag{10.11}$$

gebildet werden, wobei die Ableitungen nach dem Drehwinkel ψ_i nach (10.6), der identisch mit der Kurbelstellung des entsprechenden Kurbelgetriebes ist, durch das Zeichen $'$ gekennzeichnet sind. Durch Differenzieren des ersten Terms der Formeln (10.11) nach der Zeit t erhält man schließlich aus (10.9) und (10.11) das Massenmoment

$$M_i = J_i'\dot{\psi}_i^{\,2} + J_i\ddot{\psi}_i - \frac{1}{2}J_i'\dot{\psi}_i^{\,2} = J_i\ddot{\psi}_i + \frac{1}{2}J_i'\dot{\psi}_i^{\,2} \quad . \tag{10.12}$$

Für den Spezialfall des von der Kurbelstellung unabhängigen Massenträgheitsmomentes $J_i = \Theta_i$ erhält man eine Bestätigung der Beziehung (10.7).

Die dynamische Gleichgewichtsbedingung der Masse i wird unter Verwendung von (10.12) durch die Beziehung

$$J_i\ddot{\psi}_i + \frac{1}{2}J_i'\dot{\psi}_i^{\,2} = -c_i\varphi_i - b_i\dot{\psi}_i + \sum_k T_{i,k} + E_i \tag{10.13}$$

definiert. Die beiden ersten Terme der rechten Seite der Gleichgewichtsbedingung (10.13) beschreiben das zwischen der Masse i und einem Festpunkt wirkende Moment, das bereits im Kapitel 6.3 bei der Behandlung von Schwingungsketten eingeführt wurde. Bei der Absolutsteifigkeit c_i würde der Term $c_i\,\omega_i\,t$ zu einem unbegrenzten Anwachsen des Torsionsmomentes führen. Deshalb ist in Gleichung (10.13) allein der Absolutsteifigkeitsterm $c_i\varphi_i$ sinnvoll, der die Simulation einer Koppelung der i-ten Masse mit einem „Festpunkt" erlaubt, der mit der Winkelgeschwindigkeit ω_i rotiert. Der vorletzte Term der Gleichgewichtsbedingung enthält die Summe der inneren Torsionsmomente $T_{i,k}$, die von allen m_i mit der Masse i gekoppelten Massen der Nummern k_1, k_2, ..., k_{mi} auf die Masse der Nummer i beschleunigend einwirken, wie dies symbolisch in Abb. 10.12 dargestellt ist. Der letzte Term der Gleichgewichtsbedingung (10.13) enthält das von außen auf das Torsionsschwingungssystem einwirkende erregende Moment E_i, das an der Masse mit der Nummer i angreift.

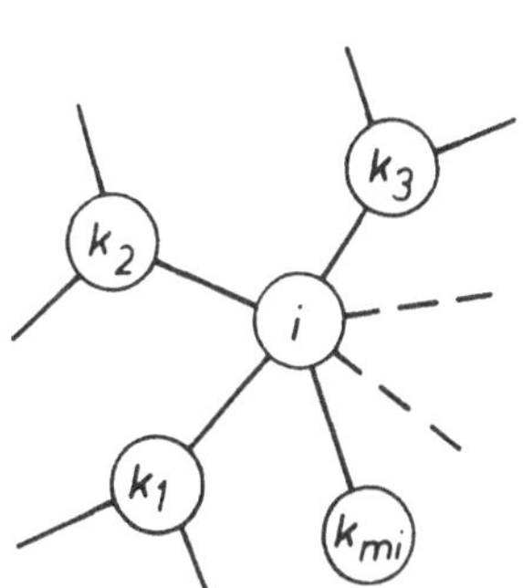

Abb. 10.12. Verknüpfungen der Masse mit der Nummer i

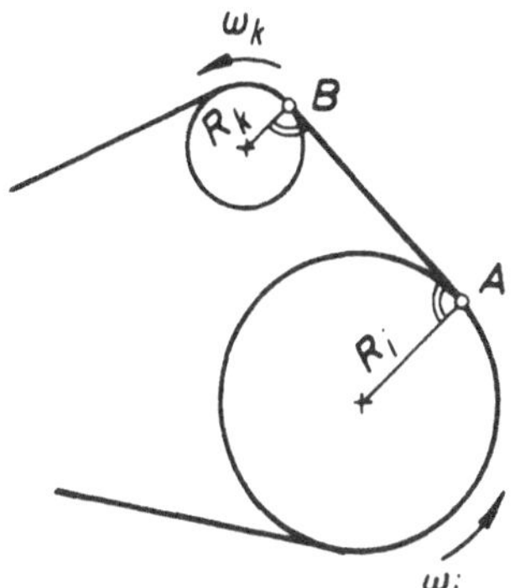

Abb. 10.13. Drehmomentübertragung in einem Riemengetriebe

Die inneren Torsionsmomente $T_{i,k}$ entstehen aus der Verdrehung der Antriebselemente, wie z.B. Wellen, Zahnradpaarungen, elastischen Kupplungen, hydraulischen Kupplungen oder Riemengetrieben. Sie berücksichtigen sowohl die verlustfreie, rein elastische Verdrehung als auch die durch die Eigendämpfung der Werkstoffe oder die Konstruktion der Antriebselemente bedingte, nicht umkehrbare Energieumsetzung. Der allgemeinste Fall der Koppelung zweier Massen mit den Nummern i und k berücksichtigt die Verschiedenheit der Winkelgeschwindigkeiten ω_i und ω_k der beiden Massen. Dieser Fall läßt sich anschaulich am Beispiel des Riemengetriebes nach Abb. 10.13 ableiten. Die Drehmomentübertragung von der Masse k auf die Masse i soll durch einen schlupffrei rotierenden Riemen erfolgen, durch den die Kraft

$$S = \bar{c}_{i,k}\,\Delta l + \bar{b}_{i,k}\,\Delta\dot{l} \tag{10.14}$$

übertragen wird. Dabei ist mit $\bar{c}_{i,k}$ die longitudinale Steifigkeit des Riemens, mit $\bar{b}_{i,k}$ sein entsprechender Dämpfungskoeffizient und mit Δl die Längenänderung des Abstands A – B nach Abb. 10.13 durch die Schwingung bezeichnet.

Bei einer schlupffreien Kraftübertragung ist

$$\Delta l = R_k \Psi_k - R_i \Psi_i \tag{10.15}$$

und $$\dot{\Delta l} = R_k \dot{\Psi}_k - R_i \dot{\Psi}_i \quad . \tag{10.16}$$

Damit ergibt sich aus (10.14) bis (10.16) das auf die Riemenscheibe mit der Nummer i einwirkkende beschleunigende Moment, das allein durch die Relativbewegung zwischen den Massen i und k erzeugt wird:

$$T_{i,k} = (R_k \Psi_k - R_i \Psi_i) R_i \bar{c}_{i,k} + (R_k \dot{\Psi}_k - R_i \dot{\Psi}_i) R_i \bar{b}_{i,k} \tag{10.17}$$

Umgekehrt wird auf die Riemenscheibe mit der Nummer k durch die Koppelung mit der Riemenscheibe der Nummer i das Moment

$$T_{k,i} = (R_i \Psi_i - R_k \Psi_k) R_k \bar{c}_{i,k} + (R_i \dot{\Psi}_i - R_k \dot{\Psi}_k) R_k \bar{b}_{i,k} \tag{10.18}$$

ausgeübt. Damit besteht zwischen den beiden durch den Riemen übertragenen Momenten die Beziehung

$$\frac{T_{i,k}}{T_{k,i}} = -\frac{R_i}{R_k} \quad . \tag{10.19}$$

Mit den auf Torsion bezogenen Steifigkeits- und Dämpfungskoeffizienten

$$\begin{aligned} c_{i,k} &:= R_i^2 \, \bar{c}_{i,k} \\ b_{i,k} &:= R_i^2 \, \bar{b}_{i,k} \\ c_{k,i} &:= R_k^2 \, \bar{c}_{i,k} \\ b_{k,i} &:= R_k^2 \, \bar{b}_{i,k} \end{aligned} \tag{10.20}$$

und den Drehzahlverhältnissen

$$\begin{aligned} \delta_{i,k} &:= \frac{\omega_i}{\omega_k} = \frac{R_k}{R_i} \\ \delta_{k,i} &:= \frac{\omega_k}{\omega_i} = \frac{R_i}{R_k} = \frac{1}{\delta_{i,k}} \end{aligned} \tag{10.21}$$

lassen sich die Beziehungen (10.17) und (10.18) auf die Form

$$T_{i,k} = (\delta_{i,k} \Psi_k - \Psi_i) c_{i,k} + (\delta_{i,k} \dot{\Psi}_k - \dot{\Psi}_i) b_{i,k} \tag{10.22}$$

$$T_{k,i} = (\delta_{k,i} \Psi_i - \Psi_k) c_{k,i} + (\delta_{k,i} \dot{\Psi}_i - \dot{\Psi}_k) b_{k,i} \tag{10.23}$$

bringen. Die Steifigkeits- und Dämpfungskoeffizienten der Beziehung (10.23) können mit Hilfe der bekannten Drehzahlverhältnisse unter Verwendung der entsprechenden, auf die Drehzahl der Masse der Nummer i bezogenen Koeffizienten aus den Formeln

$$c_{k,i} = \left(\frac{\omega_i}{\omega_k}\right)^2 c_{i,k} = \delta_{i,k}^2 c_{i,k}$$
$$b_{k,i} = \left(\frac{\omega_i}{\omega_k}\right)^2 b_{i,k} = \delta_{i,k}^2 b_{i,k} \qquad (10.24)$$

berechnet werden. Außerdem gelten noch die Beziehungen

$$\delta_{i,k} c_{i,k} = \delta_{k,i} c_{k,i} = R_i R_k \bar{c}_{i,k}$$
$$\delta_{i,k} b_{i,k} = \delta_{k,i} b_{k,i} = R_i R_k \bar{b}_{i,k} \quad , \qquad (10.25)$$

die eine symmetrische Koeffizientenmatrix des Differentialgleichungssystems (10.13) verursachen.

Die Beziehungen (10.22) und (10.23) für die beiden inneren Torsionsmomente, die auf die Massen der Nummer i und der Nummer k durch das Antriebselement - das diese Massen verbindet - ausgeübt werden, gelten nicht nur für das bei der Ableitung der Formeln benutzte Riemengetriebe, sondern auch für alle Antriebselemente, sofern die jeweils zutreffenden Steifigkeits- und Dämpfungskoeffizienten verwendet werden. Bei der Koppelung zweier Massen, die mit der gleichen Drehzahl rotieren, durch eine Welle oder eine Kupplung erhalten die Gleichungen (10.22) und (10.23) die bekannte einfache Form

$$T_{i,k} = -T_{k,i} = (\Psi_k - \Psi_i) c_{i,k} + (\dot{\Psi}_k - \dot{\Psi}_i) b_{i,k} \qquad (10.26)$$
$$\delta_{i,k} = \delta_{k,i} = 1 \quad .$$

Damit sind alle Beziehungen bekannt, um die inneren Torsionsmomente in der Differentialgleichung (10.13) als lineare Funktion der abhängigen Variablen auszudrücken. Die Differentialgleichung (10.13) kann unter Verwendung der abgeleiteten Beziehungen auf die Form

$$J_i \ddot{\Psi}_i + \frac{1}{2} J_i' \dot{\Psi}_i^2 + c_i \varphi_i + b_i \dot{\Psi}_i = \sum_k (\delta_{i,k} \Psi_k - \Psi_i) c_{i,k} + \sum_k (\delta_{i,k} \dot{\Psi}_k - \dot{\Psi}_i) b_{i,k} + E_i \qquad (10.27)$$
$$\text{mit} \quad i = 1, 2, \ldots n$$
$$k = k_1, k_2, \ldots k_{mi}$$

gebracht werden. Sie definiert - auf jede Masse des Torsionsschwingungssystems bezogen - ein System von n gewöhnlichen Differentialgleichungen für die unbekannten Drehwinkel ψ_i der Massen und kann als das mathematische Modell für die Berechnung der Torsionsschwingungen des Motortriebwerks einschließlich aller Haupt- und Nebenantriebe gedeutet werden.

Die Differentialgleichungen (10.27) sind nichtlinear, denn sie enthalten die von den unbekannten Kurbelstellungen ψ_i abhängigen Massenträgheitsmomente J_i und ihre Ableitungen J_i'. Diese nichtlinearen Terme können jedoch unbedenklich linearisiert werden, weil die Torsionswinkel φ_i klein sind im Vergleich zu der bekannten Drehung $\omega_i t$. Durch Abschneiden der TAYLOR-Reihen

$$J_i(\Psi_i) = J_i(\omega_i t + \varphi_i) = J_i(\omega_i t) + \varphi_i J_i'(\omega_i t)$$
$$J_i'(\Psi_i) = J_i'(\omega_i t + \varphi_i) = J_i'(\omega_i t) + \varphi_i J_i''(\omega_i t) \qquad (10.28)$$
$$E_i(\Psi_i) = E_i(\omega_i t + \varphi_i) = E_i(\omega_i t) + \varphi_i E_i'(\omega_i t)$$

der nichtlinearen Ausdrücke nach dem zweiten Term erhält man die linearen Beziehungen

(10.28). Differenziert man die Beziehung (10.6) nach der Zeit t, dann ergeben sich die Gleichungen

$$\begin{aligned} \psi_i &= \omega_i t + \varphi_i \\ \dot{\psi}_i &= \dot{\omega}_i t + \omega_i + \dot{\varphi}_i \\ \ddot{\psi}_i &= \ddot{\omega}_i t + 2\dot{\omega}_i + \ddot{\varphi}_i \end{aligned} \tag{10.29}$$

sofern man auch von der Zeit abhängige Werte ω_i zuläßt. Das endgültige lineare Gleichungssystem für die Variablen φ_i ergibt sich dann aus (10.27) bis (10.29) unter Beachtung von (10.21) nach Streichen aller nichtlinearen Terme als

$$\begin{aligned} & J_i\,\ddot{\varphi}_i + \left[(\dot{\omega}_i t + \omega_i) J_i' + b_i\right]\dot{\varphi}_i \\ & + \left[(\ddot{\omega}_i t + 2\dot{\omega}_i) J_i' + \frac{1}{2}(\dot{\omega}_i t + \omega_i)^2 J_i'' + c_i - E_i'\right]\varphi_i \\ & - \sum_k (\delta_{i,k}\varphi_k - \varphi_i) c_{i,k} - \sum_k (\delta_{i,k}\dot{\varphi}_k - \dot{\varphi}_i) b_{i,k} \\ & = E_i - (\ddot{\omega}_i t + 2\dot{\omega}_i) J_i - \frac{1}{2}(\dot{\omega}_i t + \omega_i)^2 J_i' - (\dot{\omega}_i t + \omega_i) b_i \\ & \qquad i = 1, 2, 3, \ldots n \\ & \qquad k = k_1, k_2, k_3, \ldots k_{mi} \quad . \end{aligned} \tag{10.30}$$

Das Differentialgleichungssystem (10.30) enthält auf der linken Seite als Koeffizienten sowohl konstante Werte als auch periodische Funktionen der Zeit. Die letzteren entstehen durch die Trägheitswirkung der oszillierenden Triebwerksmassen, welche die Funktionen J_i, J_i' und J_i'' verursacht. Die periodischen Funktionen J_i, J_i' und J_i'' der Kurbelstellung $\omega_i t$ erschweren die Lösung des Differentialgleichungssystems (10.30) erheblich. Jede dieser periodischen Funktionen setzt sich aus einem konstanten Mittelwert und aus einem periodischen Anteil zusammen, der meist erheblich kleiner ist als der Mittelwert. Die konstanten Anteile der periodischen Funktionen J_i', J_i'' und E_i' haben den Wert Null. Bei der konventionellen Berechnung der Torsionsschwingungen werden auf der linken Seite des Differentialgleichungssystems alle periodischen Funktionen durch ihre Mittelwerte ersetzt. Dadurch ergibt sich ein lineares Differentialgleichungssystem mit konstanten Koeffizienten, für dessen Lösung eine umfassende mathematische Theorie existiert. Als Lösungen dieses vereinfachten Differentialgleichungssystems können - bis auf ganz wenige Ausnahmen - die Torsionsschwingungen des Motortriebwerks mit ausreichender Genauigkeit berechnet werden. Der Beweis für diese Behauptung wird im Band 4 durch Vergleich von Lösungen der Differentialgleichung mit periodischen Koeffizienten (10.30) mit den Lösungen der Differentialgleichungen mit konstanten Koeffizienten (10.31) erbracht.

Auf der rechten Seite des Differentialgleichungssystems (10.30) verursachen die periodischen Funktionen J_i und J_i' eine zusätzliche von der Motordrehzahl abhängige Schwingungserregung, die als Massendrehkraft bezeichnet wird. Das wesentliche Anliegen der Torsionsschwingungsberechnungen ist der stationäre Motorbetrieb mit konstanter Motordrehzahl. Hierbei entfallen alle mit $\dot{\omega}_i$ und $\ddot{\omega}_i$ multiplizierten Terme in dem Differentialgleichungssystem (10.30). Vernachlässigt man auch noch die Schwankungsanteile auf der linken Seite und ersetzt die periodischen Massenträgheitsmomente J_i durch ihre konstanten Mittelwerte Θ_i, dann ergibt sich das viel einfacher zu lösende Differentialgleichungssystem

$$\begin{aligned} & \Theta_i\,\ddot{\varphi}_i + b_i\dot{\varphi}_i + c_i\varphi_i - \sum_k (\delta_{i,k}\varphi_k - \varphi_i) c_{i,k} - \sum_k (\delta_{i,k}\dot{\varphi}_k - \dot{\varphi}_i) b_{i,k} \\ & \qquad = E_i - \frac{1}{2} J_i' \omega_i^2 - b_i \omega_i \\ & \qquad i = 1, 2, \ldots n \\ & \qquad k = k_1, k_2, \ldots k_{mi} \quad , \end{aligned} \tag{10.31}$$

bei dem die abhängigen Variablen ausschließlich mit konstanten Koeffizienten multipliziert sind. Die rechte Seite enthält die Gas- und Massenkrafterregung und einen nur bei Absolutdämpfung existierenden konstanten Betrag, der allein das statische Momentengleichgewicht beeinflußt. In Matrizenschreibweise erhält das Differentialgleichungssystem die einfache Form

$$\left[\Theta\right]_D \left\{\ddot{\varphi}\right\} + \left[B\right] \left\{\dot{\varphi}\right\} + \left[C\right] \left\{\varphi\right\} = \left\{E\right\} - \frac{1}{2}\left\{J'\omega^2\right\} \quad . \tag{10.32}$$

Die Massenmatrix $[\Theta]_D$ ist eine reine Diagonalmatrix. Die quadratischen Dämpfungs- und Steifigkeitsmatrizen [B] und [C] haben identische Strukturen und unterscheiden sich nur durch den Wert und die Dimension ihrer Koeffizienten. Die Struktur dieser beiden Matrizen, die durch die Art der Koppelung der Massen des Torsionsschwingungssystems definiert wird, wurde bereits im Kapitel 10.5 untersucht. Durch das Symbol { } werden Vektoren der Länge n definiert. Die rechte Seite enthält die Gas- und Massenkrafterregung, wobei die „Koeffizienten" dieser Vektoren berechenbare Funktionen der Zeit sind. Die Ermittlung der Koeffizienten und Funktionen der Differentialgleichungssysteme (10.30) und (10.32) ist eines der Themen des 4. Bandes dieser Buchreihe.

Die Berücksichtigung der Drehzahlverhältnisse $\delta_{i,k}$ bei der Aufstellung der Bewegungsgleichungen der Massen hat zur Folge, daß die Lösungen der Differentialgleichungssysteme (10.30) bis (10.32) die tatsächlichen Drehwinkel und Torsionsmomente des Torsionsschwingungssystems sind. Deshalb sind auch alle Koeffizienten dieser Differentialgleichungssysteme - die Massenträgheitsmomente, die Dämpfungskoeffizienten, die Torsionssteifigkeiten und die Schwingungserregungen - tatsächliche Größen.

Diese Vorgehensweise unterscheidet sich von der in der Literatur verbreiteten Reduktionsmethode, bei der für das gesamte Torsionsschwingungssystem eine einzige fiktive Winkelgeschwindigkeit ω^* definiert wird, auf die alle Größen bezogen werden. Das bedeutet, daß in dem Differentialgleichungssystem (10.27) alle $\delta_{i,k} = 1$ gesetzt werden und als Variable die reduzierten Drehwinkel φ_i^* verwendet werden, die mit den tatsächlichen Drehwinkeln φ_i durch die Beziehung $\varphi_i^* = (\omega^*/\omega_i)\,\varphi_i$ verknüpft sind, sofern man mit ω_i die Winkelgeschwindigkeit der i-ten Drehmasse bezeichnet. Die Massen, Dämpfungskoeffizienten und Steifigkeiten müssen dann gleichfalls so umgerechnet werden, daß die kinetische und potentielle Energie von fiktivem und tatsächlichem Torsionsschwingungssystem übereinstimmen. Dies ist dann der Fall, wenn an Stelle der tatsächlichen Massenträgheitsmomente, Dämpfungskoeffizienten und Torsionssteifigkeiten die mit den Faktoren $(\omega_i/\omega^*)^2$ multiplizierten Koeffizienten in das Differentialgleichungssystem der fiktiven Variablen φ_i^* eingesetzt werden. Nach der Lösung des Differentialgleichungssystems müssen die wahren Drehwinkel und Torsionsmomente mit Hilfe der bekannten Drehzahlverhältnisse $\delta_{i,k}$ berechnet werden.

Die Verwendung der tatsächlichen physikalischen Größen bei der Aufstellung und Lösung der Bewegungsgleichungen hat gegenüber der Reduktionsmethode den Vorteil der größeren Transparenz und der geringeren Fehleranfälligkeit. Es wird deshalb auf eine Reduktion der Variablen und Koeffizienten verzichtet.

11 Verzeichnis der FORTRAN-Programmlisten

12 Literaturverzeichnis

[1] HOLZER, H.: Die Berechnung der Drehschwingungen, Berlin, 1921

[2] TOLLE, M.: Die Regelung der Kraftmaschinen, Berlin, 1921

[3] WYDLER, H.: Drehschwingungen in Kolbenmaschinenanlagen, Berlin, 1921

[4] GEIGER, J.: Mechanische Schwingungen, Berlin, 1927

[5] BENZ, W.: Biegeschwingungen von Kurbelwellen, insbesondere bei schweren Schwungrädern, ATZ 38 (1935), S. 405

[6] BENZ, W.: Biegeschwingungen von mit einer Masse besetzten Wellen, MTZ 11/3 (1950), S. 68

[7] BENZ, W.: Durch Wechselbeanspruchungen hervorgerufene Biegeschwingungen, MTZ 32/4 (1971), S. 131

[8] KLOTTER, K.: Technische Schwingungslehre, 1. Band Teil A, 3. Auflage, Springer-Verlag Berlin-Heidelberg-New York, 1978, 2. Band, 2. Auflage, Springer-Verlag Berlin-Göttingen-Heidelberg, 1960

[9] HÜTTE, Mathematik, 2. Auflage, Springer-Verlag Berlin-Heidelberg-New York, 1974

[10] ZURMÜHL, R.: Praktische Mathematik für Ingenieure und Physiker, 5. Auflage, Springer-Verlag Berlin-Heidelberg-New York, 1965

[11] STOER, J.: Einführung in die Numerische Mathematik I, 2. Auflage, Springer-Verlag Berlin-Heidelberg-New York, 1976

[12] COOLEY, J.W., TUKEY, J.W.: An Algorithm for the Machine Calculation of Complex Fourier Series, Math. Computing 19 (1965), S. 297

[13] GOERTZEL, G.: An Algorithm for the Evaluation of Finite Trigonometric Series, Am. Math. Monthly 65 (1958)

[14] PHYSIKHÜTTE, Band 1, 29. Auflage, Verlag W. Ernst u. Sohn Berlin-München-Düsseldorf, 1971

[15] FEDERN, K.: Dämpfung elastischer Kupplungen - Wesen, einwirkende Parameter, Ermittlung, VDI-Berichte 299 (1977)

[16] DEN HARTOG, J.P.: Mechanical Vibrations, 3. Auflage, New York-London, 1947

[17] NESTORIDES, E.J.: A Handbook on Torsional Vibration, Cambridge University Press, 1958

[18] ARCHER, S.: Torsional Vibration Damping Coefficients for Marine Propellers, Engineering 13, May (1955), pp. 594

[19] DIEN, R., SCHWANECKE, H.: Die propellerbedingte Wechselwirkung zwischen Schiff und Maschine, Teil 1: MTZ 34/11 (1973), S. 353, Teil 2: MTZ 34/12 (1973), S. 425

[20] SELVAGGI, M.: Experimental Research on Damping Due to Propellers in Torsional Vibrations of Marine Propulsion Plants, CIMAC Barcelona (1975), pp. 725

[21] BIEZENO, C.B., GRAMMEL, R.: Technische Dynamik, Springer-Verlag Berlin, 1939

[22] MAASS, H., KLIER, H.: Kräfte, Momente und deren Ausgleich in der Verbrennungskraftmaschine, Die Verbrennungskraftmaschine, Neue Folge, Band 2, Springer-Verlag Wien-New York, 1981

[23] SCHULZ, K.: Ermittlung des physikalischen Verhaltens von hochviskosen Flüssigkeiten bei harmonischer Schubbeanspruchung, Diss. TU Berlin, 1979

[24] HARTMANN, R.: Berechnung des dynamischen Verhaltens von Viskosedrehschwingungsdämpfern, Diss. TU Berlin, 1982

[25] HAFNER, K.E.: Torsional Stresses of Shafts Caused by Reciprocating Engines Running through Resonance Speeds, ASME 74-DGP1, New York (1974)

[26] ROEPER, R.: Kurzschlußströme in Drehstromnetzen, Siemens-Schuckertwerke AG, Erlangen, 1964

[27] GASCH, R., PFÜTZNER, H.: Rotordynamik, Springer-Verlag Berlin-Heidelberg-New York, 1975

[28] STODOLA, A.: Die Dampfturbinen, 4. Auflage, Springer-Verlag Berlin, 1910

[29] GRAMMEL, R.: Der Kreisel, 1. Band: Die Theorie des Kreisels, 2. Auflage, 2. Band: Die Anwendungen des Kreisels, 2. Auflage, Springer-Verlag Berlin-Göttingen-Heidelberg, 1950

[30] PARLEVLIET, T.: Modell zur Berechnung der erzwungenen Biege- und Torsionsschwingungen von Kurbelwellen unter Berücksichtigung der Ölverdrängungsdämpfung und -steifigkeit in den Grundlagern, Diss. TU Berlin, D 83

[31] GRAMMEL, R.: Über die Torsion von Kurbelwellen, Ing. Archiv 4 (1933), S. 287

[32] KIMMEL, A.: Grundsätzliche Untersuchung über die bei den Drehschwingungen von Kurbelwellen maßgebende Steifigkeit, Ing. Archiv 10 (1939), S. 196

[33] KIMMEL, A.: Zur Torsion erster und zweiter Art von Kurbelwellen. Ihr Zusammenhang und ihre versuchsmäßige Ermittlung, Jahrbuch 1941 der Deutschen Luftfahrtforschung II 71

[34] HAUG, K.: Die Drehschwingungen in Kolbenmaschinen, Springer-Verlag Berlin-Göttingen-Heidelberg, 1952

[35] HAFNER, K.E.: The Influence of the Reciprocating Masses of Crank Mechanisms on Torsional Vibrations of Crankshafts, CIMAC 1975, Barcelona, S. 69, Auszug MTZ 36/10 (1975), S. 309

[36] KLIER, H.: Einfluß der periodischen Schwankungen des Massenträgheitsmomentes auf die Torsionsschwingungen des 4-Zylinder-Motors, MTZ 39, 7/8 (1978)

[37] HAFNER, K.E., HUTTER, W.: Über die Entwicklung eines EDV-Programms zur Lösung des Torsionsschwingungsproblems bei Kolbenmotoren, Schiff & Hafen, Kommandobrücke 29/2 (1977)

13 Sachverzeichnis